智能发电运行控制系统

ZHINENG FADIAN
YUNXING KONGZHI XITONG

梁　庚　冯　健　李　文
王天堃　胡道成　崔青汝　编著

中国电力出版社
CHINA ELECTRIC POWER PRESS

内 容 提 要

智能发电以发电过程的数字化、自动化、信息化、标准化为基础，以管控一体化、大数据、云计算、物联网为平台，集成智能传感与执行、智能控制与优化、智能管理与决策等技术，形成一种具备自学习、自适应、自趋优、自恢复、自组织的智能发电运行控制管理模式。智能发电运行控制系统（ICS）是智能发电技术体系的核心组成部分，是生产过程控制实施的主要平台。作为电力生产的先进技术，ICS将信息化与智能化充分结合，对电力生产的技术发展具有深远的影响。

本书从智能发电的基本概念、主要特征、基本体系等要素出发，详细介绍智能发电运行控制系统的关键技术，并对智能发电运行控制系统在电力生产中的实际应用做了详细的介绍。本书分为四章，第一章概述性地介绍了智能发电技术的相关要素；第二章较为系统地介绍了智能发电管控技术体系；第三章重点介绍了智能发电运行控制系统的关键技术；第四章介绍了智能发电运行控制系统在中国发电领域的工程应用。

本书可作为发电行业工程技术人员的参考资料，还可作为电力行业高等院校控制和信息类专业教材。

图书在版编目（CIP）数据

智能发电运行控制系统/梁庚等编著．—北京：中国电力出版社，2021.11

ISBN 978-7-5198-6025-7

Ⅰ.①智…　Ⅱ.①梁…　Ⅲ.①自动发电控制　Ⅳ.①TM734

中国版本图书馆CIP数据核字（2021）第191387号

出版发行：中国电力出版社
地　　址：北京市东城区北京站西街19号（邮政编码100005）
网　　址：http://www.cepp.sgcc.com.cn
责任编辑：谭学奇（010-63412218）
责任校对：黄　蓓　常燕昆
装帧设计：赵丽媛
责任印制：吴　迪

印　　刷：三河市万龙印装有限公司
版　　次：2021年11月第一版
印　　次：2021年11月北京第一次印刷
开　　本：787毫米×1092毫米　16开本
印　　张：15.5
字　　数：343千字
印　　数：0001—1500册
定　　价：98.00元

前 言

以技术创新为基础的产业升级是推动现代化生产和全球经济发展、促进人类生活方式转变的重要力量。当前，第四次工业革命将信息技术、智能化技术与工业发展深度融合，有力地推动了现代化工业生产从设备密集型和信息密集型向知识密集型的方向发展，为解决全球能源短缺和再利用问题提供了有效的途径，为人类未来的生产和生活描绘出了美好的前景。

中国国家发展战略《中国制造 2025》明确提出要“以加快新一代信息技术与制造业深度融合为主线，以推进智能制造为主攻方向”，基于信息物理系统的智能装备、智能工厂等智能制造正在引领制造方式变革，通过“三步走”实现制造强国的战略目标。针对中国能源大规模发展和能源结构转型的需求，火电厂建设面临着新的机遇与挑战。为了更好地提高能源利用率，减少环境污染，推进能源供给侧的可持续发展，2016 年国家发展改革委明确指出促进能源和信息深度融合的指导意见，“智能发电”的概念正是在中国能源利用的可持续发展和逐渐转型的背景下产生的。在节能减排政策要求和发电集约化、高效管理、智慧化转型的需求驱动下，发电企业对智慧化电厂建设、智能发电技术研发开展了前瞻性的和卓有成效的探索，并取得了显著的成绩。从 2017 年以来，以国家能源集团为代表的国内大型发电企业按照“泛在感知、信息融合、智能应用、管控一体化”的发展方向，在智能发电建设方面取得了长足进步，如达到国际领先水平的智能发电运行控制系统（ICS）的成功研发、电厂泛在感知和智能化监测的全面实施、全厂管控一体化体系的逐步形成、生产信息系统与管理信息系统的深度融合等。

智能发电以发电过程的数字化、自动化、信息化、标准化为基础，以管控一体化、大数据、云计算、物联网为平台，集成智能传感与执行、智能控制与优化、智能管理与决策等技术，形成一种具备自学习、自适应、自趋优、自恢复、自组织的智能发电运行控制管理模式，实现更加安全、高效、清洁、低碳、灵活的生产目标。

智能发电技术体系主要包括运行控制系统和公共服务支撑系统，实现发电过程的智能控制、智能安全、智能管理。智能发电运行控制系统（ICS）是智能发电技术体系的核心组成部分，是生产过程控制实施的主要平台，实现与运行、控制密切相关的、实时性高的应用功能，如运行监控、智能预警与诊断、性能计算与耗差分析、实时操作指导等。ICS 主要包括智能设备、智能控制和智能运行监管技术。ICS 融合了先进的数据分析技术和控制技术，通过应用高性能服务器、高性能控制器、工业大数据分析环境、实时数据库等关键技术，通过扩展智能检测、智能控制、智能优化等功能，实现发电过程的智能监测、智能控制与运行的转型和升级，从而达到减员增效、高效环保、灵活调节、主动安全管控的目的。由国家能源集团和华北电力大学合作研发、达到国际领先水平的智能发电运行控制系统——岸石©系统已于 2019 年在发电领域成功应用，系统运行稳定可靠，各项控制指标、经济性指标、安全性指标以及自动化水平显著提升，取得了显著的经济效益和社会效益。

本书以实际应用的智能发电运行控制系统为主要素材，系统性地介绍了智能发电运行控制相关的重要内容。本书包括四章，第一章概述性地介绍了智能发电技术的相关要素；第二章较为系统地介绍了智能发电管控技术体系；第三章重点介绍了智能发电运行控制系统的关键技术；第四章介绍了智能发电运行控制系统在我国发电领域的工程应用。

本书在编写过程中，充分注意到了理论与实际相结合，内容依托实际系统，充分贴近工程实践，既包含了必要的基本概念和基本理论，又与工程实际相结合，介绍了相关理论在实践中的应用。

本书第一、二章的大部分内容和第三、四章的部分内容由华北电力大学梁庚教授编著；本书第一、二章的部分内容和第三、四章的大部分内容由国家能源集团国能智深控制技术有限公司冯健董事长和李文高级工程师编著；国家能源集团王天堃、胡道成等参与编著了本书的第一、二、三章的部分内容；国电新能源技术研究院教授级高级工程师崔青汝参与编著了本书的第三、四章的部分内容。全书由梁庚教授统稿。本书编写过程中还得到了华北电力大学牛玉广教授、曾德良教授、胡勇老师的大力支持和帮助，在此表示诚挚的感谢。

由于作者水平有限，书中必然存在错误和不当之处，敬请读者批评指正。

作　者

2021 年 9 月

目录

前言

第一章 智能发电技术概述 …… 1

第一节 工业信息化发展过程 …… 2
第二节 智能发电基本概念与信息化分层模型 …… 5
第三节 智能发电的主要技术基础 …… 16
第四节 智能发电技术的主要特征 …… 26

第二章 智能发电管控技术体系 …… 47

第一节 电厂传统控制及信息系统架构 …… 47
第二节 智能发电管控技术体系架构 …… 48
第三节 智能发电运行控制系统 …… 53
第四节 智能发电公共服务系统 …… 90
第五节 智能发电中的信息安全防护 …… 100

第三章 智能发电运行控制系统关键技术 …… 103

第一节 功能与结构 …… 104
第二节 平台开放性技术 …… 109
第三节 智能检测与控制技术 …… 120
第四节 智能控制与优化技术 …… 143
第五节 智能报警和故障预警技术 …… 175
第六节 工业数据分析与智能计算环境 …… 183
第七节 网络安全技术 …… 185

第四章 智能发电运行控制系统的工程应用 …… 188

第一节 国电东胜智能发电控制系统架构 …… 188
第二节 智能计算环境与智能控制的应用 …… 191
第三节 智能报警管理功能的应用 …… 198
第四节 智能检测及智能控制的应用 …… 201

第五节　智能运行优化及调度的应用 …………………………………………… 216
第六节　智能状态监测及诊断的应用 …………………………………………… 223
第七节　智能分析及辅助决策的应用 …………………………………………… 229
第八节　系统运行和工程应用情况 ……………………………………………… 236
第九节　经济效益 ………………………………………………………………… 237

参考文献 …………………………………………………………………………… 239
致谢 ………………………………………………………………………………… 242

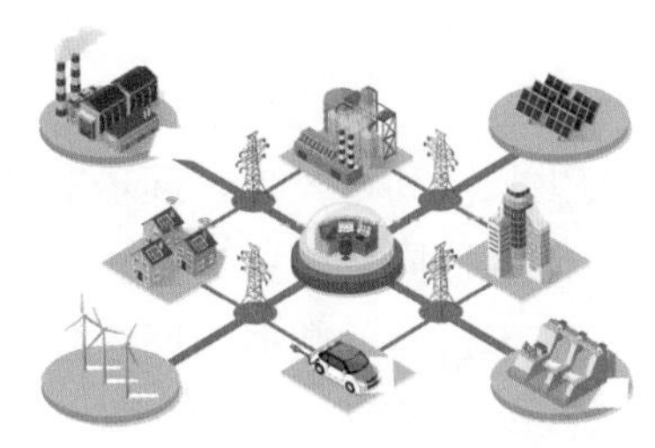

第一章

智能发电技术概述

我国是世界能源消费大国，2016 年的能源消费占全球总量的将近 1/4。针对我国能源大规模发展和能源结构转型的需求，为了更好地提高能源利用率，减少环境污染，推进能源供给侧的可持续发展，2016 年国家发展改革委，明确指出促进能源和信息深度融合的指导意见，“智能发电”的概念正是在我国能源利用的可持续发展和逐渐转型的背景下产生的。2013 年德国联邦政府提出了“工业 4.0”的概念，倡导以高度数字化、网络化、机器自组织为标志的第四次工业革命，旨在提升工业生产的智能化水平。2015 年，我国提出“中国制造 2025”计划，指明了在信息化与工业化“两化融合”的背景下，充分利用互联网、大数据、云计算等领域的新技术，推进重点行业智能转型升级，提高资源利用率，加快构建高效、清洁、低碳、循环的绿色工业体系。“中国制造 2025”明确了十大重点领域，其中新一代信息技术产业、电力装备、节能与新能源汽车等领域与能源行业密切相关。“智能发电”借鉴了德国“工业 4.0”概念的技术内涵，是“中国制造 2025”行动纲领下产生的应用于发电领域的新的理念和深刻变革。

智能发电是以信息的数字化为基础，综合应用互联网、大数据、云计算、智能化等新技术，将电站生产的控制、管理等组成部分，集成为统一的一体化数据平台和管控系统，全面实施智能传感与执行、智能控制与优化、精细化管理以及预测、决策等，形成一种具备自趋优、自学习、自恢复、自适应、自组织等特征的智能发电运行控制与管理模式，使电站生产运行具备高度的环境适应能力，以实现安全、高效、环保的运行目标，从而进一步保障能源供给可持续发展和生产模式的转型。

智能发电技术体系建设是“中国制造 2025”国家发展战略的重要组成部分[1,2]，我国的智能发电建设经历了一个从敏捷启动到稳步发展的过程，目前的智能发电建设正处于进一步发展和深化、完善的时期，在技术体系、理论支撑、应用成果等方面都已经走在了世界前列[3-12]。

智能发电的建设和发展是符合一定的客观发展规律的。要理解、掌握和解决智能发电技术发展中的现实问题，能够把握智能发电在未来的发展方向，需要了解工业生产和工业信息化演进的发展规律。工业生产从最初的人力、畜力为主的生产模式逐步过渡和发展到今天以量子技术、人工智能为主要形式的工业 4.0 阶段，在能源的利用和传输、信息的表征和分析等方面都呈现出一个“不断微分、逐渐细化”的发展过程，为智能发电在未来的建设提供了一定的指导。智能发电在信息采集和获取的广度上显著扩大，系统内各部分的智能化程度更均匀，系统中逐渐发掘出一些新的智能化的生长点和增长点，逐步实施管控一体化，但系统各部分的“智慧度”的差别仍然较大，整体的协同性需要进一步提升。智能发电在信息采集和传输，智能化、智慧化设计与实现，基于机器的数据深度挖掘、深度学习、知识获取与推演等方面也呈现出一个层次化的发展模式。传统电厂、数字电厂和智慧电厂在信息化演进的层次化过程中也呈现不同的发展特征，可以概括到同一个层次化模型中。智能发电和智慧电厂建设在未来将呈现向多学科、多领域扩展的趋势，同时与互联网日益密切地结合起来，如软件定义技术等一些信息化领域的新技术也将逐渐深入到智能发电建设的技术体系中，进一步推动智能发电向标准化的方向发展。

第一节　工业信息化发展过程

工业发展从 18 世纪 50—60 年代到如今的工业 4.0 技术，经历了漫长的过程，所经历的几个具有代表性的里程碑式的阶段是：蒸汽时代（被称为工业 1.0）、电气时代（称为工业 2.0）、信息化时代（被称为工业 3.0），和今天以数字化、信息化为主要特征的工业 4.0 时代（见图 1－1）。

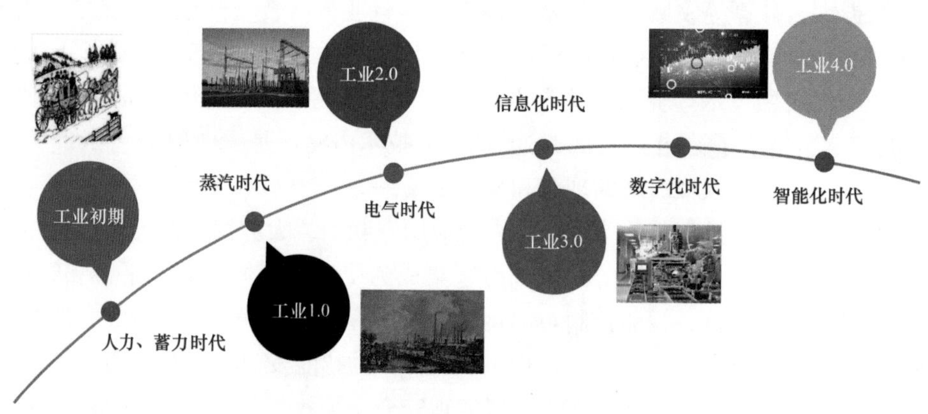

图 1－1　工业发展过程

工业生产的初期采用的是人力和畜力作为能源，其能源利用的主要特点是整块化的、难以分割的，所以能源在利用上显示出了流动性差和灵活性差的特点，在这一阶段主要特点凸显了能源利用的颗粒度是非常粗犷的，灵活性非常差。

第二个工业生产阶段是以英国的工业革命为代表的工业生产的发展，进入到了蒸汽机时代，这个阶段能量利用被分割成以蒸汽分子为单元的小份，以蒸汽分子作为能量传递的载体，显著提高了能量利用的灵活性和流动性，同时使能量的传输和使用的精确度也有了显著的提高。

19 世纪初期，稳定的直流电流的出现宣告了人类进入了电气时代，这一时代被称其为工业 2.0 时代。能量利用进一步分割成了以电子为单位的小份，以电子作为能量传递的载体，使灵活性和精确度进一步得到了提高。

进入到20世纪50年代中期以后，不但在能源利用上分割成了以电子为单元的小份、以电子作为能量传递的载体，而且还出现了微电子技术，这样就可以以电子作为信息传递的载体，同时计算机技术出现了，它的出现具有非常重要的革命性的意义，计算机技术的出现将宏观的世界微分成了0和1这样两个最为基本的元素，数字世界只有0和1，任何的信息和事物的表达都是由0和1构成的，通过重组0和1这两个最基本的元素，却能够构成多种多样的、丰富多彩的数据和信息，这样使信息的多样化和灵活性得到了飞跃性的发展和提高，从而使信息技术发生了本质的变化，这个阶段称为工业3.0时代。工业3.0时代以计算机和信息化为主要特点，与工业生产密切融合为一体。

工业4.0时代的显著标志是量子科学和智能化技术。随着科学技术的发展到今天这个时代以后，能否找到比电子更小的单元作为能源和信息传递的载体，也就是说在能量和信息传递和表达的精度上能否进一步提高成为一个重要问题。量子是现代物理的一个重要概念，它是指一个物理量如果存在最小的不可分割的基本单元，这个物理量就是量子化的。在未来按照上述信息表征和传递的发展规律来说，量子是最有可能成为未来信息传递的载体。当前工业4.0时代还有另外一个特征，除了量子技术之外，信息领域也不再局限于现有的信息转化和采集，现有的直接采集和传递所获取的一次数据的价值已经不能满足生产发展的需要，需要使用现有的一次数据来创造生产出新的数据，比如说二次数据和三次数据，从而创造出新的价值，这就是智能化，也是当前这个时代的一个显著特征。图1-2是对智能化的简洁描述。

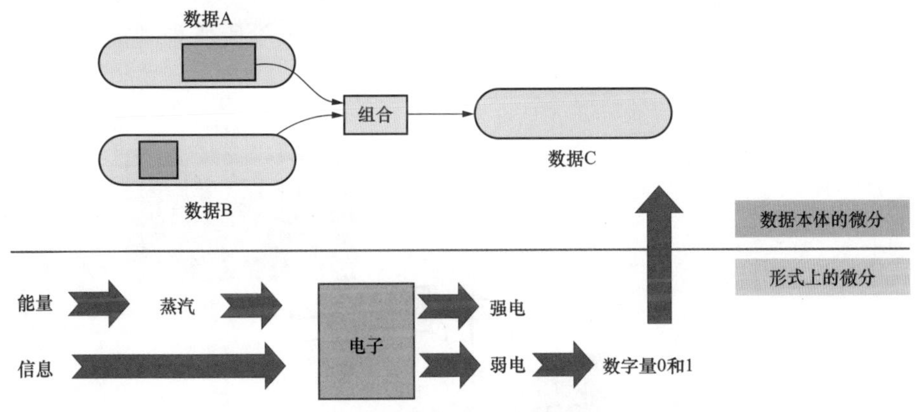

图1-2　智能化的简洁描述

智能化即从自然过程采集的一次信息经过智慧体（人脑或者计算机）分析、加工和处理后，形成新的数据，也称为二次数据或者知识，这样的过程我们称之为智能化。这里所强调的是从自然过程采集或通过传输获取的一次数据，这种状态下的数据信息并不是知识，知识含有对一次数据再分析、处理之后获得的二次或者二次以上的数据和信息。与智能化相对应，信息化技术可以表征为：

$$\varphi_1=\{1,1,1,\cdots\} \tag{1-1}$$

参数1表示直接从生产过程采集或者通过传输手段获得的一次数据，这些数据基本不涉及数据微观的分析。智能化技术则是在使用一次数据的基础上生成二次数据，或者使用二次数据再生成三次数据的过程，可以表征为：

$$\varphi_2 = f_1(\varphi_1) \tag{1-2}$$

或：

$$\varphi_3 = f_2(\varphi_1, \varphi_2) \tag{1-3}$$

通俗地说，就是“1+1=2”和“1+2=3”的过程。有时智能化过程还需要做“减法”，从一次数据n中去除干扰数据m，广义上称为滤波，即$n-m$，同样可归入到表达式$\varphi_2 = f_1(\varphi_1)$见式（1-2）和式（1-3）。根据函数$f_1(.)$，$f_2(.)$的复杂程度和准确度可以定义信息处理的智能化度。

由此可见，在工业生产和信息技术发展的智能化阶段，通过智慧体对信息的进一步分析处理产生出了有效的新数据（可以看作是一种新物质）。所以说智能化是一种显著的生产力。

控制系统随着生产的发展而发展也呈现一个“逐渐细化”的基本过程。从最初的基地式仪表，历经组合式仪表、组装式仪表后，形成了分散控制系统，再进步到了今天的数字化电厂、智慧电厂，呈现一个信息处理和利用的颗粒度逐渐减小的过程，信息处理的本体设备的体积越来越小，而信息处理的密集度则越来越大。到了智慧电厂阶段，逐渐呈现以数据本体继续进行微分的信息细化特征。图1-3所示为电厂信息化技术的发展过程。图1-4所示为电厂信息化技术在生产发展的各个阶段所处理的信息的细化度的变化过程。

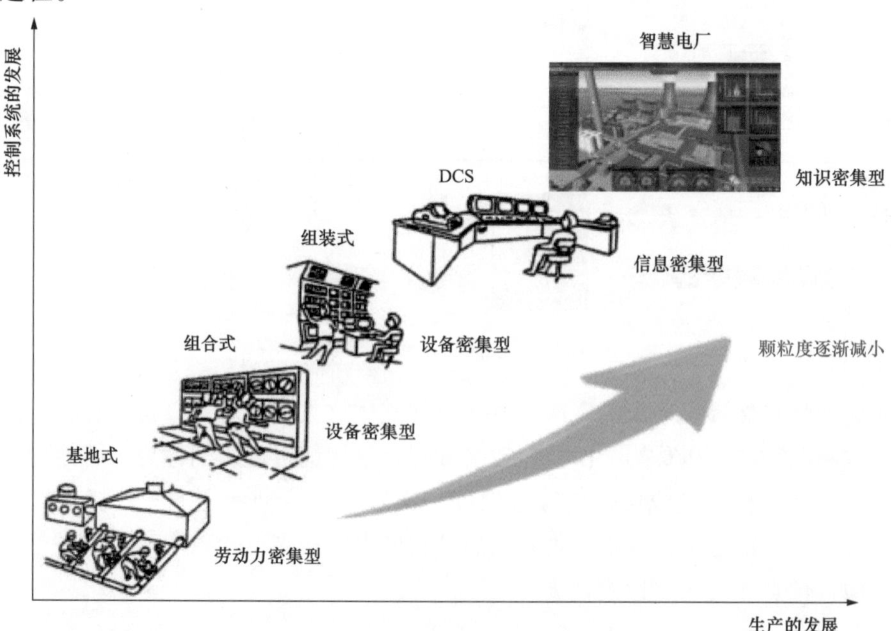

图1-3　电厂信息化技术的发展过程

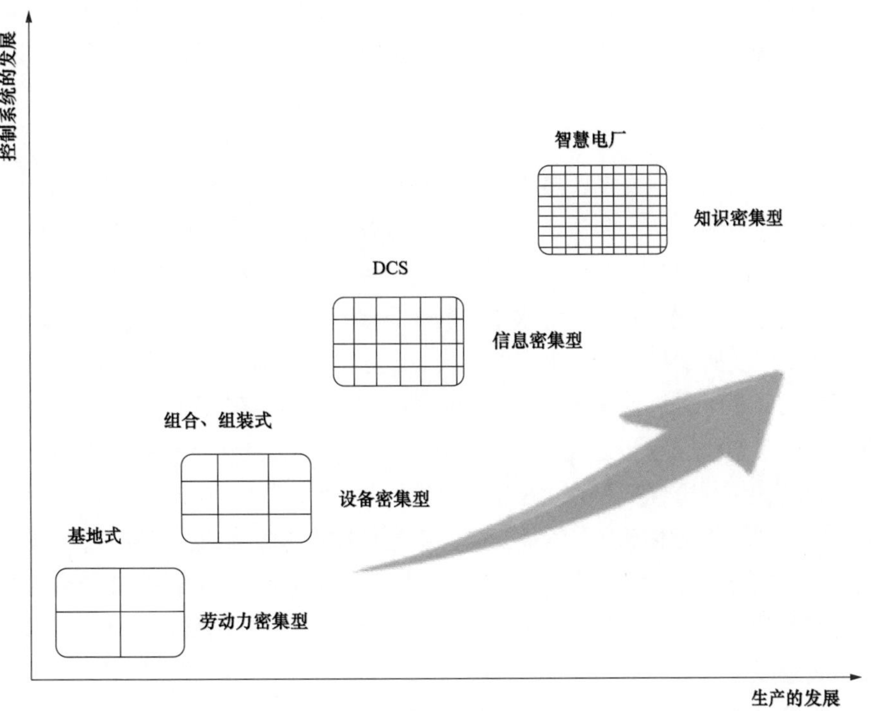

图 1 - 4　控制系统的各发展阶段信息处理的细化度

从以上对工业生产和控制系统的发展过程可以看出，总体呈现“不断微分、逐渐细化”的过程。具体体现在：

（1）分工逐渐细化。在生成规模逐渐扩大的背景下，生产分工越来越细化。

（2）能量和信息的传送和表达的单元越来越细化，能量和信息的载体越来越细小，而传送和处理的精度越来越高。

（3）逐渐出现了数据分层，当信息表达在形式上不能再细分的情况下，数据开始发生本质的变化，数据开始大量地生产出新数据，信息利用的维度增加了，智慧电厂阶段这个特征尤其突出。

智慧电厂产生前的生产方式，基本以一次数据为主，而智慧电厂则以二次、三次或高次数据为主。信息处理领域也呈现这样的规律和趋势，例如信号处理技术中最先是在一维空间针对时域函数的处理，后来发展到二维空间的傅立叶变换，再到三维空间的小波变换，也呈现着逐渐微分、不断细化的过程。

第二节　智能发电基本概念与信息化分层模型

一、智能发电的基本概念和技术要素

2015 年，国务院印发《中国制造 2025》的通知，旨在信息化与工业化深度融合的背

景下，推进重点行业的智能转型升级，并于 2016 年相继发布《关于推进互联网+智慧能源发展的指导意见》和《电力发展“十三五”规划》，明确提出要促进能源行业与信息技术的深度融合，大力推进电力工业的供给侧结构性改革。在此时代背景下，“智能发电”的概念应运而生。

智能发电涉及自动控制技术、热能动力工程科学、计算机科学、人工智能技术、大数据分析和信息化管理等多学科、多领域，相关研究涉及智能发电概念的探讨、典型特征的归纳和体系架构的建立以及智能电厂整体结构的构建、智能化建设关键技术的研发与工程应用。2016 年 1 月，国家能源局发布《智能水电厂技术导则》，规定了智能水电厂的基本要求、体系结构、功能要求及调试与验收要求。2016 年 11 月，由中国自动化学会发电自动化专委会及电力行业热工自动化技术委员会共同编写的《智能电厂技术发展纲要》发布，提出了智能电厂的概念、体系架构和建设思路。由中国电力企业联合会组织编写的 T/CEC 164—2018《火力发电厂智能化技术导则》于 2018 年 1 月 24 日发布，2018 年 4 月 1 日实施，该导则规定了（火力）发电厂的基本原则、体系架构、功能与性能等方面的技术要求。

为了规范和引导智能发电建设，2017 年 9 月，国家能源集团发布《国家能源集团公司智慧企业建设指导意见》，明确智慧企业建设的指导思想、总体目标、建设规划和重点任务，对集团智慧企业建设进行总体谋划和安排。2017 年 11 月，国家能源集团在《国家能源集团公司智慧企业建设指导意见》框架下，编写并下发《国家能源集团公司智能发电建设指导意见》。明确提出智能发电建设的基本原则、总体目标、主要内容和重点任务。

智能发电可理解为是以发电过程的数字化、自动化、信息化、标准化为基础，以管控一体化、大数据、云计算、物联网为平台，集成智能传感与执行、智能控制与优化、智能管理与决策等技术，形成一种具备自学习、自适应、自趋优、自恢复、自组织的智能发电运行控制管理模式，实现更加安全、高效、清洁、低碳、灵活的生产目标。

智能发电概念中所包含的关键含义是智能化。在宏观上，智能化可以看做是对多种影响因素进行综合考量来进行决策的过程，是多元信息融合和利用的过程。在这个过程中包含两个基本的要素，一是量，指能够准确确定影响决策的因素的种类和个数；二是度，指每种影响因素在综合决策中所起作用的权值和程度。如果能够在“量”和“度”两方面都有精准的检测和度量，那么以此为基础的决策结果将是十分准确和可靠的。因此，围绕智能发电中的这一关键含义，所涵盖和挈领的众多重要技术在智能发电中扮演着不同的角色，发挥着不同的作用。

数字化是智能发电技术实施的基本条件和重要的推动力量。数字化后就具有了信号远程传输的能力，能包括进来的更多、更全面的信息元素，从而可以使决策所依据的信息的覆盖面更大，为提高决策的准确度提供了条件和保障。例如，百公里以外的一座变电站的故障可能会对当前的发电厂的生产过程产生影响。那么，要将这一影响因素的数据传递到当前电厂作为决策的参与依据和参与因素，显然使用传统的硬接线是不可行的，必须利用现有的远程信息传递手段来解决，也即数字化的通信网络来传输数据。

自动化是智能发电技术在实现机制上的基础。自动化意味着在系统内构造了具有因果

关系的联动机制（开环或闭环）。控制器是自动化的核心，在控制器中实现了基于多元信息融合的综合决策机制，从而产生精准的控制量。因此可以说自动化技术是智能发电实现的技术基础，也包含了“智能化”实施的设备和场所。在信息处理的精度和方式上，智能化是自动化的高级阶段。在范畴上，自动化包含智能化。任何具有一定因果关系的信息处理可视为是自动化，这些信息的量可以很小；而智能化则是对在考量影响决策的更大范围内的多种信息的信息综合处理和决策输出，其信息量是相当丰富的。

信息化是一个很大的范畴。凡是能为信息处理设备（如计算机或人脑）所接收和有效理解的各类“量”都可以归为信息的范畴。信息化具有在自然世界的各种信息处理设备中进行传递和交互的特点。如果自然世界的各种“量”能够进入信息处理设备进行处理则可称为是信息化过程。信息化比数字化的范围更加广大，信息中不仅包含数字量，还包含模拟量。信息化是数字化、自动化的基础，智能化是基于多元信息融合进行决策，是信息化的一种高级应用。同时需要注意到，信息仅仅是智能化的条件和基础，不等同于智能化。智能化中更重要的部分是对这些信息作出正确、准确的综合，这包括：①具有丰富、完整的信息集合；②准确确定集合中每种信息对决策的权值和影响度，这属于信息化应用的高级阶段。

标准化的目的是扩大信息或数据所能到达的区域，同时增加数据流通的通畅度，从而有利于提高数据传输的实时性，也使决策所依据的信息的覆盖面更大，为提高决策的准确度提供了条件和保障。

管控一体化是将控制区域与管理区域联合起来，作为一个更大的区域来参与决策的，管理区域对于控制区域也是具有一定的影响的。可将管控一体化视作是一个发电生产中的能效“大闭环”，这个闭环中不但包括传统的控制区域，还包括扩展出来的管理区域，这样在基于多元信息融合的决策输出将更为精准。锅炉、汽机的负荷控制可看做是能效小闭环，单元机组级的负荷控制（包括给水、送风等）是能效中级闭环，而涉及更大范围例如人力管理等则是能效大闭环。

智能发电涉及多种重要技术，例如大数据、物联网、计算机视觉、机器人技术、智能检测与控制技术、智能优化技术、设备智能监测、智能燃料管理等。完善的智能发电技术中几乎涵盖了发电过程的每个细节。下面对智能发电概念中所涉及的一些重要技术的特点作一个分析和论证。

1. 三维数字化

三维数字化方面主要包括数字化设计、数字仿真、数字孪生体和三维可视化。目的是要把实体电厂基于它的数据、基于它的三维数字化来打造一个虚拟形式的电厂概念，对电厂的管控就实现了实体电厂和虚拟电厂、数字电厂整体融合。值得注意的是，三维数字化中的三维可视化是面向人类视觉的，其信息的接收者是人脑。三维可视化的信息可以辅助决策人脑作为控制器的控制输出。目前在人脑和电脑的协调应用（脑机协同）方面还存在不够流畅、实时性较差的问题。计算机在未来代替人脑的基于三维图像的信息处理，可以使信息流转环路中成为纯机器的模式，信息在这个环路中可通畅、快速、高效地流动，有效推动智能化的进一步发展。

2. 大数据技术

数据在采集和接收时具有时间离散的特性，某种程度上弱化了信息所表达的整体的特征。通过大数据技术，对获得的海量数据进行处理（如拟合、拼接等）从而获得总体上的某些特征，这对于挖掘获得的较为精准的各类元素对决策的影响权值和影响度具有重要意义。例如收集某个时期的机组的输入输出数据，通过数据分析（如拟合、估计等方法）可以获得机组某些内部状态变量对输出的影响度，从而使对象建模更为精准。又如，收集某个时期的某一类故障的相关数据，通过数据处理可以确定辨别此类故障的关键参数，从而为设备状态监测和故障预警和报警提供有力的支持。

大数据技术希望能把电厂的全生命周期、全设备、全流程和全数据进行整合，为生产运行维护提供决策依据。同时也要对设备进行远程的预警和故障诊断，来提高运行的经济性。

3. 物联网技术

物联网技术是泛在物联网的基础。是实现泛在感知和数据传输的技术支撑，也是扩大基于多元信息融合的决策输出的参与变量集合范围的主要手段，这里面主要包括智能巡检装置、高精度的定位技术以及智能穿戴设备，通过采用智能巡检装置来提高整个电厂的运行和设备维护的效能。

4. 计算机视觉

计算机视觉技术（如人脸识别和图像识别）是生产过程图像化信息采集的一种形式，其信息的接收者和处理者是计算机。计算机视觉技术也是扩大基于多元信息融合的决策输出的参与变量集合范围的一种手段。应当注意其与 VR/AR/MR 的区别。计算机视觉技术中的信息流向是从自然界到计算机，而 VR/AR/MR 的信息流向是从计算机到人脑。计算机视觉技术中计算机可充当决策者，而后者是人脑可充当决策者，智能化实施的主体是不同的。在应用中，人脸识别加上图像识别和体态行为识别，可实现对人员的智能化的管理，例如对人员在现场作业的安全行为进行提早的预报和判别。

5. 自然语言处理

自然语言处理也是人机协同技术的一种类型，与图像识别技术具有相似性。在这种技术中，信息的接收者和处理者是计算机。可将操作人员的语音作为一种输入信息，辅助进行机器决策。

6. 智能机器人

从宏观和系统的角度来说，发电过程中的机器人技术并不属于严格的智能化范畴，它更像是一种移动的检测装置或执行机构，包括巡检机器人、检测机器人、微型（狭小空间）检测机器人、导轨机器人、作业机器人以及无人机，对整个电厂从运行、维护、安全管理以及检修作业和检测方面都可以通过这些机器人进行完成。但如果这种移动的检测装置或执行机构具备了基于多元信息融合的决策能力，则可视为智能机器人。例如炉膛清扫机器人，如果能够通过接受智能化指令或根据周围环境或一定范围内的相关信息自行产生

智能化的操作，则属于智能机器人的范畴。不应混淆智能机器人与移动巡检机器人的概念，这是一个值得注意的问题。例如在一些电厂中使用的巡检机器人，摄像头采集图像后通过无线网络传递到值班室供检修人员来浏览和观看，仍然要通过检修人员来做出决策，这本质上并不具备智能化的特征，只是一种移动的检测装置。如果机器人通过图像采集能自主判断故障情况并将决策结果告知检修人员，则属于具有智能化的机器人。

7. 智能测量

智能测量，主要包括智能传感器和智能检测技术，这里面智能传感器主要是要抛弃目前传统的传感器的测量方式，能够通过软测量或者通过关联性的测量来获得一些平时我们拿不到的准确的数据，来提高整个设备的运行可靠性。智能检测方面我们可能借助远程测量、光谱分析、AI 智能分析等等实现对难以测量数据的实时监测。

8. 智能控制和运行优化

智能控制和运行优化是智能发电的主要内容。传统的 PID 控制由于进入控制器参与决策输出的信息量少，不具备多元信息融合进行决策输出的特征，显然其决策输出的控制量不够精准。虽然串级 PID 控制在一定程度上改善了单一 PID 在控制中的这一问题，但其控制精度仍然有待提高。一些高等控制算法如预测控制、神经网络控制等，具备多元信息融合的能力，能够将被控对象中多点状态融入控制量的决策中，在模型较为准确的前提下可较好地提高控制的精度，能够适应在变工况运行下的参数调节和深度调峰的负荷控制。

9. 状态检修

状态检修是指根据先进的状态监测和诊断技术提供的设备状态信息，判断设备的异常，预知设备的故障，并根据预知的故障信息合理安排检修项目和周期的检修方式，即根据设备的健康状态来安排检修计划，实施设备检修。状态检修包括对发电厂主辅机的状态监测和预警，以及对它的智能维护和状态检修。状态检修也是一种典型的智能化应用，通常需要采用多元信息融合进行决策输出，通过对设备中各类可检测到的信息进行采样，通过智能化的检测和诊断算法有效融合各类采样信息或对某种采样信息进行分解通过提取特征值的方法来进行诊断输出。

10. 智能燃料

火电厂燃料主要以煤炭为主，燃料成本占火电厂总成本的 70%～80%，火电厂燃料管理在燃料入厂斗轮机无人控制堆取物料、运煤信息自动采集、汽车运煤实时检测煤质、精准配煤等方面均需要进一步实现智能化管理。随着高科技、智能化的发展，使用智能监控辅助人工生产，智能化管控企业生产中的相关细节，跟踪实时数据，可以有效减少危险发生，优化生产过程，提高工作效率。燃料智能化管控包含两层含义，一是对煤料管控的智能化，通过融合现场、人员、资金、场地等方面的信息要素来取得对燃料运输、储存、分配、调度等方面的决策输入，其智能化范围在煤场及其厂区或更远的范围内，其特征是实现对煤场范围内相关资源的管控；二是介入对生产的智能化控制，通过将燃料按水分含量、煤种等进行分类管理，为机组的锅炉控制提供参考信息元，将燃料的水分、煤种等作为参与决策的信息元提供给锅炉控制器进行控制量的决策输出，其特征是实现对生产过程的相关资源特别是其中的燃料输入的管控。燃料智能管控的“智能化”效果最终还是需要落实到对某种资源的管控上。如果最终没有参与到对某种资源的管控上，其智能化程度则显著降低。因此说燃料智能化管控不能只看过程和形式，要看其最终的参与资源管控决策的效果。

二、智能发电信息化分层模型

根据工业生产发展过程中所伴随的工业信息化的发展过程，可将智能发电的信息化体系概括为一个分层模型，如图 1-5 所示。

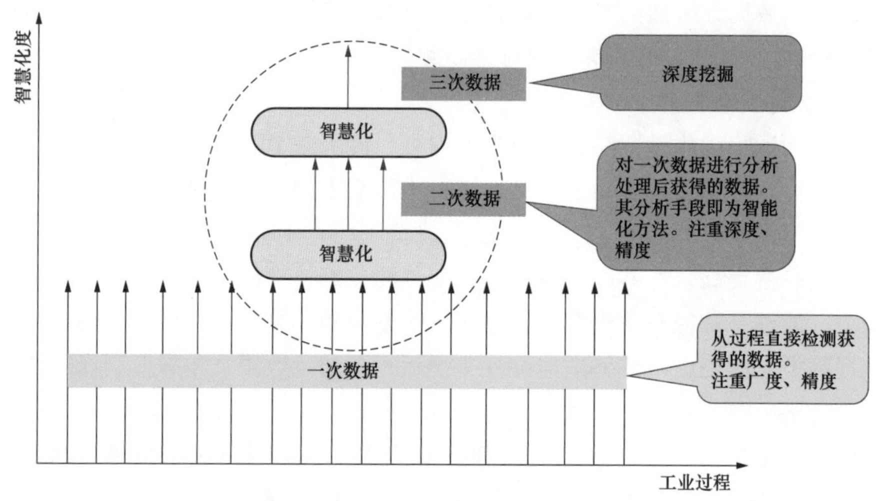

图 1-5　智能发电信息化分层模型

这个模型体现了智能发电信息化体系的层次构成和从量变到质变的发展过程。智能发电信息化体系的建设化过程可以模拟为楼宇建设的过程，典型特征是自底向上、逐层建设。工业信息化是一个逐层建设的过程，层次越多，可容纳的信息量越大；同时，需保障智能发电信息化体系的稳固性，需要增强基层信息化的密集度、准确度，以支撑和保障上层的建设。在这个模型中，第一层也就是基层是从生产过程直接检测或通过传输获得的数据，这一层次的建设主要考虑数据采集和获取的广度和精度，也就是基层的牢固性。数据的广度、密集度的提高可显著减少信息采集遗漏，而较高的数据精度则保障了基层数据的可靠性和可用性，这些措施都可以显著提高上层数据二次处理的准确度，在基层数据的感知和采集上采用泛在感知、物联网、遍布式网络为主要手段的大数据低层建设，以及精密化测量和检测技术的发展和突破，其要旨在于增加智慧化、信息化体系基层的稳固度，为上层的进一步建设提供强有力的支撑和保障。分层模型的第二层是直接建立在第一层的基础之上的，主要是对一次数据进行分析处理后获得的数据，其主要途径和手段是智能化技术。模型第三层是在第一层和第二层数据基础上生产的三次数据，三次数据产生时会使用第一二层的数据，这一层往上属于数据的深度挖掘和利用，包括基于机器的深度学习等功能。在这个分层模型中，层次越高标志系统的智慧程度越高。智能化的核心是“数据，算

法，模型”，映射到该模型中，数据是“楼层”，算法和模型是“楼板”，这样构成信息化体系的一个基本层面，整个信息化体系是由若干个这样的基本层面构成的。

三、基于信息化分层模型的电站映射

（一）传统电厂基于信息化分层模型的映射

传统电厂基于信息化分层模型的映射如图 1-6 所示。

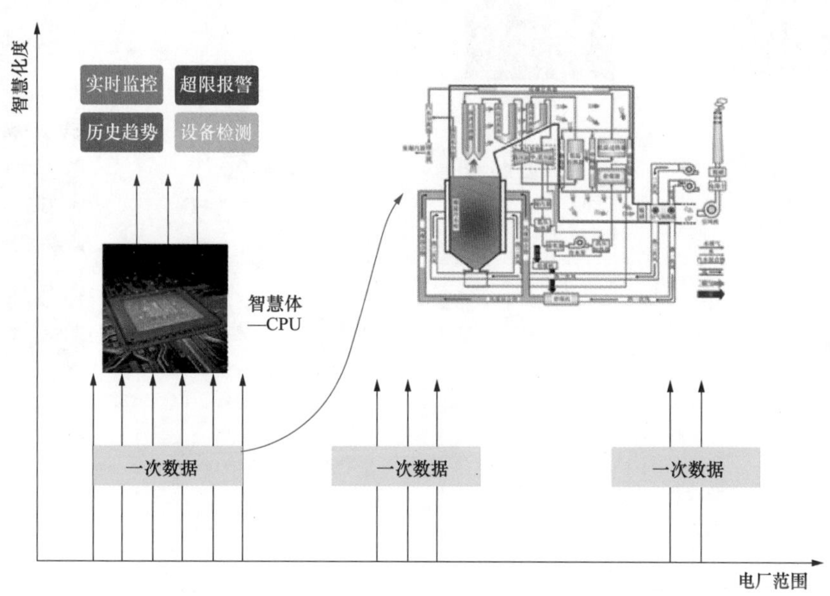

图 1-6 传统电厂基于信息化分层模型的映射

传统电厂基于信息化分层基本特点为：

（1）基层（第一层）数据不够丰富，且主要集中在控制区域，数据在生产过程中采集的均匀度、密集度都不够，报警信息也主要来自一次数据。

（2）第二层具有的简单的智能化，比如 PID 控制，是在现场测量的被控量基础上通过比例积分微分的参数来对一次检测的数据进行分析处理从而获得控制量，所以可以说具有一定的简单智能，具有一定的数据分析和组合的能力。

（3）第三层及以上的深度数据挖掘和利用几乎没有。从智慧主体上来看，虽然在第一层和部分第二层已经达到对生产过程的监控等普遍使用计算机作为数据分析、计算的主要工具，但在第二层仍然大量采用人脑作为智慧体进行数据的分析和处理，还不存在或较少存在由计算机作为智慧体的基于一层数据分析获得的智能报警、智能预警、智能联动等功能。第三层的智慧主体基本是人脑。

（二）数字化电厂基于信息化分层模型的映射

数字化电厂基于信息化分层模型的映射如图 1-7 所示。

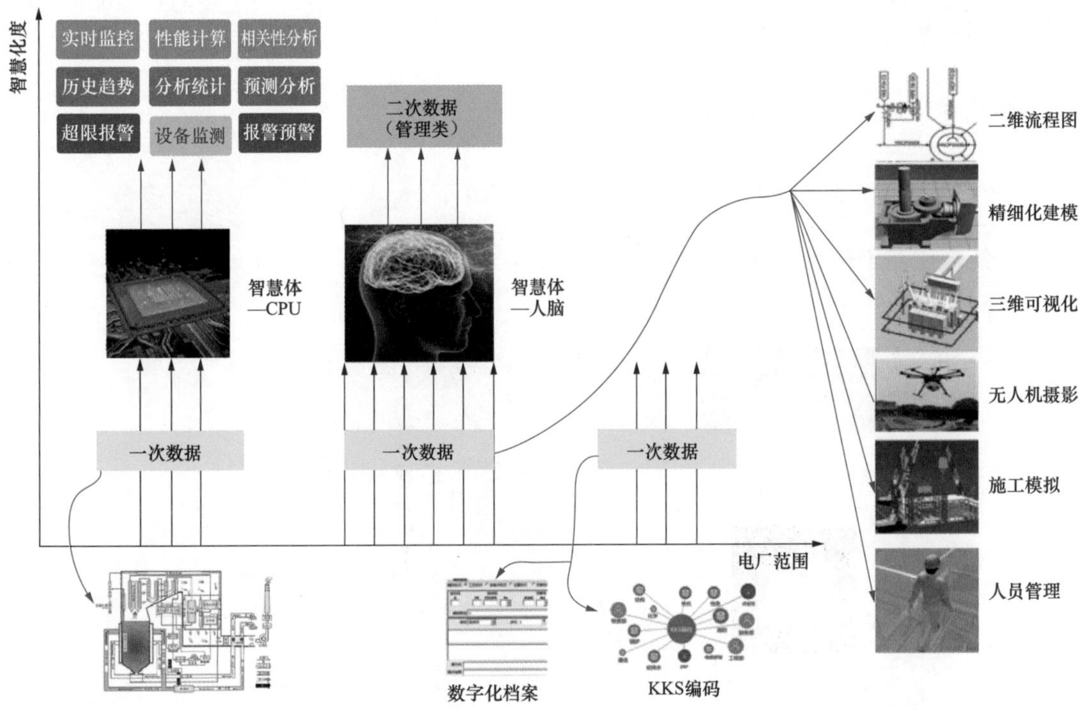

图 1-7 数字化电厂基于信息化分层模型的映射

数字化电厂基于信息化分层基本特点为：

(1) 基层数据正在逐渐丰富起来，逐渐引入和普遍使用更先进的测量和检测手段，广泛采用了二维流程图、精细化建模、三维可视化、无人机图像采集等手段，数据在生产过程中采集的均匀度有很大改善、密集度也显著提高，数字化逐渐推广到了基建、管理、服务等区域，管控一体化体系逐渐形成。先进手段采集的一次数据所使用的处理他们的智慧体既有人脑也有计算机，是一种并行的模式，比如二维流程图、三维可视化主要是面向人脑智慧体的，而无人机图像采集则可以是面向计算机的，也可以面向人脑智慧体。

(2) 第二层具有了较为复杂的智能化，出现了一些基于海量数据分析处理的智能化应用，如性能计算、设备状态预测、智能报警和预警等。

(3) 第三层及以上的深度数据挖掘和利用也逐渐开展起来，如统计分析、中长期规划等。从智慧主体上来看，在控制区域第一层和部分第二层已经普遍实现基于计算机的数据分析、计算，但在第二层的管理和服务领域是人脑和计算机并行作为智慧体进行数据的分析和处理。第三层的智慧主体也是呈现人脑和计算机并行的态势。所以数字化电厂可基本总结为“一层逐渐加固，二层显著改进，三层有待深化”。

（三）智能发电基于信息化分层模型的映射

智能化电厂基于信息化分层模型的映射如图 1-8 所示。

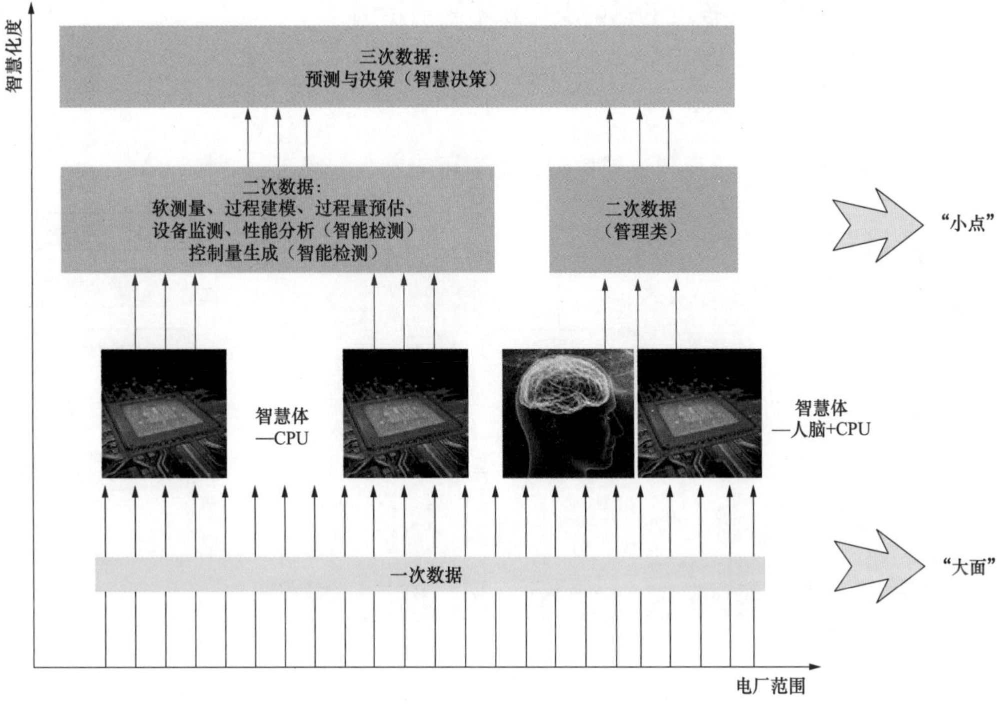

图 1-8 智能发电基于信息化分层模型的映射

智能化电厂基于信息化分层基本特点为：

(1) 基层广泛和普遍地采用了先进的测量和检测手段，包括视、声、光、磁等手段，如图像识别、定位技术、无线射频、激光扫描、无人机数据采集、红外测温、超声波测温测距等，数据在生产过程中采集的均匀度和密集度日趋最优；数字化广泛应用到了基建、管理、服务等区域，管控一体化体系全面形成。

(2) 第二层具有了充分的智能化，覆盖软测量、过程建模、设备监测、智能报警和预警、性能分析等众多应用领域，数据处理的精细度和准确度显著提高。在一、二层次呈现智“大面小点”的主要特征，“大面”指信息采集的广度更大，能兼顾的情况更完善；“小点”指对物理过程的某个参数或在某点上取得更精准的控制效果。

(3) 第三层及以上的深度数据挖掘、深度学习日益得到广泛应用，为决策提供了重要的支撑和保障。

从智慧主体的实现形式上，在分层模型的第一层和部分第二层完全实现了基于计算机的数据分析与处理。在模型第二层的管理相关领域，其智慧体主要是人脑和计算机并行的模式。第三层的智慧主体也是呈现人脑和计算机并行的态势。因为在目前建设阶段，人作为智慧主体的作用还是很显著的，尤其是在创新性思维方面，还远远不可能实现计算机取代人脑。所以智能发电可基本总结为“一层基础坚实，二层智能化广泛，三层日趋深化”。

四、基于信息化分层模型的智能发电技术映射示例

（一）控制技术

控制技术在智能发电信息化分层模型的映射可表示为如图 1－9 所示。

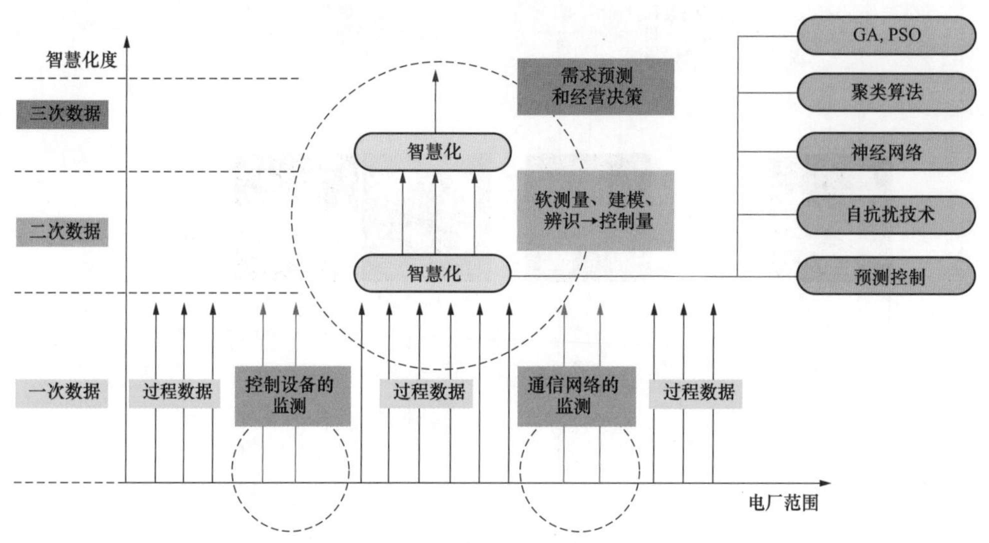

图 1－9　控制技术在智能发电信息化分层模型的映射

控制的基础是测量，可以把控制描述成：

$$J = C + P + D \tag{1-4}$$

式中：J——控制目标或设定点；

C——控制量；

P——被控对象当前值；

D——所有的扰动量和暂态量、动态量的和值。

J 作为设定点是已知的，P 是可直接测得的过程量，也可以获得，要得到精准的控制量 C，只需准确测得 D 即可。准确测量 D 是整个控制的难点所在，但 D 作为所有的扰动量和暂态量、动态量的和是很难直接精准测量获得的，有的甚至不能直接测量，需要用各种方式来估测它，这样就出现了诸如软测量、辨识等间接测量技术[13-17]。第二是建模技术。模型就是对真实对象的模拟，作为后续研究的一个二次平台（真实过程和物理对象是一次平台），所以可以把模型看作是检测的一种特殊形式，因为模型可以代替实际对象来给我们提供“准”一次数据。因为建模是数据从采集到应用的一个中间环节，所以可以把建模也看作是一种检测[12-14]。建模获得的模型，有的是数据片段可剥离的，也即是需要的特性数据可以从中直接获得，比如基于传递函数的建模；还有一种是不便直接剥离的，比如基于神经网络的在线辨识，这时候建议采用建模/控制一体化模式，以减小信息失真和信息损失。在智能发电建设的第二层——智能层，常用的算法包括预测控制，其基础是预

测模型，需要通过测量获得；自抗扰控制使用扩张状态观测器对被控对象的状态进行估计，也可视为一种检测；神经网络控制通过误差反传对连接权值进行动态调整，可以实现类似积分环节的逐步逼近和趋优的过程，其梯度下降的速率 η 可看作是对过程动态特性的基本估计，仍可归为检测的范畴。智慧层的控制器参数优化功能可视为是对测量不准（包括不能直接测量）的一种补偿，也可以看作是逐步趋近需要量测的某个量的实际值（如暂态量、动态量），在一定程度上可等价于对测量环节的改进，如图中的 GA，PSO 等算法就是典型的优化算法。

（二）报警技术

智能报警的原理性描述如图 1－10 所示。图 1－10 中蓝色点表示生产过程的检测点，红色小方块表示故障点。在实际生产中，故障点可能不能被直接检测到，但故障点的故障会对各个检测点产生影响，使其检测的数据出现一些异常的特征。通过故障诊断方法比如专家系统、故障树、神经网络等来提取这些检测点数据变化的特征，进而判断故障的类型和数值。可见，在一次数据基础上产生二次数据，能做到较好的报警。

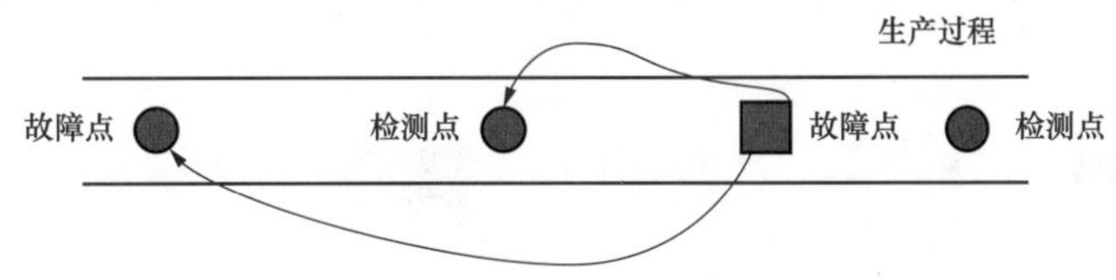

图 1－10　智能报警的原理性描述

报警技术在智能发电信息化分层模型的映射如图 1－11 所示。

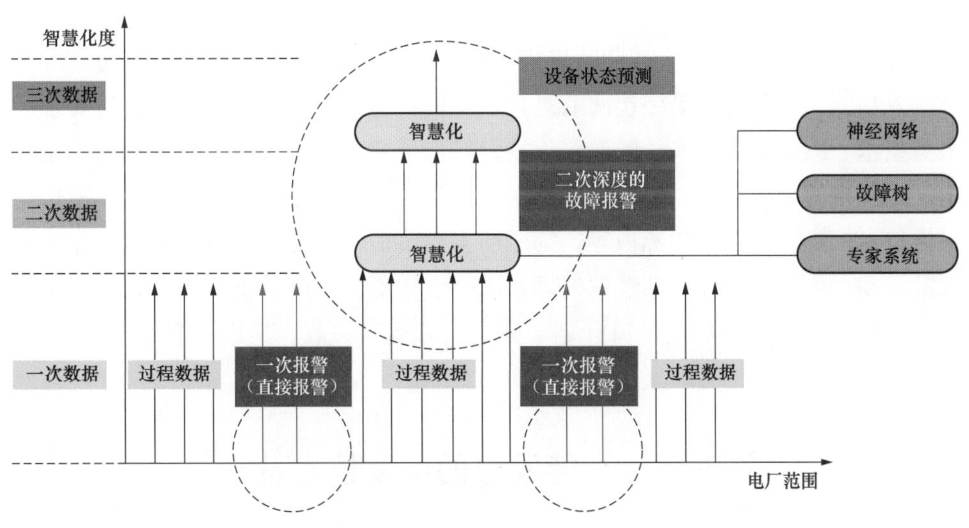

图 1－11　报警技术在智能发电信息化分层模型的映射

在分层模型中，位于第二层次的故障报警主要包括智能安全报警及预警，包括抗滋扰报警、报警故障根源分析、故障智能预警等，可通过专家系统、故障树、神经网络等技术来实施[8,9]。这个层次故障诊断的主要对象是各类本体设备的运行状态和控制系统传感器、执行器的工作状态。第三层可通过对机组设备重要状态参数的劣化分析、基于深度学习实现设备故障诊断和故障实时超前预警，可通过数据分析、处理与控制、状态诊断的最新技术来实现。

（三）燃料智能管理技术

燃料智能管理技术在智能发电信息化分层模型的映射如图 1－12 所示。

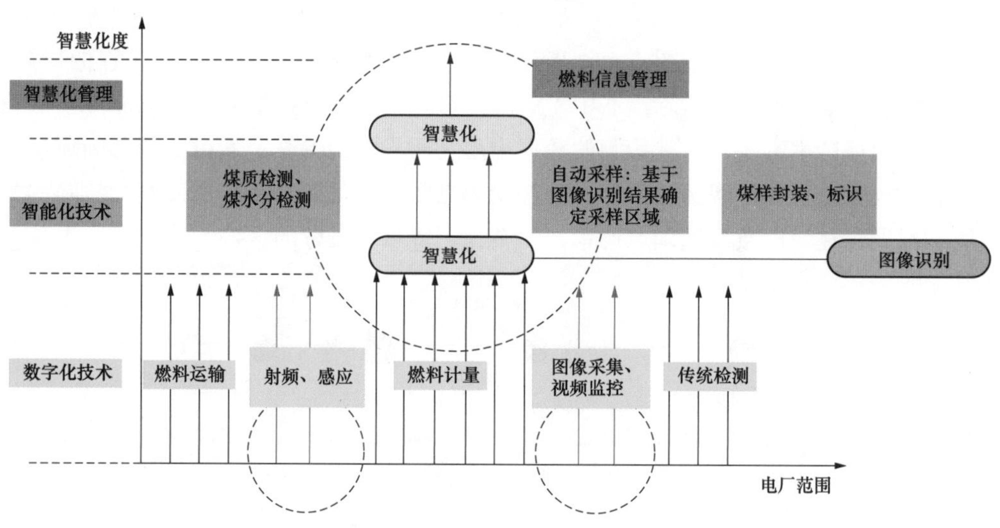

图 1－12　燃料智能管理在智能发电信息化分层模型的映射

燃料智能管理功能包括燃料自动识别、自动计量、自动采样、煤样封装、标识、存储、分析等功能。位于模型第一层次的是直接从燃料现场采样获得的数据，主要手段包括射频采集技术、感应采集技术、图像采集技术等，可实现燃料入厂、过磅称重、采样、卸煤、出厂过程中的来煤管理。模型第二层次主要包括煤质、煤水分检测；基于图像识别的自动采样技术；煤样的封装和标识等。第三层主要实现燃料管理，包含有人脑作为智慧主体的大量活动，主要是管理类的数据处理，适用于集团、二级单位、燃料公司、电厂等多级单位的燃料信息管理，实现燃料计划、合同、调运、验收、接卸、煤场、入炉、结算、厂内费用及供应商全流程管理。

第三节　智能发电的主要技术基础

一、大数据技术

大数据指数据的规模大到在获取、存储、管理、分析方面大大超出了传统数据库软件

工具能力范围的数据集合，具有海量的数据规模、快速的数据流转、多样的数据类型和价值密度低四大特征。大数据技术的战略意义不在于掌握庞大的数据信息，而在于对这些含有意义的数据进行专业化处理。大数据技术通过对大量的、多种类和来源复杂的数据进行高速地捕捉、发现和分析，用经济的方法提取其价值的技术体系或技术构架。大数据不仅包括单纯的数据，同时还包括对这些数据进行处理的理论和方法。

在电力生产过程中，都会涉及对传感器等设备的采集数据进行存储和处理这一典型的应用，其流程可表述为：

（1）将传感器的采集数据汇集到前置的汇集器。

（2）前置的汇集器将实时数据传输到数据处理中心。

（3）数据处理中心对传输过来的实时数据进行实时的清洗和报警。

（4）将实时数据和报警、计算数据一并存入持久化存储。

（5）对持久化存储中的数据进行多维分析与数据挖掘。

（6）对持久化存储中的数据进行可视化展示。

这是电站生产中一个典型的数据处理的过程。当生产范围进一步扩大时，需要检测和采集的数量显著增加，上述处理过程的规模会显著增大，需要应用大数据技术来处理。

传统电厂在数据处理方面存在的问题包括：

（1）内部运行系统产生了大量的数据，但是历史数据仅限于积累和增量存储，并没有发挥其最大利用价值，需要有效地从大量信息中提取有价值的分析数据和预测信息。

（2）内部运行系统的数据收集和处理方式也相对传统，仍然广泛包括人为观测或者使用一些传统的非智能算法进行的数据采集和预测。

（3）随着互联网发展和工业信息化的进一步发展，电厂的系统运行和操作行为特征也正在发生着改变，而传统的数据处理模式难以把握这些新的特征行为，生产的决策智能化问题亟待解决。

所以智能发电的数据采集、数据处理以及数据分析、评价、预测必须有一个完整健壮的解决方案或者多个解决方案组合进行解决。

火力发电厂大数据主要分为两类：①生产运行相关数据；②企业管理相关数据。本文主要对与智能电厂控制层实施过程中关系密切的生产运行数据进行研究，这些运行数据之间不是完全独立的，存在比较复杂的耦合关系。

火力发电厂大数据的特点主要包括以下几个方面：①数据来自各种不同的设备和系统；②数据量大、维数多、数据种类多；③大数据对电厂运行可靠性、经济性均具有巨大的价值；④各数据之间存在着复杂关系需要挖掘，且大多数情况下有实时性要求。

火电厂大数据的应用可分为创建目标数据源、数据处理、数据分析，对数据分析所得规则知识等信息进行解释，对所得规则知识进行应用验证。以上步骤中的数据处理、数据分析、数据规则知识信息解释三个部分为大数据应用过程中的关键技术：

（1）发电厂大数据多样性以及不精确性、不完整性等特点，这种复杂的数据环境要求必须对数据源中的数据进行处理，可采用统计学方法剔除由于精度等原因产生的异常数据和部分冗余数据；采用聚类分析的方法对数据源中的数据进行抽取和集成，为后续数据分析的合理性提供有效的支持。

(2) 数据分析是大数据发挥其核心价值的重要流程，常用的数据分析技术主要有数据挖掘、机器学习、统计分析、神经网络、模糊理论等，分析的结论可用于推荐系统、专家系统、运行指导、决策支持系统等方面。

(3) 对于数据分析的结果，其核心内容是数据规则、数据知识等的具体表述方法，如果没有合适的表述方法，使用者往往难以理解，甚至会误导使用者；一般的表述方法仅是文本、图表等电脑终端的直观显示，随着云技术的不断发展，标签云、人机交互技术等可视化技术的解释方法被逐步应用，数据分析得到的规则、知识等信息的解释逐步向最佳的数据解释效果方向发展。

电厂的基于大数据的运行和管理基本包括以下一些典型内容（不限于这些内容）：

（1）发电设备寿命管理；

（2）发电设备故障检测和诊断；

（3）发电设备状态检修；

（4）系统运行稳定性评估；

（5）负荷预测；

（6）发电量的动态规划；

（7）电力市场用户特征分析等。

例如，发电设备的故障诊断中，依据变压器内部发生故障时的电、热反应和化学反应，诸如产生一些气体 CH_4、C_2H_4、CO_2、H_2 等，这些气体成分数据具有小样本、非线性、高维度的特征，可以通过监测分析这些气体含量，学习出具体的分析模型和预测模型，从而对变压器实现故障诊断，并且给出设备运行状态的评估模型。例如用于发电动态规划的负荷预测，可以采用多元回归或者神经网络对负荷数据进行曲线拟合来预测固定时段或特殊情况的负荷量，实现资源的优化调配。电站基本上每一种设备都会有相应的检测方式，比如旋转机械类（汽轮机、轴承），一般会基于传感器给出的振动信号进行频谱分析仪来进行诊断；而锅炉管壁等金属则会基于热应力计算等方法进行诊断；还有基于神经网络对于发电机状态的监测与诊断、汽轮机调门特性曲线优化、控制系统性能评估等，这些都在一定程度上使用了大数据处理技术。

大数据处理的基础是数据库技术。在电厂需要建立企业级数据库（例如 Oracle），可以在数据库上架构数据挖掘平台来分析数据。未来面向电力生产的大数据技术在系统架构上还会得到进一步的发展。同时从技术角度来看，大数据与云计算的关系密不可分。大数据无法用单台的计算机进行处理，必须采用分布式架构。大数据的特色在于对海量数据进行分布式数据挖掘。但大数据必须依托云计算的分布式处理、分布式数据库和云存储、虚拟化技术，例如基于中台架构的大数据存储与利用，包括中台数据智能系统、中台数据业务系统等。

二、云计算技术

云计算（cloud computing）是分布式计算的一种，指的是通过网络“云”将巨大的数据计算处理程序分解成无数个小程序，然后通过多部服务器组成的系统进行处理和分析这些小程序得到结果并返回给用户。云计算早期是简单的分布式计算，解决任务分发，并进行计算结果的合并，因而云计算又称为网格计算。通过云计算技术，可以在很短的时间内（几秒钟）完成对数以万计的数据的处理，从而达到强大的网络服务。现阶段所说的云服务已经不单单是一种分布式计算，而是分布式计算、效用计算、负载均衡、并行计算、网络存储、热备份冗杂和虚拟化等计算机技术混合演进并跃升的结果。

云计算的本质是一种服务提供模型，通过这种模型可以随时随地、按需的通过网络访问共享资源池的资源，这个资源池的资源内容包括计算资源、网络资源、存储资源等，这些资源能够动态的分配和调整，在不同的用户之间，灵活切换划分。凡是符合这些特征的IT 服务都可以称为云计算服务。

云计算是与信息技术、软件、互联网相关的一种服务，这种计算资源共享池叫作“云”，云计算把许多计算资源集合起来，通过软件实现自动化管理，只需要很少的人参与，就能让资源被快速提供。计算能力作为一种商品，可以在互联网上流通，可以方便地取用，且价格较为低廉。

云计算不是一种全新的网络技术，而是一种全新的网络应用概念，云计算的核心概念就是以互联网为中心，在网站上提供快速且安全的云计算服务与数据存储，让每一个使用互联网的人都可以使用网络上的庞大计算资源与数据中心。

云计算主要经历了四个阶段才发展到现在这样比较成熟的水平，这四个阶段依次是电厂模式、效用计算、网格计算和云计算。

电厂模式阶段：电厂模式如同利用电厂的规模效应，来降低电力的价格，并让用户使用起来更方便，且无需维护和购买任何发电设备。云计算就是这样一种模式，将大量分散资源集中在一起，进行规模化管理，降低成本，方便用户的一种模式。

效用计算阶段：在 1960 年左右，当时计算设备的价格是非常高昂的，远非普通企业、学校和机构所能承受，所以很多人产生了共享计算资源的想法。1961 年，人工智能之父麦肯锡在一次会议上提出了“效用计算”这个概念，其核心借鉴了电厂模式，具体目标是整合分散在各地的服务器、存储系统以及应用程序来共享给多个用户，让用户能够像把灯泡插入灯座一样来使用计算机资源，并且根据其所使用的量来付费。

网格计算阶段：网格计算研究如何把一个需要非常巨大的计算能力才能解决的问题分成许多小的部分，然后把这些部分分配给许多低性能的计算机来处理，最后把这些计算结果综合起来攻克大问题。由于网格计算在商业模式、技术和安全性方面的不足，使得其并没有在工程界和商业界取得预期的成功。

云计算阶段：云计算的核心与效用计算和网格计算非常类似，也是希望 IT 技术能像使用电力那样方便，并且成本低廉。但与效用计算和网格计算不同的是，2014 年在需求方面已经有了一定的规模，同时在技术方面也已经基本成熟了。

云计算在智能电网中有着广阔的应用空间和范围，在电网建设、运行管理、安全接入、实时监测、海量存储、智能分析等方面都发挥了巨大作用，应用于智能电网的发电、输电、变电、配电、用电和调度等各个环节。通过将云计算技术引入电网数据中心，将显著提高设备利用率，降低数据处理中心能耗，扭转服务器资源利用率偏低与信息壁垒问题，全面提升智能电网环境下海量数据处理的效能，效率和效益。

云计算应用于智能发电的一个典型例子是云桌面的使用。随着智能发电建设的推进，对于运行优化、检修管理、可视化培训等关键信息的数据安全型、使用便利性、服务性的要求越来越高。同时随着煤炭价格不断上涨和环保投入压力陡增，建设绿色、节约、高效的管理信息系统的要求也更为迫切。相比传统电脑办公方式，桌面云系统在用户体验、信息安全、运行维护、节能环保等方面更有优势。桌面云系统是基于云平台的桌面化操作系统，通过虚拟化技术，在后端将数据中心的多个高性能服务器资源整合为一个整体，在前端使用桌面瘦客户端连接显示器和键盘鼠标。通过特殊的桌面传输协议，实现后端服务器向前端显示器推送用户桌面（包括计算资源、存储资源和管理服务），以及前端外设到后端服务器的数据交换，前端不参与任何计算和应用服务，可以有效解决办公终端设备运行维护和信息安全管理的困难。

在智能发电技术未来的发展中，在考虑系统安全的前提下，通过云平台将智慧电厂的“智慧”共享出去，可显著提高智能发电建设的灵活性和效率。

三、物联网技术

物联网（the internet of things，简称 IOT）是指通过各种信息传感器、射频识别技术、全球定位系统、红外感应器、激光扫描器等各种装置与技术，实时采集任何需要监控、连接、互动的物体或过程，采集其声、光、热、电、力学、化学、生物、位置等各种需要的信息，通过各类可能的网络接入，实现物与物、物与人的泛在连接，实现对物品和过程的智能化感知、识别和管理。物联网是一个基于互联网、传统电信网等的信息承载体，它让所有能够被独立寻址的普通物理对象形成互联互通的网络。

物联网的基本特征从通信对象和过程来看，物与物、人与物之间的信息交互是物联网的核心。物联网的基本特征可概括为整体感知、可靠传输和智能处理。整体感知利用射频识别、二维码、智能传感器等感知设备感知获取物体的各类信息。

可靠传输通过对互联网、无线网络的融合，将物体的信息实时、准确地传送，以便信息交流、分享。智能处理使用各种智能技术，对感知和传送到的数据、信息进行分析处理，实现监测与控制的智能化。根据物联网的以上特征，结合信息科学的观点，围绕信息的流动过程，可以归纳出物联网处理信息的功能：

（1）获取信息的功能。主要是信息的感知、识别，信息的感知是指对事物属性状态及其变化方式的知觉和敏感；信息的识别指能把所感受到的事物状态用一定方式表示出来。

（2）传送信息的功能。主要是信息发送、传输、接收等环节，最后把获取的事物状态

信息及其变化的方式从时间（或空间）上的一点传送到另一点的任务，这就是常说的通信过程。

(3) 处理信息的功能。是指信息的加工过程，利用已有的信息或感知的信息产生新的信息，实际是制定决策的过程。

(4) 施效信息的功能。指信息最终发挥效用的过程，有很多的表现形式，比较重要的是通过调节对象事物的状态及其变换方式，始终使对象处于预先设计的状态。

在电力生产中，物联网作为一种与生产过程和管理体系进行实时交互的网络系统，是以互联网为基础在生产、管理等范围内进行的延伸与扩展。先进的物联网技术的引进和应用，可以有效实现电厂生产安全监管和智能化感知，提高物与物之间的互联效率，提高生产过程的控制精度；同时还可以实现人员、设备之间的互动，从而可大大提高生产的安全性。

对于电力生产管理过程中应用的物联网技术而言，其最为重要的一个技术手段是识别。基于物联网技术的不同物间的交换，各交换物都有其独特的标识码，即代码。对于上述交换物代码而言，通常具有永久性和临时性两种类型，不可能具有多种可能性。对于物联网而言，其构成非常的复杂，实践中需在物联网原物体上布设可识别代码的装置。在当前电厂生产管理过程中，物联网技术中还具有架构功能；物联网架构中，需有提供者与有需求者，两者通过共享模式来实现资源和信息的共建与共享。电厂生产管理中的物联网技术，还具有信息数据处理功能，基于物联网技术对信息数据进行处理，可对收集到的相关数据和信息进行综合分析，并对其进行妥善处理，有利于及时调整安全管理机制，提高生产安全管理效率。

实践中利用现代移动物联网手段，基于对外界相关数据信息的接收建立实时监控网络系统。同时，通过利用传感监控网络建立辅助安监控制系统，而且能够有效实现辅助生产安全管理，提高智能化监控、判断以及管理和验证效率。对于辅助安全监管系统而言，其主要包括三个层面的内容，分别是电厂管理主机、主机服务器以及由物联网构成的子系统。具体分析如下：

(1) 对于第一层，主要是通过厂内服务器主机接收各子系统的实时运行数据信息，比如异常情况图像和视频等；监控人员发出控制指令，比如启动风机等指令，对生产系统进行远程管控。

(2) 对于第二层，其功能主要体现在厂内主机服务器接收传感网络监控到的数据，并且对生产系统的实际运行状态进行评估，然后综合判断异常状况，最后执行上述判断结果，从而实现各辅助安全生产系统与子系统的沟通协调，有效弥补异常状况造成的影响；同时还可以自动生成处理报告，然后上报监控指挥中心，并且接收并执行指挥中心的指令。

(3) 对于第三层，由物联网构成的电厂各辅助生产子系统，主要包含执行用智能终端（比如自动报警设备、智能自动调节设施等）、中间节点（比如传感网络等）以及感应用传感器（比如高清摄像头等），各监控数据在节点集合并上传到控制主机服务器，然后由智能终端对处理结果进行有效执行，比如排风抽湿、调节温度以及发出告警信号等。

四、智能化技术

智能化是指研究对象在网络、大数据和人工智能等技术的支持下，所具有的能满足生产和生活的各种需求的属性。智能化技术是实现数据生产的基本手段，是实现数据深度利用的根本途径。智能化技术与大数据相结合，可以生产出更多、更有意义的新数据，从而为用户提供更多、更有价值的信息，从本质上提高生产效率和产品质量。图 1－13 描述了一个智能化的示例。

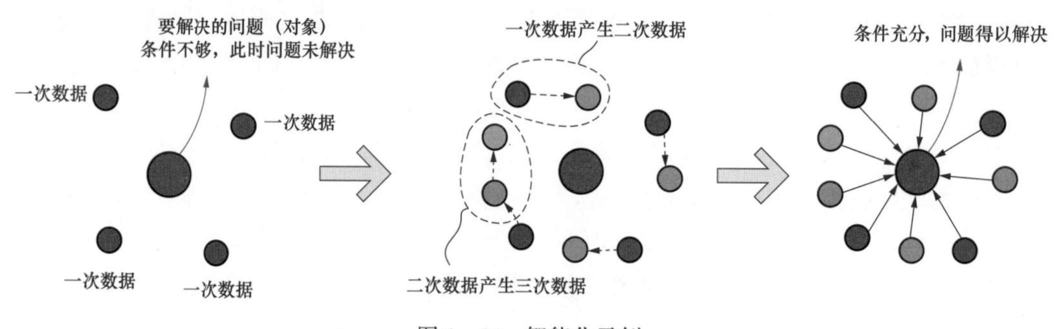

图 1－13　智能化示例

图 1－13 中过程所描述的智能划分为三个阶段：

（1）起先，对于某个待解决的问题或者研究对象，只能获得有限的一次数据（如图中蓝色圆点所示），所以获得的已知条件不够充分，无法解决目标问题。

（2）系统应用智能化方法，从一次数据中产生二次数据、三次数据乃至高次数据，从而为问题的解决提供了更多的信息和更多的已知条件。

（3）在充分的已知条件下，问题得以解决。

智能化具有不同的程度。从广义上讲，基于从现场直接采集或传输获得的一次数据能够采用分析、综合等方法获得二次、三次或高次数据的，都可以认为具有智能化的特征。智能化是一种特征和方法，与不同的应用场景和应用对象相结合可以产生不同的智能化技术。例如与设备将结合就产生了智能化设备；与控制技术相结合就产生了智能控制技术；与报警技术相结合就产生了智能报警。在智能控制技术中，控制算法应用现有的从现场采集的一次数据生产更多的二次和高次数据，可以计算获得更精确的控制量；智能化设备应用现有的从现场采集的一次数据生产更多的二次和高次数据，可以实现对设备更精准、有效的监控，以及实现与人员或其他第三方设备的更高效的交互；智能报警应用一次报警数据产生更多的二次和高次报警数据，可实现对报警的深度信息挖掘，进而实现精确的故障诊断和故障预警。

在智能发电运行控制中，智能化技术与设备、监测体系、监管手段相结合产生了智能化设备、智能化监控、智能化管理等各种应用。

智能化设备的智能性本质上讲是能够对直接采集的一次数据进行初步的处理，智能化

设备的数据对象常常是从生产现场直接采集的实时数据。在实践中，有些设备可实现数据的采集和转换为数字量并送入通信网络，并没有复杂的数据处理应用，但由于其为最终的智能化实施提供了数据，所以这类设备也属于智能化设备的范畴。在电厂传统运行设备的基础上，采用先进的测量传感技术，对电厂生产过程进行全方位检测和感知，并将关键状态参数、设备状态信息及环境因素转换为数字信息，对其进行相应的处理和高效传输，为智能控制层及智能管理层提供基础数据支持。例如，采用各类包括视、声、光、磁等先进的检测手段，如定位技术、无线射频、激光扫描、无人机数据采集、红外测温、超声波测温测距等。智能设备间的通信采用现场总线设备和无线通信技术，其不仅可以有效减少现场电缆数量，提高系统信号传输的抗干扰能力和可靠性，而且可以为智能控制层与智能管理层提供大量的基础数据，实现各层的数据共享和联动。软测量技术也可以归于智能化设备的范畴，采用软测量技术实现对锅炉热量、入炉煤质、锅炉入炉煤粉流量、烟气含氧量、汽轮机排汽焓、锅炉蓄能、蒸汽流量等重要信号的检测，为智能优化控制和实时经济性分析及系统运行诊断提供重要数据保证。

智能化监控技术在智能发电中具有重要的地位和作用，包括智能化监测和智能化控制两个部分。智能化监测的对象通常是生产设备，如锅炉、汽轮机的工作状态等。智能化监测包括设备状态监测与智能预警诊断系统，通过对机组设备重要状态参数的劣化分析、基于深度学习的设备状态预警及诊断，实现对机组运行状态及故障的超前预警与故障诊断，为智能管理提供决策支持。智能化控制是在智能化监测的基础上构成的开环或者闭环的控制，如电站中的顺序控制和模拟量控制。智能化控制中包含智能化监测和检测，其应用对象通常是生产过程。燃煤电厂机组对象特性复杂且需适应外界工况的持续变化，分散控制系统中的传统的控制功能已不能充分满足多样化的生产需求，因此在控制中引入更加先进的控制算法和控制策略，以及数据分析等技术手段，实现多目标全程优化控制，来提高发电机组运行的灵活性和适应性。先进的实时控制与优化算法包括预测控制、自抗扰控制、内模控制、鲁棒控制、PID 自整定等先进控制算法，以及多目标寻优和深度机器学习等优化技术。在电站生产子系统的优化控制方面，智能化控制中还包含各类节能优化控制系统方案，例如基于精准能量平衡的智能机炉协调控制系统、燃烧优化控制系统、脱硫/脱硝优化控制系统以及适应机组快速变负荷和深度变负荷控制的弹性运行优化控制系统，同时包含主蒸汽压力定值优化、汽轮机冷端优化、锅炉吹灰优化、制粉系统优化等节能优化算法，从而满足机组安全、经济、环保的多目标运行需求。智能化控制还包括发电机组与系统的实时经济性分析和诊断技术等，基于智能设备提供的丰富的、高精度的测量信息，应用锅炉核心计算方程、汽轮机热经济性状态方程、机组性能耗差分析等工程分析方法，实现对电厂设备及系统性能的实时计算，全面、精确、直观地反映当前机组性能指标和能损分布情况，指导机组运行人员进行合理性的调整，达到提高机组运行效率、降低煤耗的目的。

智能化管理是智能发电的最高层次。如果将智能化设备、智能化监控看作是点，智能化管理则是包含这些点的面，是一个在电厂更大范围内的智能化的体现和应用。智能化管理包括智能化生产过程管理和智能化厂级决策管理。智能化生产过程管理汇集、融合全厂生产过程的数据与信息，实现厂级负荷优化调度与燃料的优化配置，生产过程的寻优指导，设备状态监测与故障预警等，并实时监控生产成本。智能化生产过程管理主要包括优化调度、机组状态分析与实时监控，具体又包括厂级负荷优化调度技术、数字化煤场技术、全负荷过程优化指导、设备状态监测与故障预警、生产全区域的实时监控，三维可视化互动与定位、在线仿真技术、竞价上网分析报价系统等。智能化厂级决策管理汇集全局生产过程与管理的信息与数据，利用互联网与大数据技术，打破地域界限，实现智能决策，提高整体运营的经济性。智能化厂级决策管理主要包括智能管理与辅助决策，具体又包括集团安全生产监控系统、辅助决策与管理、专家诊断系统、网络信息安全系统、燃料智能物流系统、备品备件虚拟联合仓储系统、运营数据深度挖掘系统等。智能化管理围绕基建、生产运行、设备维护、安全、经营、行政办公等构建全方位的生产管理，以虚拟电厂、智能安防、智能优化、智能巡检、智能诊断、智能燃料、智能仓储、智慧经营等多个应用为核心，实现电厂全面的智慧化决策、智能化运行管理、智能化设备管理及智能化安全管理；通过采集燃料、财务、物资等数据，结合大数据和人工智能的新技术，实现实时成本经营决策系统，实现发电企业实时成本计算，深度挖掘企业生产、经营业务数据，为企业经营提供大数据决策指导。

五、移动互联与计算技术

移动互联与计算是随着移动通信、互联网、数据库、分布式计算等技术的发展而兴起的新技术。移动计算技术将使计算机或其他信息智能终端设备在无线环境下实现数据传输及资源共享。它的作用是将有用、准确、及时的信息提供给任何时间、任何地点的任何客户。

移动计算实际上就是如何向分布在不同位置的移动用户提供优质的信息服务（信息的存储、查询、计算等）。设计出的数据库系统能够安全、快速、有效地向各种用户终端设备提供数据服务。移动计算使用各种无线电射频（RF）技术或蜂窝通信技术，使用户携带各类移动计算设备如笔记本电脑、个人数字助手（PDA）、智能手机等与其他电信设备实现自由访问网络。

基于移动互联计算技术，可以方便地联系电厂运行人员和管理人员，做到“时时在线”，实现基于互联网的安全生产监测与管控。基于移动互联计算技术应用在智能发电的生产监控上，主要是采用移动的数据采集设备，通过无线网络，将生产过程、生产设备的数据进行实时采集和基于移动设备端的智能化处理后，送入分布式数据库和大数据中心，服务于生产过程和设备的监控。例如智慧电厂中的移动机器人巡检、无人机数据采集和巡检等技术就是一种典型的移动互联计算技术的实例。基于移动互联计算技术应用在智能发电的生产管理上，主要是采用移动化办公的模式、实现要事督办、服务任务智能分配、服务后评价等业务功能，实现综合业务信息数字化、数据共享化、工作高效化。

随着我国5G技术的快速发展，5G技术在智慧能源行业应用取得了重要突破，移动互联和计算技术在智能发电中发挥了更大的作用。5G技术可应用于运行控制和生产管理中。

在发电的运行控制方面，5G作为一种高速、灵活的无线网络信息通道，可用于构建基于物联网的多点信息采集、闭环控制等，充分发挥5G高带宽、低时延、高可靠性的特点。在生产管理方面，基于移动通信的5G网络化技术，可实现多场景的智慧电厂端到端业务验证，构建无线、无人、互联、互动的智慧场站。同时，5G通信的超高带宽、超低时延、超高可靠的网络，便于实现无人机巡检、机器人巡检、智能安防、个体人员作业等应用场景。例如在无人机巡检、机器人巡检场景中，发电集团可通过区域级的集控中心应用平台远程操控位于终端侧的智能电站无人机、机器人进行巡检作业；同时，智能电站现场无人机、机器人巡检视频图像实时高清回传至区域级集控中心，实现数据传输从有线到无线，设备操控从现场到远程的转换。又如在智能安防应用中，通过全景高清摄像头，结合5G移动通信技术，可实现场站实时监控及综合环控。在个体人员作业应用中，通过智能穿戴设备的音视频和人员定位功能，采用5G移动通信技术可实现区域级集控中心专家对电站现场维检人员的远程作业指导；同时，5G技术还可应用于智能发电管理中的自动车辆无人驾驶、无人仓库等应用中。5G技术可在智能发电的生产应用中，与网络切片、边缘计算新技术等相结合，在满足现有电力系统安全生产要求的同时，实现电力生产运行控制的全面智能化。

六、区块链技术

区块链是信息技术领域的一种新的概念和数据结构，它不依赖于第三方，仅依靠分布式节点来完成网络数据的传输交流和管理，其核心优势是去中心化，信息公开透明，能够在信息传输交流的过程中保证数据信息的安全性以及不同主体之间的协调配合和相互信任。从本质上讲，它是一个共享数据库，存储于其中的数据或信息，具有“不可伪造”“全程留痕”“可追溯”“公开透明”“集体维护”等基本特征，也可以认为是一种信息化多重冗余的机制。基于这种机制，区块链技术为基于互联网的信息共享、并行计算等应用奠定了坚实的“信任”基础，为互联网模式下的多客户端协同运行提高了一种极为可靠的合作机制。

区块链技术的主要特征为：

（1）去中心化。区块链技术采用分布式系统结构，不依赖第三方，没有中心管理机构，各个区块实现信息的自我验证、传递和管理。

（2）开放透明。在各区块中除了私有信息被加密外，区块数据对所有人开放，任何人可通过公开的接口查询区块链数据。

（3）安全可靠。区块链技术采用非对称密码学使区块内数据不可篡改、不可伪造，除非掌握区块链全部数据节点的51%，否则无法随意操控修改区块链中的数据。

（4）具有时序特征。区块链技术采用带有时间戳的链式区块结构存储数据，使内部存储数据具有可验证性和可追溯性。

（5）集体协调。区块链技术采用特定的激励机制来保证各区块参与数据区块的验证、竞争过程，促进其自主协调配合。

区块链技术在智能发电中的应用，可归纳为如下几点内容：

（1）智能发电泛在物联网的构建。

应用区块链能够推动上下游产业互信，实现数据高效共享，提升风险防范能力，有效解决智能发电泛在物联网建设过程中面临的数据融通、网络安全、多主体协同等问题。可将泛在电力物联网和电子商务、金融科技等业务发展需求结合起来，构建基于区块链的电子合同、电力结算、供应链金融、电费金融、大数据征信等金融科技产业链产品，适应担保、融资、交易等多类型应用场景。

（2）电力支付结算系统。

在电力行业，电子支付系统主要是依托互联网将电费账务、电商销售等数据与各金融机构及第三方进行共享。目前大型电力企业其价值转移都需要依托清算中心进行银行间的数据交互，运营成本较高。应用区块链支付，可以使交易双方直接进行数据交互，不涉及中介机构，从而可以降低中心化支付方式的系统风险。使用基于区块链技术的支付网络，可以在没有任何中心化机构审核与背书的情况下，帮助交易参与者解决互信问题，系统中所有节点能够在信任的环境下自动安全地交换数据。

（3）涉密安全身份认证。

传统的身份认证依靠中心化机构来确认身份，所有身份信息都存到中心数据库中，很容易受到攻击和窜改。大型电力企业目前承担运维的信息系统很多，各个系统运维标准、管理模式、重要性都不同，部分系统还包含较为敏感的用户信息和业务数据，身份认证体系一旦受到黑客攻击将造成严重后果。因此，如果采用区块链技术构建数字身份认证体系，借助其不可篡改的特点，会让信息验证变得更加便捷和可靠，基本解决了现阶段经常出现的信息泄露、网络诈骗等行为。

（4）能源互联网配置。

能源互联网是服务范围广、配置能力强、安全可靠性高、绿色低碳的全球能源配置平台。其突出的功能是可将风能、太阳能等各种一次能源转化为电能在电网中传输，可以连接各类电源和用户，实现电源资源和用电资源的优化配置。未来的全球能源互联网中存在大量智能发电及储能设备，系统的复杂性和不确定性剧增。参与主体之间各自独立且没有信任沟通机制，无法保证能源系统的供给和交易等行为自动执行。区块链技术的出现，使能源互联网在技术层面的实现成为可能，大量发电和用电设备的数据可以全网收集、保存并持续追踪更新，同步实现全网资源的统筹调配和优化配置。目前，已有机构尝试将能源网络与区块链技术结合，以解决复杂的基础设施问题。

第四节　智能发电技术的主要特征

一、泛在感知

通过前文所述可以知道，智能发电信息化分层模型的第一层次是智能发电的技术

基础，其注重的是生产过程信息采集的广度和精度。在更加广阔的空间上、采用更丰富的手段对生产过程所进行的信息采集，也即泛在感知技术，是智能发电的基础，也是其主要特征之一。泛在感知是指通过先进的传感测量手段及网络通信技术，实现对电力生产和管理过程中环境、状态、位置等信息的全方位监测、识别和多维感知，通过对数据进行处理、分析和融合，与业务流程深度集成为智能控制和决策提供依据。

泛在网是泛在感知实现的一种主要形式。泛在网即广泛存在的网络，是一种强调多种通信和感知技术的网络，它以无处不在、无处不包、无所不能为基本特征，以实现在任何时间、任何地点、任何人、任务物都能通畅地通信为目标。泛在物联是在任何时间、地点、和人/物之间的信息采集和交互。泛在感知网络的要素包括：

（1）计算模式不仅面向传统的计算设备，而且更加面向小型或微型设备，能够无缝地融合到生产环境中。

（2）被感知对象包含各种传感器和触发器，传感器给被感知对象带来环境的感知性，使对象能够依靠真实情况通过触发器来动作。

（3）泛在网络中包含大量的先进计算设备，网络具有移动计算和网络自组织的能力。泛在感知网络将传统的计算设备转换成了更加微小和轻便的信息处理设备。当各种智能设备相互连接时，泛在网络与传统的网络需要通过中间件设备进行连接。同时，人与智能网络的交互也需要更为先进的人机界面。

泛在感知网络的主要技术包括：

（1）RFID 技术，可以实现被感知对象智能化地被感知网络识别出来。

（2）传感器和控制器技术，可以实现数据的轻便采集和处理。

（3）泛在感知的网络通信技术。

（4）系统架构和中间件技术，支持多种通信协议来进行信息整合和服务协同。泛在网络为能量和资源的进一步精细化分配提供了基础和条件。

电力物联网泛在感知是泛在感知网络在电力行业的典型应用，其主要范围为电网所覆盖的广大区域，而智能发电中的泛在感知的主要范围为电站，二者在空间范围上有一定的区别。智能发电中的泛在感知技术为智能化的控制和决策提供了更为丰富的数据支撑。智能发电中的泛在感知技术基于信息物理系统（cyber physical systems，CPS），通过先进的传感测量及网络通信技术，实现对电厂生产和经营管理的全方位监测和感知。智能电厂利用各类感知设备和智能化系统，识别、立体感知环境、状态、位置等信息的变化，对感知数据进行融合、分析和处理，并能与业务流程深度集成，为智能控制和决策提供依据。

二、智能化

智能化的特征包括自学习、自组织、自寻优（自趋优）、自适应、自恢复。其中的“自”表示“自动”“主动”的含义。这五个特征中，自学习是基础和出发点；自组织是智能化实施的重要步骤；通过自组织达到自适应的目的。

智能化是一个基于多元信息融合做出综合决策的过程，所以说，智能化的首要任务的是要知道有哪些信息元是对决策有影响的，也主动知道哪些信息元与决策相关，这是通过自学习逐步获得的能力，也是自学习的目的和意义。机器（或者人脑）通过不断的接触生产实践（例如接触某过程的输入/输出数据）逐步地定性地了解和掌握了哪些信息元输入可以对输出产生影响，同时还逐渐定量地掌握了每种输入信息元对输出的影响程度（权值），于是获得了这种知识，这就是自学习的过程。

自组织是将输入、输出变量“组织”起来表达为一个等式的关系，也即将诸多的输入信息元与输出变量组合构造到一个或若干个等式中的过程。可见，自组织实现之前必须具备了具有因果关系的输入信息元与输出变量，而这一步是在自学习阶段实现的。所以自学习是自组织的基础和前提。自组织在实现过程中需要确定输入输出数据的组织结构，这也是自组织的一个主要任务。

自组织还可看作是关于系统结构的建模，是确定决策输入的元信息的组织方式和组织结构的，也即是把某种元信息放在系统结构中最合适它的位置上，从而可以起到整体优化的效果。例如前馈+反馈、串级控制等都是对决策输入的元信息的不同的组织模式。自组织还有一个重要作用是当决策过程缺乏某种信息元自变量时，能够主动地从周边环境获得和补充这个信息元自变量，使决策能够正常进行。

自寻优（自趋优）是根据自组织产生的信息元输入与输出变量的关系，在确定了优化目标值的前提下来求解其中某个未知信息元，然后可以使得在该信息元值的作用下输出变量达到最优的过程。自寻优（自趋优）所依赖的基础就是自组织的成果。

自适应与自寻优（自趋优）较为相似，当确定的优化目标不同时，表现为自寻优和自适应。自适应也是确定了某个适应性目标值的前提下来求解其中某个未知信息元，然后可以使得在该信息元值的作用下驱动输出变量来适应当前的应用需要或应用场景。

自恢复也是以自学习、自组织为基础的，只有具备了自组织的能力才能在系统受到破坏时（例如通过自学习获得的相关输入信息元类型及影响权重等数据丢失等）通过自学习、自组织重构系统。自恢复的途径包括机理自恢复和数据自恢复。机理自恢复通过自学习、自组织来重构系统，通常适用于没有冗余配置的情况下系统的恢复，但系统恢复的速度慢。数据自恢复通常采用数据或模件冗余备份的方式实现，不需在经过自学习、自组织来重构过程，而是直接使用学习和重构后的成果数据直接替换故障部分，具有快速恢复的特点。

智能化的五个特征之间的相互关系如图 1－14 所示。下面针对智能化的每个特征进行详述。

（一）自学习

自学习是智能化的一个重要的、基本的特征。自学习是指模仿生物学习的功能，在系统运行过程中通过评估已有行为的正确性或优良度，自动修改系统结构或参数以改进自身

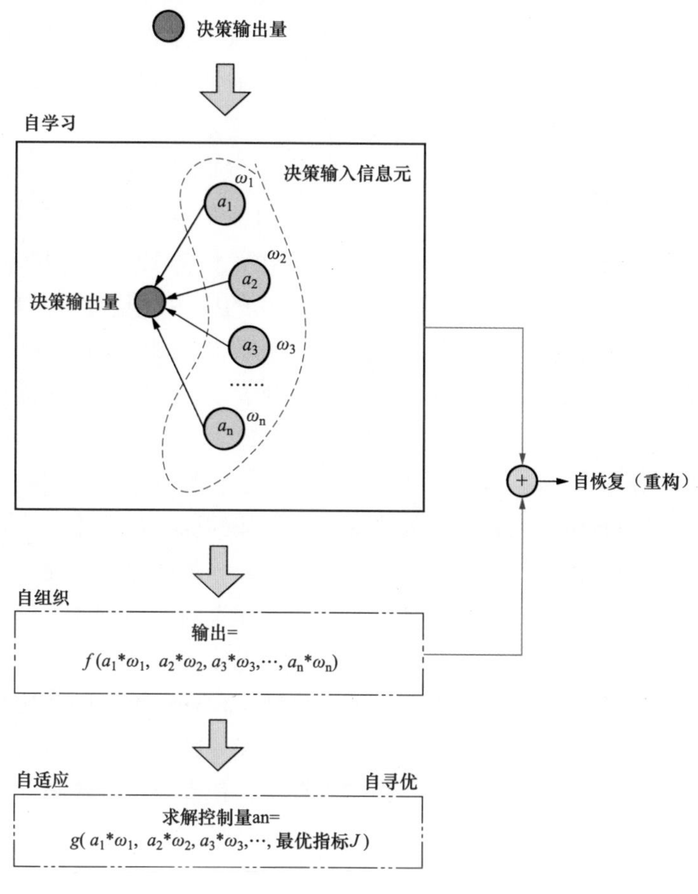

图 1－14　智能化的五个特征之间的相互关系

品质的系统。

自学习的学习方法可以分为四大类：①有导师的监督学习；②无导师的监督学习；③半监督学习；④增强学习。

1. 有导师的监督学习

监督学习是指利用一组已知类别的样本调整智能化体的参数，使其达到所要求性能的过程，也称为监督训练或有导师学习。监督学习从标记的训练数据来推演得到一个函数映射，这个函数映射即可表征智能化体的特性。训练数据包括一套训练示例，在监督学习中，每个实例都是由一个输入对象和一个期望的输出值（也称为监督信号）组成。监督学习算法是分析该训练数据，并产生一个推断的函数映射，其可以用于映射出新的实例。有导师的监督学习可以包含复现和推理能力。复现即在样本学习后能够在指定输入时较为准确地复现样本中对应的输出。推理即在样本学习获得表示智能化主体特性的函数映射关系后，能够从一个不在学习样本空间内的输入值的条件下获得较为准确的输出值。监督学习可认为是对潜在的指定特征进行提取的一种算法。监督学习机制如图 1－15 所示。

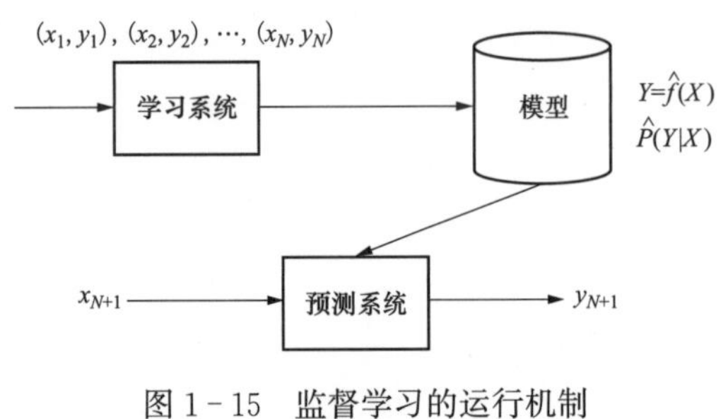

图 1－15　监督学习的运行机制

在监督学习中，用于训练的输入输出数据可认为都具有某种相似度，而学习获得的映射或规则（分类器）则是对相似度的一个度量。

监督学习方法是目前研究较为广泛的一种机器学习方法，例如神经网络传播算法、决策树学习算法等已在许多领域中得到成功的应用。监督学习的典型应用是分类与回归。但是监督学习需要给出不同环境状态下的期望输出（即导师信号），完成的是与环境没有交互的记忆和知识重组的功能，因此限制了该方法在复杂的优化控制问题中的应用。

2. 无导师的监督学习

无导师的监督学习指将一系列无任何已知分类特征的训练数据输入到智能化主体（通常为一个算法）中，由智能化主体算法搜索找到这个数据集的内在特征。无导师的监督学习与有导师的监督学习的区别在于，对训练集与测试样本的使用方式不同。监督学习目的在训练集中找规律，然后对测试样本运用这种规律。无监督学习没有训练集，只有一组数据，在该组数据集内寻找规律，如果发现数据集呈现某种聚集性，则可按自然的聚集性分类，但不予以数据某种预先设定的特征为目的。所以无导师的监督学习可能具有多种分类的结果。无导师的监督学习须要用试探、搜索等办法来探索改进的途径。由于人工神经网络、演化计算等高速并行处理技术的发展，无导师监督学习方法也已得到成功应用。无导师监督学习机制如图 1－16 所示。

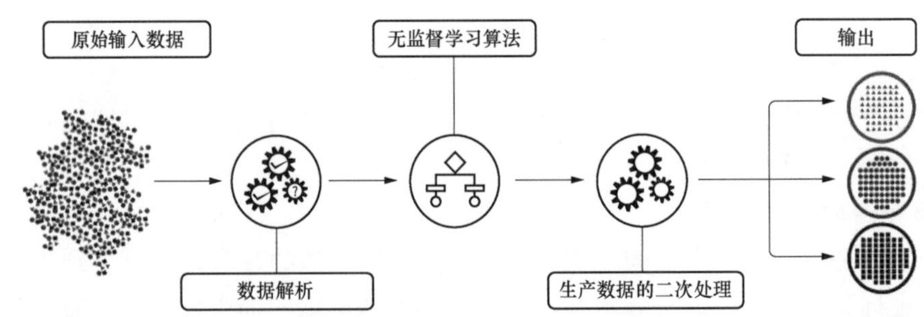

图 1－16　无导师监督学习机制

常用的无监督学习算法主要有三种：聚类、离散点检测和降维。从原理上来说，数据降维算法复杂度较高，所以现在深度学习中采用的无监督学习方法通常采用较为简单的算法和直观的评价标准。无监督学习的典型应用是进行聚类操作，即把指定数据集合中相似的数据划分为一个相同的属别，而并不关心这个属别的意义或者用途。聚类将观察值聚成各个不同的组，每一个组都含有不同的特征。

目前深度学习中的无监督学习主要分为两类，一类是确定型的自编码方法及其改进算

法，其目标主要是能够从抽象后的数据中尽量无损地恢复原有数据；一类是概率型的受限波尔兹曼机及其改进算法，其目标主要是使受限玻尔兹曼机达到稳定状态时原数据出现的概率最大。

无监督学习可认为是对潜在的未指定的任意特征进行提取的一种算法。由于对输出没有约束，所以学习的结果将可能呈现不同的形态，可能会比有监督学习产生更加丰富和有意义的结果。这方面一个典型的例子是 Backgammon（西洋双陆棋）游戏，有一系列计算机程序（例如 neuro - gammon 和 TD - gammon）通过非监督学习自己一遍又一遍的玩这个游戏，变得比最强的人类棋手还要出色。这些程序发现的一些原则甚至令双陆棋专家都感到惊讶，并且它们比那些使用预分类样本训练的双陆棋程序工作得更出色。

3. 半监督学习

半监督学习是指处于有导师监督学习和无监督学习之间的一种学习模式。在这种模式兼具导师监督学习和无监督学习的特点，采用的训练数据集中部分具有指定特征，部分没有指定特征。半监督学习的学习效果兼顾了较少的特征指定操作，同时又能够带来比较高的准确性。半监督学习可以让学习器不依赖外界交互、自动地利用未标记样本来提升学习性能。

半监督学习的基本思想是利用数据分布上的模型假设建立学习器对未标签样例进行标签。它的形式化描述是给定一个来自某未知分布的样例集 $S=LU$，其中 L 为来自某未知分布的有标记示例集：

$$L=\{(x_1,\ y_1),(x_2,y_2),\cdots,(x_n,y_n)\},x_i\in X \tag{1-5}$$

以及一个未标记示例集：

$$U=\{x_1',\ x_2',\ \cdots,\ x_m'\},\ x_j'\in X \tag{1-6}$$

期望学习后得到的函数 f：X→Y 可以准确地对示例 x 预测其输出 y。$y_i\in Y$ 为示例 x_i 的标记输出，n 和 m 分别为特征标记的数据个数和未标记数据个数。

半监督学习就是在样例集 S 上寻找最优的学习器。如果 $S=L$，那么问题就转化为传统的有监督学习；反之，如果 $S=U$，那么问题是转化为传统的无监督学习。如何综合利用已标签样例和未标签样例，是半监督学习需要解决的问题。

半监督学习按照统计学习理论的角度包括直推式（transductive）半监督学习和归纳式（inductive）半监督学习两类模式。直推式半监督学习只处理样本空间内给定的训练数据，利用训练数据中有类标签的样本和无类标签的样例进行训练，预测训练数据中无类标签的样例的类标签；归纳式半监督处理整个样本空间中所有给定和未知的样例，同时利用训练数据中有类标签的样本和无类标签的样例，以及未知的测试样例一起进行训练，不仅预测训练数据中无类标签的样例的类标签，更主要的是预测未知的测试样例的类标签。

半监督学习机制如图 1 - 17 所示。

4. 增强学习

增强学习又称再励学习、评价学习或增强学习，是机器学习的一种方式，用于描述和解决智能主体在与环境的交互过程中通过学习策略以达成回报最大化或实现特定目标的问题。

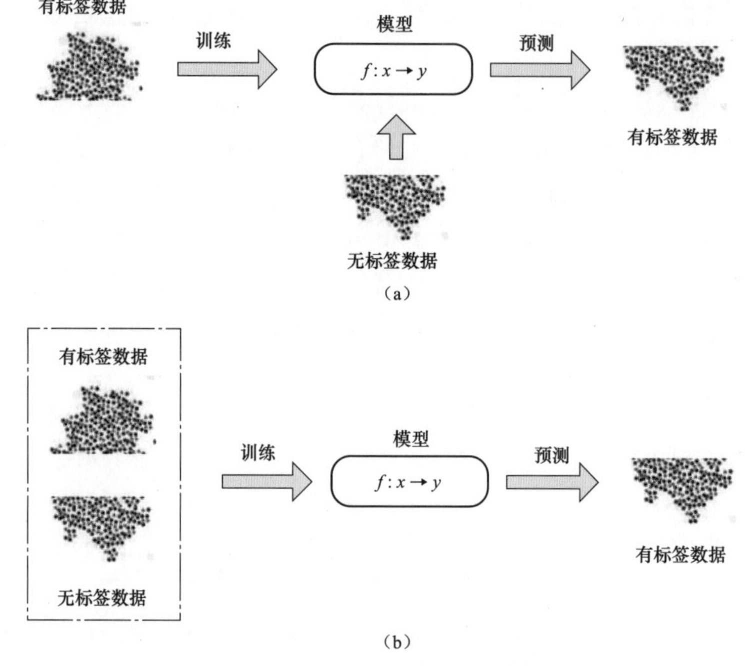

图 1-17　半监督学习的学习机制

(a) 直推式半监督学习；(b) 归纳式半监督学习

增强学习是智能主体以“试错”的方式进行学习，通过与环境进行交互获得的奖赏指导行为，目标是使智能主体获得最大的奖赏，强化学习不同于连接主义学习中的监督学习，主要表现在强化信号上，强化学习中由环境提供的强化信号是对产生动作的好坏作一种评价（通常为标量信号），而不是告诉强化学习系统如何去产生正确的动作。由于外部环境提供的信息很少，增强学习必须靠自身的经历进行学习。通过这种方式，增强学习在行动一评价的环境中获得知识，改进行动方案以适应环境。

强化学习把学习看作试探评价过程，智能主体选择一个动作用于环境，环境接受该动作后状态发生变化，同时产生一个强化信号（奖或惩）反馈给智能主体，智能主体根据强化信号和环境当前状态再选择下一个动作，选择的原则是使受到正强化（奖）的概率增大。选择的动作不仅影响立即强化值，而且影响环境下一时刻的状态及最终的强化值。

增强学习机制如图 1-18 所示。

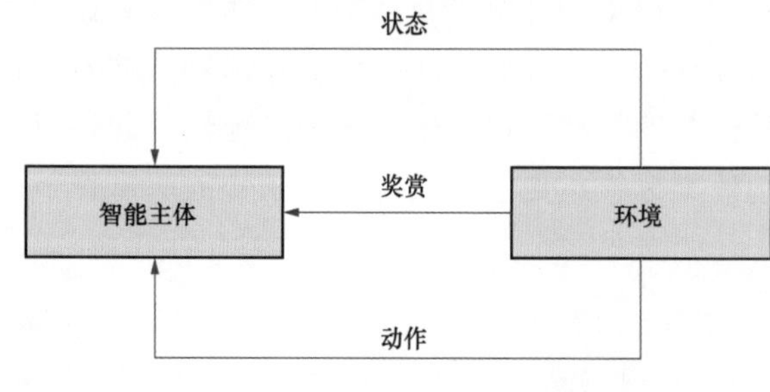

图 1-18　增强学习的学习机制

增强学习不同于监督学习，主要表现在教师信号上，强化学习中由环境提供的强化信号是智能主体对所产生动作的好坏作一种评价（通常为标量信号），而不是告诉智能主体如何去

产生正确的动作。由于从外部可直接获得的信息较少，智能主体必须靠自身的能力从现有数据中进行深入学习和数据挖掘。通过这种带有自学习和反馈的方式，智能主体可以逐步从环境中获得新的知识，改进现有的行动策略以适应环境的变化。

增强学习的目标是动态地调整参数，以达到强化信号最大。若已知 r/A（r 为奖赏，A 为动作）梯度信息，则可直接可以使用监督学习算法。因为强化信号 r 与智能主体产生的动作 A 没有明确的函数形式描述，所以梯度信息 r/A 无法得到。因此，在强化学习系统中，需要某种随机单元，使用这种随机单元，智能主体在可能动作空间中进行搜索并发现正确的动作。

（二）自寻优

自寻优是与优化控制和最优控制密切相关的概念。

控制问题可基本描述成：

$$J=C+P+D \tag{1-7}$$

其中 J，P，D 的含义参见前文式（1－4）。J 为设定点（已知），P 表示可直接测得的过程变量，也可以通过某种技术手段或仪器测量获得（但通常含有误差）；如果需要精准确定控制量 C，只需测得扰动量 D 即可。但是，在实践中 D 通常很难精确获得，且通常有多个量，是分布式的，这也增加了获得 D 精确值的难度。自寻优技术可以用于解决这个问题。自寻优控制中不是通过式（1－7）来直接计算准确的控制量，它并不需要准确的 D 值，而是通过逐步试探、逐步接近的方式逐渐获得准确的控制量，可以视作一种对精准测量条件下求取控制量的替代。

优化控制是指在给定的约束条件下，寻求一个控制系统，使给定的被控系统性能指标取得最大或最小值的控制方法。给定的约束可认为是已知条件，而需要计算获得的控制量则是使性能指标达到要求的最终手段。从数学上看，确定最优控制问题可以表述为：在运动方程和允许控制范围的约束下，对以控制函数和运动状态为变量的性能指标函数（称为泛函）求取极值（极大值或极小值）。解决最优控制问题的主要方法有古典变分法、极大值原理和动态规划。

自寻优的实现基于大数据和自学习机制的。也就是说自寻优过程中，最优控制量是动态变化或迁移的。随着从过程采集获得的数据的不断增多，或者通过自学习机制获得了更多的二次、三次或高次数据后，每次进行新的优化以后，都将获得新的最优控制量，即最优控制量发生了变化和迁移。最优控制量的变化有两种情况：①由于产生了新增数据使最优控制量迁移和变化；②新数据取代旧的数据使最优控制量迁移和变化。图 1－19、图 1－20 示例了这样两种过程。

新数据取代旧的数据使最优控制量迁移和变化的一个典型例子是预测控制中的滚动优化，预测控制器每次总是使用最新的反馈信息来代替旧的、过时的反馈信息以重新计算控制量。

自寻优可以描述为：当已知条件（或称为环境信息）发生变化时，为了保持最优的控

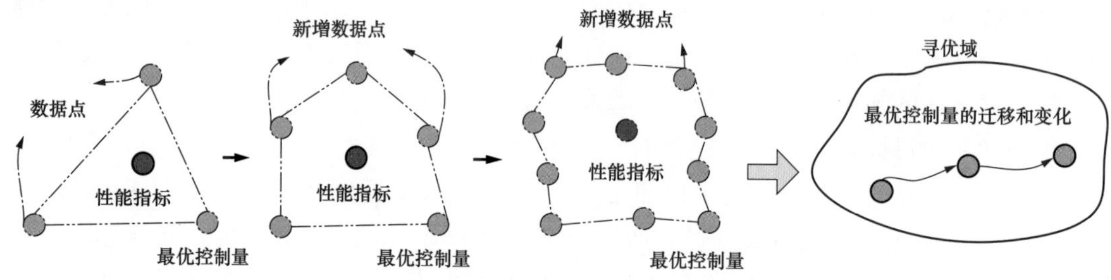

图 1-19　新增数据使最优控制量迁移和变化

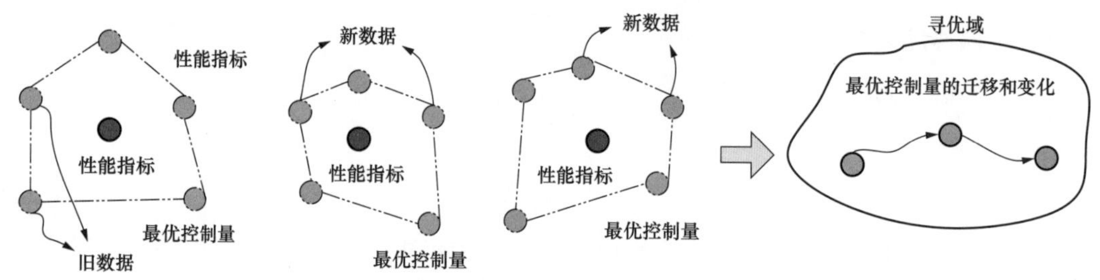

图 1-20　新数据取代旧的数据使最优控制量迁移和变化

制指标，控制量须相应地变化，以动态地维持指标为一个相对不变的最优值，这是一种“以动制动”思想的体现。自寻优可以看作是在现有的可包围指标点的已知条件集下通过运算衍生出新的数据，构造新的已知条件集，缩小已知条件集与指标点之间的空间，从而逐步达到指标点的过程。

常用的自寻优算法有遗传算法（GA）、粒子群算法（PSO）、蚁群算法、果蝇算法（FOA）等。

遗传算法的起源可追溯到 20 世纪 60 年代初期。1975 年，J. Holland 等提出了对遗传算法理论研究极为重要的模式理论，出版了专著《自然系统和人工系统的适配》，在书中系统阐述了遗传算法的基本理论和方法，推动了遗传算法的发展。20 世纪 80 年代后，遗传算法进入兴盛发展时期，被广泛应用于自动控制、生产计划、图像处理、机器人等研究领域。

遗传操作包括以下三个基本遗传算子：选择（selection）、交叉（crossover）、变异（mutation）。选择是从群体中选择优胜的个体，淘汰劣质个体的操作叫选择。选择算子有时又称为再生算子（reproduction operator）。选择的目的是把优化的个体（或解）直接遗传到下一代或通过配对交叉产生新的个体再遗传到下一代。选择操作是建立在群体中个体的适应度评估基础上的，常用的选择算子有以下几种：适应度比例方法、随机遍历抽样法、局部选择法。交叉在自然界生物进化过程中起核心作用，是生物遗传基因的重组（加上变异）。同样，遗传算法中起核心作用的是遗传操作的交叉算子。所谓交叉是指把两个父代个体的部分结构加以替换重组而生成新个体的操作。通过交叉，遗传算法的搜索能力得以显著提高。变异是对群体中的个体的某些基因座上的基因值作变动。根据自寻优的概

念，遗传算法可认为是在初始解区域基础上通过不断优化逐步缩小解区域的过程。

粒子群算法（particle swarm optimization，PSO）是在 1995 年由 Eberhart 博士和 Kennedy 博士一起提出的，它源于对鸟群捕食行为的研究。设想这么一个场景：一群鸟进行觅食，而远处有一片玉米地，所有的鸟都不知道玉米地到底在哪里，但是它们知道自己当前的位置距离玉米地有多远。那么找到玉米地的最佳策略，也是最简单有效的策略就是搜寻目前距离玉米地最近的鸟群的周围区域。可见，粒子群算法具有启发式搜索的特点，它的基本核心是利用群体中的个体对信息的共享从而使整个群体的运动在问题求解空间中产生从无序到有序的演化过程，从而获得问题的最优解。

在 PSO 中，每个优化问题的解都是搜索空间中的一只鸟，称之为“粒子”，而问题的最优解就对应于鸟群中寻找的“玉米地”。所有的粒子都具有一个位置向量（粒子在解空间的位置）和速度向量（决定下次飞行的方向和速度），并可以根据目标函数来计算当前的所在位置的适应值（fitness value），可以将其理解为距离“玉米地”的距离。在每次的迭代中，种群中的例子除了根据自身的经验（历史位置）进行学习以外，还可以根据种群中最优粒子的“经验”来学习，从而确定下一次迭代时需要如何调整和改变飞行的方向和速度。就这样逐步迭代，最终整个种群的例子就会逐步趋于最优解。可看作是在解空间中通过大量的粒子所进行的“覆盖式”的搜索。

果蝇优化算法是基于果蝇觅食行为的仿生学原理而提出的一种新兴群体智能优化算法（FOA），是一种基于果蝇觅食行为推演出寻求全局优化的新方法，它通过模拟果蝇利用敏锐的嗅觉和视觉进行捕食的过程，实现对解空间的群体迭代搜索。果蝇优化算法和蚁群算法、粒子群算法类似，属于群体智能或者说是群智能算法的范畴，都必须通过迭代的搜寻才能找到最优解。果蝇本身在感官知觉上优于其他物种，尤其在嗅觉与视觉上，果蝇的嗅觉器官能很好地搜集漂浮于空气中的各种气味，甚至能嗅到 40km 以外的食物源，然后飞近食物位置后亦可使用敏锐的视觉发现食物与同伴聚集的位置，并且向该方向飞去。FOA 原理易懂、操作简单、易于实现，具有较强的局部搜索能力。

与其他群体智能优化算法类似，果蝇优化算法也具有群体协作、信息共享的特点。然而，FOA 不同于先前的群体智能优化算法在于，FOA 在坐标系水平和垂直两个方向上采用二维搜索，这和以往所有的群体智能优化算法都不同，FOA 的嗅觉搜索机制和视觉搜索机制更为简捷。果蝇利用嗅觉和视觉进行搜索，嗅觉搜索能力使果蝇可以跳出局部最优解，而视觉搜索可以使果蝇比较快的定位到较优位置，因此，FOA 具有全局快速寻优的特点。

从以上例子可以看出，当已知条件不够充分时，自寻优并不是通过解析式直接计算获得最优控制量的，而是通过迭代的方式逐渐获得最优控制量，所以通常需要的运算时间较长，与通过解析式直接计算获得最优控制量的方式相比，不太适合进行在线计算，但随着计算机技术的快速发展，计算机性能不断得到提升，如上所述复杂的自寻优算法在实时性不是非常强的场合下得到了较为广泛的应用。

（三）自组织

智能化特征中的自组织与生态系统中的自组织具有共通之处。生态系统是有机组合并富有弹性的，各种生物通过食物网联系并与环境相融洽。就像各类生物一样，进化成最适应环境的形态。自组织也是生物种群维持并得以发展的一种主要手段。物种的优胜劣汰就是一种典型的自组织的形式。在自组织理论方面，哈肯（1979 年）对自组织现象描述为“所有子系统之间的相互作用对整个系统的贡献好像是有调节的、有目的的自组织起来的”。哈肯还用一个实例来解释：“比如说有一群工人，如果没有外部命令，而是靠某种相互默契，工人们协同工作，各尽职责来生产产品，我们把这种过程称为自组织。”

“组织”可看作是事物的相关元素的交互、融通的过程，是从点到线再到面、体的形成过程，具有较大程度上的聚类化的特征。事物的相关元素的交互和融通是依据各元素之间的某种共同的特征来实现的。自组织的过程可理解为在一定条件下系统自动地由无序走向有序、由低级有序走向高级有序的过程。例如，在数据系统中，数据 b 由数据 a 生成，表达为“$a \rightarrow b$”，这就是一种简单的有序形式，也可看作是一种低级有序的形式；而如果数据 b 由多个数据 a_1，a_2，a_3，…生成，则可看作是一种相对高级的有序形式。

对于一个未处理的无序数据集合 $C=\{c_1, c_2, c_3, \cdots\}$，如果系统能够按照某种有序关系 f 将其中的部分数据挑选出来，并且按照有序关系 f 将其构成数组或者链表，则可视为在实现了一定级别的自组织功能。由此可以看出，在数据处理方面自组织具有数据的筛选和整理的功能。

复杂性科学自组织理论是研究系统从无序到有序转变规律，特别是在没有外部指令条件下，系统内部各子系统之间能自行按照某种规则形成一定的结构或功能的现象。自组织理论认为无序向有序演化必须具备几个基本条件：

（1）产生自组织的系统必须是一个开放系统，系统只有通过与外界进行物质、能量和信息的交换，才有产生和维持稳定有序结构的可能。

（2）系统从无序向有序发展，必须处于远离热平衡的状态，非平衡是有序之源。开放系统必然处于非平衡状态。

（3）系统内部各子系统间存在着非线性的相互作用。这种相互作用使得各子系统之间能够产生协同动作，从而可以使系统由杂乱无章变成井然有序。除以上条件外，自组织理论还认为，系统只有通过离开原来状态或轨道的涨落才能使有序成为现实，从而完成有序新结构的自组织过程。

以上有关自组织理论的内容如果与智能发电的智能化特征相对应，可以理解为：

（1）具有自组织功能的智能发电系统必须是一个开放系统，系统只有通过与外界进行通信、进行数据和信息的交换，才有产生和维持稳定有序结构的可能。

（2）智能发电系统在运行过程中，必然受到各种扰动，使被控参数偏离设定点，这为智能发电系统的自组织能力提供了足够的反应推动力。

(3) 智能发电系统由多个子系统构成，例如设备层子系统、控制层子系统、监管层子系统等，子系统之间的数据交互也并非按照一种完全线型的、等量的方式进行，而是采用了数据共享和挖掘、数据剔除和剥离、数据按需使用的非线性的相互作用。这种相互作用使得各子系统之间能够产生协同动作，从而可以使各个子系统构成复合、有序（例如智能发电系统中的分级递阶结构）的大系统。

（四）自适应

从广义上讲，自适应过程是一个不断逼近目标的过程，它所遵循的途径以数学模型表示，称为自适应算法。

在信息处理领域，自适应就是在处理和分析过程中，根据处理数据的数据特征自动调整处理方法、处理顺序、处理参数、边界条件或约束条件，使其与所处理数据的统计分布特征、结构特征相适应，以取得最佳的处理效果的过程。

在控制领域，自适应控制可以看作是一个能根据环境变化智能调节自身特性的反馈控制系统以使系统能按照一些设定的标准工作在最优状态。

智能发电系统是一个以控制技术为基础和主要组成的复杂系统，其智能化的自适应特征主要体现为自适应控制。

自适应控制和常规的反馈控制和最优控制一样，也是一种基于数学模型的控制方法，所不同的只是自适应控制所依据的关于模型和扰动的先验知识比较少，需要在系统的运行过程中去不断提取有关模型的信息，使模型逐步完善。具体地说，可以依据对象的输入输出数据，不断地辨识模型参数，这个过程称为系统的在线辨识。随着生产过程的不断进行，通过在线辨识，模型会变得越来越准确，越来越接近于实际。既然模型在不断的改进，显然基于这种模型综合出来的控制作用也将随之不断的改进。在这个意义下，控制系统具有一定的适应能力。例如，当系统在设计阶段，由于对象特性的初始信息比较缺乏，系统在刚开始投入运行时可能性能不理想，但是只要经过一段时间的运行，通过在线辨识和控制以后，控制系统逐渐适应，最终将自身调整到一个满意的工作状态。例如，某些控制对象，其特性可能在运行过程中要发生较大的变化，但通过在线辨识和改变控制器参数，系统也能逐渐适应。

传统的自适应控制适合：

(1) 没有大时间延迟的机械系统；

(2) 对设计的系统动态特性很清楚。

在工业过程控制应用中，传统的自适应控制并不令人满意。自适应控制的方案可能是最可靠的，也广泛应用于商业产品，但用户对其应用效果并不十分满意。传统的自适应控制方法采用模型参考算法或采用自整定算法（例如参数自整定 PID 控制算法），一般需要辨识过程的动态特性。它存在的基本问题包括：

(1) 需要复杂的离线训练；

(2) 辨识所需的充分激励信号和系统平稳运行的矛盾；

（3）对系统结构假设；

（4）实际应用中模型的收敛性和系统稳定性无法保证。

另外，传统自适应控制方法中假设系统结构的信息，在处理非线性、变结构或大延迟过程时很难应用。

从概念上讲，适应是指生物体对其所在环境的适应。在控制系统中，控制器可以看作是生物，被控变量及周边扰动都可视为其所在的环境。所以，自适应控制就是控制器通过了解周边环境从而调整自身特性，将被控变量控制在指定点上。影响被控变量的是被控对象的内部状态和外部扰动。因此，要适应环境必须先了解环境，对控制器来说也就是要先对被控对象内部状态和外部扰动进行辨识，可以采用离线或在线的方式进行。

离线辨识属于快速趋优的过程，可运行复杂的辨识程序来处理海量的关于被辨识对象的各类数据（例如输入—输出数据）。由于可以在多次采集各运行时刻点的数据之后再执行辨识，具有数据冗余度高、信息量丰富、对辨识支持度高、辨识精确的优点。但离线辨识需要的时间较长，对控制的实时性支持不够。

在线辨识属于逐步趋优的过程，由于需要支持实时性，在短时间内不可能运行极为复杂的辨识程序，不可能实时处理海量的数据，只宜处理少量的数据。由于在线辨识操作是随时间在移动的，在时间轴上的各个时刻点上所获得的实时数据量相对较少，缺乏离线辨识的海量数据所带来的数据冗余度优势来修正辨识结果，因此辨识的准确性在前期通常不如离线辨识。

为提高辨识精度和实时性，对于时变系统，可采用离线辨识和在线辨识相结合的方法对被控对象及各类外部扰动进行辨识，首先进行离线辨识，获得被辨识对象的大致模型或模型起点；然后使用在线辨识实时进行辨识结果的修正，从而充分结合离线和在线辨识的各自的优点，获得对象内部状态和参数及外部扰动的参数。在智能发电控制系统中，这种离线辨识和在线辨识相结合的方法得到了有效的应用，为控制器根据被控变量的设定值来调整自身参数和控制特性提供可靠的依据，实现了智能化的自适应特征。

自适应控制的结构图如图 1 - 21 所示。

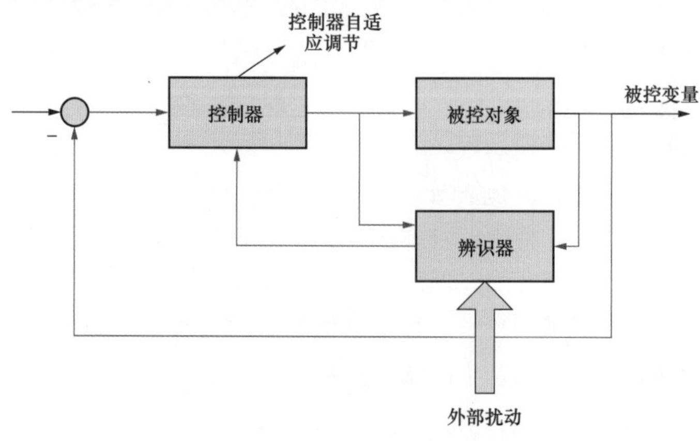

图 1 - 21　自适应控制的基本结构

在智能发电技术中，自适应的特征主要体现在：采用数据挖掘、自适应控制、预测控制、模糊控制和神经网络控制等先进和智能控制技术，根据环境条件、环保指标、燃料状况的变化，自动调整控制策略和管理方式，适应机组运行的各种工况，使电厂生产过程长期处于安全、经济和环保运行状态。

网络技术的发展为电厂中设备与设备、人与设备、人与人之间的实时信息共享提供了基础，增强了智能电厂作为自适应系统信息获取、实时反馈和智能控制的能力。通过与智能电网、能源互联网、电力大用户等系统信息交互和共享，实时分析和预测电力市场供需状况，合理规划生产和管理过程，使电能产品能更好满足用户安全性和快速性要求。

（五）自恢复

自恢复可理解为自动重建。系统的自恢复也就是系统自动重建的过程。“恢复”是与“破坏”相对的，破坏是一个从有到无的过程，而恢复则是一个从无到有的过程。因此，要实现从无到有，需有“冗余”或“备份”机制作为基础。现有的被破坏了，可以使用冗余的或备份的来重建。冗余的或备份是自恢复实现的根本机制。自恢复的程度主要取决于数据冗余和备份的程度。

根据恢复后系统的状态，自恢复包含两个层次：部分自恢复（部分重建）、完全自恢复（完全重建）。数据冗余和备份的程度高的系统，在系统遭到破坏后依靠备份的复制等操作可基本恢复到原系统状态，具有恢复速度快，重建周期短的特点，可认为是某种意义上的完全自恢复（完全重建）；对于数据冗余和备份的程度不够高的系统，例如只包含部分数据的冗余和备份的系统，使用复制的方式来替换出错的数据、恢复系统的部分数据，可认为是部分自恢复。在冗余和备份的部分数据基础上通过程序来重建其他缺失的数据也可实现部分自恢复或完全自恢复，主要看缺失数据的重建度。对于非实时性系统（例如磁盘文件管理系统），系统数据与时间不相关或者关联度很小，所以通过深度的数据备份，可以基本实现系统的完全自恢复（完全重建）；对于实时性系统（例如工业控制系统），由于系统数据与时间相关，而时间具有不可逆性，因此，实时性系统的恢复不可能完全恢复到原状态。由于系统状态受到多种外界因素的影响，其中包含不可逆因素，因此理论上纯粹的100%完全自恢复是不可能实现的。

现代医学研究结果发现了人体大脑的信息自恢复机制。人体两侧大脑在存储运动信息时会出现冗余，从而当一侧大脑某些区域受损导致运动信息丢失，另一侧大脑会将存储的信息传递给受损的一侧大脑。如果两侧大脑同时受损，那么丢失的信息是无法恢复的。对于仿生学极为相近的人工智能技术中的自恢复技术也使用了相同的冗余机制。

工业控制中的自恢复包括软件自恢复和硬件自恢复。软件的自恢复技术包括指令冗余技术、软件陷阱技术、看门狗技术等。当计算机系统受到外界干扰，破坏了CPU正常的工作时序，可能造成程序计数器PC的值发生改变，跳转到随机的程序存储区，采用在程序中人为地插入一些空操作指令NOP或将有效的单字节指令重复书写，此即指令冗余技术。失控的程序在遇到该指令后，能够调整其PC值至正确的轨道，使后续的指令得以正确地执行。这相当于是将 NOP 指令中的程序指针信息覆盖掉 CPU 中被破坏的程序指针信息。当跑飞的程序落到非程序区（如 EPROM 中未使用的空间、程序中的数据表格区）时，无法使程序恢复。解决的方法是在非程序区设置拦截措施，使程序进入陷阱，即通过一条引导指令，强行将跑飞的程序引向一个指定的地址，在那里有一段专门对程序出错进行处理的程序，即软件陷阱。这相当于是将软件陷阱中的引导指令的程序指针信息覆盖掉 CPU 中被破坏的程序指针信息。看门狗技术则相当于使用硬件的方式将备份的初始程序指针信息覆盖掉 CPU 中被破坏的程序指针信息。可见冗余的或备份是自恢复实现的根本机制。这几种软件相关的自恢复的机制都是使用预先备份的数据覆盖被破坏的数据，而并非是恢复被破坏前的数据和状态，因此所实现的均为部分自恢复功能。硬件的自恢复技术主要是通过冗余和同步机制实现，包括冷备份、温备份和热备份等几种不同的方式。多重冗余、带电热插拔也属于硬件的自恢复技术的所包含实现内容。

自恢复的触发机制也是一个重要的问题。自恢复的触发是当系统内的监视组件感知到现有系统与标准系统在某个或某些参数上的差距达到一定程度的时候而发生的。监视组件对于自恢复的触发是必需的，而故障诊断技术则是实现自恢复触发机制的重要方式。监视组件须在系统的待恢复域之外独立存在，否则会影响自恢复的正常触发。例如，看门狗电路中的计数器电路必须在实现上独立于 CPU。从这个角度讲，自恢复可视为更高级的系统对其子系统或低级系统的复原，自恢复机制的实现必须具有正常的部分系统作为其根基。

三、信息融合

信息融合是指对从单个和多个信息源获取的数据和信息进行关联、相关和综合，以获得精确的系统状态估计，以及对系统在未来的运动和状态进行全面、及时评估的信息处理过程。简单地说，信息融合即将多种不同类型的信息放在一起进行分析和使用的过程。在这个过程中，各种信息之间进行交互和补充，共同服务于同一个目标，比如计算获得最优点等。信息融合的基础是多元信息的获得。因此，信息融合的硬件基础是多传感器系统，信息融合的核心是协调优化和综合处理。信息融合的数据基础包括多类型、多源、多平台传感器所获得的各种情报信息（如数据、照片、视频图像等信息）。信息融合的基本过程包括信息和数据的采集、传输、汇集、分析、过滤、综合、相关及合成等。

信息融合的类型主要包括如下几个方面：

（1）多传感器的不完全测量数据的信息融合。

（2）基于专家系统的数据融合技术。

（3）基于并行处理的数据融合技术。

（4）信息融合中的信息可靠采集、分析和保护技术。

信息融合技术具有以下功能：

（1）能够为系统提供可靠的检测机制和冗余配置。系统中各传感器彼此独立地提供目

标信息，任一传感器的失效、受到外界干扰而探测不到某目标时，它并不影响其他传感器的工作性能。在某些重要的过程量的采样点或检测点，使用多个传感器构成冗余配置模式，可显著提高信息采集、检测的可靠性。

（2）提高信息获取的维度和丰富程度。利用多传感器可以在空间的多个角度获取信息，以获得比任何单一传感器更丰富的数据。

（3）获得更准确的目标信息。多传感器提供的不同信息减少了信息采集的盲区。此外，对同一过程量的多次（同一传感器的不同时序上）或多个独立测量进行有效综合可以提高可信度，改进检测性能，显著提高数据的置信度。

（4）获得单个传感器不能获得的目标信息。传感器之间的频率互补性可以扩大空间、时间的覆盖范围，增加测量空间的维数，减少电子对抗措施（隐蔽、欺骗、伪装）和气象、地形干扰而造成的检测盲点。多传感系统固有的冗余度，将改进系统工作的可靠性和容错性。

此外，信息融合技术还能增加系统控制与决策的正确性和可靠性，降低系统运行的成本；在一定范围内通过恰当地分配传感器可以同时检测和跟踪系统内更多的状态变量。

同时，应当注意到的是，信息融合系统性能的提高是以增加系统的复杂度为代价的。

信息融合系统包括两种，一种是局部的、自主的融合系统，它从同一平台上的多路传感装置采集数据，例如对同一平台上的激光、红外等信息进行融合处理。另一种是全局的或区域的融合系统，它是对具有更大空间差、时间差的传感器网络所采集的信息进行综合、相关处理。

按照信息融合的程度，融合可分为三级，即像素级融合、特征级融合和决策级融合。

像素级融合是指在原始数据层上进行的信息融合，即各种传感器对原始信息未作很多预处理之前就进行的信息综合分析，这是最基础的信息融合。

特征级融合属于中间层次，它对来自传感器的原始信息进行特征提取，然后对特征信息进行综合分析和处理。

特征级融合可划分为两类：目标状态信息融合和目标特性融合。目标状态信息融合主要用于多传感器目标跟踪领域。融合系统首先对传感器数据进行预处理以完成数据校准，然后实现参数关联和状态向量估计。目标特性融合就是特征层联合识别，具体的融合方法仍是模式识别的相应技术，只是在融合前必须先对目标特征进行相关处理，把特征向量分类成有意义的组合。

决策级融合是一种高层次融合，其结果为系统控制决策提供依据。因此，决策级融合必须从具体决策问题的需求出发，充分利用特征融合所提取的测量对象的各类特征信息，采用适当的融合技术来实现。决策级融合是三级融合的最终结果，直接针对具体决策目标，融合结果直接影响决策水平。需要注意的是，决策级融合首先要对原传感器信息进行预处理以获得各自的判定结果，所以预处理的代价较高，通常不用于过程层的泛在式处理和控制层的信息处理。

当使用多个分布在不同位置上的传感器对过程对象进行观测和数据采集时，各传感器在不同时间和不同空间的观测值将不同，从而形成一个观测值集合。从这些观测值可得出对系统状态的估计，可以进行时间融合或空间融合。时间融合是指按时间先后对系统在不同时间的观测值进行融合，主要用于单一传感器的信息融合；空间融合指对同一时刻不同位置传感器的观测值进行融合，适用于多传感器信息的一次融合处理。但在实际应用中，为获得目标状态，通常两种融合联合使用。

在智能发电技术体系中，信息融合贯穿于其整个体系，从像素级融合、特征级融合到决策级融合，分别对应于生产现场和过程级的信息采集和分析、控制级的数据分析和运算、决策层的数据分析和运算。

生产现场和过程级的信息采集和分析又分为面向控制级模式的和面向就地控制模式的。面向控制级模式的现场信息采集和分析主要完成信号采集后的预处理，例如信号消抖动、滤波等，数据经过初步预处理后送到控制级去实现进一步的数据分析和处理；面向就地控制模式的信息采集和分析整合了数据的初步预处理和进一步的分析处理两个过程，可直接实现基于现场的闭环控制。

控制级的数据分析和运算是数据和信息融合的主要内容。控制器获得来自过程的不同位置、不同时刻的信息后，通过已知的模型来计算控制量，是一种最为直接的信息融合形式。尤其是在智能发电的控制层，将智能控制和人工智能技术引入其中，结合已知模型或在线建模技术，可以实现精准的前馈－反馈控制、串级控制、预测控制、自抗扰控制等，显著提高控制精度。

决策层的数据分析和运算是数据和信息融合在智能发电高层次的应用，通常采用海量数据运算、大数据分析、深度数据挖掘等数据处理技术，形成立体交叉式的信息融合模式。

在智能发电体系中，信息融合主要是利用云计算、大数据、物联网、人工智能等先进技术，对电力生产与管理过程中的海量数据进行规划、处理与分析，实现多源数据的深度融合。基于全面感知、互联网、大数据、三维可视化等技术，深度融合多源数据，实现对海量数据的计算、分析和深度挖掘建立电力生产中设备与设备、人与设备、人与人、电厂与电网（用户）、电厂与环境之间的信息交互与共享机制。通过智能设备间的信息融合提高状态估计的准确性，通过生产过程的关联分析发掘机组安全、高效、清洁、低碳、灵活运行潜力，通过生产管理大数据挖掘提升电厂、分（子）公司与上级管理单位的决策能力。

四、管控一体化

管控一体化主要涉及的是两种类型信息的交互与融合，即面向管理的信息化数据和面向控制的工业化数据，也可以看作是信息化与工业化的完美结合。信息化与工业化的融合的意义在于将两种不同类型的信息融入一个工业生产的大闭环中。生产的运行状态不仅仅受到直接的来自生产过程的影响，同时也受到来自非直接的管理领域的各种状态的影响。例如，发电厂的生产安全和运行状态不但与生产过程的各种设备状态有关，往往也与人员

的对设备的操作和对人员的管理密切相关。运行人员的马虎大意也会导致生产的安全事故。因此，通过将管理领域的元素纳入到生产领域中，形成一个包含管理元素如人力资源管理在内大的生产控制的闭环，将管理领域的各种信息也作为控制的反馈信息给入到控制层或决策支持层中，成为提高生产安全性和产品质量的一个新的途径。同时，在另一方面通过将生产领域的元素纳入到管理领域中，将极大地丰富管理领域的信息和数据，对于提高企业管理水平，增强预测和决策的正确性也具有非常重要的意义。

自动化技术特别是与计算机及网络系统相结合及其在过程工业的普及应用，对产品的质量提高、增产挖潜、确保安全生产、改善和加强企业管理水平具有重要作用。管控一体化技术则顺应潮流，成为企业利用信息化改造的主要方式之一。管控一体化是处理管理层与控制层的中间层，它以生产过程控制系统为基础，通过对企业生产管理、过程控制等信息的处理、分析、优化、整合、存储、发布，运用先进的生产管理模式建立覆盖企业生产管理与基础自动化的综合系统。

管控一体化所有业务都构建在同一个技术架构平台上，通过全厂数据集成，提供一个全厂范围内从底层控制数据采集到分析优化、管理决策的综合应用平台，将生产控制、资源控制、市场需求、财务核算等各个方面集成起来。管控一体化可以帮助企业提高效率、降低成本。管控一体化通常集成了多个学科、多个领域的技术成果，以提高企业的运营管理效率（重点为机组运行效率）为目标，通过数据分析、运行考核和操作指导，提高机组的自动化运行水平，优化机组的运行控制方法，降低机组的供电煤耗，从电厂设备的运行维护、备品备件和燃料的采购、安全管理、企业成本核算和领导经营决策等多个方面的信息化管理来提高电厂的运营管理水平，提升企业的竞争力（见图 1－22）。

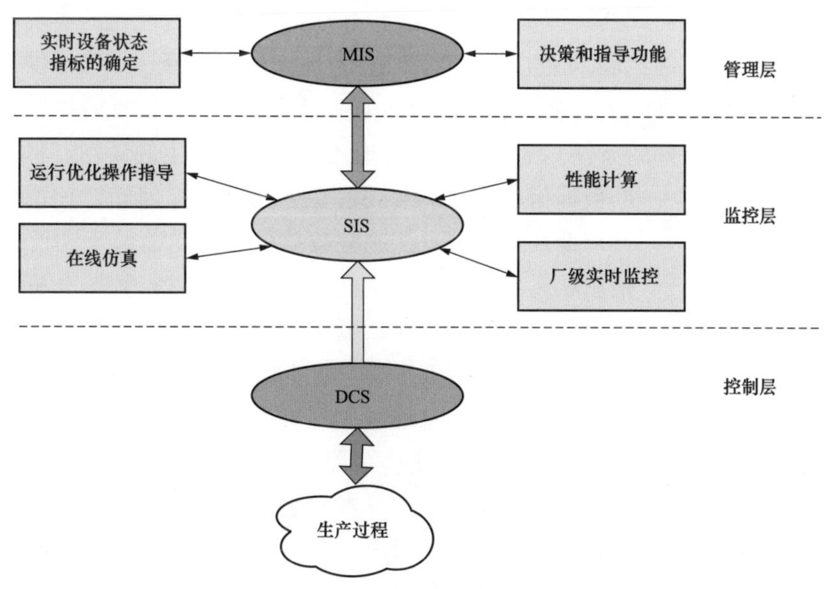

图 1－22　电厂管控一体化的基本架构

在智能发电技术中，管控一体化需综合考虑管理系统和控制系统在电厂智能化过程中的融合过程，根据实时的管理要求，调整生产计划和生产任务，并利用智能化控制手段将管理要求及时反映到生产控制层，根据调度要求和生产资料情况，调整生产控制策略，实现电厂生产的最佳经济性。智能电厂的信息流包括各类数据流、控制指令流、业务流等，需要把握各类信息的流向，发掘和整合数据的价值。在信息融合的过程中，利用物联网技术，实现智能设备层的数据融合；在智能化控制层和智能化生产层，利用云计算、互联网技术进行数据存储，经过分析后整合为业务、生产和管理的信息条目，利用智能化数据提取技术完成管控一体化的要求。

五、全生命周期管理

全生命周期管理（product lifecycle management，PLM）是指管理产品从需求、规划、设计、生产、经销、运行、使用、维修保养、直到回收再用处置的全生命周期中的信息与过程。生命周期管理是一种制造的理念。它支持并行设计、敏捷制造、协同设计和制造，网络化制造等先进的设计制造技术。全生命周期管理不但适用于离散制造业，也适用于流程工业，例如发电行业。

电力产品是人们在生产生活中不可缺少的重要资源，社会对电力需求日新月异，这就要求电力企业需采购大量现代化的先进电力设备，进行电力工程开发建设工作，确保电网安全、高效运行。但是由于电力企业设备资产密集且成本较高，企业又缺乏设备管理意识，导致诸多设备利用率不高并存在着生命周期短的问题，所以当前电力企业迫切需要提高对电力设备资产全生命周期的管理，促使设备投入应用后具有较长的使用寿命，确保电力系统稳定可靠的运行。

从属性上讲，全生命周期管理也是智能化的一种形式，因为智能化的实现基础是信息和数据在广度和深度上的扩展。全生命周期管理为管理人员或者管理系统提供了有关电力产品在时间和空间两个维度上的更丰富、更全面的信息和数据，为实现管控一体化和企业的综合智能化提供了更好的条件。全生命周期管理还具有数字孪生的属性。将设备和产品的数据信息通过冗余或者孪生的形式存储到管理系统中，并进行周期性地维护，使这些数据信息总是能够反映设备或生产的最新状态。同时，以这些数据为基础进行数据分析和挖掘，进行设备的状态分析和预测，也即在一次数据基础上生成二次或高次数据，显著地体现了智能化的特征。

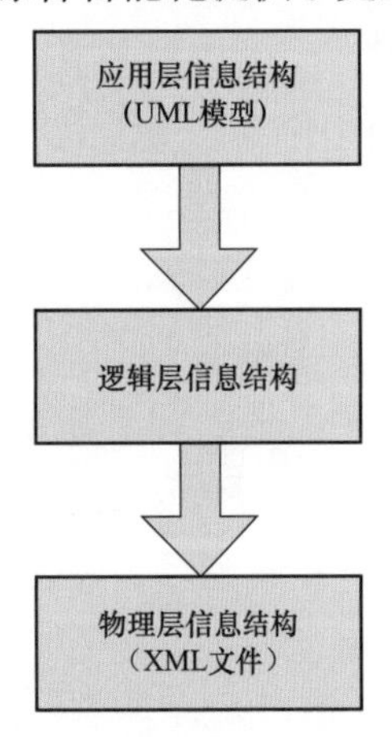

图 1－23　全生命周期管理的设备和产品的数字化架构

全生命周期管理的实现基础是设备和产品的数字化、信息化和设备/产品的全生命周期建模。首先，将需要管理的设备和产品以数字化的形式分解和表征出来，然后采用统一的通信协议在网络上流转，形成一种可流动的资源，自然地融入智能发电管理的能效大闭环中，为控制层、决策层所使用。图 1－23 所示为全生命周期管理的设备和产品的数字化架构。

全生命周期建模目的是建立面向产品全生命周期的统一的、

具有可扩充性的能表达完整信息的产品模型，也即从具体设备和产品中抽象出来的能够充分表述其特征的参数数据，进而形成标准化的设备和产品参数的集合。该设备或产品模型能随着生产的扩大而自动扩张，并从原始模型逐渐地自动映射为各类新模型，如生产评价模型、成本估算模型、可控性模型、可维护性模型等，同时产品模型应能全面表达和评价与产品全生命周期相关的性能指标。可见，全生命周期管理的实现也符合智能化的自组织、自寻优的特征。图 1－24 所示为全生命周期模型。

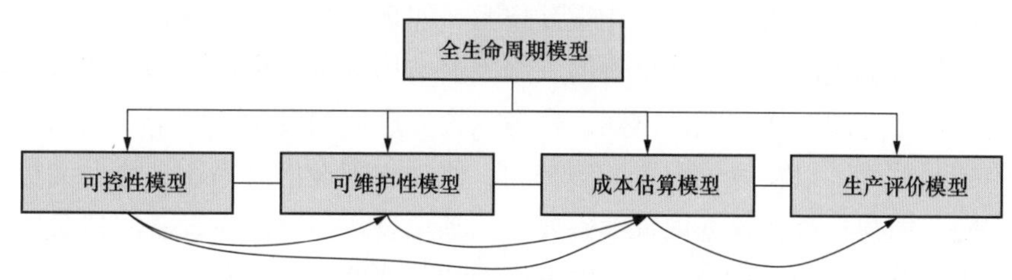

图 1－24　全生命周期模型

传统的全生命周期管理模式中，是以管理人员作为主体的。例如，在电力设备资产的全生命周期中，管理人员在开展工作时，需要对具体管理的对象进行明确，即电力设备资产的规划设计、设备采购、工程建设、生产运营、退役报废等生命周期全过程管理，归纳为项目、物资、设备资产三个管理对象。为了确保设备资产在上述几个环节的管理成效较理想，管理人员需要做好下列工作：

（1）调查电力设备资产属性，对本企业拥有的全部电力设备类型、数量进行整合，以电压等级为标准进行设备的粗略划分，如设备可以被归类到输电线路、变电设备、配电线路及设备等种类之中；

（2）明确设备资产全生命周期管理的责任主体，主要指企业各个部门在资产全生命周期过程中的职责，据此编制全生命周期管理对象结构体系；

（3）利用标准编码对各个电力设备进行分类编码，如统一项目、物资分类及编码、统一设备资产目录及编码，为后续的设备资产管理工作开展提供数据依据。在智能化电厂建设中，管理人员作为主体的全生命周期管理模式逐渐过渡到以机器为主体、辅以人工的全生命周期管理模式。

由计算机定期采集设备数据入库，然后进行数据分析和挖掘，周期性地进行设备的状态估计和预测，为厂级生产的优化和决策提供指导。如图 1－25 所示为智能化电厂中的全生命周期管理模式。

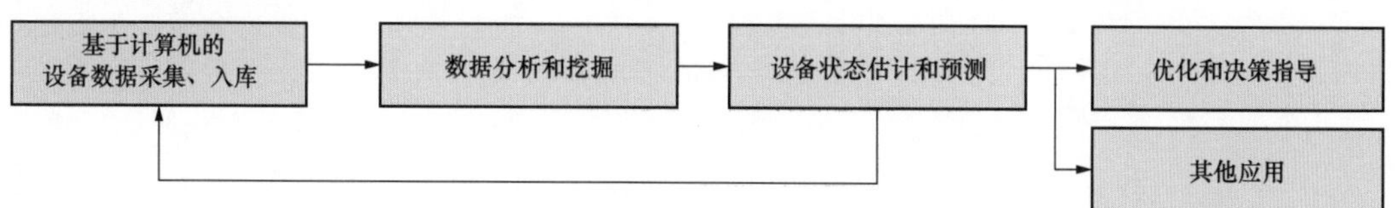

图 1－25　智能化电厂中的全生命周期管理模式

智能发电技术中，实现全厂设备的全生命周期（设计、制造、建设、运行、退役）的智能管理是其重要特征之一。把电厂建设所涉及的各类设计过程中的三维模型、图纸和文档，建设过程中产生的制造和调试文档，以及运行过程中产生的资产管理及实时数据在同一平台上集成应用，利用三维可视化技术和三维定位技术，实现设备安装、运行巡检过程中的三维仿真和实时互动功能。在智能电厂的各个层级实现针对全厂设备的全生命周期管理，实现全程可视化和全生命周期管理透明化。

在电厂设计阶段，利用三维数字化设计技术，实现三维模型数字化。三维数字化系统以三维模型为数据集成的载体，数字化的三维模型结构以及三维模型编码技术是实现三维模型数字化的核心。同时优化设计方案，合理配置先进检测设备、基于工业以太网或现场总线协议的控制系统，以及优化配置监测控制、监管和管理信息系统。统一文档资料、图纸规范，方便归档与交流。根据国家编码要求，细化设备编码。在设备制造阶段，利用三维图纸等数字化设计资料进行制造，智能电厂中的各部件、设备制造都必须依据国家编码进行分类与管理，制造厂家依据设计院提供的三维图纸进行制造。同时，完成现场检测及控制设备的生产、实时控制技术/厂级优化系统/集团级控制技术的软硬件开发。在电厂基建阶段，数据主要为各设备厂家、施工单位、监理单位、调试单位等提交的各类纸质或电子文档，为保证基建期间数据的有效利用，需要相应的数字化处理流程，在保证数据完整、正确的同时，实现文档数据的数字化。利用先进的管理系统实现各基建单位之间的统筹管理。利用三维可视化技术实现设备安装、土建工程进度虚拟化，提高工程管理水平。完成各类现场软、硬件设备的安装及调试，实现相关控制与优化功能。根据相关技术标准，实现数字化移交。在电厂运营阶段，针对电厂实时监控、资产管理等电厂运维系统供应商提供的接口数据类型，开发数据接口，将运行期不同类型、不同格式、不同来源的数据进行筛选分解后，按照三维数字化系统要求的统一格式进行本地化处理，实现运行期生产运维数据的数字化及运行效益的最大化，提高火电厂运行可靠性。在电厂退役阶段，在现有管理信息系统各模块的基础上，充分依据长期历史数据分析、三维模型特有的空间概念及三维实体造型，确定合理、经济的退役时间，为企业的决策提供依据。分门归类统一记录格式，将各层级投运的软、硬件设备长年投运及检修的数据及资料进行分类整理，为后续系统的开发与完善、设备的再利用积累经验及数据。

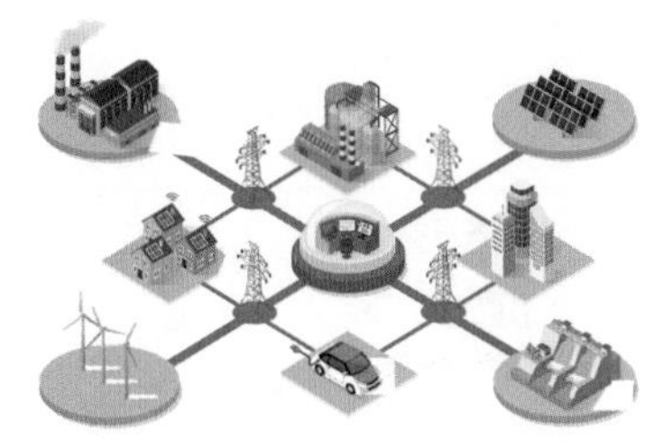

第二章

智能发电管控技术体系

第一节 电厂传统控制及信息系统架构

目前火电厂控制及信息系统架构主要由过程控制系统（包括分散控制系统 DCS，可编程控制器 PLC 等）、监控信息系统（supervisory information system，SIS），以及管理信息系统（management information systems，MIS）组成。

在我国火电企业大规模跨越式发展过程中，与生产过程紧密相关的机组级、车间级以及辅助车间自动化系统如 DCS、PLC 最先由国外引进并得到迅速发展，其次用于信息汇总、面向行政和经营管理的 MIS 也同步发展完善，MIS 与 DCS 之间的断层问题逐渐凸显。20 世纪 90 年代末期我国相关领域专家总结经验，提出了 SIS 系统的概念，建立了包括厂级 SIS 和 MIS 网络在内的控制和信息系统网络，此后火电厂 DCS - SIS - MIS 三层网络架构迅速发展完善。

传统三层网络架构中 DCS 面向运行人员，以电力生产的安全稳定运行为目标，通过对机组各运行参数的实时控制，保证机组运行的安全性和稳定性。由于受当时软硬件发展水平的限制，DCS 只有部分数据处理的能力，无法深层次对数据进行处理和分析，使得 DCS 无法对系统实时优化，同步监控电力生产的运行质量和经济效益。SIS 面向的是生产管理层，强调对控制决策的辅助支持，为全厂提供综合优化服务。它以各种数据处理模型为依据，对现场数据进行实时分析处理和比较，实时把握全厂的各机组运行质量和经济效益。MIS 强调对各类信息的汇总和处理，面向生产决策层，属于企业现代化管理范畴（如图 2 - 1 所示）。

三层网络架构中，DCS 完成全厂生产过程的实时控制，不允许受到病毒和网络信息安全的影响，需要最高的信息安全等级。《火力发电厂厂级监控信息系统技术条件》4.7 条规定“DCS 和 SIS 的信息流应按单向设计，只允许 DCS 向 SIS 发送数据”，4.8 条规定“SIS 与 MIS 的信息流按单向设计，只允许 SIS 向 MIS 发送数据”。电力二次系统安全防护规定中要求 DCS 与 SIS 网络间“必须设置经国家指定部门检测认证的电力专用的单向安全隔离装置”，确保信息流单向流动，即只能按照 DCS→SIS→MIS 方向流动，禁止 MIS→SIS 方向信息流动，尤其杜绝 MIS→DCS 和 SIS→DCS 方向信息流动。

传统三层网络架构沿用至今，发挥了巨大作用，但也存在明显不足。从实际应用效果看，大部分电厂运行的 SIS 系统仅用于数据采集、历史数据存储、监控画面和报表查看

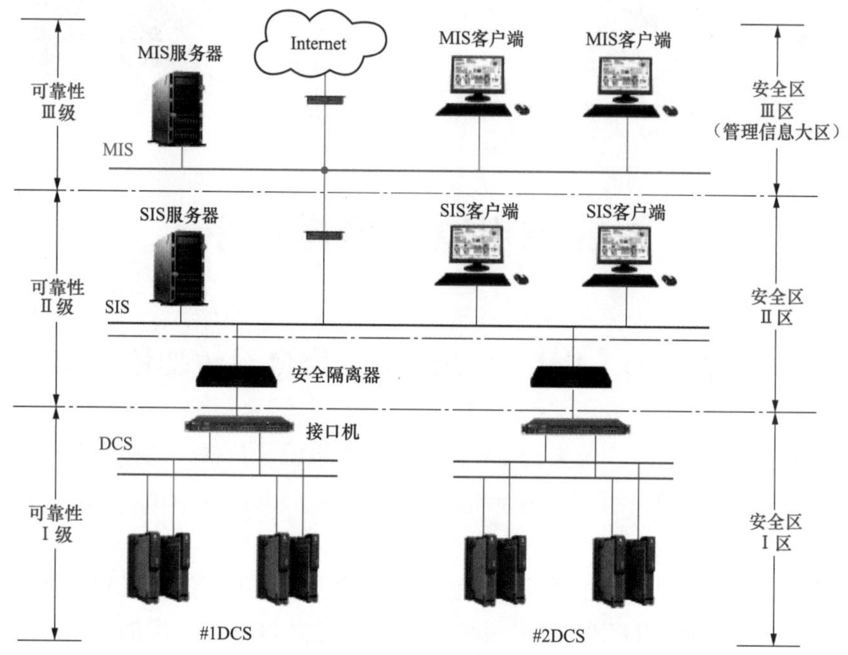

图 2－1　传统 DCS＋SIS＋MIS 体系结构

等，其高级应用功能如性能计算与耗差分析、故障诊断、振动分析、在线性能试验、仿真测试等与运行控制层面的互动很少，即使能够发挥作用，也需要运行人员在整个环节中不断进行人为判断和手动操作，无法形成自动闭环优化。整体来看，SIS 及 MIS 优化分析结果难以对生产过程产生直接指导作用，更无法与 DCS 控制回路形成闭环自动优化。

电厂这种传统的控制系统在智能化方面的主要不足包括：①信息采集的广度和密度不够，很多可检测的信息没有加入到 DCS 体系中，生产过程中存在很多处的检测“空白”，无法为基于多元数据融合的控制和管理决策提供更充分的信息和依据；②数据处理的深度不够，现有数据的利用率不高，没有从中发掘出更多有价值的信息和规律；同时，所采用的一些智能化算法由于无法得到充分的信息的有效支撑，也无法发挥其算法本身的智能化优势，造成综合效果上瓶颈。

第二节　智能发电管控技术体系架构

智能发电运行控制系统与传统的 DCS 的主要提升点在于在智能发电运行控制系统中，在进行控制量的决策输出时：①所涵盖的信息元的种类和数量较传统的 DCS 要更加丰富和全面；②参与决策的信息元对决策的影响权值的确定更为准确。

火电厂具有关联性、流程性、时序性强的特点，智能发电的技术体系需要按照安全、有效地组织各功能之间的协同与增效的要求进行构建，根据数据的实时与非实时属性将整个智能电厂分为运行控制与管理服务两大层级，可以系统、高效地对电厂信息实施综合管

理与应用。通过运行控制系统对电厂全部实时信息进行管控，有利于实现电厂运行控制的能效“大闭环”与安全“大保障”；通过管理服务系统对电厂非实时信息进行全面管控，有利于实现电厂运营管理决策的“大协同”。因此在智能发电架构整体设计中，将传统的三层网络结构按照实际需求和客观规律进行优化，形成功能性与安全性相统一两层体系结构，如图 2-2 所示。

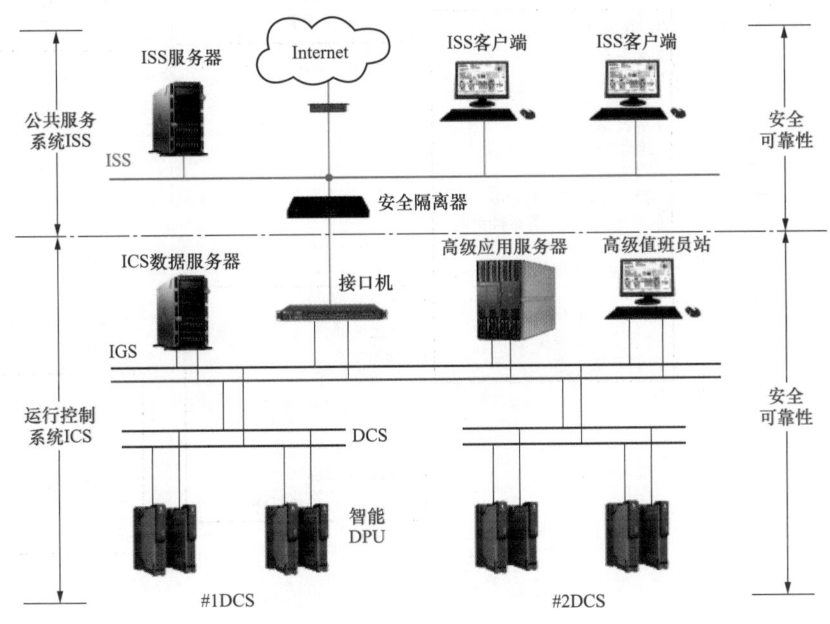

图 2-2 智能发电管控技术体系架构

新的体系结构由智能发电运行控制系统和智能发电公共服务系统两个密切联系的部分组成。智能发电运行控制系统是生产过程控制层实现与运行、控制密切相关的、实时性高的应用功能，如运行监控、智能预警与诊断、性能计算与耗差分析、实时操作指导等；公共服务系统是智慧管理层，实现全厂定位、两票、巡检等非实时性生产管理及物资、财务、党建等企业管理功能。与传统结构对比，原 SIS 系统部分进行了功能划分和拆解。原 SIS 系统实质上是一系列电厂生产过程优化和管理软件的组合。其中生产过程优化的部分与生产运行控制密切相关，它与 DCS 融合后，形成了智能 DCS 的主体部分。其中管理软件部分则与 MIS 等管理功能融合，形成了 ISS 的主体部分，具体如图 2-3 所示。

新架构的实现基于两点基础：硬件方面的高性能服务器、智能控制器、千兆网络及信息安全组件的逐步成熟和成功集成应用，为控制系统实现高强度数据传输和计算提供了算力基础；软件方面的开放式算法开发环境、系统资源调度维护软件，以及机器学习、深度学习、预测控制、在线辨识等智能算法逐步成熟，为控制系统提供了算法基础。软硬件水平的提升赋予控制系统对生产过程的在线优化能力，已完全可以承载原 SIS 系统的生产优化功能。

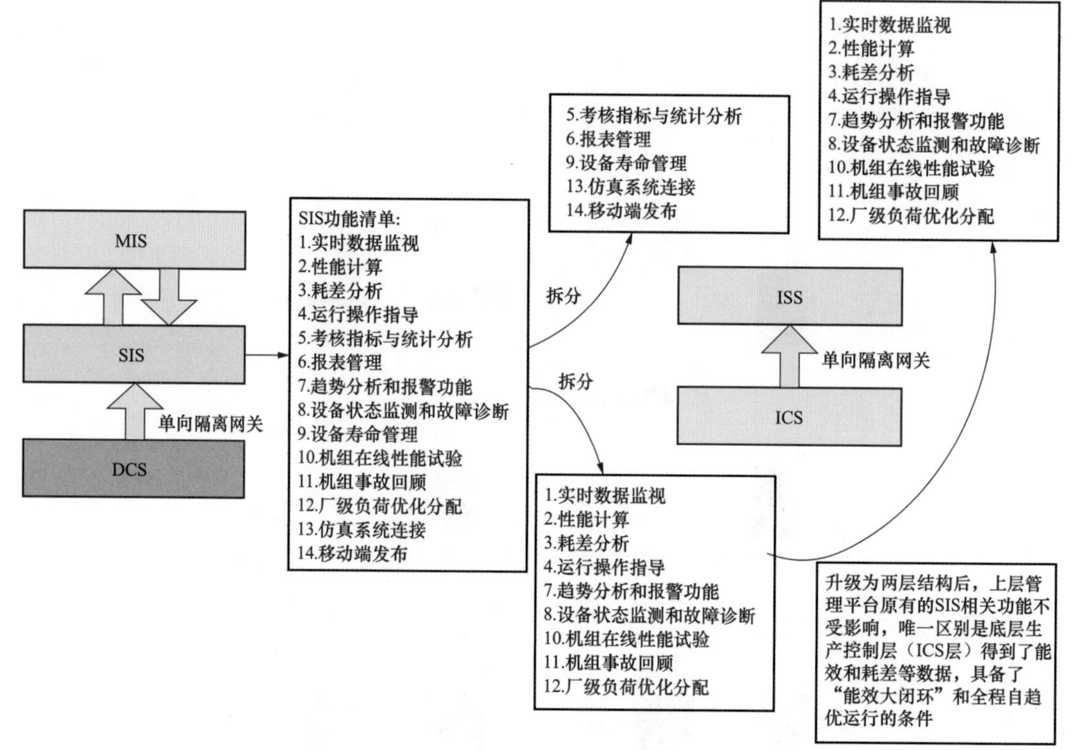

图 2-3　原 SIS 系统的功能拆分

新的体系结构在满足信息安全相关要求的同时，实现生产运行控制层面的能效分析计算和耗差分析、设备状态智能监测等优化功能，使运行人员能够及时根据机组能效情况调整运行参数，降低发电煤耗。由于不存在数据单向隔离的限制，系统给出的操作指导信息可直接与底层控制回路联动，形成“能效大闭环”控制模式，最终实现机组的全程自趋优运行。

如果将智能电厂作为一个大系统，从大系统的层次角度来说，智能发电管控技术体系可以融入到四个层次中去，由低到高分别是智能设备层、智能控制层、智能生产监管层和智能管理层。智能管理层中又包括智能安全、智能管理和智能服务子模块。四层架构各有分工、高度融合，在满足安全的前提下高效、合理地组织信息流和指令流。在智能发电管控技术体系架构中，智能发电运行控制系统包含智能设备层、智能控制层、智能生产监管层，智能发电公共服务系统包含智能管理层。如果按所管控的资源划分，智能发电运行控制系统主要管控的是生产过程直接相关的资源，其物理范围相对较小，具有集中的特点；而智能发电公共服务系统主要管控的是生产过程非直接相关或生产过程外的相关资源。

模块化的智能发电管控技术体系如图 2-4 所示。

1. 智能设备层

智能电厂应对数量巨大的现场测控设备实施现代化信息管理，完整、实时地监测现场

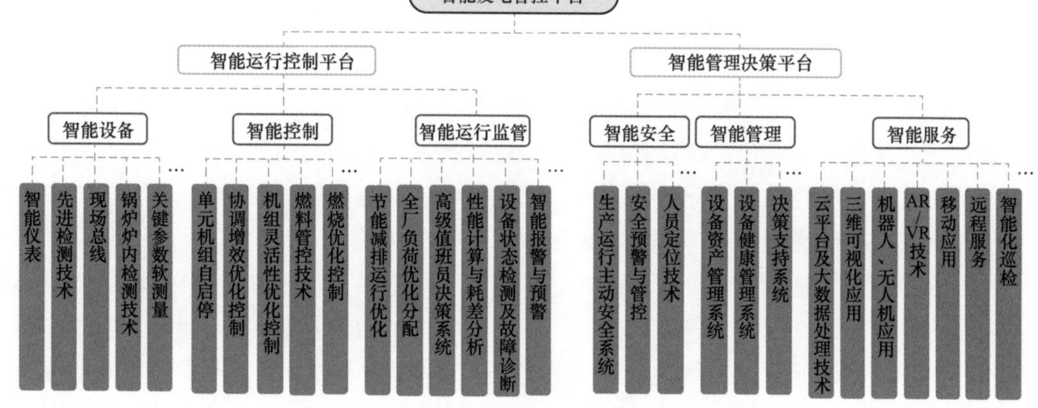

图 2-4　模块化的智能发电管控技术体系

设备的运行数据与状态，执行机构动作及时、准确，大幅度减少调校、维护的工作量。智能设备层主要包括现场总线设备、移动检测与智能执行机构，以及特种先进检测设备，分别为在线分析仪表、炉内检测设备、软测量技术应用、视频监控与智能安防系统、现场总线系统、无线设备网络、智能巡检机器人、可穿戴检测系统等先进检测技术与智能测控设备。

现场总线技术以其现场级智能化设备、数字化通信、抗干扰能力强、标准化程度高、安装和维护费用低等优点在电厂控制系统的现场级得到了越来越广泛的应用。随着智能发电技术的发展，现场总线技术将在智能设备层和泛在感知等方面将进一步得到更为广泛的应用。在智能电厂建设阶段，新建电厂的单元机组和辅助系统可广泛采用现场总线技术，包括现场级智能变送器、执行机构、电动阀门以及辅机电动机开关柜，以便为电厂长远发展奠定泛在感知和智能化的物理实现基础。对已经部分应用现场总线技术的电厂，通过完善智能测控设备的智能化功能，提高电厂运行安全性和测控设备信息化管理水平。

同时，物联网技术、射频技术以及可移动视频图像技术（机器人、无人机、可穿戴设备）的发展有力地补充和增强了现场级智能设备层泛在感知的能力，依托这些新技术可以将人工巡检和信息手工录入提高到智能巡检的水平，使各级生产维护人员能够直观及时地共享电厂各类设备的运行工况，及时发现和处理设备运行中出现的异常、缺陷和其他安全隐患。

所谓优化就是合理分配，即需要多少就提供多少，多了或者少了都不是最优的；少了达不到目标，多了造成浪费。电厂运行优化的实现包括两个重要前提，一是准确掌握所投入的总能量的数值；二是准确掌握该总能量在发电过程的各个环节的分布、流失及耗散等情况。煤和煤粉是发电厂能量转化过程的能量源点。煤和煤粉中的能量能否被能量转化过程的各个节点充分利用是提高电厂生产效率的关键。煤粉中的能量的充分释放是通过氧量参与的燃烧实现的。因此，准确掌握煤粉中的能量的表征参数，例如煤质、飞灰含碳量、氧量、风粉混合物浓度、煤粉细度等参数对于准确掌握所投入的总能量的数值具有重要作用。炉膛温度场则较为准确地体现了能量的在炉膛内的分布情况。这些都是确保智能电厂运行和控制优化的重要基础。智能发电运行控制中通常都包含对这些物理量的检测和感知，可采用仪器测量和软测量等技术来实现。

2. 智能控制层

智能控制层是智能电厂控制的核心，实现生产过程的数据集中处理和在线优化，是安全等级最高的系统。主要包括智能诊断与优化运行技术，分别为机组自启停控制技术、全程节能优化技术、燃烧在线优化技术、冷端优化技术、适应智能电网的网源协调控制技术及超低排放系统控制优化技术等，并实现控制系统安全防护。

在传统的电厂控制体系中，实时生产过程控制层中各单元机组和全厂辅助系统分别设置了各自的控制系统（例如 DCS 或 PLC）。在智能发电的智能控制层中，相应的优化控制系统在条件许可的情况下，一体化地列入到各通用控制系统中，增强各子系统间的联系，形成一个更大规模的控制闭环，构成厂域范围的联动机制，为厂级的全局优化提供条件；也可在辅助系统中设置专用优化控制平台，但应确保与通用控制系统无缝整合和控制安全。

机组自启停功能（automatic unit start - up and shut - down system，AUS）可以显著提高机组启停和初期低负荷阶段的自动化水平和运行安全性，是电厂智能化程度的一个显著标志，也是智能控制层的标准配置。对于未配 AUS 功能的大容量机组可通过改造增配 AUS 功能，并以此促进整个机组自动化控制系统的完善。

根据智能电网对智能化电厂的需求，对控制的精准程度要求越来越高，这就需要更加精细化的模型。可通过机理分析和系统辨识相结合建模，采用先进控制策略与技术，实现控制参数最优搜索和整定，完成重要过程参数的精细控制，最大限度实现机组全负荷范围的控制，保证其安全性和经济性，包括燃烧在线优化、滑压优化控制、凝结水压力控制等技术。

3. 智能监管层

智能监管层汇集、融合全厂生产过程与管理的数据与信息，实现厂级负荷（有功功率和无功功率）优化调度，生产过程的寻优指导，机组间运行方式和性能优化功能，包括冷端优化技术等，并作为机组数据挖掘和优化控制通用平台，还可实现燃料的优化管理和配置、数字化煤场技术。智能监管层还具有设备状态监测与故障预警的功能，可实时监控与三维可视化互动、定位等，并实时监控生产成本。

智能监管层中利用数据挖掘和智能优化开环指导技术辅助和补充闭环智能控制技术，二者共同构成智能电厂总体的优化功能。

在智能监管层可设置设备远程诊断中心，实现对发电设备的生产过程监视、性能状况监测及分析、运行方式诊断、设备故障诊断及趋势预警、设备异常报警，主要辅助设备状态检修、远程检修指导等功能。通过应用软件分析诊断结合专家会诊，定期为发电企业提供诊断及建议报告（如设备异常诊断、机组性能诊断、机组运行方式诊断、主要辅助设备状态检修建议）。还可在智能监管层设置控制系统远程服务功能，包括控制系统远程监测、测试、维护、优化，控制设备远程故障诊断，机组模型远程辨识等，如调节系统的控制品质监测和评价，调节系统的对象特性、调节性能等进行远程试验和调整，控制设备远程故

障诊断等。

智能监管层与电力集团级实时生产过程监管层间通过电力专网进行信息通信，以确保电厂信息安全。同时，增强智能化电厂与智能电网的互联，智能化电厂与智能电网连接，控制层实现电厂 DCS 与电网调度数字化通信，为电力市场、虚拟电厂的实现提供条件。

4. 智能管理层

智能管理层汇集全局生产过程与管理的信息与数据，利用互联网与大数据技术，打破地域界限，实时监控生产全过程，实现智能决策，提高整体运营的经济性。智能管理层的主要功能包括智能管理与辅助决策，分别为集团安全生产监控系统、辅助决策与管理、专家诊断、网络信息安全、燃料智能物流、备品备件虚拟联合仓储、运营数据深度挖掘等。

智能管理层可在电厂本地数据中心的基础上与远程数据中心相连接，在大数据平台上开展相关业务，形成“互联网＋电力技术服务业务”的运营模式，建立全局成本利润分析和决策中心，整合电厂经营、人力、财务信息，加强分析预判，实现经营指标的实时统计预测，加强数据挖掘和预警，推动管理预控化。

第三节　智能发电运行控制系统

一、智能发电运行控制系统的结构、组成和特点

（一）智能发电运行控制系统的结构

智能发电运行控制技术架构如图 2－5 所示，可以用“数据-分析-功能”来概括。

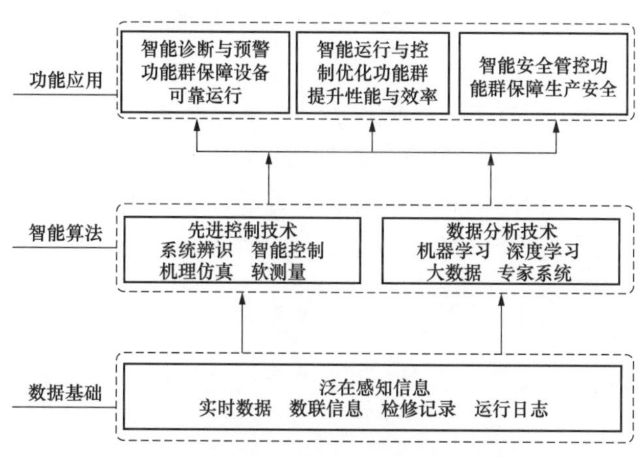

图 2－5　智能发电运行控制系统的基本结构

“数据”是指一套统一的底层生产数据汇聚和计算中心。由一套高性能实时历史站为核心，搭配多台计算服务器形成集群计算架构，对全厂生产实时数据、环境数据、工业物联数据、设备资料信息等感知信息进行统一高效地梳理、存储和发布，为智能分析和控制

打好坚实的基础。

“分析”是指两大技术序列，分别是“先进控制技术序列”和“数据分析技术序列”。前者采用经典和现代控制理论和技术，完成生产过程的机理分析、建模和先进控制；后者采用智能数据分析算法，如数据挖掘、机器学习、深度学习算法等，从数据分析角度对机组运行工况进行建模和深层信息提取，给出基于数据驱动的优化建议。

“功能”是指三大功能群组，分别是“智能诊断与预警功能群”“智能运行与控制优化功能群”“智能安全管控功能群”。“智能诊断与预警功能群”主要提供机组运行中系统或设备的状态监测、故障诊断、故障根源分析与预警的一套智能化功能群组，保障机组运行的高可靠性；“智能运行与控制优化功能群”主要提供对机组运行过程的智能分析、智能优化指导和先进控制，研究如何“让更少的煤发更多的电”；“智能安全管控功能群”主要采用现代智能技术手段有效识别存在的危险因素，防止操作失误，规避潜在风险，让技术保障成为安全管控的有力工具，进一步提升安全管理水平。

（二）智能发电运行控制系统的组成

1. 智能监测技术

主要包括智能报警技术、设备智能监测、辅助智能监测、二维/三维联动智能监控等。

（1）智能报警技术。

智能报警技术主要包括滋扰报警抑制、智能预警、故障诊断、报警增强展示等。

1）滋扰报警的抑制可进行异常报警的特征分析，采取滤波、延迟、死区、设备和系统运行状态相关的报警限值设定、优先级调整、多变量关联分析等措施抑制或消除滋扰报警。

2）智能预警采用机理建模、数据分析、人工智能等方法，根据设备运行状况后参数本身的变化趋势，在故障发生的早期或是潜在阶段，提前发现异常并发出故障预警，便于消除系统运行的潜在隐患。

3）故障诊断功能利用现有生产过程知识和专家经验建立故障知识库，实时对生产过程中的故障识别，发送诊断信息，并提供处理指导意见。

4）报警增强展现功能全面地对系统所有报警进行配置和维护、监控与评价，实现报警功能的优化。同时具有报警统计分析功能，以及应用数据可视化的方法对报警总体状态和特征进行直观、多维展示。

（2）设备智能监测。

设备智能监测包括设备健康度评估、执行机构性能监测、汽轮机监测诊断、重要辅机监测诊断等。

1）设备健康度评估基于机组的运行历史数据，采用神经网络算法建立设备相关输入和输出变量神经网络模型，根据输出变量实时值与神经网络模型预测值，采用关联度分析，对系统健康度程度进行评估，实现对系统的异常报警和健康度分析。

2）执行机构性能监测是根据机构以往故障的现象和运行人员的经验，建立执行机构性能判断专家知识库，对机组主要执行机构的工作状态实时计算并监控，给出分类提示，

供运行和维修人员直观监控，进行辅助决策。

3）汽轮机监测诊断利用TSI系统数据，进行汽轮机组振动和轴系各种动静间隙的实时计算，以透视的方式实时监视汽缸内高速转子的运行状态；使用内置的汽轮机专家故障知识库，分析汽轮机常见的不平衡、不对中、油膜涡动、气流激振、部件脱落、松动和碰摩等故障，并进一步给出故障处理和运行指导。

4）重要辅机监测采用超声波、红外探测等技术，通过采集大型转机机械设备的振动、运转等数据，实时监视转机的运行状态；根据转机故障知识库给出分析诊断结果，及时报告机械设备的运转情况，并提供维护和维修建议，协助设备管理人员，做出科学的检修计划决策。

（3）辅助智能监测。

主要包括一键智能自检、控制回路品质评估、参数软测量、高温受热面分析、锅炉壁温智能分析、工质与能量平衡监控等。

1）一键智能自检实现一键全面扫描控制系统和机组运行状态，完成在任意时间段内的DCS系统自检、重要工艺参数自检、运行设备情况的自检功能，并对检查出的异常情况进行可视化展示和提示。

2）控制回路品质评估在线实时监测机组主要控制回路的控制品质，采用控制指标评价相关算法，通过对控制回路实时动态数据的分析，将当前控制回路品质量化为具体数据，供运行和检修人员直观察看。

3）参数软测量对机组运行过程中难以测量或者暂时不能测量的重要变量，选择另外一些容易测量的辅助变量，通过构成某种数学关系来推断或估计那些不能测量的变量数值，以软件来代替硬件传感器，实现发电过程关键参数的在线检测。

4）高温受热面分析采用机理建模、数据分析等技术，实现对锅炉高温受热面温度的动态校核计算与实时展示，可实时显示受热面的灰积、结渣情况，可实现超温统计、热偏差甄别、氧化寿命的监测、预警与优化调整指导。

5）锅炉壁温智能分析基于锅炉壁温的历史数据，采用回归、聚类、统计等数据分析方法，发现壁温与其他燃烧相关参数之间的相互影响和变化的规律，并采用可视化技术进行显示，进一步给出运行优化指导，避免超温和汽温大幅波动问题的产生。

6）工质与能量平衡监控整合机组数据，进行水、热、电、燃料平衡的集中监测，采用数据可视化方法对工质和能量平衡情况进行展示，提示监测效果。

（4）二维/三维联动智能监控。

主要包括汽轮机与辅机三维监测、高温管屏三维监测等。

1）汽轮机与辅机三维监测在基础监控界面采用数据可视化技术，借助多种图形显示手段，嵌入三维监控操作窗口，以参数、云图等方式动态展示复杂设备及部件的运行状态，运行人员可变换角度、层次、尺寸查看细节，监控复杂设备和包含大量监测测点部件的局部和设备内部情况。

2）高温管屏三维监测可建立高温管屏三维动态模型直观展现受热面结构和温度分布情况，如锅炉轮廓、管组、管屏与管道的模型显示、温度值显示、温度场颜色与模型叠加和不同测值云图的切换显示等。

2. 智能控制技术

主要包括机组自启停技术（APS）、工艺自启停、优化控制技术等。

（1）机组自启停技术（APS）。

APS将生产设备的数字化、生产数据的信息化、生产控制的智能化与各功能进行系统、有机地融合，实现机组和主辅设备在启动/停止及各种常用生产运行工况间的自动、灵活、快速、稳定的切换功能，最终实现规范和指导操作流程，降低运行人员的操作强度和风险。

（2）工艺自启停。

工艺自启停包括定期工作自动执行、复杂操作自动执行。

1）定期工作自动执行根据设备的运行时间和顺序，按照设备轮换管理要求，在保证机组工艺安全的前提下定期自动启停相关设备，实现长期运行设备的定期轮换；结合智能规划方法，在保证机组工艺安全的前提下实现长期未运行设备的定期试转和相关系统和设备的定期试验。

2）复杂操作自动执行在机组全工况运行过程中，以尽可能简化或减少运行人员操作为原则，实现复杂、频繁工艺系统的操作自动化执行功能。

（3）优化控制技术。

主要包括AGC优化控制、主汽温优化控制、再热汽温优化控制、脱硝NOx优化控制。

1）AGC优化控制采用先进和智能控制算法，提高机组负荷调节与一次调频响应的速度和调节精度，减低机组动态过程中的主要参数控制偏差为目标，满足机组电网响应性能提升、经济性能改善和安全运行需要。

2）主汽温优化控制以减少主蒸汽温度的稳态和动态控制偏差为目标，协调燃水比控制与喷水减温控制，采用预测控制、变参数控制等提升大范围快速变负荷时主蒸汽的调节品质。

3）再热汽温优化控制以减少再热蒸汽温度的稳态和动态控制偏差和降低减温喷水量为目标，协调烟气挡板控制、燃烧器摆角控制、锅炉燃烧控制和减温喷水控制，采用智能前馈、预测控制、状态观测器、变参数控制等克服汽温响应的大迟延、大惯性、非线性，提高再热蒸汽温度的控制品质。

4）脱硝NOx优化控制以机组环保监测点的NOx浓度排放要求为目标，通过减小SCR出口NOx控制偏差来降低机组排放超标的概率，同时减少氨的过量喷入，降低氨逃逸率，采用智能前馈和预测控制等智能控制方法，实现SCR出口NOx浓度优化控制。

3. 智能运行技术

主要包括：能效实时分析技术、运行寻优技术、动态在线仿真技术。

（1）能效实时分析技术。

建立机组热力设备及系统的性能数学模型，在线实时、准确地计算、分析、评价发电厂技术经济指标和设备的性能指标，实现对机组全方位的性能在线监测；通过对影响机组安全性、经济性的关键指标进行偏差在线计算，定量给出参数偏差对基准煤耗的影响，并

给出偏差消除指导建议或系统自动进行耗差消除。

（2）运行寻优技术。

主要包括机组运行寻优指导、高级值班员决策、锅炉燃烧优化、厂级负荷优化分配、冷端优化、主汽压力优化、吹灰优化、高加端差优化、脱硝优化等。

1）机组运行寻优指导又包括基于数据驱动的和基于机理分析的机组运行寻优指导。前者通过对机组运行的历史数据进行挖掘，根据机组负荷、环境温度、煤质等不可控条件进行工控划分、按优化目标筛选出最优运行状态，继承和应用历史数据中的运行经验，实现机组运行优化，同时可在线进行操作指导。后者通过对机组热经济性以及运行参数进行基于热力学定律的计算分析，确定机组主辅机设备及热力系统的热经济性状况，运用热经济性诊断分析原理对当前运行参数、运行方式进行计算，定量给出其对经济性的影响，并给出基于机理建模计算的最优标杆值及消除偏差的指导建议或指导值。

2）高级值班员决策以全厂运行数据为基础，实现指标统计、趋向展示、参数关联性分析、工况分析、能效对标、全厂负荷分配等功能，对结果进行数据可视化展示，同时向单元机组运行人员提供专家诊断。

3）锅炉燃烧优化在统一整合利用先进测量技术获取的烟气成分、炉膛温度场、入炉煤质、NOx 分区浓度等数据基础上，通过数据分析技术，建立锅炉燃烧模型，结合多目标寻优算法，得出锅炉最优燃烧方式，为锅炉配煤、配风提供运行指导并进行三维可视化展示，最终实现锅炉的安全运行监视，在机组深度调峰等工况变化下保持燃烧稳定，实现锅炉安全、环保、高效运行。

4）厂级负荷优化分配依据电厂所有机组的供电煤耗特性和每台机组的运行工况，以全厂运行机组供电煤耗最小、排放量最小为目标，对中调负荷指令进行机组间的负荷优化分配，实现节能调度及负荷经济分配。

5）冷端优化以汽轮机真空变化带来的机组功率增量和循环泵系统、空冷风机群或间冷系统运行方式改变带来的功耗增量之综合收益最佳为目标。冷端优化又包括最佳真空定值优化和冷端系统设备的运行方式优化。

6）主汽压力设定值优化以减小机组稳定运行时汽轮机主蒸汽调节阀的节流损失为目标，同时兼顾正常调节性能，通过汽轮机前主蒸汽压力设定值的修正，减小汽轮机进汽节流损失，达到提升机组效率的目的。

7）吹灰优化以传热效率、蒸汽消耗、管壁磨损综合最优为目标，通过安全性、经济性分析权衡吹灰带来的收益和支出，确定当前工况锅炉受热面的吹灰方案，实现按需吹灰，满足机组运行经济高效、安全稳定的要求。

8）高加端差优化分析联合运行的高加系统端差与能损指标的模型，建立联合调度与分配各高加水位定值的优化方法，实现整个高加系统的经济运行，同时协同各级高加疏水调节，减小各高加水位波动。

4. 智能安全管控技术

主要是工控网络安全系统，包括网管平台、审计系统、工控防火墙等。工控网络安全系统可集成多种具有智能防护技术的工业 DCS 专业网络信息安全防御系列产品，通过部署 DCS 专用安全操作系统或主机加固系统、网络安全管控平台、综合审计平台等信息安全产品，为用户的安全生产提供保护，使控制系统达到电力行业信息系统安全等级保护三级。

（三）智能发电运行控制系统的主要特点

1. 生产信息全集成

智能发电运行控制系统构建了海量生产数据分析平台，在满足电力系统安全分区的条件下，实现智能设备、控制优化、运行优化的高度融合与“大闭环”运行。图 2-6 所示为智能发电运行控制系统的基本结构对应于机组级的具体实现示例。可以看出，智能发电运行控制系统在智能设备、控制优化、运行优化三个层次上实现了信息闭环。海量生产数据是构建基于数据驱动的生产决策模式的基础。

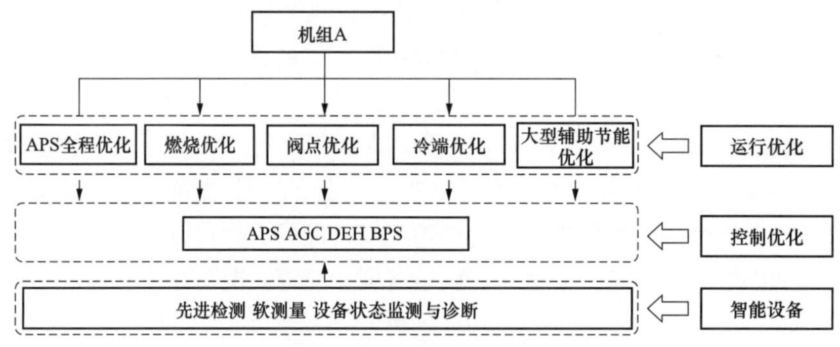

图 2-6　智能发电运行控制系统在机组级的具体实现

2. 基于数据驱动和机理建模的多目标优化体系

智能发电运行控制系统构建了基于机理建模和数据驱动的多目标优化体系。

机理建模是一种相对较为传统的建模方法，是根据系统的机理（如物理或化学的变化规律）建立系统模型的过程。首先，根据建模对象的应用场合和模型的使用目的进行合理的假设；随后根据系统的内在机理建立数学方程，并比较过程变量数与独立方程数来进行自由度分析，以保证模型有解；最后进行模型简化与验证。机理建模是以成熟理论作为基础的，是与理论密切相关的。机理建模具有易于实施的优点。但机理建模需要满足所使用理论的约束条件，而生产实践中并不是时时刻刻都完全满足这些约束条件，因此常常导致机理建模的精度不够高，也不能充分反映生产的实际情况。

数据驱动是指通过各类检测手段采集海量数据，然后将数据进行组织形成信息，对相关信息进行整合和提炼，在数据的基础上经过训练和拟合形成一种决策模型。简单说就是以数据为中心进行决策和行动。数据驱动的决策模式紧密结合生产实际情况，从生产相关过程中直接采集第一手数据，然后依据这些数据和信息的处理来进行决策，如动态的过程（对象）建模、实时运行效率评价等，具有指导生产的直接性和有效性，极大地拉近了决策者和实际生产的距离，也显著提高了控制与决策的准确性。

基于数据驱动和的多目标优化的内容主要包括：

（1）数据采集：主要包括实时数据采集、操作记录、设备诊断、离线数据收集。

（2）数据预处理：主要包括清洗数据格式错误、去除无效数据、数据合并与替代、数据补全等；

（3）数据分析：主要包括机理建模及辨识、能效在线计算及诊断、数据可视化分析、深度强化学习等；

（4）分析结果的应用：主要包括机组运行实时性能、各工况多目标最优设定值、机组实时能效与应达值偏差、机组实时工况与最佳工况偏差等；

（5）控制优化：主要包括控制回路设定值、运行优化操作建议等。

3. 智能计算分析环境

智能发电运行控制系统中具有智能化的计算分析环境，主要包括：过程控制站中丰富的高级算法库和功能强大的计算引擎。

过程控制站中的高级算法库具有丰富的先进控制、软测量、运行优化和能效分析算法，可在优化控制与优化运行时直接调用。如图 2－7 所示为岸石系统过程控制站中的先进控制算法及封装的功能块。

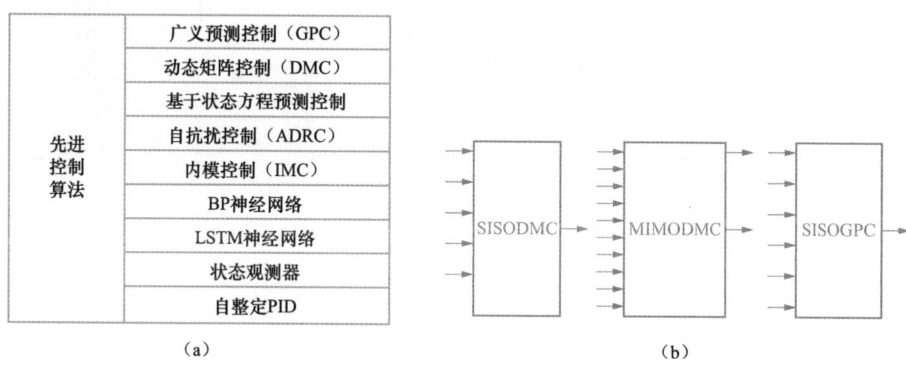

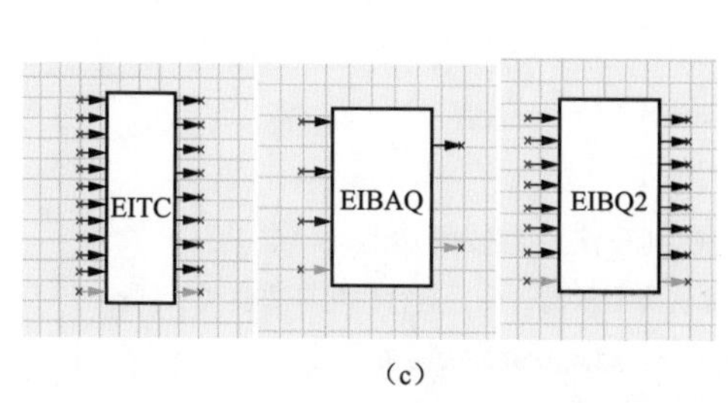

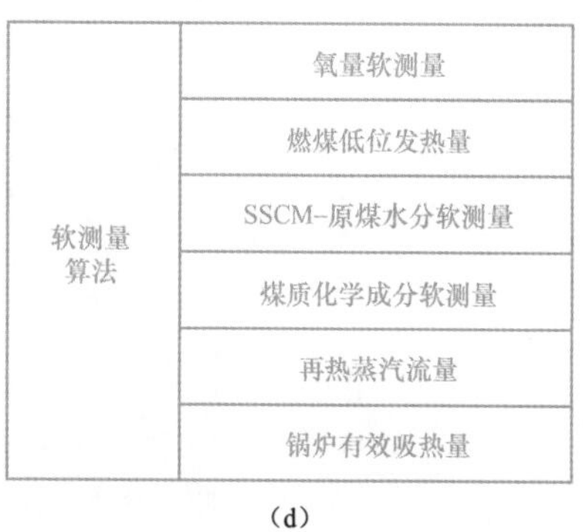

图 2－7　岸石系统中的先进控制算法及封装的功能块（一）

（a）先进控制算法类型示例；（b）先进控制算法模块示例；（c）先进控制算法组态组功能模块示例；（d）软测量算法类型示例

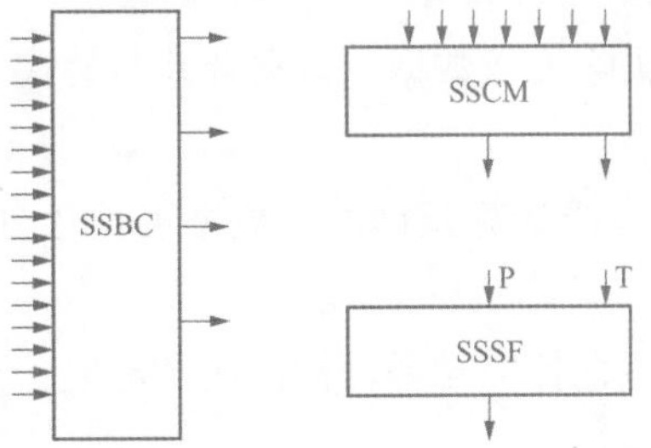

SSBC
SSCM
P T
SSSF

（e）

运行优化算法	OOACE–常规空冷机组冷端优化
	OOOWCE–开式循环直接水冷机组冷端优化
	OOO2SP–氧量定值优化计算
	OOCB–对流受热面洁净因子计算
	OOAHB–空气预热器洁净因子计算
	滑压曲线优化
	厂级负荷优化分配

（f）

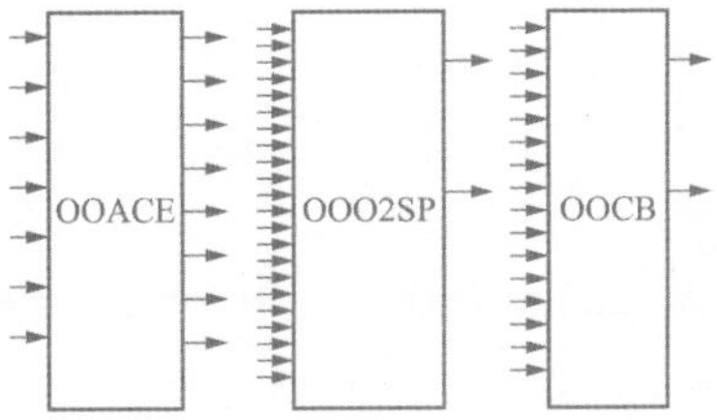

OOACE
OOO2SP
OOCB

（g）

能效分析算法	水/蒸汽热力参数计算
	EITC–汽轮机核心计算
	EITP–汽轮机内部功计算
	EIBAQ–锅炉有效吸热量计算
	EIBQ2–锅炉排烟热损失
	EIBQ3–锅炉气体未完全燃烧热损失
	EIBQ4–锅炉固体未完全燃烧热损失
	EIBQ5–锅炉散热损失
	EIBQ6–锅灰渣物理显热损失
	EIBQoth–其他散热损失
	EIBQin–锅炉总输入热量计算
	EIBEF–锅炉热效率及燃料效率
	EIRTSDE–二次再热热经济性状态方程
	EIRTBAQ–二次再热有效吸热量
	EIRTTP–二次再热汽轮机内部功

（h）

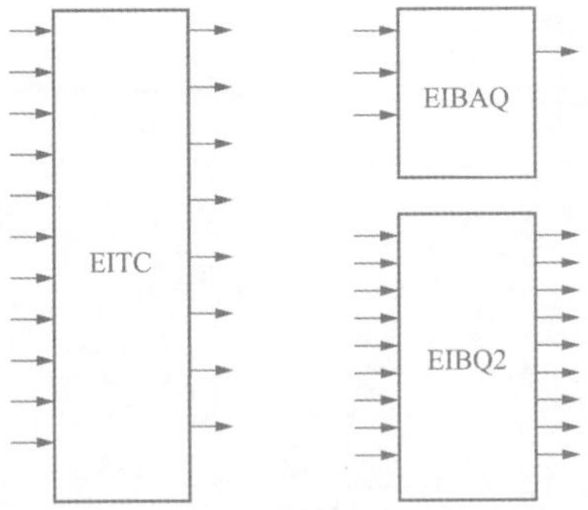

EITC
EIBAQ
EIBQ2

（i）

图 2-7　岸石©系统中的先进控制算法及封装的功能块（二）

（e）软测量算法模块示例；（f）运行优化算法类型示例；（g）运行优化算法模块示例；
（h）能效分析算法类型示例；（i）能效分析算法模块示例

智能发电运行控制系统具有功能强大的计算引擎。为拓展 DCS 的服务功能，适应智能发电复杂计算分析的需求，在高级应用服务器中开发了计算引擎。计算引擎可提供基础计算模块：数学运算、逻辑运算、线性系统环节、非线性系统环节、热力学计算、统计分

析等类型；具有统一的图形化组态运行环境，快速实现功能组态、在线仿真和调试；支持算法模块快速定制，实现运行故障诊断、工况分析、性能及耗差分析、控制系统动态仿真、复杂系统计算及寻优等功能；实现多任务多线程高效并行计算，支持神经网络深度学习、复杂系统多目标多约束寻优等高级应用。

智能化计算引擎安装在高级应用服务器中，通过安全数据接口TDI与实时数据库交互，在进行相关的高级控制和优化计算后将计算结果通过实时监控网传送给过程控制站执行，如图2-8所示。

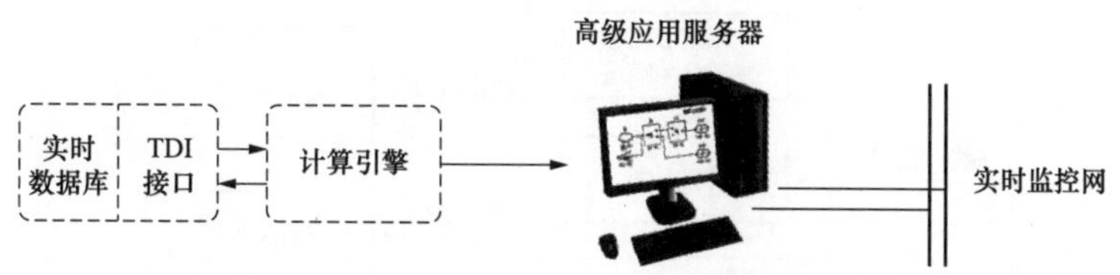

图2-8 智能化计算引擎的应用实施

4. 高度开放的应用开发平台

智能发电运行控制系统具有高度的平台开放性，从而能够高效融合其他第三方的软件模块，显著提高了系统的灵活度和集成化水平，为系统的扩展和升级提供了广阔的空间。

智能发电运行控制系统的平台开放性主要体现在底层控制和上层监控两个层面上，平台开放性层次如图2-9所示。

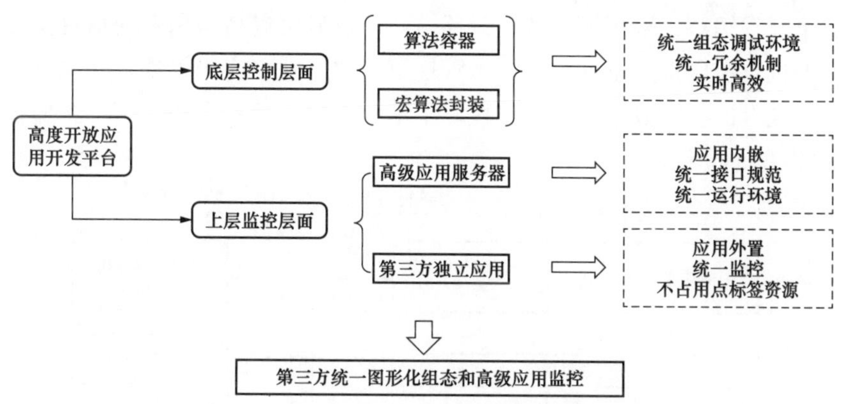

图2-9 智能发电运行控制系统的平台开放性

在底层控制层面上，主要是基于过程控制站的算法模块的开放性。底层控制层使用基于算法容器和宏算法封装的第三方开放模式，核心计算在独立的动态库中执行，从而有效地保护第三方知识产权。宏算法开发运行环境是基于系统已有算法的，可对算法进行二次开发，可将多页控制图封装为一个宏算法，宏算法和标准算法具有完全一致的组态和应用功能。宏算法的运行步骤为：

（1）对多张普通控制组态图，挑选需要外部连接的输入输出变量，勾选需要在线调整的常量，定义宏的名称、图符和密码锁；

(2) 生成所封装组态图的二进制文件并加载到内存，生成可调用的新算法；

(3) 宏算法运行时，控制器将宏算法对应的对象实例化，以普通算法方式运行。

同时，平台使用了统一的组态和调试环境，模块的设计、组态、调试等用户体验与系统算法完全一致；第三方算法模块可以与控制器中的系统算法混合组态，按控制周期执行。第三方算法模块的调用模式如图 2-10 所示。

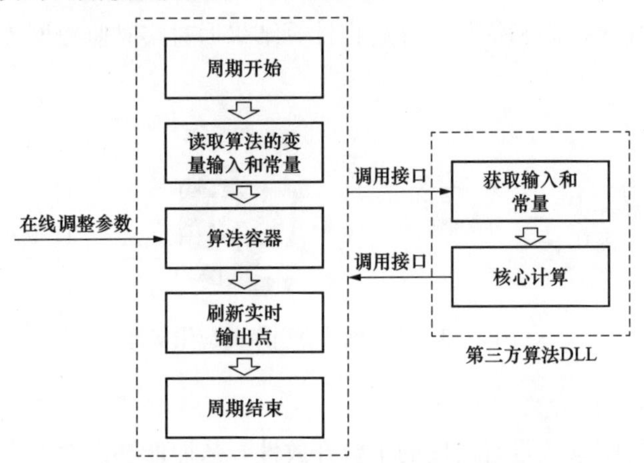

图 2-10　开放性平台中的第三方算法模块的调用模式

在上位监控层面上，采用高级应用服务器模式，由高级应用服务器提供内嵌式的应用服务模块，采用统一的接口规范与第三方软件模块进行交互，使用统一的标准动态库接口函数，有利于开发解耦；采用统一的运行环境，可以显著提高与用户的信息交互的规范性和标准化。上位监控层采用了外置模式来管理第三方的独立应用模块，在交互界面上实行统一监控，与现有的实时数据库点相连接，不单独占用点标签资源。第三方监控应用与平台的交互如图 2-11 所示。

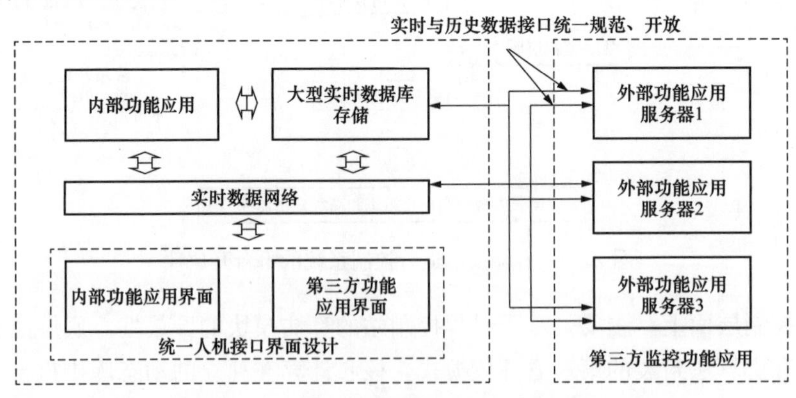

图 2-11　第三方监控应用与平台的交互

5. 完善的监控和报警功能

智能发电运行控制系统具有完善的监控和报警功能，主要体现在：

(1) 多元化监控。

包括多种形式的图形化监控显示模式，例如精细化3D显示、二维/三维联动显示、基于机器学习的设备健康度监测、执行机构状态监测、控制回路品质监测、辅机可视化监测诊断、汽机可视化状态监测等，如图2－12～图2－16所示。重要辅机三维界面与实时监控数据联动显示，并可动态标识故障部件位置与状态。风机轴承振动、运行及健康状态、通信状态等以及相关的振动分析诊断结果、针对性的调整建议信息展示。汽轮机轴径油膜厚度、中心偏移距离、顶起高度、通信状态等以及相关的汽轮机振动分析诊断结果、针对性的调整建议信息展示等。

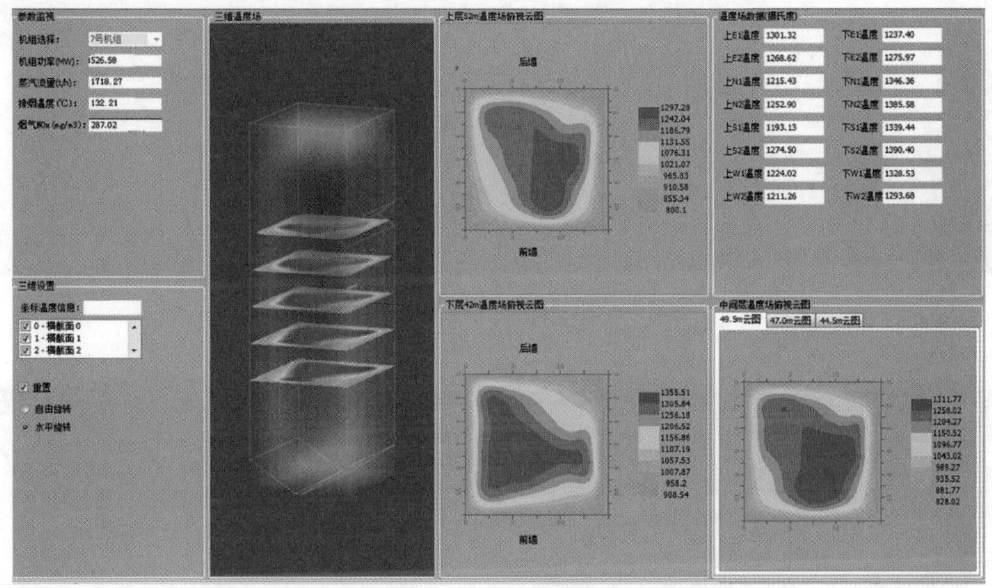

图2－12　精细化3D显示

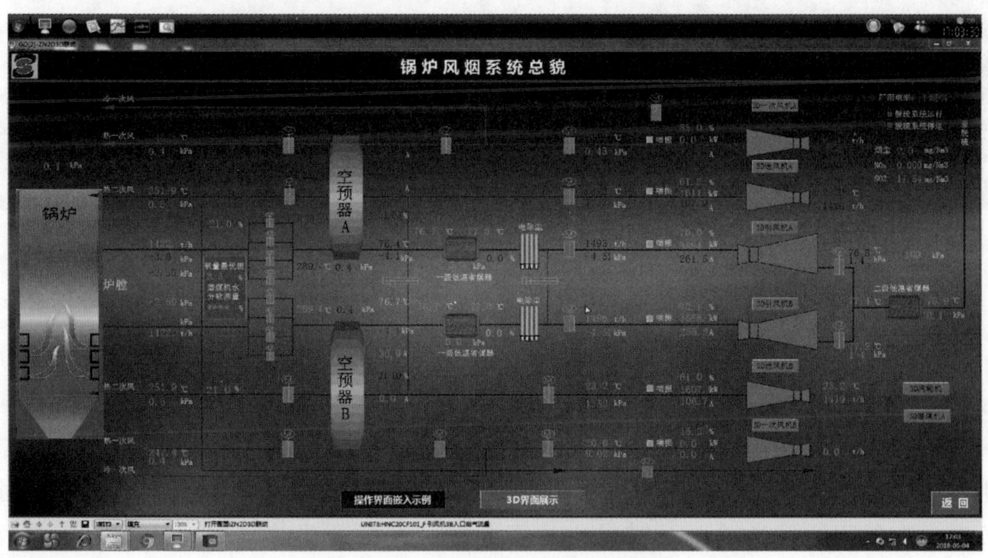

图2－13　二维＋三维联动监视

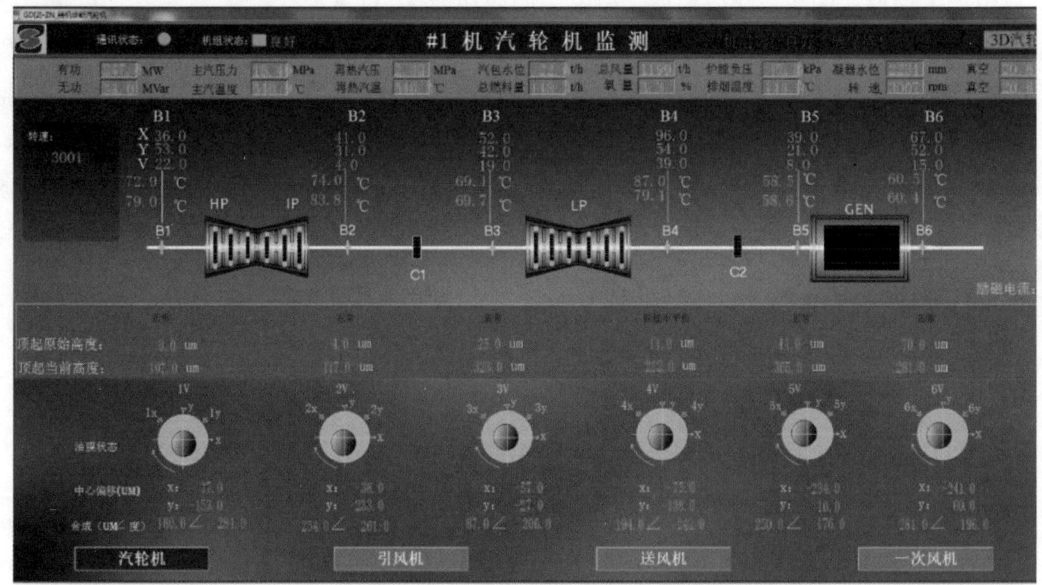

图 2-14　汽轮机可视化状态监测

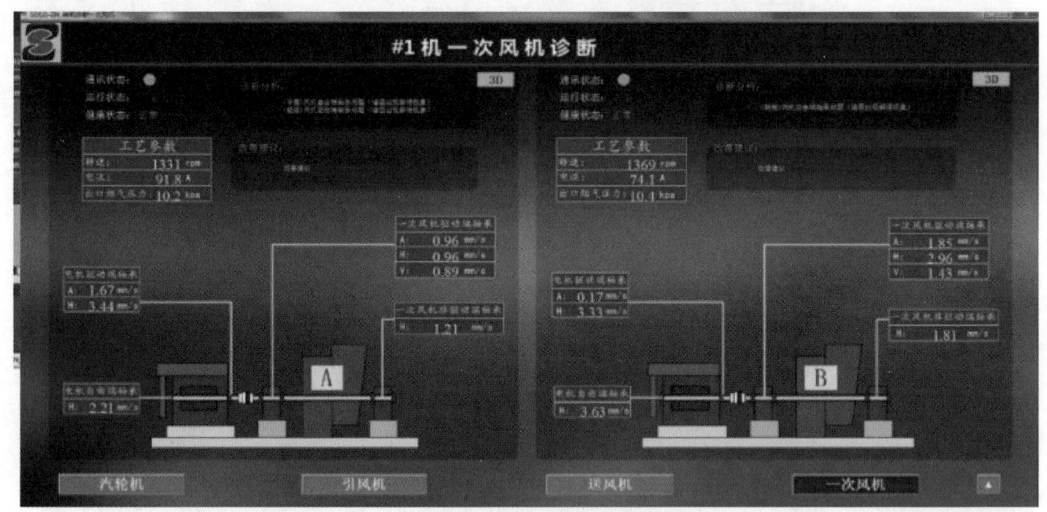

图 2-15　设备状态智能监测

(2) 智能报警功能。

智能报警功能包括滋扰报警抑制、多变量分析报警、报警根源分析、机器学习智能预警。其目的是大幅减少干扰报警出现的次数，从而保障正确报警不被淹没，能够及时被运行人员发现；缩短判断导致报警出现根源的时间，提高正确判断报警根源的准确性；报警的配置能够与不同运行工况相匹配，扩大报警在不同工况下的可适用范围；对潜在的问题及危险，及时发出故障预警。报警管理的类型包括：报警类型统计、报警级别统计、按班统计、按值统计。报警统计类型包括高频报警、顽固报警、

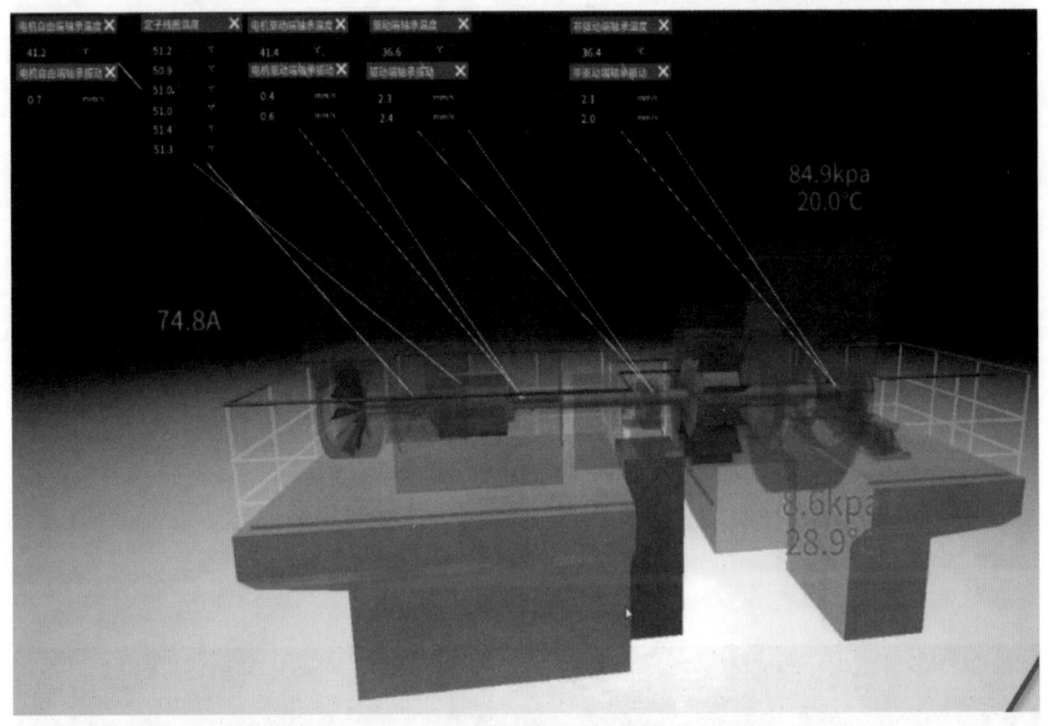

图 2-16　重要辅机三维界面与实时监控数据联动显示

反复报警、洪水报警等。在人机交互形式上包括预警信息表显示、手动信息列表显示、实时/历史报警列表显示。报警处理相关功能包括滋扰报警抑制、报警根源分析、基于神经网络的参数预警和设备状态预警、故障树推理预警、机器学习预警等（见图 2-17～图 2-23）。

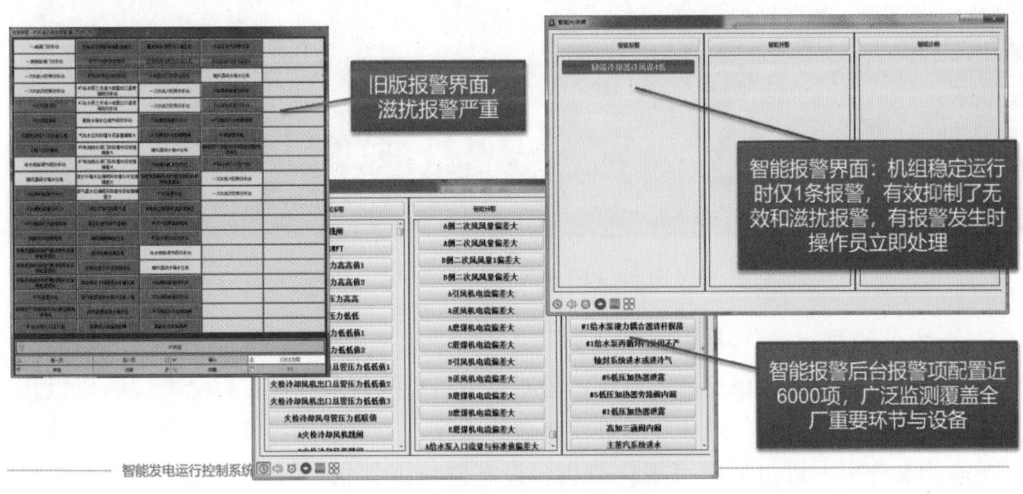

图 2-17　滋扰报警的抑制

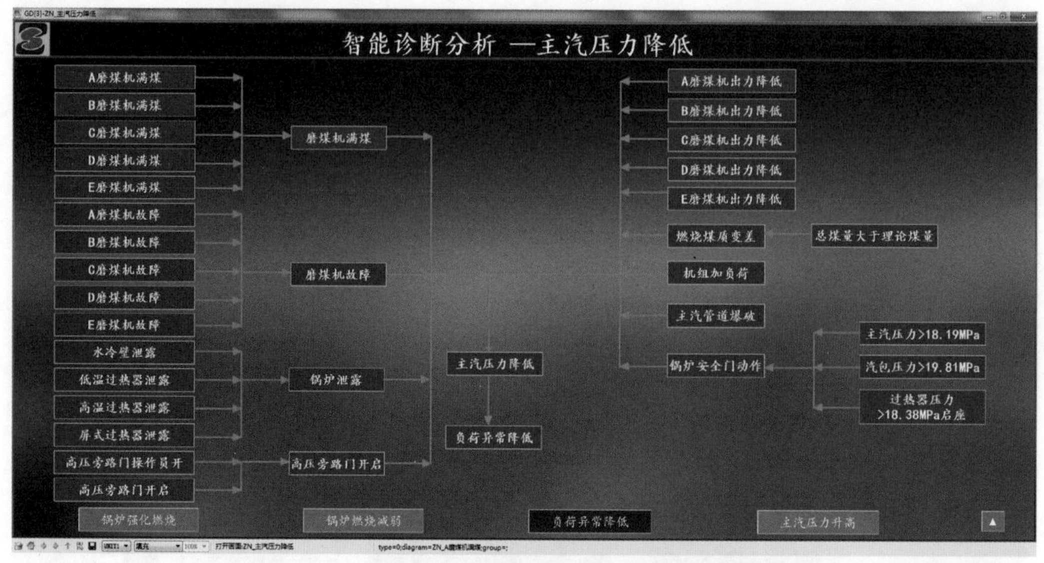

图 2-18　报警根源智能化分析

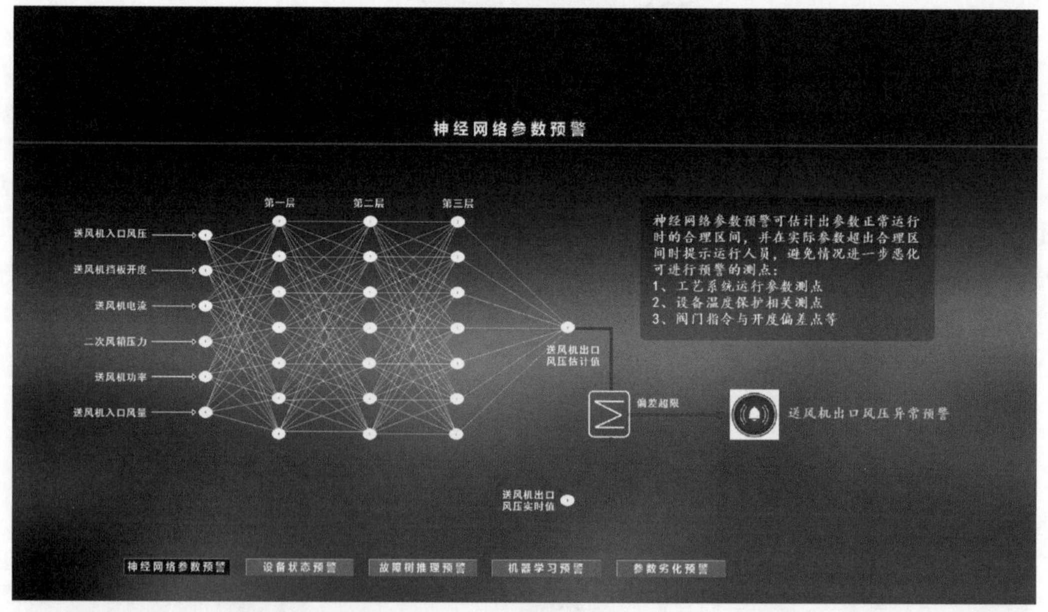

图 2-19　神经网络参数预警

6. 全方位的机组运行状态监控

为了保障机组的安全稳定高效运行，智能发电运行控制系统设置有全方位的机组状态监控机制，能够覆盖机组各个环节的重要参数的监控，主要包括：机组运行能效监控、机组工况监测与分析、机组数据可视化分析、设备健康度评估、大型转机运行状态在线监测、锅炉高温管屏在线监测、汽轮机监测、辅机监测等（如图 2-24 和图 2-25 所示）。

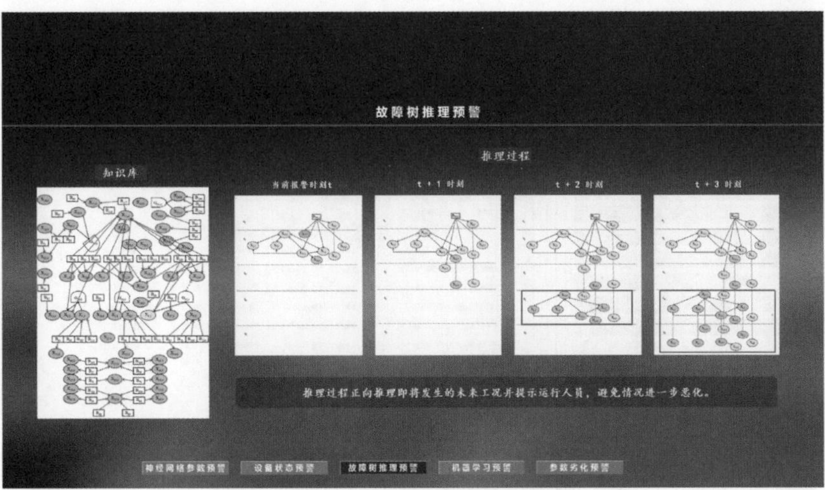

图 2-20　故障树推理预警

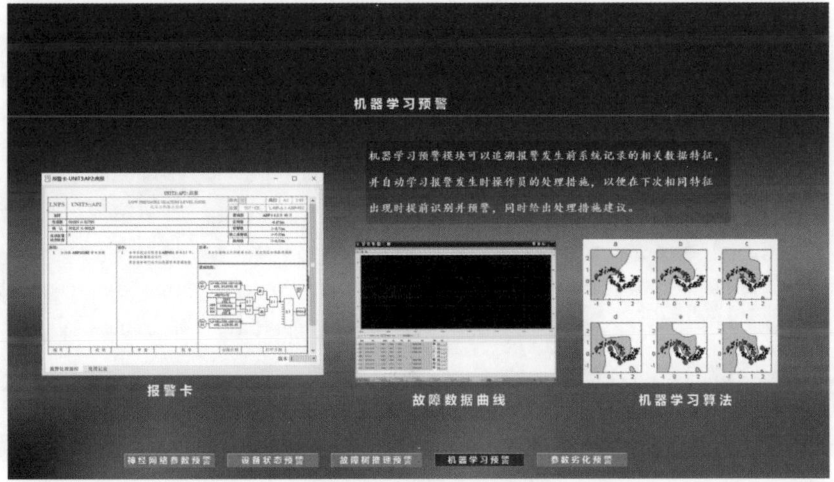

图 2-21　机器学习预警

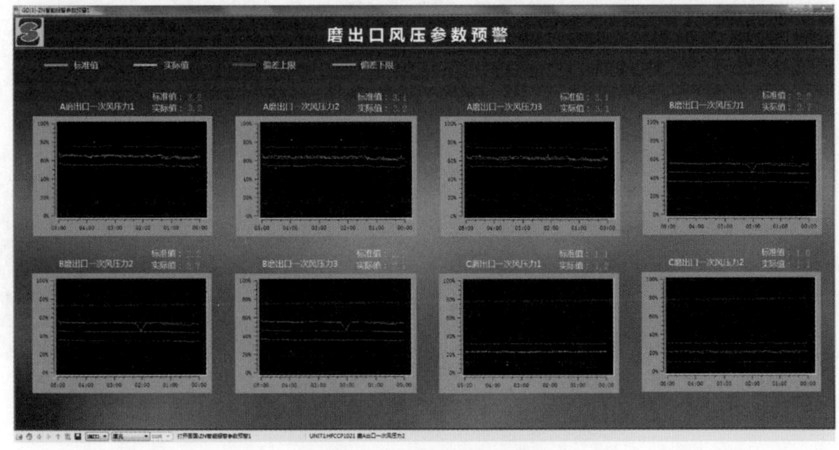

图 2-22　智能参数预警

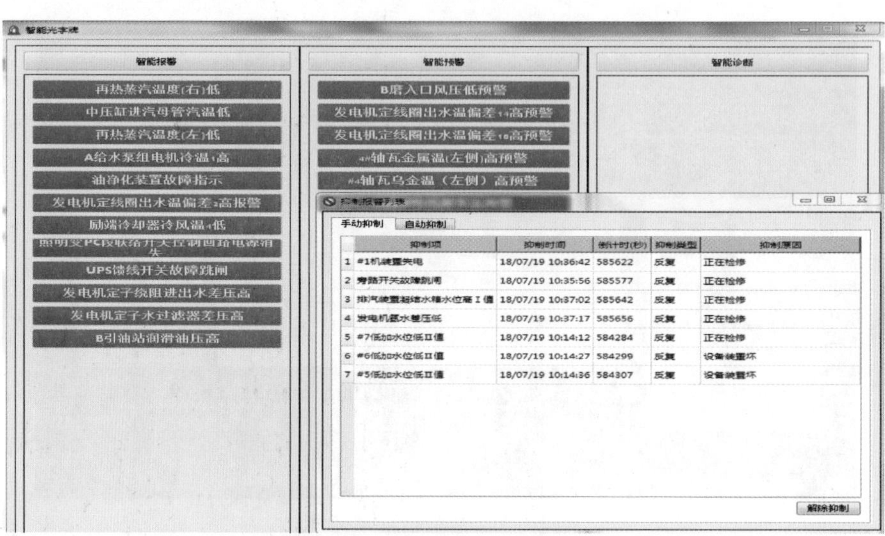

图 2-23　智能光字牌

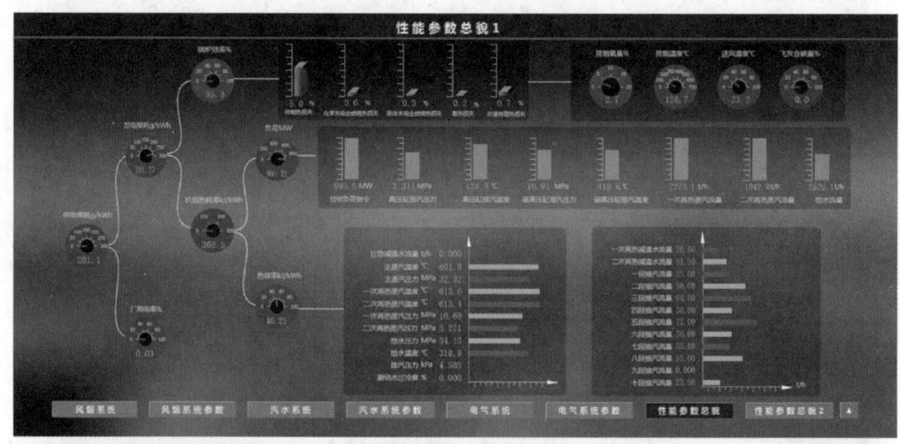

(a)

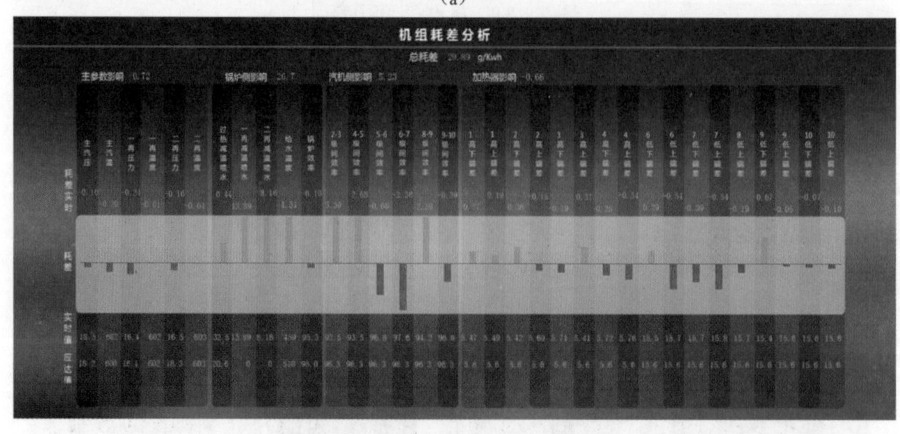

(b)

图 2-24　机组运行能效监控（一）

(a) 性能参数总貌界面；(b) 机组耗差分析界面

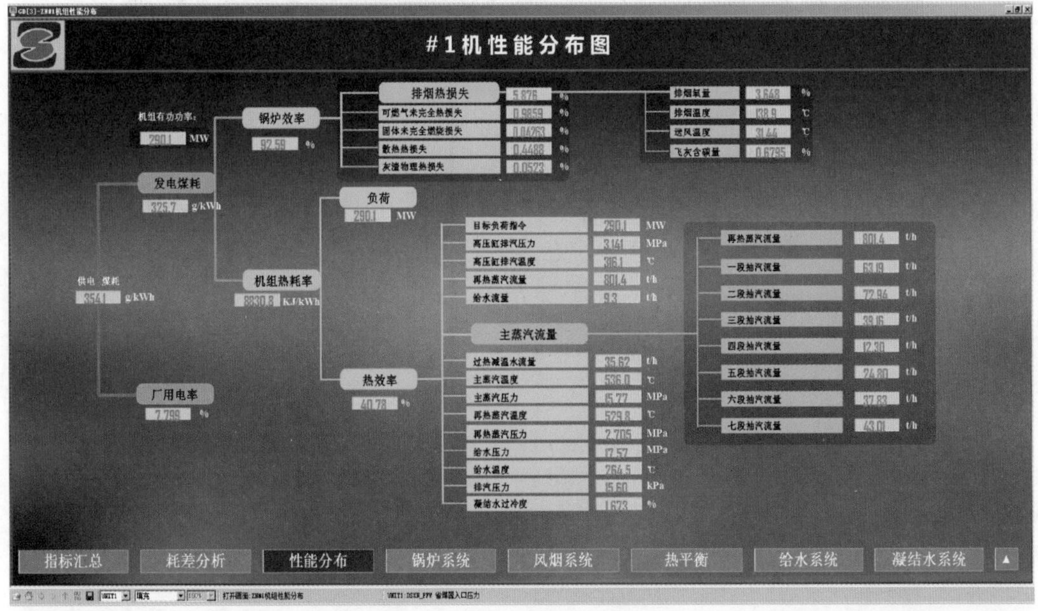

(c)

序号	项目	单位	数值
1	机组功率	MW	289.0
2	主蒸汽压力	MPa	[illegible]
3	主蒸汽温度	℃	535.2
4	再热蒸汽压力	MPa	[illegible]
5	再热蒸汽温度	℃	530.4
6	排汽压力	kPa	[illegible]

序号	项目	单位	数值
1	机组效率	%	37.38
2	热耗率	kJ/kWh	[illegible]
3	汽耗率	kg/kWh	3.30
4	脱硫效率	%	[illegible]
5	脱硝效率	%	0.00
6	除尘效率	%	[illegible]

(d)

图 2-24　机组运行能效监控（二）

(c) 机组性能分析图界面；(d) 机组性能指标汇总

机组工况监测与分析实现了经济性、稳定性、环保性指标分类统计。主要包括：负荷、主汽压力、主汽温度、再热蒸汽温度、给煤量指令、综合阀位指令、总风量指令、一次风压力、减温水流量、二氧化硫、氮氧化物、粉尘浓度等最优值（见图 2-26～图 2-30）。

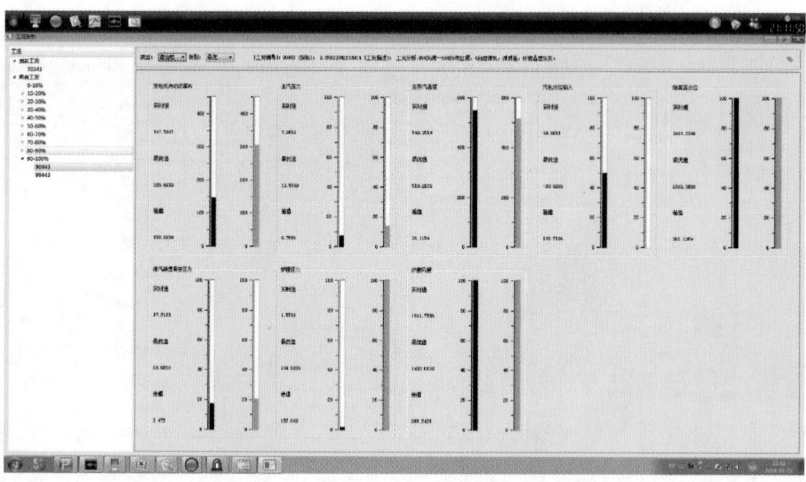

图 2-25　机组工况监测与分析

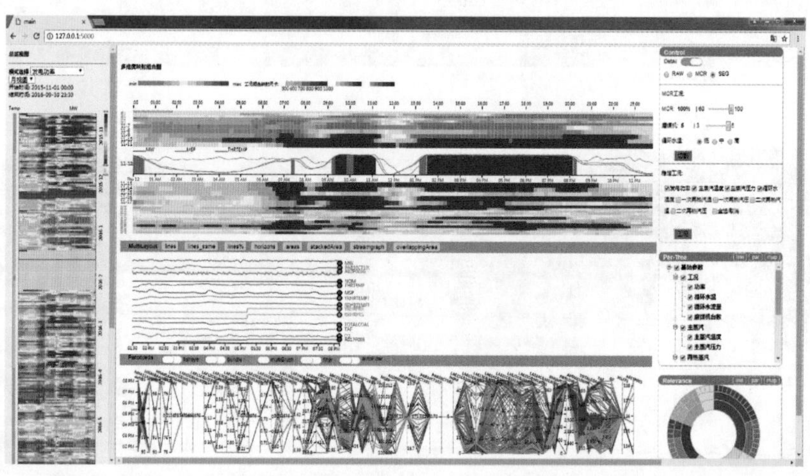

(a)

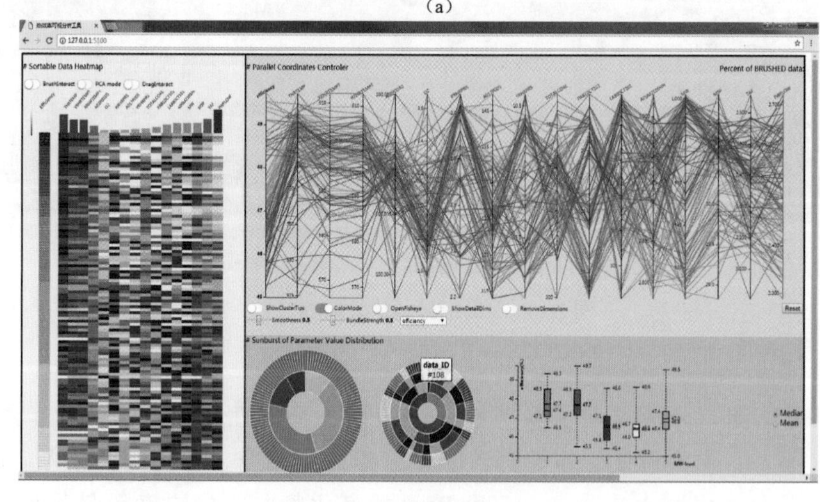

(b)

图 2-26　机组数据可视化分析

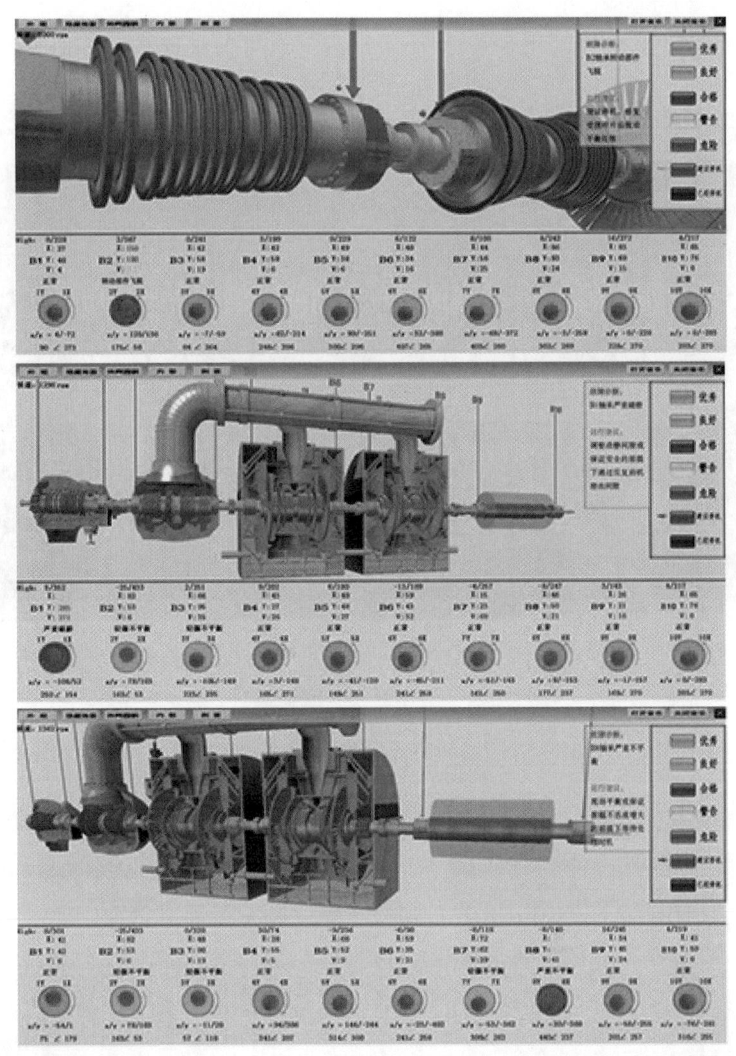

(a)

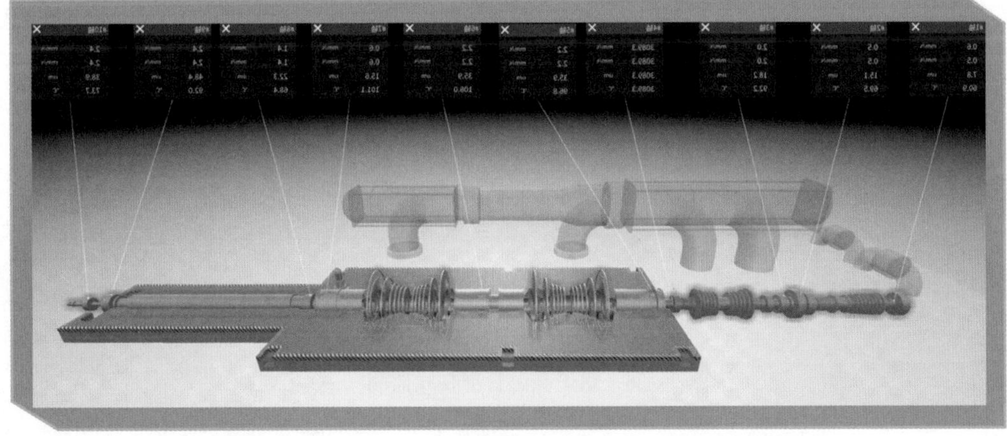

(b)

图 2－27　大型转机在线监测（一）

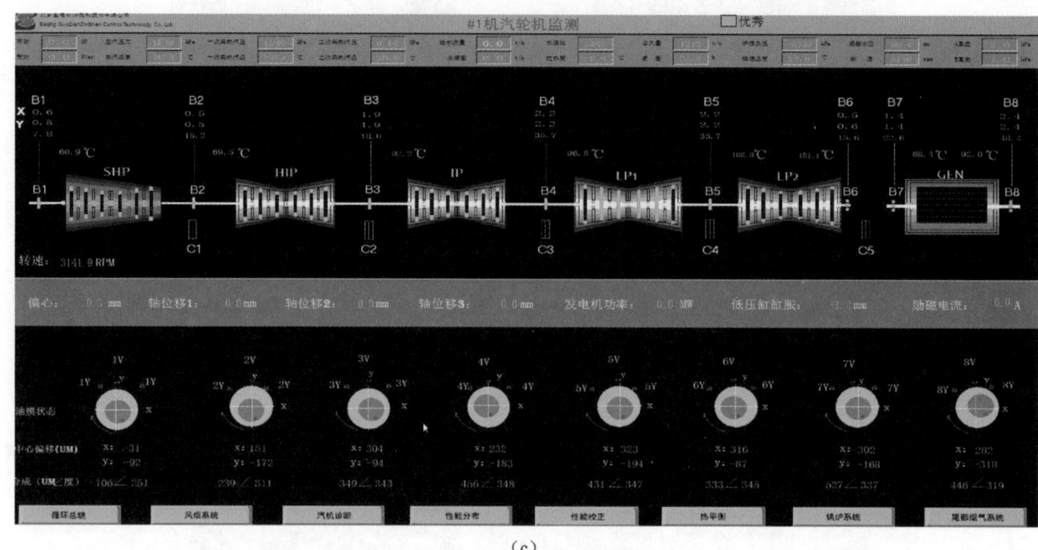

(c)

图 2-27 大型转机在线监测（二）

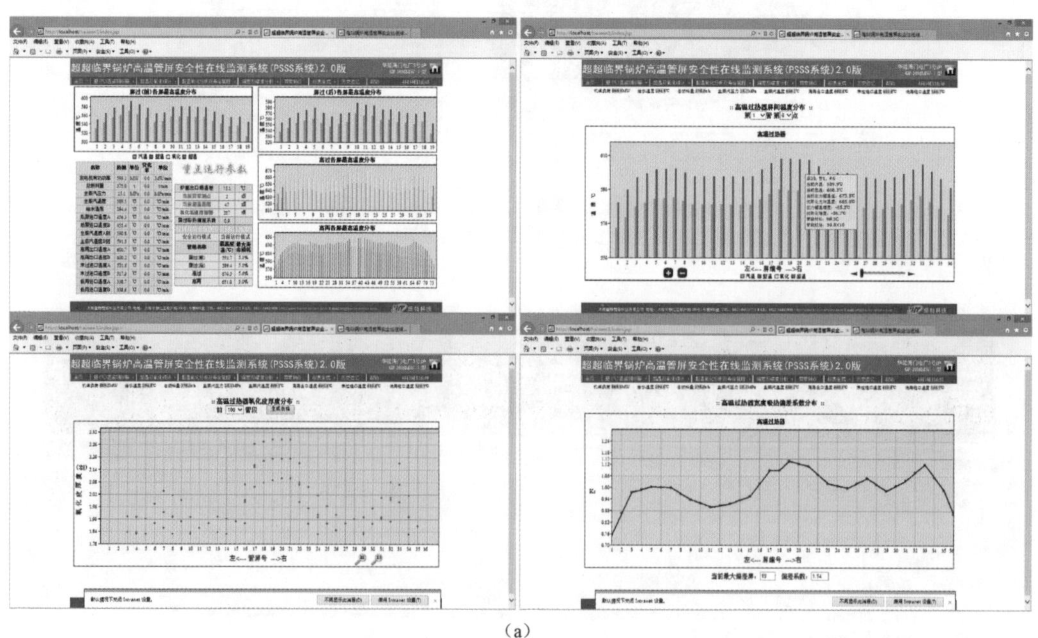

(a)

图 2-28 锅炉高温管屏在线监测（一）

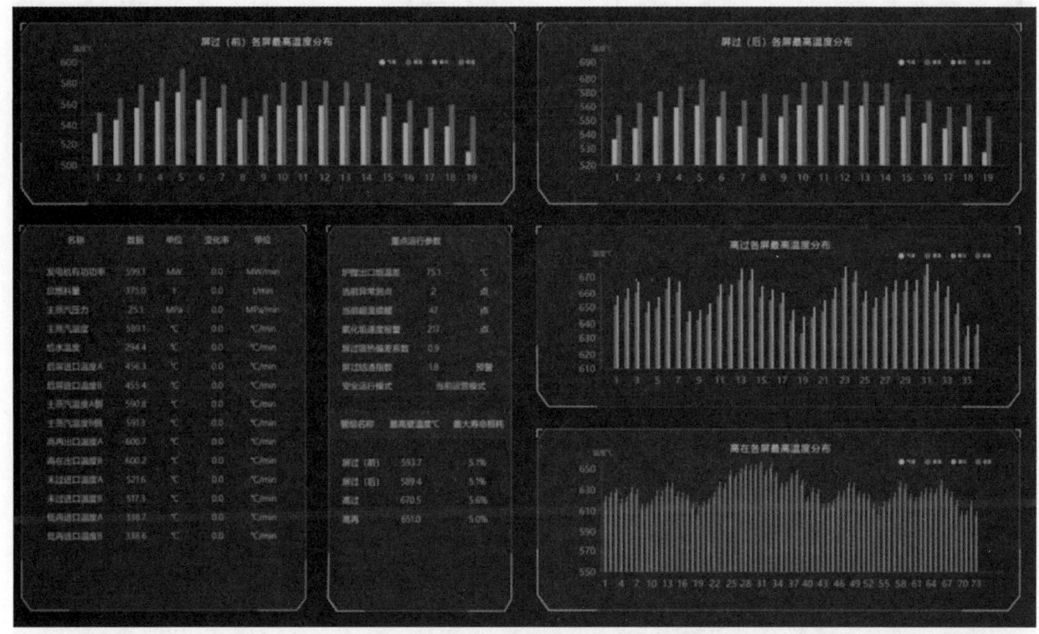

（b）

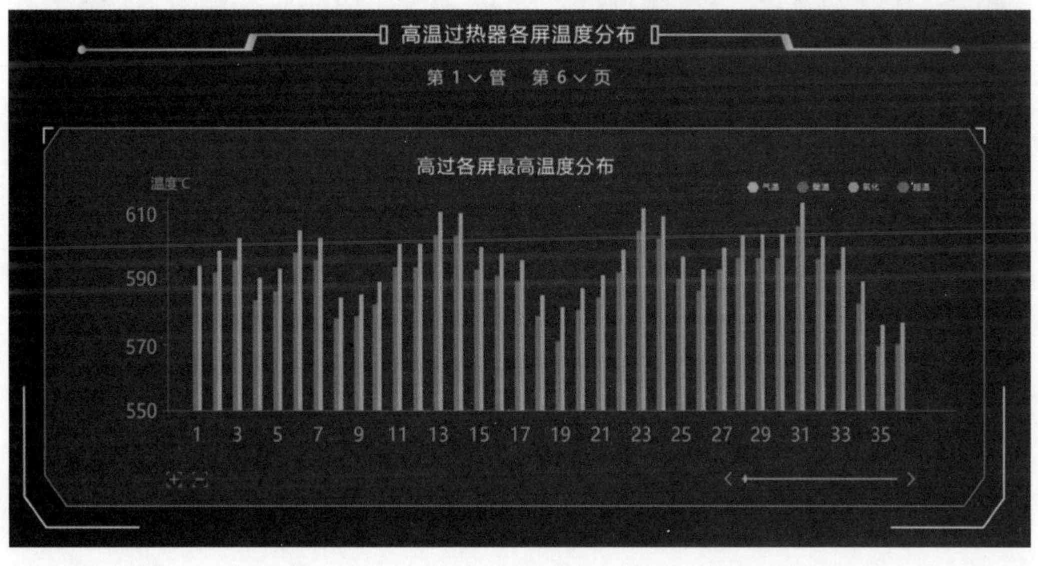

（c）

图 2－28　锅炉高温管屏在线监测（二）

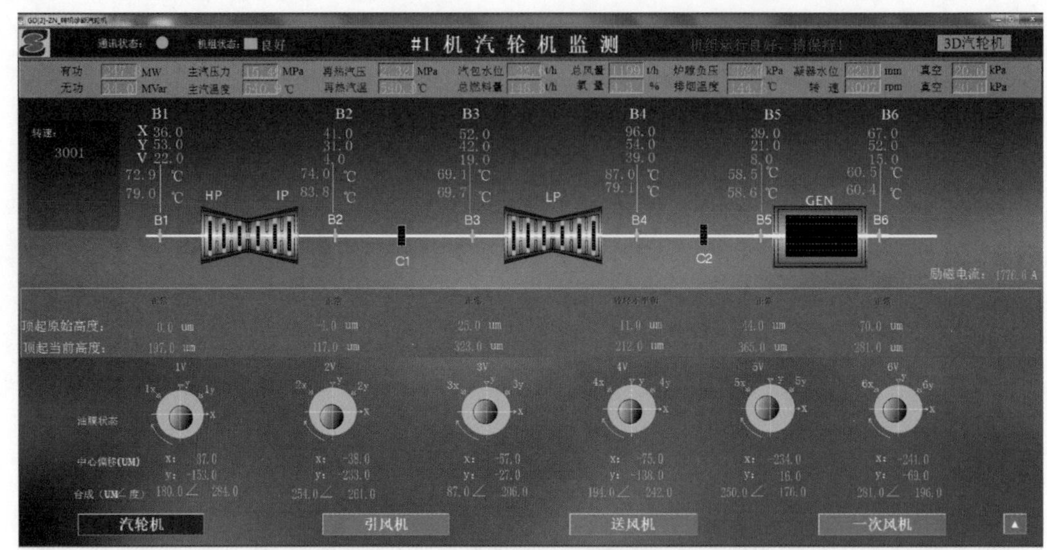

图 2－29 汽轮机监测

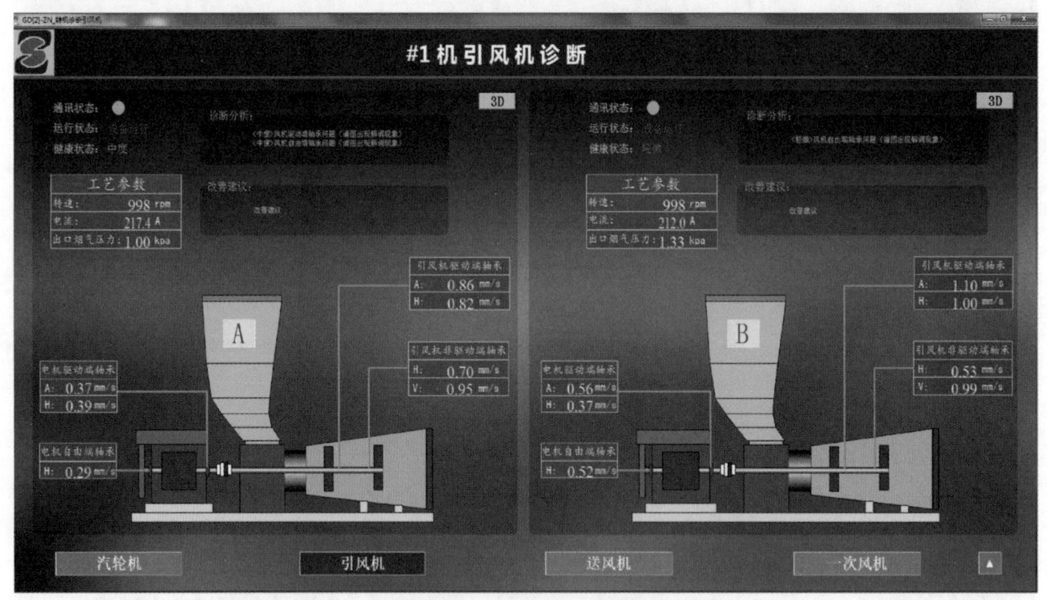

图 2－30 辅机设备监测

二、智能发电运行控制系统的信息化特征和主要技术元素

智能发电运行控制系统的信息化特征包括：

1. 发电过程“全信息”数据

覆盖全厂主辅控生产过程的实时数据、报警信息、操作员操作记录、设备状态信息等。从深度讲包含所有历史、实时数据及部分预测数据，从广度讲包含全厂主辅生产过程

测点信息、人员操作信息及设备和工艺状态信息。“全信息”数据不经过压缩，采用层级传输和转发，是生产过程的“第一手”数据资料。

2. 智能 DCS 的“全信息”数据智能分析

智能 DCS 中包含发电生产过程的“全信息”数据，用于实现机组在线能效、耗差分析、相关性分析、智能诊断和预警等大数据分析过程，深入挖掘数据价值，指导高效生产。

3. 智能发电运行控制的分层递阶控制

智能发电运行控制系统以全信息数据分析的结果为基础，得出最优控制目标或诊断结果，采用多目标、自寻优算法指导底层 DCS 的控制回路，同时采用系统辨识、先进控制（预测控制、神经网络控制、自抗扰控制、自适应控制等）算法进行优化辅助控制，形成发电生产过程分层递阶式的过程控制。

智能发电运行控制系统的主要技术元素包括：智能设备、先进检测技术、智能协调优化控制技术、节能减排控制技术、APS、负荷优化分配技术、智能安全预警及报警、高级值班员决策、智能燃料管控等。

（一）智能设备

智能设备实现对发电过程和运行设备的状态、环境、位置等信息的全方位监测、识别与自适应处理，为上层控制与管理系统提供多维数据。智能设备一般应具有以下功能：

（1）互联互通能力，遵循标准通信协议，实现与其他智能设备和上层网络之间的数据通信。

（2）故障自愈和自限能力，对于功能性故障（轻故障）能自我检定并恢复；设备性故障（重故障）能进行自我约束，将故障状态限定在预先定义的安全范围内。

（3）计算分析能力，可进行一定程度的控制计算和数据分析，如单回路、串级 PID 等控制计算，分类、回归等数据分析。

（4）有时钟需求的智能设备，应具备对时和异常时钟信息的识别防误功能。

智能设备主要包括智能变送器和智能执行机构、智能组件、智能 DCS 等。

（1）智能变送器和智能执行机构：对测量和控制数据进行处理，包括对测量和控制信号的调理（如滤波、放大等），显示，自动校正和自动补偿等，并可将本身工作状态进行分析、存储和上传。

（2）智能组件设备：智能组件由一系列电子装置集合而成，用于扩展宿主设备的测量、控制、监测、保护和通信等功能。传统设备可加装智能组件，构成智能组件设备。

（3）智能 DCS：在 DCS 硬件平台基础上，配置高级应用控制器、高级应用服务器、大型实时历史数据库、高级值班员站等组件，构建生产实时数据统一处理平台和开放的高级应用运行环境，为实现智能发电各应用功能提供高效、稳定的运行平台。

（4）其他先进监测设备：在线分析仪表、炉内检测设备应具备在线标定功能，智能视频与智能门禁系统、智能巡检机器人、可穿戴检测系统、定位系统等应具备远程监控功能。

（二）先进检测技术

基于微波、激光、光谱、静电、声波等先进测量技术，实现发电过程参数的在线检测；基于机理模型和可测变量建立软测量模型，实现发电设备过程参数的在线监测。可根据实际需求与技术成熟度采用但不限于以下在线检测技术，实现关键状态参数的可测量。

（1）入炉煤质在线检测技术：可采用基于核放射原理的灰分元素检测技术、激光诱导击穿光谱（laser - induced breakdown spectroscopy，LIBS）煤样元素分析技术等实现炉前煤质检测；可采用火焰脉动特征煤种识别技术、火焰光谱特征煤种识别技术、燃烧系统热力学方程法等，通过关联煤种人工分析数据实现炉内煤质检测。

（2）锅炉风粉在线测量技术：可采用超声、微波、电容、热力学法等非接触测量技术实现对磨煤机出口一次风输粉管道中的煤粉浓度与质量流量的测量。

（3）炉内燃烧在线检测技术：可采用光学辐射法、声学法进行炉内燃烧温度场测量与重建，采用可调谐二极管激光吸收光谱技术实现炉内燃烧断面的温度与组分分布检测。

（4）锅炉烟气在线测量技术：可采用微波吸收法和微波谐振法在线测量锅炉烟气飞灰含碳量，采用 TDLAS 技术实现脱硝装置氨逃逸浓度在线检测。

（5）过程参数软测量技术：针对使用硬件传感器难于测量或不能测量的一些过程变量，通过另外测量一些容易获得的辅助的过程参量，然后利用某种数学关系来计算那些难以直接量测的过程变量。软测量技术可用于实现锅炉蓄热系数、热效率等重要参数的在线测量。

（三）火电机组智能发电优化协调控制技术

火电机组智能发电优化协调控制技术应满足机组生产过程控制性能提升、经济性能改善和安全运行需要，实现机组在不同工况下的快速、深度、稳定调节。宜采用机理分析、机器学习等多种方法建立机组动态模型，并结合预测控制、自抗扰、自适应等先进控制策略，提升机组 AGC 和一次调频控制品质。在技术应用中，可根据实际需求与技术成熟度逐步采用但不限于以下智能发电优化协调控制技术。

（1）机组 AGC 控制性能优化技术。

以提高机组负荷调节速度和调节精度、降低机组动态过程中的主要参数控制偏差为目标，并可通过优化汽轮机调门特性曲线、排挤低压加热器抽汽（凝结水节流）、排挤高压加热器抽汽（给水旁路）、储能辅助调节、动态过程燃烧管理等手段，加快机组响应速度、提升机组 AGC 协调控制品质、降低 AGC 过程中机组运行能耗。

对有深度调峰需求的机组，应通过稳定燃烧、主要参数安全边界控制、湿态协调控制、低负荷控制回路参数优化等手段，提升机组的调峰深度和低负荷段的调节性能。

（2）机组一次调频控制性能优化技术。

以提高机组一次调频响应速度、精度和幅度为目标，应考虑汽轮机节流裕量，并结合

排挤低压加热器抽汽（凝结水节流）、排挤高压加热器抽汽（给水旁路）、储能辅助调频等提升机组的一次调频能力。

（3）制粉系统优化控制技术。

以提高磨煤机出口一次风量和一次风温调节的稳定性为目标，采用多变量解耦控制技术、预测控制技术等，消除对一次风量的扰动影响和克服温度调节的大迟延。

（4）主蒸汽温度优化控制技术。

以减小主蒸汽温度的稳态和动态工况下的控制偏差为目标，通过协调燃水比控制与减温喷水控制，提升大范围快速变负荷时主汽温度的调节品质；通过减小汽温偏差提升机组在额定参数范围内的主蒸汽温度设定值，提升机组运行的平均汽温，提升机组效率。

（5）再热蒸汽温度优化控制技术。

以减小再热蒸汽温度的稳态、动态工况下的控制偏差和降低减温喷水量为目标，通过协调烟气调温挡板控制、燃烧器摆角控制、锅炉燃烧控制和减温喷水控制等，保证烟气挡板与燃烧器摆角的控制裕量，并以减温水作为最后调节手段，改善机组再热蒸汽温度的控制品质，提升机组在额定参数范围内运行的再热蒸汽平均温度，减少减温喷水量，提升机组效率。

（四）火电机组节能减排优化控制

火电机组节能减排优化控制应用大数据分析技术、性能指标在线分析技术和多目标优化技术等，对机组运行工况与方式进行寻优指导或闭环设定，提升机组的节能减排能力。

1. 性能计算与耗差分析

智能发电机组应具有在线机组性能计算及分析和在线机组性能诊断功能。

以实时生产数据为依据，通过对电厂设备及系统参数进行实时监测、计算与分析，全面、直观反映机组运行状况，明确给出其节能降耗潜力，使运行人员在这些结果的支持与指导下进行合理调整或者自动进行底层控制回路的闭环调整，达到提高机组效率、降低煤耗的目的。性能计算及分析应包括机组级和厂级两个层面，建立机组热力设备及系统的性能数学模型，在线实时、准确地计算、分析、评价发电厂技术经济指标和设备性能的指标，实现对机组全方位的性能在线监测。

在线机组性能诊断（如耗差分析等），通过对影响机组运行的安全性和经济性的关键指标进行偏差实时在线计算，给出参数偏差对基准煤耗的定量影响程度的数值，并给出消除偏差的建议或启动系统自动进行耗差消除。

2. 燃烧优化

锅炉燃烧的优化控制应以满足锅炉效率最优为控制目标，同时应兼顾锅炉的污染物（氮氧化物 NOx）排放控制。应用先进的测量技术实现入炉煤质、风粉浓度、燃烧状态等的在线检测；应用神经网络、支持向量机等智能算法，建立锅炉燃烧模型；应用遗传算法、粒子群算法等多目标优化算法，给出锅炉最优燃烧方式（风煤比、磨煤机负荷分配、配风方式等)。通过燃料控制系统、送风控制系统，一次风控制系统等炉侧子系统的协调优化控制，实现电站锅炉高效燃烧和污染物控制。

在技术应用中，宜根据实际需求与技术成熟度逐步实施燃烧优化，可以锅炉实时状态监测和风煤配比动态优化为技术突破口。

3. 喷氨优化

以机组 NO_x 达标排放为目标，通过减小 SCR 出口控制偏差来降低机组排放超标的概率，同时可减少氨的过量喷入，降低氨逃逸率。综合应用 NO_x 分区测量、入口 NO_x 软测量、喷氨格栅均衡控制与总量控制、氨逃逸监测等技术，采用预测控制及智能前馈等先进方法，实现基于喷氨控制的 SCR 出口 NO_x 浓度优化控制。宜结合锅炉燃烧优化控制的结果，在降低 SCR 入口 NO_x 浓度的前提下，进一步提升基于喷氨控制的出口 NO_x 浓度优化控制效果。

4. 冷端优化

以汽机真空变化带来的机组功率增量与循泵系统运行方式改变带来的功耗增量之综合收益最高为目标。在机组负荷与环境条件变化工况下，进行机组实时排汽焓及排汽量的在线估计，根据单速/双速循环水泵的扬程－流量特性或建立变频循环水泵的扬程－流量特性模型，通过基于换热器效能理论的凝汽器热力特性计算方法获得凝汽器真空在线估计，通过冷却塔变工况计算方法获得冷却塔出塔水温的在线估计，结合汽轮机末级变工况计算原理，对循环水泵耗功与汽轮机功率增量收益进行平衡计算，确定汽轮机真空最优值，确定单、双速循环水泵的最优运行方式，给出变频循环水泵的最优运行转速，提高机组运行经济性。

5. 空冷机组冷端优化

该优化是以汽轮机真空变化所带来的机组功率的增加以及空冷风机运行方式的改变而带来的功耗增加的综合收益最高为主要的优化目标。在机组负荷与环境条件变化工况下，进行机组实时排汽焓及排汽量的在线估计，根据空冷风机性能曲线与翅片管束的阻力特性曲线并考虑空冷风机阵列的集群效应，获得冷却空气的平均流量、空冷翅片管束的迎面风速及空冷风机的耗功，通过基于换热器效能理论的凝汽器热力特性计算方法获得凝汽器真空在线估计，结合汽轮机末级变工况计算原理，对空冷风机耗功与汽轮机功率增量收益进行平衡计算，确定汽轮机真空最优值，给出变频空冷风机的最优运行转速，提高机组运行经济性。空冷风机的冷端优化还需考虑冷却管束在冬季的防冻问题。

6. 吹灰优化

以传热效率、蒸汽消耗、管壁磨损综合最优为目标。利用锅炉工质侧参数和省煤器后烟气侧参数，考虑灰分等入炉煤工业分析成分因素的影响，建立锅炉辐射受热面、对流受热面及空气预热器受热面污染监测模型，逆烟气流程逐段进行受热面的热平衡和传热计算，确定各受热面的实际传热系数。根据各受热面的污染增长模型，结合不同负荷下炉内受热面的理想传热状态，通过经济性分析权衡吹灰带来的收益和支出，确定当前工况下锅炉各受热面吹灰的吹灰方案，给出运行人员操作指导，或自动启动相应的吹灰程控系统。

7. 基于主汽调阀压损和真空修正的主蒸汽压力优化控制技术

基于主汽调阀压损和真空修正的主蒸汽压力优化控制应以减小机组稳态运行时汽轮机主蒸汽调节阀的节流压损为目标，同时应兼顾机组正常控制调节（包括 AGC 控制、一次调频控制等）性能。通过对汽轮机前主蒸汽压力设定值的修正，或采取其他负荷激励手段和蓄热利用措施补充调门控制余量，减小汽轮机进汽节流损失，达到提升机组效率的目的。

8. 凝结水泵的深度变频优化控制技术

以满足系统必要的凝结水出力为边界条件，减小机组运行时凝结水系统节流损失，降低凝结水泵运行电耗为目标，同时应兼顾机组正常调节控制性能和特殊工况下机组安全稳定控制能力。在边界条件允许和受控的范围内，通过全开除氧器上水阀门，依靠凝结水泵调节除氧器水位来满足系统的必要需求。可设计以除氧器水位为目标、凝结水系统压力为约束、凝结水系统节流损失为修正的凝结水泵深度变频控制策略，实现基于边界条件约束下的凝结水泵的深度变频优化控制。

9. 一次风机深度节能优化控制技术

以满足系统必要的一次风出力为边界条件，减小机组运行时一次风系统的节流损失，降低一次风机运行电耗为目标，同时应兼顾机组正常调节控制性能和特殊工况下机组安全稳定控制能力。在边界条件允许和受控的范围内，通过全开磨煤机热风进口调节挡板，依靠一次风机压力控制来满足系统必要需求，可结合煤种自动识别和磨组运行方式自动判定的手段，提高优化控制的可用性。

（五）火电机组自启停优化控制

火电机组自启停优化控制（APS）是基于运行操作流程优化的智能发电技术，将生产设备的数字化、生产数据的信息化、生产控制的智能化与机组顺序控制系统（SCS）、模拟量控制系统（MCS）、锅炉炉膛安全监控系统（FSSS）、汽轮机数字式电液控制系统（DEH）、燃料控制等系统功能有机融合，通过机组各设备层的状态评估及故障诊断，控制层机组级与各子功能组级的运行状态评估，最佳启停策略搜寻和匹配，各子功能组的有序调度，各设备的故障自愈，实现机组和主辅设备在启动/停止及各种常用生产运行工况间的自动、灵活、快速、稳定切换功能，实现机组及主辅设备在生产过程全自动化的自适应、自学习、自寻优功能，最终实现规范和指导操作流程，降低运行人员的操作强度和风险。

APS 以人员干预少、机组设备寿命损耗小、启停安全高效、系统可用性高为目标，通过针对机组特点进行设计，依据机组启动和停运的过程，通过合理划分功能组，完善全程控制系统设计，采用规范化和模块化的逻辑组态方式安全高效地启停机，降低机组和设备寿命损耗，提高自动化程度，尽可能缩短启停时间，降低启停费用，灵活搜寻和匹配启停策略，取得较高的可用性和经济性，达到标准化启停机。

APS 智能优化系统结构可采用分级控制方式，将机组各工况系统按机组启动、停止及各工况切换下规程要求进行分段、分层控制。由机组控制级、功能组控制级与设备控制级共同构成，结构如图 2-31 所示：

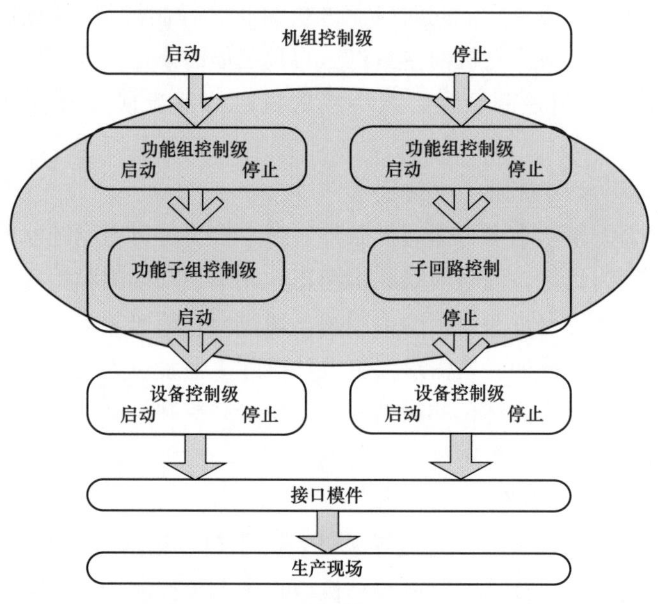

图 2-31　APS 系统各层级示意图

自启停系统采用分级控制结构时，应将热力系统工艺流程分解成若干局部的独立过程。由设备级控制设备实现相对独立的设备启停控制；再由功能组级协调设备级完成单系统启停和自动控制；最终由机组级协调功能组级、相对独立的设备和控制系统等，共同实现机组的全程启停控制。各层级控制关系如图 2-32 所示：

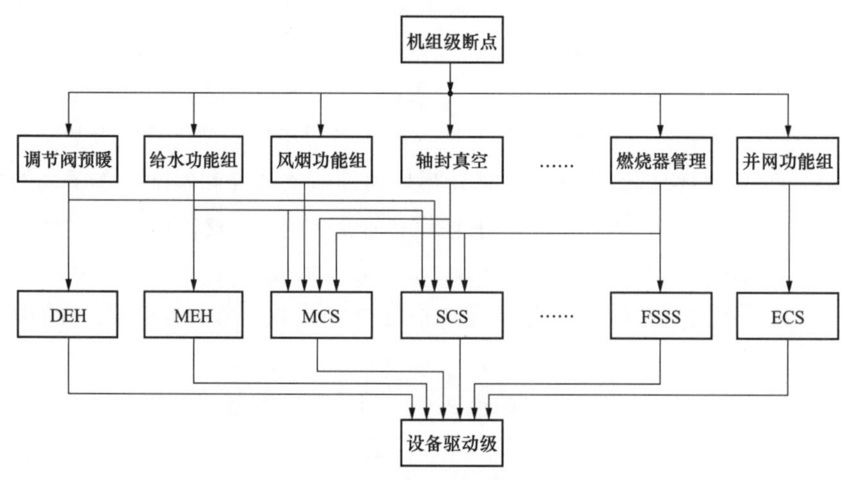

图 2-32　APS 系统各系统控制关系图

1. 机组控制级技术要求

执行最高控制任务，获取机组当前运行状态，依据启、停及工况切换目标、设备健康

状况、外界条件等，自动在线匹配最佳启、停、工况切换策略，包含启停方式预选、切换工况，预选和协调（冷态、温态、热态、极热态），整厂机组启停程序管理，基于CRT的操作界面，运行方式切换等，其主要功能包含：

（1）应逐步具有机组级全程自动控制和联锁控制功能。

（2）在少人干预情况下，能够实现机组自动从全停（包含冷温热态及热备用态）至任意中间负载或满载的动态过程控制。

（3）在少人干预情况下，实现机组自动从任一带载工况安全、稳定地减负荷至停机备用，和/或直至机组全部设备停止状态。

（4）在少人干预情况下，实现机组及主辅设备在不同工况下（如，满载至深度调峰状态，带载至停机不停炉状态，高加检修状态，AGC下磨组智能启停等）自由切换。

（5）遵循相关标准要求对机网协调及厂网协调要求和电网对机组快速启停的需求，宜具备根据电网运行状况变化，自动调整APS过程中的启停参数，以提高网源协调运行水平。

故障情况下机组级控制应具备：

（1）故障评估功能。

（2）自动将机组控制到当前条件下所能达到的最佳运行条件功能。

机组控制级设计与投运应包含以下部分：

（1）机组自启停控制系统的设计范围应结合机组运行条件和外围系统实际运行情况确定，原则上应包括所有进入机组DCS系统的信号、设备和系统，并体现运行规程及操作票的工艺系统。

（2）机组启动控制应设计冷态、温态、热态、极热态运行方式；机组停运控制应设计机组当前负荷开始至停机炉备、汽机盘车投入、辅机全停方式；其他常用运行工况应根据机组实际需求进行设计，如，深度调峰运行、高加解列运行、AGC下磨组优化启停等。

（3）宜采用泛在感知与智能融合技术，全面监测评估机组运行状态。

（4）宜采用信息可视化技术向生产和管理人员呈现机组运行状态。

2. 功能组控制级技术要求

完成基础控制功能，主要任务是管理子系统的启停，控制对象为子系统的具体设备或子环。其智能化体现在针对不同的机组控制级执行方案规划对应的功能组和子功能组调用策略与时机。

功能组应以工艺系统的完整性以及以运行规程为依据，把相应工艺系统涉及的子系统、设备、阀门、管道、测点全部纳入功能组的设置范畴。功能组控制级每个系统间互相独立，并具备与模拟量和开关量控制接口。可以实现独立设备或者工艺流程的调用，也可以按照机组级程序执行方案与其他功能组构成整体程序调用。该级控制只负责系统的启停，设备的条件闭锁、联锁及保护功能由设备控制级完成，又可细分为功能组控制、功能子组控制和子回路控制三个层次，与机组控制级相连，接受上级控制或同级控制系统指令自动启动或以手动方式启动。其中功能组接受机组级控制决定子组投入时间、投入哪个功能子组和进入备用状态。功能子组接受功能组指令，决定子回路投入及时间。功能子回路接受子组来命令，将子回路控制设定为要求的运行方式。

其功能组控制级技术要求如下：

(1) 顺序控制应遵守保护、联锁优先的原则，且设备的联锁保护逻辑应由驱动级底层实现。在顺序控制过程中出现保护、联锁指令时，应能将控制进程中断，并使工艺系统按照保护、联锁指令执行。

(2) 功能组应包含供自启停系统上层逻辑调用接口及自身启动/停止接口。

(3) 功能组所有的条件判断逻辑设计应满足 DL/T 261《火力发电厂热工自动化系统可靠性评估技术导则》的可靠性要求。

(4) 功能组应具备严谨的启动允许判据，避免功能组被误操作或重复调用造成设备损坏或机组工况的扰动。

(5) 功能组应具备严谨的启动完成判据，判据应能真正反映该工艺系统运行状态。

(6) 功能组的条件判断信号除了可通过常规的现场测量元件采集的信号外，也可通过软测量等先进算法辅助判断出工艺系统的运行状态，增强功能组的容错鲁棒性。

(7) 功能组宜采用反馈优先的指令回路，即当步序反馈条件满足后不再发出该步序指令。

(8) 功能组执行步序的指令应采用 1～3s 方波脉冲。每一步的反馈条件除包括该步设备动作的情况外还应包括系统运行状况的信号，以确保驱动下一步设备的条件满足。

3. 设备控制级技术要求

设备控制级接受功能组或功能子组控制级来的命令，与生产过程直接联系。应能完成对过程和设备的控制操作信号的产生、转化及对所有执行机构保护及联锁功能。

设备控制级应设置故障容错模块用于在调用设备控制级时增强设备运行状态评估的能力，提升设备运行容错能力，降低设备启停时的故障中断率。

设备控制级包含实现 APS 过程中的模拟量开环与闭环控制。

4. APS 与各系统接口技术要求

APS 作为基于 MCS、FSSS、SCS、DEH、MEH、ECS、BPS 之上的机组级管理、调度系统，应实现与这些底层控制系统的无缝连接：

(1) APS 与 DEH 接口：APS 应要求 DEH 能够投入 ATC 控制。在 APS 自动起机过程，DEH 应在 APS 的调度下自动完成汽机复位、挂闸、冲转、低速检查、中速暖机、3000 转定速、并网带初始负荷、升负荷到 30%、然后投入协调。在 APS 停机过程，DEH 应配合 APS、CCS 完成机组减负荷、解列、汽机遮断等工作。

(2) APS 与 MEH 接口：MEH 与 APS 的接口主要在 MEH 与汽泵功能组、MEH 与 MCS 中实现。汽泵功能组接收 APS 来的启动指令后，发出汽泵前置泵启动、进出口阀开关指令、然后复位小汽机、小汽机冲转、暖机、直到小汽机冲转完成，交付 MCS 遥控。MCS 自动完成并泵功能。

(3) APS 与旁路接口：旁路系统在 APS 自启停过程中也起着十分重要的作用，在锅

炉点火后、汽机冲转前，旁路系统根据启动方式（冷态、温态、热态、极热态）自动给定主汽压力，配合锅炉完成升温升压。在汽机冲转时 DEH 系统自动闭锁旁路关闭，旁路系统退出。

（4）APS 与 SCS 接口：SCS 系统是 APS 自启停投入的重要基础，SCS 功能组接受来自 APS 的启动指令，根据大量的条件判断、时间延时、逻辑联锁、互动等完成各相应设备、子系统、系统的启动与自动退出，并向 APS 反馈执行信息与动作情况，最终实现整个机组的全面自启停和自动控制。

（5）APS 与 MCS 接口：MCS 接受 APS 指令，同时根据机组各工况、各系统设备的投切情况，运行状态，与取自工艺系统的温度、压力、流量、负荷等过程参数做综合判断，实现自动调节系统的自举（手自动切换）功能。根据各启动方式和不同的阶段按主设备厂商提供的参数、曲线和以往的经验曲线、参数实现模拟量调节系统的定值自动给定与自动调节。

（6）APS 与 FSSS 接口：在风烟系统启动与锅炉点火、点火、升温升压、并网等阶段，FSSS 应接受 APS 来的指令，自动完成炉膛吹扫、油系统检漏、锅炉点火、油层投切管理、磨组等一系列的工作，来完成锅炉不同时间段和负荷段的要求。

（六）负荷优化分配

基于海量历史数据和数据挖掘算法建立机组负荷/煤耗的统计特性模型，根据电厂机组实时运行状态及机组煤耗、脱硫脱硝效率、上网电价、负荷响应速率、调节裕度等指标，利用粒子群等优化方法，实现厂级最经济变负荷、最快速变负荷指标的多目标优化，给出避免机组频繁变负荷以及以最少机组参与变负荷的优化方案，实现全厂级的机组负荷优化分配。

（七）智能安全预警及报警

智能安全预警及报警系统应以抗滋扰报警、报警故障根源分析、故障智能预警等为目标，通过对机组设备重要状态参数的劣化分析、基于深度学习的设备故障诊断、基于专家系统的设备运行诊断，实现对工艺系统和大型设备运行状态在线监测及故障实时超前预警；通过数据分析与处理、状态诊断的最新技术，实现控制系统传感器、执行器故障的自动诊断。最终有效提高监控品质，提高生产安全性及效率。

1. 滋扰报警抑制

滋扰报警是指包含冗余和虚假信息，对运行人员关注真正重要的报警信息产生干扰的无效报警信息。一般有两个来源：一是由于实际过程参数关联性，故障发生时报警信息由报警源向相关联的环节传播引发多处报警；二是过程变量在报警限附近振荡或由于报警参数设置不合理导致某一参数的报警重复出现。滋扰报警通常不代表出现故障，振荡报警和重复报警是其主要形式。

应力图抑制、减少滋扰报警的产生。具体手段为滤波、延迟、死区等信号预处理措施、多变量联合判断消除不必要报警、滋扰报警统计并保持报警过程优化等方法。

2. 报警根源分析

报警信息出现时，系统能够根据故障的“表象”，自动回溯故障报警源，快速定位原因并提示运行人员的过程。故障根源回溯的依据是运行规程、运行人员经验、设备设计资料组成的专家库系统。报警根源分析快速判断引起故障报警事件发生的初始原因和命令，避免了人的情绪波动、经验限制、反应时间等缺陷，体现了初级的独立分析、判断、决策等智能特点。

3. 智能预警

机组运行中实时产生大量数据，这些数据中包含了故障发生的特征和模式。可使用机器学习和数据分析算法对故障工况的特征和模式进行提取，实现对未来故障工况的分类识别和趋势预测，对故障提前进行预报。

智能预警应改变目前火电机组报警系统只能实现的简单的模拟量越限、开关量信号翻转的简单报警，实现基于数据分析的故障预警，有效减少运行人员的监盘压力，减少机组的非事故停机次数，提高火电机组的安全性、经济性。

（八）高级值班员决策系统

通过对全厂机组运行数据的统计分析，实现厂级安全、经济、环保指标的实时计算；通过对同类机组运行工况与能效指标的对标分析，给出机组在不同工况下的控制目标，指导运行人员优化操作。自动建立科学的小指标计算模型和小指标竞赛规则，提高全厂运行管理水平。

高级值班员决策系统具有全厂级指标统计、工况分析、全厂能效对标等功能。

1. 全厂级指标统计

对运行数据进行实时和历史统计，通过筛选、图表、曲线、棒图、罗列、立体、比对标准值、公式计算等方式方法，给出异常预警、关键操作与处理方案建议等。指标统计包括对各台机组进行参数越限统计、自动投入率统计、设备启停统计、保护投入率统计和机组指标竞赛统计，机组指标竞赛统计按日报、月报和指定时间段进行机组竞赛统计。

2. 工况分析

按照负荷对系统当前参数工况进行划分，结合典型的辅机组合，建立典型工况数据库。对当前工况确定其所属的辅机组合和参数工况划分，按照规则对当前运行状态是否属于最优工况进行分析、判定。同时以机组稳定性指标、经济性指标、环保性指标或者综合评价指标为基础进行最佳工况寻优，给出典型工况优化运行方案及经济性评价，对当前过程进行评估与指导。

3. 全厂能效对标

全厂能效对标系统通过对同类机组运行工况和能效进行对比分析，转化为专家诊断、趋向展示、运行建议。主要包括：

(1) 同型机组对标：根据参数对标，分析两台同型机组差距，生成耗差分析。

(2) 同期对标：根据与去年同期的对比，分析机组差距，生成耗差分析。

(3) 环比对标：根据与上月的对比，分析机组差距，生成耗差分析。

(4) 与集团最优值对标：根据与集团最优值的对比，分析机组差距，生成耗差分析。

(5) 与自寻优值对标：根据滑压曲线，寻找最优参数值，进行对标，分析差距，生成耗差分析。

(6) 与标准值对标：与机组设计标准值对比。

（九）燃料智能管控

燃料智能管控应以实现对煤质、煤量、煤价三个方面的全流程监控，使燃料管理全程可知、可控为目标，实现对生产安全和经营决策的有效支撑，提高可靠性，降低成本。其范围是从燃料入厂开始，到上煤至原煤仓的全过程。包括①燃料智能化验收；②智能采、制、化、输、存；③智能煤场管理；④配煤掺烧管理等过程。燃料智能管控应具有如下特征：

(1) 全面的数据采集：应将过程实时数据、操作记录、定位数据、视频信息及射频、红外、超声波等数据纳入监控范围，实现泛在感知。

(2) 统一的数据管理：燃料智能管控宜与全厂监控采用统一数据分析平台，消除数据孤岛，实现数据融合。

(3) 深度的数据分析：采用智能方法实现基于机组性能计算与耗差分析的配煤策略指导、智能预警、智能视频分析等，挖掘数据隐含规律和潜在价值。

(4) 紧密的功能协同：在统一平台和深度分析的基础上，各功能模块高效协同工作，完成生产操作和过程指导。

1. 燃料智能化验收

采用射频、红外和超声波定位、图像识别等相关技术，实现对燃料调度、入厂、采样、监卸各环节实时有效管理。实现各环节的自动执行、自动记录。有效提高燃料入厂的自动化水平。

2. 智能采、制、化、输、存

智能采制化系统针对采制化过程中的流程特点进行自动化监视和操作，规避人为因素，同时保证数据的可追溯性。

3. 智能煤场

智能煤场应提高煤场数据的准确性、实时性，实现精细可视化管理，全面监控出入电厂煤、库存煤，包括卸煤、燃煤进耗存、斗轮机的全面监控。

4. 配煤掺烧管理

配煤掺烧管理以燃料配煤掺烧精确计算、精益实施、精细管理为目标，根据智能 DCS 系统性能计算与耗差分析的反馈数据，系统自动进行优化配比闭环计算，形成以机组性能分析为基础的优化配煤掺烧方案，如煤场配煤（叶轮给煤机配煤）或者煤仓配煤（分磨掺烧）及其比例，并以数据可视化方式展示优化配煤结果。

三、智能发电运行控制系统中的智能化技术

1. 智能诊断与预警

当前，机组大型化和复杂化，加之报警系统设计随意性较大，产生的报警数据中存在大量的冗余和虚假信息，成为无效的滋扰报警，而真正有效的报警信息淹没其中，异常情况发生时运行人员无法第一时间发现报警和定位报警源头，或者报警信号产生时留给运行人员应急处理时间太短，造成非停事故。

为了提高火电机组报警的可靠性、智能性、易用性，国能智深控制技术有限公司设计并研发了一套适于现有火电机组的智能报警系统，其主要通过自动或者运行人员手动抑制一些无效的冗余滋扰报警，将真正有效的报警体现出来。并通过数据训练得到重要参数的标准值，对参数进行预警，使运行人员能够提前发现异常。高效智能化的报警系统能确保报警的展现方式和负荷不超过运行员的处理能力，有助于操作人员快速识别关键报警，及时采取积极的措施。滋扰报警抑制实质上是对检测信息的二次处理和过滤，为基于多元信息融合技术的报警决策提供更加有效和可靠的信息输入。

智能报警系统还可以利用机器学习算法进行分类、回归、聚类等数据模式识别，利用因果图、知识图谱技术实现故障诊断与异常状况的根源自动分析，依靠服务器的超强计算能力覆盖大范围数据，为运行员提供全面解读特征信息的可能性，实现基于数据的智能报警和预警。

应用智能报警系统，电厂关键设备的运行状态、关键参数的实时值、变量趋势由智能算法实时监控，在无需提高运行员经验值和反应速度的前提下大幅提升对故障工况的预测、识别、定位、处理能力，显著提高机组的监控品质。智能报警系统投运后，以330MW 机组为例，预计能为机组每年减少 1～2 次非停损失，为电厂减少约 200 万元/年的停机损失。

2. 机组能效实时分析和智能操作指导

在生产实时控制层面，配置机组在线能效实时分析和性能诊断、智能操作指导功能。采用基于机组汽水分布方程、系统功率方程、系统吸热方程等系统工程计算方法，以及热力学机理建模仿真配合数据驱动校正的混合建模方法，建立全面、精确、直观地反映厂级、机组级、子系统级、设备级的多层次、立体式能效分析体系，直观展示从机组到设备的性能指标和能损分布状况（如图 2 - 33 所示），明确给出不同工况下的节能降耗潜力和最佳控制目标。另一方面，通过机组能效实时分析、运行经济性分析等功能，如果观察到当前值低于日常或预设的最优或次优值，可以基本判断在机组内部某处或某几处出现了控制不在最优状态或设备出现故障等问题，从而可有针对性地对控制策略进行调整，或者进行设备检修，为系统总体优化和维护提供依据和指导。

以能效计算结果为基础，系统应用数据挖掘、机器学习和自寻优算法，实时给出当

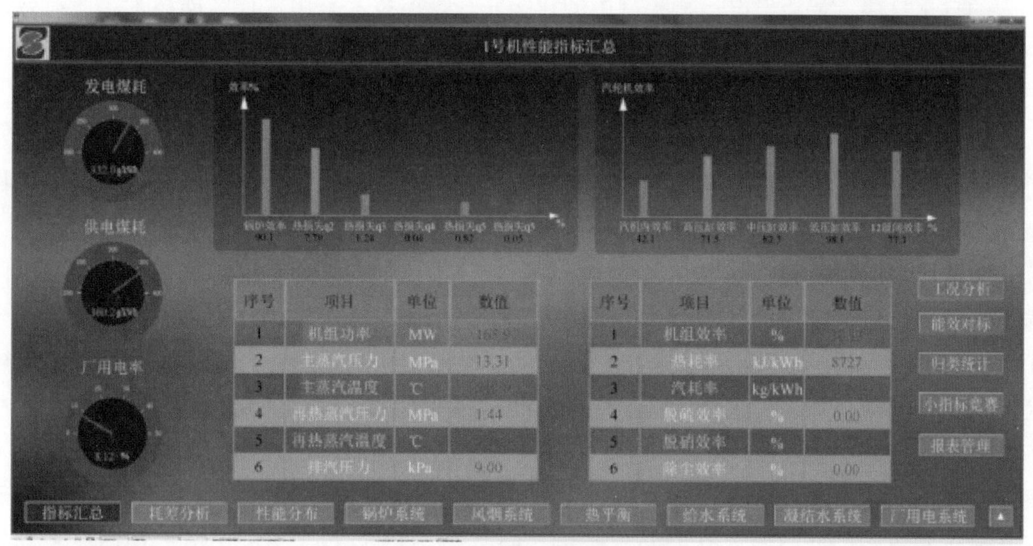

图 2－33　机组性能指标界面

前工况下的最优操作目标值和最优运行方式，推荐给一线运行人员，同时还可应用智能语音运行助手的方式，提高人机交互的智能化水平。智能操作指导可提供制粉、燃烧、蒸汽温度、吹灰、喷氨、冷端系统、最佳氧量以及滑压指令偏置等一系列闭环优化指导建议，运行人员可根据建议自动或手动改变控制回路设定值和运行方式，使机组能效逐步趋优。控制回路辅以系统辨识，先进控制（预测控制、神经网络控制、自适应控制等）算法进行控制性能优化。二者相结合形成发电生产过程的分层递阶过程控制，既实现控制性能优化，又减小或消除机组、设备的运行能耗偏差，使机组运行效率时刻保持最优。

在这种应用模式下，能效计算为控制器（或操作人员）的基于多元信息融合的控制量决策提供了若干个重要的参考信息，在较大的生产闭环范围内使机组的控制具备了充分的智能化特征。

3. 协调与控制优化

采用先进控制算法，优化机炉协调控制策略及控制参数，提升机组主/再热蒸汽温度、主蒸汽压力控制品质和负荷响应速度，满足 AGC、一次调频、灵活性调峰的要求。采用复杂过程建模方法、软测量、广义预测控制、内模控制、系统辨识、PID 自整定等先进技术，结合精准能量平衡控制，自动适应不同工况、煤质及工艺系统特性的变化，增强机组宽范围的负荷调节能力和 AGC 控制的品质。同时，对锅炉送风、制粉系统、主/再热蒸汽温度、吹灰、冷端系统等设计控制优化策略，全面有效提升机组运行品质。

4. 智能安全管控

火电企业日益大型化和复杂化，为保证生产中人员和设备的安全，已在运行规程、生产管理、安全教育等环节进行了大量的归纳总结、优化完善工作，但多是依靠制度、教育和人的自觉自律。智能发电运行控制中的智能安全管控技术采用现代智能技术手段有效识别存在的危险因素，防止操作失误，规避潜在风险，让技术保障成为安全管控的有力工具，提升安全管理水平。

信息安全管控具备网络管控、设备加固、安全审计等功能，可以提高控制系统的稳定性，杜绝控制系统因病毒、非法入侵、第三方系统故障等原因导致的故障发生，降低因控制系统问题导致的停机、降负荷等事故的发生。

工业控制网络所面临的潜在风险包括资源抢夺型（如 DOS 攻击）、伪装欺诈型、后门偷盗型。信息安全管控具备生产大区网络内部入侵检测、主机加固、网络结构监管、安全审计和恶意代码防护等功能，使发电厂的生产系统安全防护措施达到国家监管部门对发电企业的硬性要求。其采用主动网络信息探测和网络节点设备安全强化相结合的安防技术和方法，通过层层主动监管、整体协作，组成一个完整的多层次的网络安全系统，为智能发电平台提供安全可靠的网络运行环境，保证业务的连续性和数据安全性。通过 DCS 主机操作系统安全防护、网络边界的安全防护、DCS 网络内部的主动安全防护，构建第二代 DCS 网络安全管控平台。主要包括 DCS 专用网络安全监控平台、DCS 关键设备和节点操作系统安全加固相关产品、研发 DCS 安全审计平台。实现从操作系统到 DCS 控制器的全自主安全可控，确保 DCS 内部通信数据经过合法审核，成为具有最高等级的信息安全强化型 DCS。

四、智能发电运行控制系统中的智能化特征

1. 全工况、大范围自趋优控制

全工况、大范围自趋优控制的目标是保证机组在不同负荷工况条件下，在复杂、众多的外界因素变化的影响下，在机组级或更广大的范围内实现优化控制。这种控制效果的实现是基于全工况、大范围的非线性动态对象模型的。全工况、大范围的精准对象模型为多元信息融合的控制器输出决策提供了对象内部丰富的状态信息，采用多元信息融合算法（如预测控制、神经网络控制等）对这些信息综合利用可以在全工况、大范围实现自主优化（自趋优）的功能，从而取得令人满意的智能化控制效果。目前这种技术的难点在于如何在全工况条件下获得精准的对象动态模型。在不能获得全工况条件下对象模型的情况下，只能实现局部优化控制。

例如在图 2 - 34 中，锅炉燃料量指令不但包含了传统控制策略中的功率指令、频差指令、主汽压参数，而且还包含锅炉内部状态信息如锅炉蓄热值、燃料低位发热量等信息元素，进行综合决策后产生燃料量指令。通过构建锅炉入炉煤低位发热量和锅炉蓄热系数关键状态参数，实现对燃煤热值的静态校正和锅炉蓄能的动态补充，进一步提升锅炉侧的控制品质和抗干扰能力。采用 MIMO（多输入多输出）的多变量预测控制器作为核心控制器；在预测模型中采用模型在线更新机制，提升控制系统在全工况范围的调节品质。同时，在改变燃料阀门、汽机阀门的同时，不但根据传统的中间点温度和压力信号而且加入了有效吸热量等补充信号来同步调整给水阀门，从机组子系统整体上实现了优化控制。

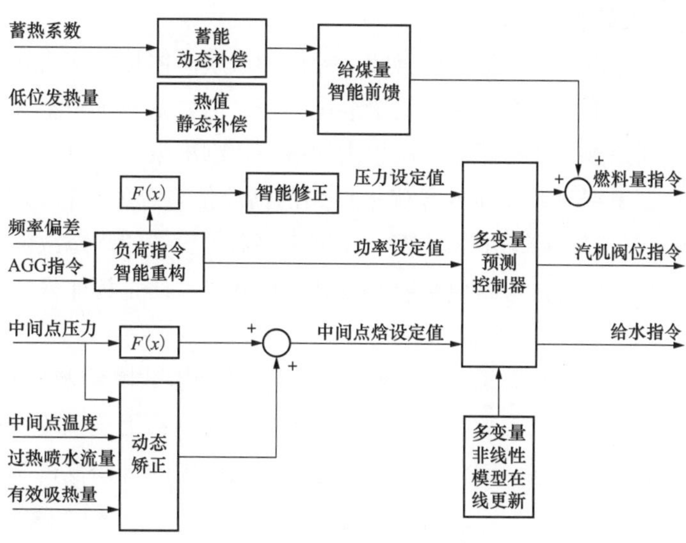

图 2-34　单元机组的自趋优智能化控制

2. 基于自学习机制的建模和诊断

利用海量的关于生产过程的输入输出信息，通过学习算法（如神经网络、深度学习等）可不断校正和获得更为精准的对象模型和故障诊断模型，从而为自组织、自寻优、自适应、自恢复的实现奠定基础（可参见第一章第四节有关部分的内容）。同时，可通过仿真等手段来验证所学知识的正确性。故障诊断是通过将待诊断系统与正常系统的在相同或相似输入时的输出做比对来鉴别故障的，这是定性的诊断，是确定“有/没有”故障的问题。利用在各类工况下系统运行的海量输入输出数据来学习和建立故障专家库，实现系统输入输出数据和故障模式之间的一一映射，可以快速实现故障诊断，这是定量诊断，是确定故障位置的问题。

3. 基于自寻优、自适应的运行过程优化控制

基于自寻优、自适应的运行过程优化控制的目标是为了满足机组多样化的性能需求，当外界环境因素发生变化时，系统可以根据优化目标函数的选择，进行在线寻优获取最佳运行参数或控制量，保证机组或系统处于最优的运行状态。自适应多目标优化系统可以应用于燃煤火电机组的众多控制领域及运行参数优化中，比如在机炉协调控制系统优化中需要根据外界负荷及煤质煤种的变化，对机组快速性指标、稳定性指标以及经济性指标进行权衡；在锅炉燃烧优化控制中，需对锅炉经济性指标、快速响应指标以及污染物排放指标进行选择；在主蒸汽压力优化中，则需要对机组运行经济性和快速响应特性进行权衡。

4. 基于自组织机制的变结构控制

如前文所述，自组织是系统结构的自动或自治建模，可决定元信息的组织形式，也即将某个或某类元信息放在该系统中最适合它的位置上，从而可以起到整体优化的效果。例如前馈控制系统、串级控制系统等都是对控制结构中元信息的不同的组织形式。变结构控制滑模控制也属于智能发电运行控制中的自组织的一种典型形式。

5. 基于冗余配置的自恢复机制

智能发电运行控制系统中，如果所有的参与控制决策的信息元均为正常状态，则系统能够在自寻优机制驱动下保证系统始终处于最优状态。但如果系统中某个部分（如某个传感器）出现故障，则该部分（传感器）所提供的参与控制决策的信息元则为错误值，如果对此错误的信息不加识别而继续在自寻优中使用的话会使系统的运行偏离最优值。因此，为了保持系统能够恢复到运行的最优状态，通过传感器等设备的动态故障诊断技术检测到这个故障并修复（替换）它，重新使系统恢复到最优状态，便是智能发电运行控制中的自恢复机制。

因此，智能发电运行控制系统中的自恢复需要依靠动态故障诊断机制和自修复机制。自修复机制能够保证系统在局部故障时自动（无扰）切换到备用子系统而保持系统总体仍然处于正常运行或最优的状态。因此，智能发电运行控制中的自修复机制的基础是系统软硬件的冗余技术。

第四节　智能发电公共服务系统

一、智能化巡检

电厂智能巡检系统整合图像识别、非接触检测、多传感器融合、导航定位、模式识别、机器人应用等技术，实现对电厂设备的自主检测。智能巡检系统宜由数据库服务器、应用服务管理系统、无线通信网络和移动智能终端组成。

移动智能终端可包括智能穿戴设备、手持智能终端、无人机、机器人等，结合全厂无线通信与三维可视化技术实现巡检过程可视化，巡检路线预设，巡检数据自动记录、上传，与点检及两票管理系统有机结合，提高设备可靠性。

智能化巡检应采用先进的机器视觉技术配合辅助的电子传感设备，实现比人工检测更准确、更及时的故障发现和预警，可利用工业机器人技术辅助人工巡视工作，并且保证无漏检、24h 工作、检测数据全程记录及跟踪。巡检人员应可以在监控室中对任何监测点进行实时检视，也可以对各点的历史数据进行回溯分析。

（一）总体设计原则

智能化巡检方案的设计应遵循先进性的理念，在可行性的基础上，保证系统的安全可靠。系统应具备良好的易用性，方便操作人员快速上手。还应充分考虑系统的经济性，在保证系统可靠性的前提下控制设备成本。

1. 先进性

应采用先进成熟的软硬件技术，如机器视觉技术、热成像技术以及主流的高清视频编码传输技术等，并应及时更新，保持先进性。

2. 可行性

不同厂区的情况不同，应充分考察厂区的实际特点，因地制宜的运用成熟的施工、技术方案，确保整个系统稳定运行。

3. 可靠性

应充分考虑系统运行可靠性，对于一些需要尝试的解决方案，应进行充分的可行性研究与试验论证，保证系统可靠性。

4. 易用性

智能化巡检系统在设计时应充分从管理人员实际操作的角度出发，优化系统方案，使访问管理集中化，而各终端又可灵活接入系统。

5. 经济性

应根据不同设计需求，选择合适的设备，不盲目追求高投入，以节约成本，高效利用资源为原则。

6. 安全性

智能化巡检系统方案需要充分考虑整套系统在各种突发情况下都可正常运转，安全可靠的运行。方案设计过程中充分考虑在各种突发情况下的应急措施，保证万无一失。

（二）智能化巡检系统基本功能

智能化巡检系统应在使用少量人员与检测设备的情况下，对整个厂区进行自动巡检，及时发现生产过程中出现的现场安全隐患，检测内容包括但不限于以下方面。

1. 现场表计读数采集

应具备现场检测表计自动读取的功能，实现厂区监测数据的数字化管理，方便查阅历史数据，发现设备老化趋势，并及时发现压力表读数异常，通知相关设备维护人员尽快解决安全隐患。

2. 管道的漏水、漏油、漏气检测

针对不同类型用途的生产管道，自动巡检系统应能对多种情况下的漏水漏油漏气进行检测，并且需要在存在微弱泄漏的情况下及时发现并预警。

3. 管道及设备温度检测

应能及时发现管道及运行设备温度相对于标准温度的浮动偏差与变化趋势，超出浮动范围要及时报警，提示运行人员消除故障。

4. 仪器箱的状态指示灯读取

自动巡检系统应能识别仪表箱的状态指示灯异常信号，通知维护人员及时解决问题，并将状态指示灯信号进行数值化管理。

5. 输煤传送带裂纹检测

自动巡检系统应能自动发现输煤皮带裂纹，及时检测皮带微小裂纹，提醒维护人员修补。

6. 输煤传送带积煤检测

自动检测传送带上有无煤炭堆积，发现有煤炭堆积的情况，及时通知维护人员进行清理。

7. 危险区域泄漏检测

在氨区等有泄漏风险的区域可通过自动检测及时发现危险气体泄漏趋势并及时预警。

（三）智能巡检无线通信系统技术要求

电厂智能化巡检需要通过网络实时传输现场采集到的数据以及将后台操作员的指令实时传输给现场设备，电厂中的无线通信系统与普通无线网络不同，除需要必备的传输功能，还应满足自身安全防护要求。

1. 无线通信系统应满足以下基本性能

（1）安全区域网络全覆盖并稳定运行。

（2）在不出现紧急情况下网络持续运行 7×24h。

（3）网络带宽在 90M 以上以保证数据传输的实时性。

（4）为增强无线网络的传输性能，应在适当的地方加入功率放大器。

2. 无线通信系统应具备以下自身防护能力

（1）无线通信网络应具备防止非法攻击和入侵能力。

（2）无线通信网络应具备防止被窃听能力。

（3）无线通信网络应具备防钓鱼攻击能力。

（四）智能手持终端及可穿戴设备技术要求

智能手持终端及可穿戴设备作为工作人员的辅助设备，帮助运行巡检人员提高辨识设备状态与现场环境的能力，辅助提高人员收集信息的能力，包括视觉、听觉和嗅觉等方面。

1. 智能手持终端及可穿戴设备应具备功能

（1）应具备自动定位、设备识别、工作指导、以及路线的规划与提示记录功能。

（2）应具备现场数据采集、记录、报警及结果自动上传功能。

（3）应具备设备参数关联、历史数据调用与趋势预警功能。

（4）应具备巡检人员行为监护、提示、预警功能，条件允许可设置适当的现场防护设备的连锁联动功能。

（5）智能可穿戴设备应配置高清红外摄像头等视频采集装置用于识别现场的表计读数以及实现对现场环境是否符合要求的监测等功能。

（6）智能可穿戴设备应配置智能麦克风，可用于识别噪声的判定以及故障声音的检测等。

（7）智能可穿戴设备应配置气体传感器，可用于检测现场气体的成分以及具体的含量等。

2. 智能手持终端及可穿戴设备应满足技术要求

(1) 应便于携带与现场操作使用。

(2) 应能满足现场设备与参数检测的精度要求，对于微弱漏液、细小裂纹有足够的分辨能力。

(3) 应保证其对人员没有任何伤害，包括其供电系统的安全性以及运行的辐射水平。

(4) 设备工作应不会对现场环境造成任何干扰。

(5) 设备检测可靠性应符合要求，不应出现误报、错报的情况。

（五）机器人巡检技术要求

机器人系统可作为人员巡检的补充，可根据环境条件选择轮式或轨道式机器人巡检系统，可与巡检人员的手持终端或可穿戴设备共享数据库与无线网络系统，并可相互协同，形成整体巡检解决方案。

1. 巡检机器人应具备基本功能：

(1) 应具备自定位功能，结合厂内无线网络及自身算法能实时判断自己的位置。

(2) 应具备自主导航功能，在后台设置好检测点，机器人可以自主规划路线。

(3) 应具备自主充电功能，在电量低于一定阈值以后机器人会自主找充电桩充电。

(4) 应配置高清红外摄像头，可用于识别现场的表计读数以及现场环境是否符合要求等。

(5) 应配置智能麦克风，可用于识别噪声的判定以及故障声音的检测等。

(6) 应配置气体传感器，可用于检测现场气体的成分以及具体的含量等。

2. 巡检机器人应满足的技术要求

(1) 应具备自主避障能力，在有障碍物或者设备的情况下机器人能及时识别并避开，防止对环境造成影响。

(2) 应具备自身防护能力，在自身出现问题时应及时报警并移动到安全区域，防止对自身以及周围造成影响。

(3) 应具备电量警告能力，保证自身在电量不足时及时补充电能。

(4) 应具备安全可靠运行的能力，不应出现机械性故障。

(5) 应对机器人定期检修、软硬件升级。

（六）无人机巡检技术要求

无人机可作为工业机器人的一种，在煤场等开阔场地有巡检测量需求时可配置安全可靠的无人机巡检系统。

1. 无人机系统应具备基本功能

(1) 应具备高可靠性，保证机器人在工作过程中不会出现机械故障。

(2) 应具备防拦截功能，防止被不法分子对无人机拦截。

(3) 应具备数据锁定功能，当万一出现无人机坠落或丢失的情况下，无人机中的数据应自动锁定，防止被外界窃取信息。

（4）应配置高清红外摄像头，可用于识别现场的设备材料温度以及现场环境是否符合要求等。

（5）应配置智能麦克风，可用于识别噪音的判定以及故障声音的检测等。

（6）巡检无人机的电池续航能力应达到 2h 以上，保证储蓄作业的能力。

2. 无人机系统应具备自身防护能力

（1）应具备电量检测能力，在检测到电量低于某一阈值后应及时报警并返回充电。

（2）应具备避障能力，遇到树枝、建筑物、电线等应及时检测并避开。

（3）应具备自我保护能力，在遇到非正常情况要及时报警以提示操作人员。

无人机巡检应不会对作业设备产生任何干扰。

二、安全预警与管控

通过人员定位、门禁、人脸识别等物联网技术与智能视频等技术，结合三维可视化、电子围栏等，实现职工、外来人员的全方位管控；通过设备状态监测和故障诊断实现设备风险管控；与智能巡检、智能两票等功能进行联动，实现对人员安全与设备操作的主动安全管控，保障安全生产。

（一）安全预警与管控系统基本功能

安全预警与管控系统应系统规划全厂视频监控系统、安保防护系统、消防系统等软硬件资源，合理配置实现以下基本功能：

（1）应能在无线网络环境下将视频监控与图像分析系统与智能巡检系统实施信息关联。

（2）门禁系统可使用人脸识别技术，并支持防伪检测技术。

（3）应在相关区域设置电子围栏，检测人员误入自动报警并提示人员离开。

（4）可配置人员全厂跟踪系统，当智能摄像头检测到人员后记录人员的位置以及人员的个人识别信息，通过多个摄像头的联动，记录人员的行动轨迹。

（5）可实现厂区人员安全帽自动检测功能，检测到人员在厂区未佩戴安全帽应识别到具体的人脸信息并报警提醒。

（6）可采用智能一卡通技术实现门禁管理、在线巡更等的统一管理；

（7）应实现 24h 不间断监控。应能对带云台设备进行云台操作，对视角、方位、焦距的调整，实现全方位、多视角、无盲区、全天候式监控。

（8）宜对重要区域采用智能分析技术，通过行为分析和智能跟踪的方式，实现安全防范监控；对穿越警戒面、区域入侵、进入区域、离开区域等多种行为进行识别和触发报警，出入口摄像机可配置车牌抓拍识别功能。

（9）系统应支持录像内容存储功能，可采用前端分布存储和中心集中存储两种模式，前端的视、音频信号接入视频处理单元存储数据，达到前端分布存储的需要，以供事后调

查取证；也可部署网络存储设备，适合大容量多通道并发的中心集中存储需求。

（10）应支持基于智能侦测事件的快速检索；支持基于区域入侵、越界侦测的录像后检索，可在回放中自定义智能规则快速检索。

（11）应配置语音系统，通过语音对讲，区域监控中心客户端能够和电厂监控中心客户端进行沟通，电厂监控中心客户端能够和部署音频装置的前端设备进行沟通。

（12）可实现对温湿度传感器、风速传感器、水浸传感器等环境监测设备数据的采集、上传、分析，并实现对 UPS、空调等设备的智能控制。

（13）智能设备状态监控系统应通过视频网管模块对受控资源运行情况进行监控。应能对视频专网中的视频摄像机、平台服务器、编解码器（DVR、NVR）、视频综合矩阵等视频系统相关设备的运行情况进行自动巡检及管理。

（二）视频监控系统基本技术要求

视频监控系统应对厂区中的人员、设备进行日常的监控，实现人员管理、消防减灾、财产保护等功能，并满足以下基本要求。

（1）监控摄像头应覆盖厂区所有需要监控的重要区域，做到重要区域无安全盲点。

（2）宜采用高清视频监控，接入 1080P 及以上高清摄像机，提升视频质量和安防水平，满足细节监控（设备状态、仪表读数、脸部特征）需求，支持高清录像存储。

（3）应采用具有三防功能的高品质摄像机，实时获得监控区域内清晰的监控图像，各种型号系统的摄像机应能满足不同区域监控点的监控需求，智能视频分析报警。

（4）根据实际需求，应具备可以存储最近多个月的监控视频的能力，结合智能监控平台，可以快速回看发生安全事件的监控录像片段。

（5）系统应支持主流的模拟摄像头，数字摄像头，硬盘录像机接入。可通过客户端机器获取摄像头实时监控视频，查询报警事件，通过访问硬盘录像机查看录像。相关设备需要接入局域网中。

（6）系统应具备自动分析已获得信息的能力并实现自动报警的能力。每个摄像头负责不同的报警区域，设置报警时间，根据不同的厂区的安全等级不同设置报警灵敏度。当监控区域有目标进入后，系统会产生报警信息。报警信息可以传给后台的控制人员，也可以直接传给相应的动作设备产生保护动作。

（7）当产生危险报警后，后台操作人员应具备远程控制现场设备的能力，比如对系统中的云台摄像机或球机进行远程控制、对巡检机器人进行相关的运动指令控制、对现场进行远程喊话告警等。必要时，工作人员可以指定特定检测区设备停止、启动、运动至某个工作点位，以弥补自动巡检可能存在的不足。

应针对不同监管人员设置不同监管权限，保证巡检系统访问安全性。不同人员根据已有权限可以通过历史记录查询系统查看已存入数据库的事件。查询结果应包含事件发生时的图片、事件的类型、发生时间，并可下载相关录像档案。

（三）功能性要求

（1）应具备多工艺系统和多安全防护系统的联动安全防护功能；

（2）应具备重大危险源与危险品管理，宜结合电子围栏、人员定位、设备定位，实现对重大危险源的智能提醒；

（3）应具备电子两票管理功能，宜提供流程管理、查询统计及移动开票功能；

（4）应具备安防事件分析总结功能，提供对事故事件的归类、存档、审核、评价，对评价问题和整改情况进行跟踪，实现闭环管理；

（5）应实现安措和反措费用及执行情况管理，明确安措费用使用，记录安措计划执行情况；

（6）应具备“三外”管理功能，实现对外委单位、外来人员、外包工程的管理；

（7）应具备日常事务理功能，对日常安全活动进行记录，对安全通报进行管理、推送；

（8）应具备风险管控功能，健全风险监控与预警体系，实现对风险的识别、评估、应对、总结、预控；

（9）应具备安全设备管理功能，对特种设备、安全工器具、消防设施进行登记、维护管理；

（10）应具备应急管理功能，建立/健全应急体系，建立应急物资台账，自动提醒预警信息，提供/生成应急预案，宜结合气象和地质数据，实现与上级单位或地方政府的应急联动；

（11）应融合设备状态监测数据，对相应异常进行状态预警，产生设备监测预警信息；

（12）应融合设备故障诊断数据，实现设备缺陷/故障的自动诊断，提供设备故障预警信息，宜结合风险评估给出检修建议；

（13）应建立安全生产集中管控平台。

（四）技术性要求

（1）应以人员和设备安全为前提，提高安全预警与风险管控的能力；

（2）宜通过泛在感知与信息融合技术，在人员操作设备前自动检查安全条件，确保安全措施严格执行，避免人身或设备损伤；

（3）应具备人员定位功能，宜结合三维展示进行智能化防护；

（4）应具备电子围栏功能，宜结合电子两票和人员定位进行智能化防护；

（5）应具备门禁功能，宜结合电子工作票和智能锁具进行智能化防护；

（6）应具备视频监控功能，宜结合人脸识别和行为识别进行安全提示或建议。

三、经济性分析与成本控制

（一）功能性要求

（1）应提供反映火电机组运行状况的实时技术经济指标计算；

（2）应实时监控发电/供电煤耗、煤质、煤价、电价、供热等关键成本指标的变化情况；

（3）应对发电/供电煤耗、厂用电的影响因素进行实时分析；

（4）应对燃料、水、排污、环保消耗等成本的影响因素进行实时分析；

（5）应构建实时成本控制模型，通过数据挖掘和多维分析，预测生产成本变化趋势，为控制成本提供准确的依据；

（6）应根据成本分析结果，对机组运行方式、配煤掺烧方式进行优化指导；

（7）宜结合燃料管理的煤质分析、燃料计划、购入、库存等数据；

（8）应实时给出经济性分析和实时成本的情况，定期生成相应报告，为生产、检修、报价决策提供依据。

（二）技术性要求

（1）应采用算法一致的技术经济指标计算，宜参考 DL/T 904《火力发电厂技术经济指标计算方法》和相关火电性能环保计算指标规范；

（2）可采用泛在感知、云计算、大数据等技术，分析、挖掘和融合多源数据，通过多维度的可视化技术呈现分析结果；

（3）宜建立基于机组经济性指标分析的实时成本分析中心。

四、远程服务

（一）功能性要求

（1）数据采集应具备“全量采集、按需上传”的功能，应保证数据采集的实时性、准确性、唯一性，应保证数据传输的可靠性、安全性、稳定性；

（2）应具备生产、经营数据测点名称在集团大数据中心的标准化、唯一化，满足数据挖掘、数据分析的处理要求；

（3）应用人工智能、互联网、大数据等技术建立远程专家系统；

（4）应在大数据中心实现机组及厂级经济分析、指标统计分析、能耗分析；

（5）应在大数据中心通过专家系统进行诊断分析，对监测数据与以往积累的经验进行类比及推理，得出正确的结论；

（6）宜根据相关分析结果，对生产运行进行优化指导、辅助决策，为电厂生产运行、故障诊断、设备检修和管理人员提供生产决策支持；

（7）应具备多样的可视化功能；

（8）应具备稳定的视频、音频、资料传输功能，可关联现场的智能设备。

（二）技术性要求

（1）应采用统一的测点编码，应遵照相关火电实时数据采集测点规范和主数据管理；

（2）数据采集应遵照相关火电数据采集与传输技术规范；

（3）宜采用泛在感知、云计算、大数据等技术，分析、挖掘和融合多源数据，通过丰富的可视化技术呈现分析结果；

（4）应对采集上传的数据标记准确的时标；

（5）应具备稳定的对外通信接口，具备对外远程操作的合法性检测功能。

五、移动应用

（一）功能性要求

（1）具有数据共享和查询的功能，通过移动通信技术，实现移动终端与常规业务系统的数据共享及互动化的图形、图标展现，实现多元化应用与监管。

（2）具有报警提醒功能，通过移动专网，将现有信息平台基础上的重要生产数据异常、越限和设备事件报警等信息推送到移动终端，实现报警提醒，支持报警方式自定义（包括：应用标记、铃声、振动等）。

（3）具有远程诊断与指导功能，通过移动终端远程监控现场数据和生产环境，提供诊断与作业指导。

（4）具有远程示范与直播功能，通过移动端摄像头，实现授权范围内的工作示范性直播，操作示范、指导、远程会议等。

（5）可通过扫描设备二维码，自动识别现场设备，并通过内置的设备运维教程、设备台账信息及当前设备运行数据，提供运检或拆解流程指导。

（6）应建立生产安全 App 应用软件，提供安全目标管理、组织机构管理、安全投入管理、隐患治理、风险辨识、职业健康、应急管理、规定动作、安全活动、奖励考核、教育培训、信息发布功能，满足电厂安全管理的要求。

（7）应建立班组管理 App 应用软件，显示班组（或部门、公司）人员的工作、学习等活动内容，实现班组工作计划的实时跟踪与闭环，并提供按班组类型、按专业区分的个性化工内容发布发布和管理功能。

（8）应建立党建管理 App 应用软件，提供党建动态送、党建活动组织、在线学习等功能，推动党建信息化；

（9）应保证移动端功能与桌面端的功能的整体性、一致性。

（二）技术性要求

（1）考虑内外网隔离环境下数据交互的安全性与便捷性，宜采用 IPSEC VPN、单向隔离网闸、权限管理、安全认证等技术，保证内网数据与移动专网之间的有效交换，并实现内网的有效安全隔离防护。

（2）移动应用的开发套件可提供整体的、开放标准的、具有前瞻性的移动应用技术，支持第三方应用接入，可高效低成本地完成移动应用的开发、测试、发布、集成、部署和

管理工作，并围绕云、管、端各层面，提供完整强大的安全体系。

六、设备健康管理

（一）功能性要求

（1）应收集、整理电站设备从设计、建设到运行等各个时期的数据，建立设备健康状态管理知识库。

（2）应支持重要设备特征模型建立。通过对重要设备的运行历史数据进行特征挖掘，结合设备固有属性等历史档案，建立基于多种典型性工况下的设备特征模型，作为设备健康诊断的基础。

（3）应具有设备实时状态识别功能。采用设备状态识别技术及智能视频技术，对重要系统和设备进行不间断在线监视。

（4）应具备故障预警功能，将实时状态识别发现的异常情况和安全隐患，以短信、声音提醒等方式自动发出警报并提供关键信息，协助值班人员及时发现隐患。

（5）应具有健康度评估功能，通过比对实时特征数据与特征模型，形成健康诊断分析报告，从多个维度给出综合评估，为电厂生产运行、检修和管理人员提供生产决策支持。

（6）应具备状态检修功能。结合数据分析报告、设备健康评估报告，并依据状态检修导则和检修决策标准库，形成状态检修报告，确定设备检修类别、检修内容（检修项目）及检修时间。

（7）应根据状态检修报告，编制检修计划或大修技改项目。

（8）应根据检修计划，融合物资管理，实现基于预测性运维的备品备件管理。

（二）技术性要求

（1）可采用振动监测、超声波分析、红外探测、油液分析、X 射线探伤等多种检测手段，实现对现场设备的动态监测。

（2）应支持对检测数据的自动校准、补偿、滤波功能。

七、三维可视化应用

（一）功能性要求

（1）应提供三维建模与数据关联展示功能，通过数字化移交或三维扫描等方式建立全厂三维实景（包括机组级、系统级、设备级、设备部件级），并通过数据共享与业务系统集成，实现设备静态数据、生产实时数据、管理数据的关联展示。

（2）应支持全厂可视化导航与漫游功能，提供基于角色的、灵活的导航方式（包括漫步、动态演示、快速定位等），实现全厂生产环境和设备实际运行状况的浏览。

（3）应提供三维可视化培训功能，基于三维模型和生产流程模拟，实现工艺流程、工作原理、工况仿真、生产流程模型、标准操作、机组运行故障分析等培训功能。

(4) 基于电厂三维虚拟电厂和现有的视频监控图像，通过危险源识别，设置虚拟电子围栏，形成自动报警区，并借助三维人员定位和移动手机技术，对两票的工作负责人和工作班成员长时间离开电子围栏区域进行手机的振动或短信等报警提醒；对非工作成员的闯入，不但对闯入人员，同时对工作负责人和值班成员等进行手机的报警提醒，防止非工作人员误入设备间造成误操作，实现可视化安全管控。

(5) 应建立巡检区域三维模型，根据系统巡检路线及巡检设备设置自动在三维模型中进行标注，并通过在巡检路线部署定位装置，实时监测显示巡检人员巡检位置，自动提醒当前设备在当前时间有相关缺陷、工作票记录，并提供巡检人员历史巡检轨迹及实时巡检动作查询功能，实现可视化智能点巡检。

(6) 以三维图形直观展现电厂技术监督状况，自动推送任务未完成、技术监督状态异常结果，并以可视化的形式展示统计结果，实现可视化技术监督。

(7) 基于三维模型和可视化仿真技术，将实际生产过程在计算机上重现出来，让操作、维护人员在虚拟现实空间中形象直观地监视机组状态，分析状态演绎过程，了解设备的结构特征和操作维修技巧，实现可视化状态检修。

(二) 技术性要求

(1) 三维可视化引擎宜采用轻量化三维技术设计，支持超大模型浏览和 PC 端、移动端的快速访问，保障用户浏览的流畅体验。

(2) 宜建立并持续优化海量元件级管理策略，采用基于三维的数据建模技术和大数据的方式，管理电厂中的设备、部件、管件、结构及其相互间的内在关系，提供分析和决策依据。

第五节　智能发电中的信息安全防护

一、智能发电运行控制支撑系统

(一) 功能性要求

(1) 应坚持“安全分区、网络专用、横向隔离、纵向认证、综合防护”的原则。

(2) 智能发电运行控制支撑系统按照业务系统的重要性和对生产系统的影响程度分为控制区及非控制区，控制区与非控制区应采用具有访问控制功能的网络设备、安全可靠的硬件防火墙或者相当功能的设备，实现逻辑隔离、报文过滤、访问控制等功能。

(3) 智能发电运行控制支撑系统与调度数据网的纵向连接处应设置经国家指定部门检测认证的电力专用纵向加密认证装置，实现双向身份认证、数据加密和访问控制。

(4) 智能发电运行控制支撑系统与智能发电公共服务支撑系统应部署经国家指定部门

检测认证的电力专用横向单向安全隔离装置，隔离强度应接近或达到物理隔离。

（5）应部署一套网络入侵检测系统，并合理设置检测规则，检测发现隐藏于流经网络边界正常信息流中的入侵行为，分析潜在威胁并进行安全审计。

（6）发电厂 DCS、NCS 等人机交互站，厂级监控信息系统等关键应用系统的主服务器，以及网络边界处的通信网关机、Web 服务器等，应使用安全加固的操作系统。

（7）应部署一套安全审计系统，能够对操作系统、数据库、业务应用的重要操作进行记录、分析，及时发现各种违规行为以及病毒、黑客的攻击行为。特别对于远程用户登录到本地系统中的操作行为，应进行安全审计。

（8）应部署一套防恶意代码管理系统，及时更新特征码，加强对病毒、木马、网络攻击的隔离及防护。

（9）宜部署一套数据库安全审计加固装置，实现对生产实时数据库的敏感数据进行加密、对数据库遭受到的风险行为进行告警，对攻击行为进行阻断，并通过对用户访问数据库的行为进行记录、分析，生成合规报告、具备对异常行为的追根溯源。

（10）可在智能发电运行控制支撑系统区域部署一套信息安全监测平台，对入侵检测系统、安全审计系统、防恶意代码管理系统、网络设备的日志收集及异常流量分析，对数据进行协议转换后通过网闸传输至智能发电公共服务支撑系统区域的安全态势感知平台。安全态势感知平台对信息安全监测平台发送的数据解析后，进行评估及预测告警，可视化展示安全状况，提升主动安全的防御能力。

（二）技术性要求

（1）智能发电运行控制支撑系统控制区与非控制区使用硬件防火墙时宜采用工业防火墙，实现数据的实时传输及基于 OPC、Modbus 等工业协议的访问控制策略。

（2）数据库安全审计加固应采用旁路方式，避免安全审计功能对实时数据库性能的影响。

（3）安全态势感知平台应基于安全厂商的安全大数据平台，实时对文件及流量进行协议及特征分析后，确定是否存在安全风险及攻击行为。

二、智能发电公共服务支撑系统

（一）功能性要求

（1）智能发电公共服务支撑系统与智能发电运行控制支撑系统之间应部署经国家检测认证的横向单向安全隔离装置，与生活区、内部宾馆、公寓等非办公区域应实施物理隔离。

（2）采用冗余技术设计网络拓扑结构，保证主要网络设备、通信线路的硬件冗余，避免关键节点存在单点故障风险，其中核心交换机应双机热备冗余。

（3）智能发电公共服务支撑系统与互联网、广域网、无线网络、外委承包商等网络连接处需划分边界，边界至少部署硬件防火墙进行安全防护。

（4）互联网边界除硬件防火墙基本防护外，还应增加上网行为管理、入侵检测系统提升安全防护能力。

（5）办公终端应安装统一的网络版杀毒软件，及时升级病毒库，每周进行安全检测及健康度检查。

（6）各业务系统应逐步接入集团统一身份认证系统，实现业务系统的身份认证、访问控制、信息保密和抗抵赖功能。

（7）宜采用网络准入、终端管理、MAC 地址绑定等技术手段实现网络接入用户的实名认证、统一安全策略基线及要求，并及时对操作系统及应用软件的漏洞进行补丁升级。

（8）宜部署云安全管理平台及云运维审计平台，实现对云计算及大数据平台的日志收集、安全状态集中分析及态势监测，对信息安全实现主动防御。

（二）技术性要求

（1）核心交换机应采用 VRRP、HSRP、IRF、VSS 方式实现双机热备冗余、并使用 IP arp Inspection、IP Dhcp Snooping 技术，防止 arp 地址欺骗及 dhcp 滥用。

（2）硬件防火墙应采用路由模式，并采用基于 IP 及端口的访问控制策略，实现指定 IP 地址的有限端口访问。

（3）网络准入宜采用旁路部署方式，避免核心交换流量流经网络准入设备造成网络瓶颈。

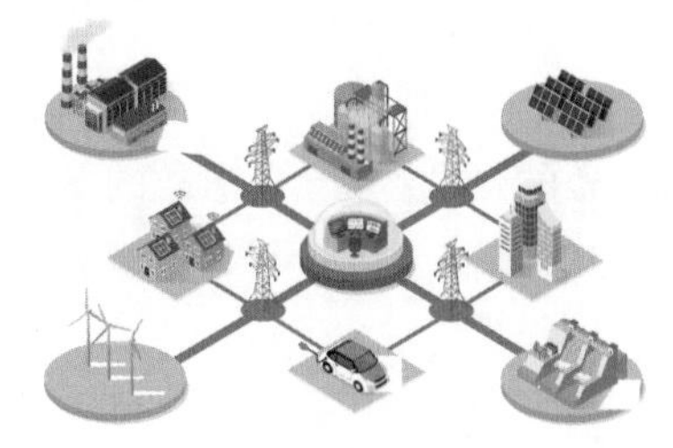

第三章

智能发电运行控制系统关键技术

智能发电运行控制系统（ICS）是智能发电管控体系中的核心部分，是智能发电管控体系的子系统，在信息处理范围方面可视为“能效闭环”的小区和“能效闭环”的中区，按自底向上的体系结构包括智能设备、智能控制和智能运行监管。在这个子系统的能效闭环中，所包含的主要设备是单元机组。在智能设备层所包括的重要的技术元素有关键参数软测量、锅炉炉内参数检测、现场总线技术、先进检测技术、智能仪表技术。在智能控制层包括的重要的技术元素有燃烧优化控制、燃料管控技术、机组灵活性优化控制、单元自己自启停控制等。在智能运行监管层包括的重要的技术元素有智能报警和预警、设备状态监测和故障诊断、机组性能计算、值班员决策系统、负荷优化系统等。

在传统的 DCS 基础上，ICS 融合了先进的数据分析技术和控制技术，通过应用高性能服务器、高性能控制器、工业大数据分析环境、自主研发实时数据库等软硬件升级，扩展智能检测、智能控制、智能优化算法，实现发电过程的智能监测、智能控制与运行，达到减员增效、高效环保、灵活调节、主动安全管控的目的。

ICS 实现了高度自动化，实现了少人值守和减员增效。包括 APS、典型操作自动执行、典型故障自动处理，自动完成启停机的操作和机组运行期间的大量固定操作，当故障或预警发生时，自动完成故障处理。ICS 较传统的 DCS 自动化水平基础上，日常操作由机器执行率显著增加，误操作率显著降低，实现了减员增效。

ICS 实现了智能寻优和能效大闭环，可保持机组高效运行。在能效分析的基础上，通过多目标寻优算法，自动确定当前工况下机组达到最优工况的控制目标值，并自动改变控制回路的设定值，将机组运行工况自动调整到最佳，形成能效大闭环控制，实现机组能效自趋优控制。

ICS 的过程控制技术采用了先进的和丰富的控制算法，有效提升了控制品质，保证了稳定、可靠、最优的控制效果，为高效运行奠定了基础。

ICS 的智能诊断和预警技术，提升了故障自诊断能力。智能报警、转机诊断、高温受热面检测等均采用人工智能技术和专家系统，及时识别机组异常或劣化工况并给出参考处理意见；控制系统状态、控制回路品质、执行机构性能的全方位智能监测保障了控制系统本身的稳定性和可靠性。

ICS 在工控侧实施网络安全建设，保障控制系统网络安全稳定。智能网络管控系统具备网络管控、设备加固、安全审计等功能，可有效提升 ICS 的稳定性，杜绝因病毒、非法入侵、第三方系统故障等原因对系统的影响，降低因控制系统问题导致的停机、降负荷事故的发生。

本章基于国家能源集团与华北电力大学共同开发的智能控制发电运行控制系统——岸石©来介绍智能发电运行控制系统中的若干关键技术。

第一节 功能与结构

智能发电运行控制系统是智能发电技术的主干，完成智能发电控制运行的主要功能。

智能发电运行控制系统的数据基础是发电过程的“全信息”数据，包括覆盖全厂主辅控生产过程的实时数据、报警信息、操作员操作记录、设备状态信息等，从深度讲包含所有历史、实时数据及部分预测数据，从广度讲包含全厂主辅生产过程测点信息、人员操作信息及设备和工艺状态信息。“全信息”数据在智能发电运行控制系统中采用非压缩存储，在层级间进行传输和转发，是对应生产过程的真正的“第一手”的数据资料。智能发电中包含的发电生产过程的“全信息”数据，主要用于实现机组在线的大数据分析过程（如能效分析、耗差分析、相关度分析、故障的智能诊断和预警等），深入挖掘数据价值，指导高效生产。

智能发电采用“大闭环”式的过程控制模式：基于全信息数据的分析结果计算获得最优控制的目标，通过多目标、自寻优等优化算法来设置底层系统的控制回路的设定点，还可采用系统辨识和先进控制算法（如预测控制、神经网络、自抗扰控制、自适应控制等）进行优化控制，形成发电生产过程宏观上的“大闭环”控制。

智能发电运行控制系统关注于生产运行控制的智能化升级，其功能架构设计为三个层次：数据层、计算层和应用层。其中数据层实现生产数据的广泛收集、梳理、存储，并提供可靠的交互接口；计算层实现生产数据向生产信息、知识的转化；应用层提供人（即生产运行人员）与生产信息、知识的交互环境。

系统的整体功能目标是面向发电生产运行控制过程，建立生产实时数据统一处理平台，以数据分析、智能计算和智能控制技术，实施底层实时控制、优化控制和生产数据全面监测，并将性能计算、优化指导、预警诊断等功能与运行控制过程无缝融合，有效提升运行和控制环节的智能化水平，深入挖掘实际生产数据中蕴含的信息、特征和规律，实现发电过程的系统性优化和增效。

智能发电运行控制系统的功能结构如图 3 - 1 所示。

1. 生产数据全集成

生产数据全集成可实现全厂生产数据的采集和聚合，包括高性能实时/历史数据库、多源数据接口等组件和功能设计，并通过集群数据存储与交互架构、工控信息安全网络保证其高效性和可靠性。适用于发电生产过程的高性能实时/历史数据库可提供从现场设备到机组和车间、全厂，乃至企业集团的统一数据平台、统一数据接口、不同类型实时数据的标准化管理，并提供生产历史数据的高效存储、处理和通用计算发布服务。高性能实时/历史数据库通过实时控制网和高级应用服务网整合所有实时业务的分布式数据，是实现高效实时信息集成与标准化管理的平台。生产数据全集成提供的实时数据服务充分体现全

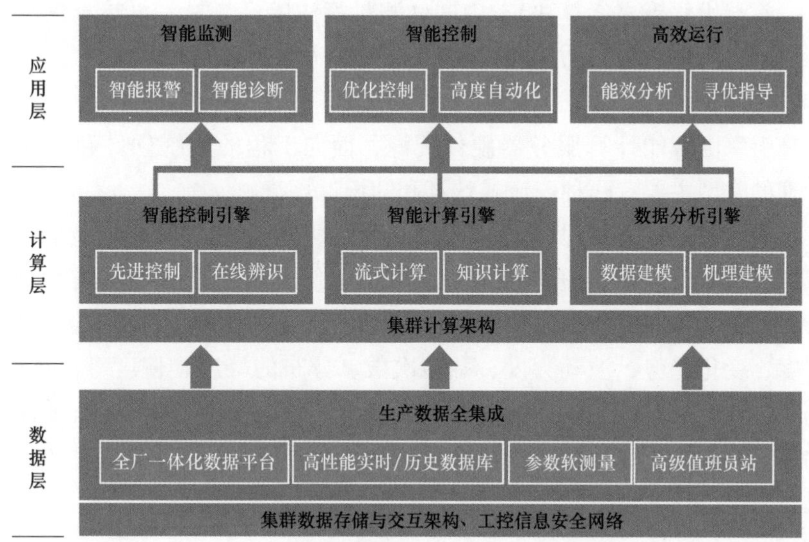

图 3-1　智能发电运行控制系统的功能结构

面性、实时性和准确性，为各智能计算引擎、自动化系统和功能的互联互通、生产过程深度分析、运行控制多目标优化与决策支持提供统一的数据基础，为实现全厂机、炉、电、辅、仿控制一体化、控制与监控管理一体化提供核心支撑。

2. 生产数据计算与分析

计算层是系统的数据计算和分析中心，提供可靠环境进行生产数据、智能算法和服务器算力的综合调度，实现生产数据向生产信息、知识的转化。主要包括智能控制引擎、智能计算引擎、数据分析引擎。为适应高强度计算需求，提高计算实时性、减少训练时间，引擎可配置为集群式计算架构。生产数据计算与分析直接服务于各项具体功能应用，作为计算调度中心，组织各项资源对生产过程数据进行层次化加工和处理，得出信息与知识的计算结果，是各类功能应用的综合性基础平台。

3. 智能控制引擎

智能控制引擎位于智能控制器中，由控制器硬件资源、控制器系统软件和先进控制算法库组成。智能控制引擎具有强大的硬件资源、便捷的组态方式。智能控制引擎还保持了与常规控制器一致的实时调度、网络接口方式与可靠性设计，可在高实时性条件下实现高性能控制。事实上常规控制器在资源裕量许可情况下，也可以加载先进控制算法库，在直接控制回路中调用。

智能控制引擎提供资源配置工具，可将离线建模和辨识结果导入控制过程，实现自适应控制，支持智能算法的在线组态修改、下载、参数调整功能。智能控制引擎提供丰富的算法资源，包括内嵌基本算法库（数学运算、逻辑运算、热力学参数计算、统计计算等基础算法）、内嵌先进控制算法库（广义预测控制 GPC、自抗扰控制 ADRC、神经网络控制等算法，并可通过辨识方法得出控制过程模型）、内嵌运行优化算法库（锅炉排烟热损失、锅炉气体未完全燃烧热损失、汽轮机内部功计算等能效计算算法，以及氧量定值优化、滑压曲线优化、冷端优化等寻优算法)、内嵌软测量算法库(氧量、再热蒸汽流量、煤质化学成分等算法),还可集成第三方按标准规范开发的定制化算法。

4. 智能计算引擎

智能计算引擎由智能计算服务器硬件资源、面向工程的系统软件和丰富的算法库组成。智能计算的类型主要有两种:流式计算和知识计算。

流式计算通过多任务多线程高效并行运行,将大量生产实时数据同步加工计算,得出数据统计规律和底层信息,如图 3-2 所示。流式计算支持复杂智能算法和复杂程序按周期实时执行。流式计算完成数据——信息的初次转化,输出的生产特征信息可包括:运行参数偏离程度、变化趋势、波动力度、翻转次数、分布的峰度、偏度等;机组耗差情况、耗差变化趋势、耗差分布特征;运行操作效果评价、个人操作效果对比、值次效果对比、同比、环比等。算法执行列表可配置,根据需求灵活组态。流式计算对生产数据进行全面解析,对机组乃至全厂的运行状况进行准确的诊断、分析与优化。

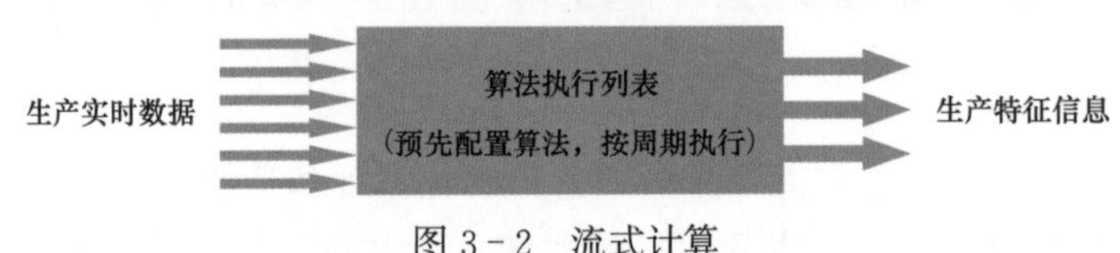

图 3-2 流式计算

智能计算的另一类型是知识计算,实现知识的表达、组织,并与生产过程数据结合,实现自动推理,如图 3-3 所示。知识计算将人的知识纳入到智能计算体系中,研究基于知识图谱、故障树专家系统等技术的知识表达方法,将生产工艺专家的专业知识和丰富经验表达固化成软件代码,形成过程知识库,并配备推理机根据生产实时数据记录进行自动推理,形成独立于人的分析、判断和决策能力,并与控制系统有效互动。

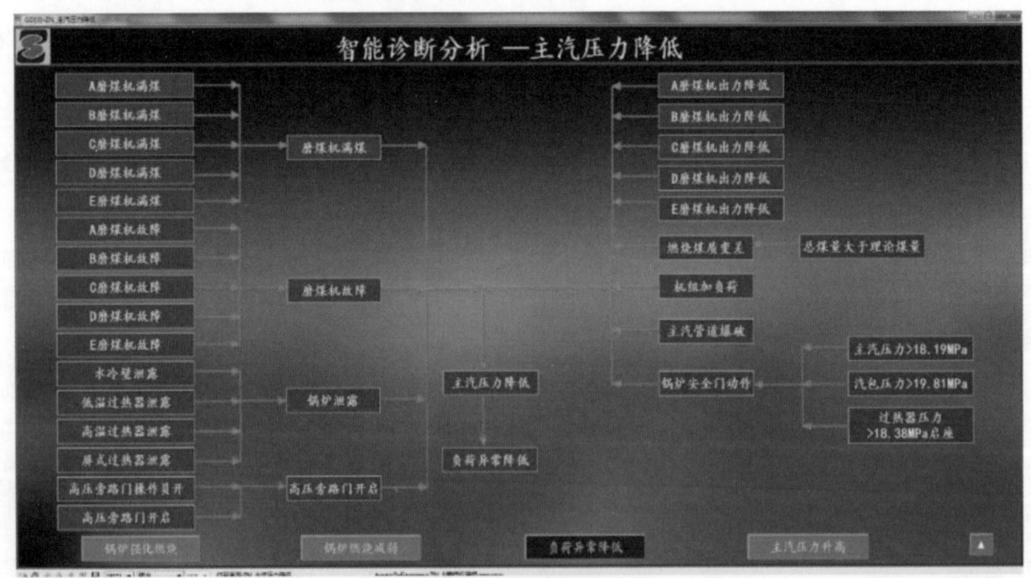

图 3-3 知识推理

知识计算在智能发电中的具体应用场景有：故障根源分析及预警、智能人机交互与智能检索。故障根源分析及预警功能根据预先定义的故障树，结合实时数据，快速推断故障发生的原始原因和演变过程，并给出未来发展演变方向；智能人机交互基于自然语言处理（NLP）技术，允许运行人员以日常对话的方式完成系统重要信息的交流和检索，如过程值超限次数、均值，规程细节提醒，关键事项提醒等。

5. 数据分析引擎

数据分析引擎由数据分析服务器硬件资源、工业数据分析流程软件和数据分析算法库组成。数据分析引擎是系统的离线建模中心，负责将生产数据提炼为数学模型，为智能计算引擎提供模型支持，并为生产过程提供深层次指导。

数据分析引擎可根据需要配置为 CPU 或 GPU 服务器，或多台服务器组成集群式架构，利用分布式文件系统和多服务节点协同的计算模式，将海量数据训练过程进行任务分解和并行化的矩阵运算，快速获得模型训练结果。建模过程主要包括：数据预处理、数据理解与探索分析、建模与辨识、模型评估与布置。

数据预处理是进行分析前的准备过程，实现生产数据高效安全调用与任意工况筛选、数据预处理生成样本。其交互对象为高性能实时/历史数据库。实时/历史数据库作为生产数据中心，对机组实时数据进行高速采集、压缩、结构化梳理和高效率存储，并采用可靠的调用接口，提供高速、长跨度的数据检索和调用服务。数据理解与探索分析过程采用多种统计方法对生产数据样本进行解析和交互式展现，初步了解样本间的关系，决定后续所采用的建模方式及算法。系统提供数据降维、相关性分析等工具确定机组关键参数间的相关性程度。对于相关性较高的样本之间，进一步验证关联性真伪，给出关联性的详细信息，并可初步进行因子影响程度量化。分析过程中可提供高效的数据可视化技术和交互式分析场景，直观、快速、准确的展现数据关键特征和重要信息。

建模与辨识过程是对目标变量及其影响因子间关系的精确量化。系统提供完整、便捷的数据建模环境和可视化建模工具，实现建模过程可视化。针对火电厂热力系统的特点配置了成熟的建模算法，实现分类、回归、聚类、关联规则等数据建模功能。

模型评估验证保障了模型的可使用性。系统提供模型在线更新功能，将评估通过的模型加载到智能计算引擎或智能控制引擎中，实现模型的在线应用。

智能发电运行控制系统还具有智能监控、智能控制、高效运行三大功能群组，可分别配置一系列功能，如图 3－4 所示。

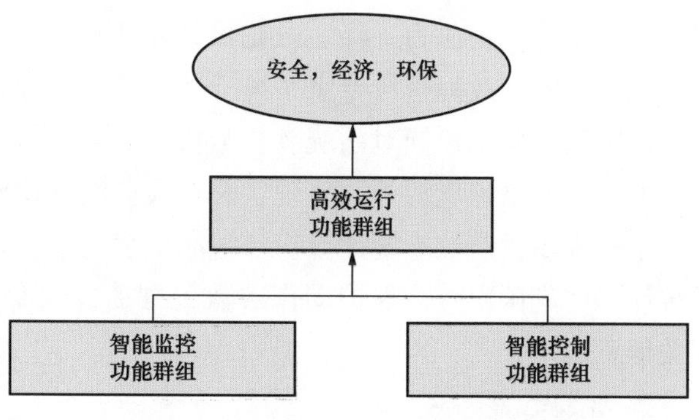

图 3－4　智能发电运行控制系统功能群组

系统应用功能构建以运行优化提升机组性能和效率为主线，以智能监测和诊断实现机组和设备高可靠性、以智能控制保证生产过程稳定性和准确性，各功能集群协同运作，构成机组能效“大闭环”运行控制体系，实现机组安全、经济、环保运行，如图 3-5 所示。

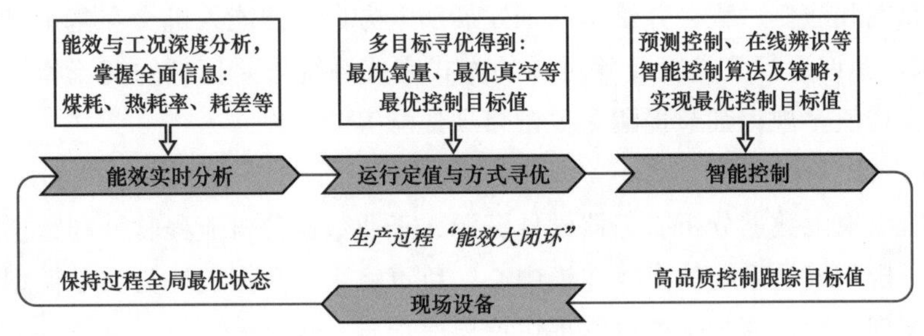

图 3-5　生产能效大闭环

三大功能群组的主要功能如下。

1. 智能监测

系统智能监测功能组依靠底层引擎的计算能力实现机组设备、运行参数的智能化监测、报警预警及诊断分析，协助运行人员全面解读生产数据信息，显著提高机组的监控品质，提升对故障工况的预测、识别、定位、处理能力。

智能监测功能主要包括参数软测量、运行监测（转机监测、控制回路品质、执行机构品质、设备健康度、锅炉结焦、空预器堵塞、四管状态、工质与能量平衡、高低压配电、三维联动等）、智能报警、设备故障诊断、控制系统诊断等。

参数软测量技术是指通过选择一些容易测量的辅助变量，构成某种数学关系来推断或估计，以数据处理的方式来代替硬件传感器来对使用常规手段或测量仪器难以测量或者不能测量的变量进行间接的测量，从而实现发电过程关键参数的在线监测。系统采用机理模型、神经网络、支持向量机等算法或这些算法的集成进行建模与测量，实现软测量监测。

智能报警确保报警信息负荷量不超过运行员的处理能力，帮助快速识别关键报警；依靠智能技术实现异常状态的提前预警，并根据知识计算引擎结果提示报警故障根源和演变过程，有效提升报警质量。

设备故障诊断功能采用智能算法对风机失速、磨满煤、磨出力下降、皮带打滑、加热器泄漏、水泵风机出力下降、汽轮机效率下降、吸收塔喷淋堵塞、凝汽器换热效果下降、除尘效率下降等故障进行专家系统诊断，给出指导信息。

控制系统状态诊断对系统软件故障（包括系统软件和应用软件）、硬件故障（如控制器、卡件、网络、电源等）实现实时在线监测和诊断，给出处理方法和解决方案。

系统提供生产数据统计分析与智能报表功能。运行人员可便捷查询机组的小指标，归类统计（如超限次数、保护动作次数、自动投入率等），能效对标情况，及时掌握机组的相关信息。

2. 智能控制

系统智能控制功能组主要包括优化控制和高度自动化控制。优化控制部分以先进控制

算法、系统辨识算法、机理平衡或补偿技术等解决具有大迟延、大惯性、非线性、强耦合复杂特性热工对象控制问题，提升其控制性能，实现自趋优控制。

具体控制回路中，协调控制优化采用了软测量方法计算燃料低位发热量，补偿煤质波动影响，同时采用动态智能前馈有效补偿锅炉蓄热，克服大滞后，提高负荷响应速度。汽温控制优化采用前馈 GPC 补偿燃料和风量变化对一级汽温的影响，减小对二级汽温的耦合，并采用内回路串级 PID 稳定减温水量，有效提升汽温的控制品质。脱硝控制优化采用氧量前馈补偿和 GPC 预测控制方法，有效提升出口 NO_x 的控制品质。上述控制回路中，系统均采用系统辨识方法对过程控制对象进行辨识，支持预测控制算法进行高品质调节。

高度自动化控制部分以机组自启动 APS 功能为基础，在控制范围、控制深度、智能化程度等方面进一步完善，并采用自寻优算法赋予程序自主、智能规划选择能力，实现机组运行操作的高度自动化。具体回路包括：磨组自动启停；断煤自动处理；给水泵自动启停；风机自动启停等。机组的高度自动化控制进一步提升机组运行控制的自动化水平和机组稳定性、安全性，降低运行人员操作强度，实现“少人值守”和“智能运行”。

3. 高效运行

系统高效运行功能组包括在线能效分析和寻优操作指导两部分。

在生产实时控制层面，以实时运行数据为基础，进行机组在线能效计算和耗差分析，为操作员直观展示从机组到设备的性能指标和能损分布状况，明确给出不同工况下的节能降耗潜力和最佳控制目标。运行人员根据耗差分析的结果及时对工况进行调整，有效降低运行煤耗，使机组运行在高效率区间。

基于数据挖掘的寻优操作指导以负荷、煤质、环境温度为边界条件，以主汽压力、主汽温度、再热蒸汽温度、氧量为判据参数，在判据参数稳态条件下，挖掘历史数据中当前工况的最优标杆值作为操作指导，包括热一次风压、氧量、二次风箱差压、燃烧器摆角、SOFA 风摆角等，以及磨的组合方式、配风方式、加热器液位设定、循环水泵运行方式、凝结水泵运行方式等。

基于机理仿真的寻优操作指导首先建立精确的全厂热力学机理模型，依据仿真模型进行全厂能量、流量、热量的平衡，直观找出隐藏和潜在的参数变化，或基于模型实现机组变工况运行仿真分析，给出寻优操作指导建议。

根据操作指导建议，运行员可手动改变控制回路设定值和运行方式，使机组能效逐步趋优。也可将其与底层控制回路关联，以智能控制算法保证最优设定值或运行方式的实现，形成生产过程“能效大闭环”控制，实现机组的自趋优运行。

第二节　平台开放性技术

智能发电涉及的专业多、技术广、需求多样，各类专门的智能应用技术与软件不断涌现。为有效集成第三方智能应用技术，在统一智能 DCS 系统下发挥智能发电的整体综合效益，开放的应用开发环境成为必要条件。开放的应用开发环境提供第三方智能应用的集成运行环境，使之专注于算法核心功能的实现，无需在外围接口、底层环境支持等方面浪费资源与精力，并充分保护其知识产权，最终达到赋能用户、推动智能发电快速良性发展的目的。

国能智深控制技术有限公司的智能发电运行控制系统——岸石© (ICS) 软件支持Linux和Windows跨平台，如图3-6、图3-7所示分别为Linux操作系统环境下ICS运行界和Windows操作系统环境下ICS运行界面。

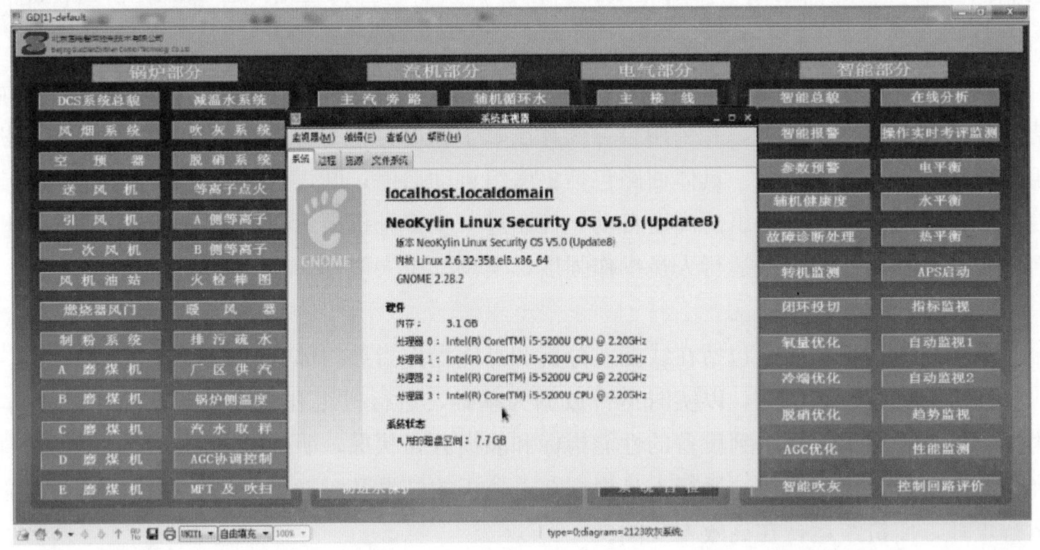

图3-6　岸石©系统在Linux操作系统环境下ICS运行界面

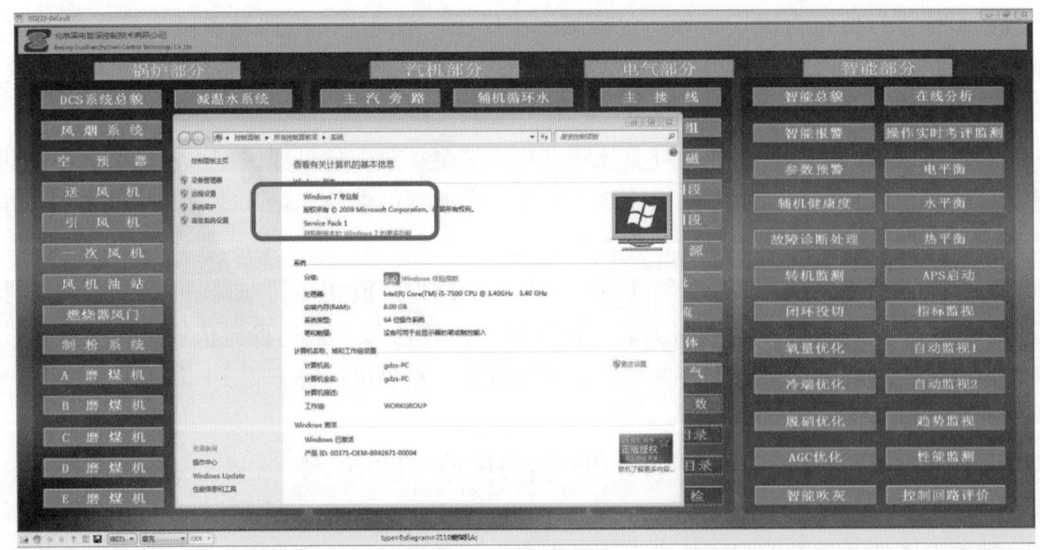

图3-7　岸石©系统在Windows操作系统环境下ICS运行界面

一、高度开放的应用开发环境

岸石©系统智能 DCS 提供算法容器、宏算法封装、独立程序“直接插入”式运行等方式，支持第三方技术成果集成。高度开放的应用开发环境实现平台、高级智能算法、智能应用的分离，有利于降低开发门槛，集合各方面的创新能力。第三方可以按照系统提供的算法开发规范，自定义一个控制算法，可基于高级语言如 C++语言实现，生成通用格式的目标模块，然后可自如地嵌入到系统中，并可以按照标准算法使用方式进行组态应用。如图 3－8、图 3－9 所示。

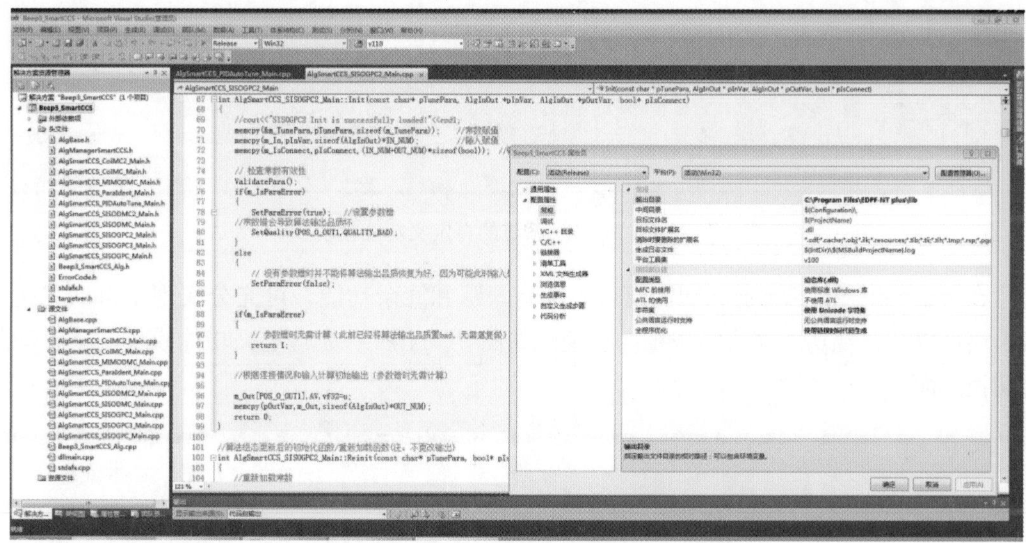

图 3－8　岸石©系统的高级语言的开发环境

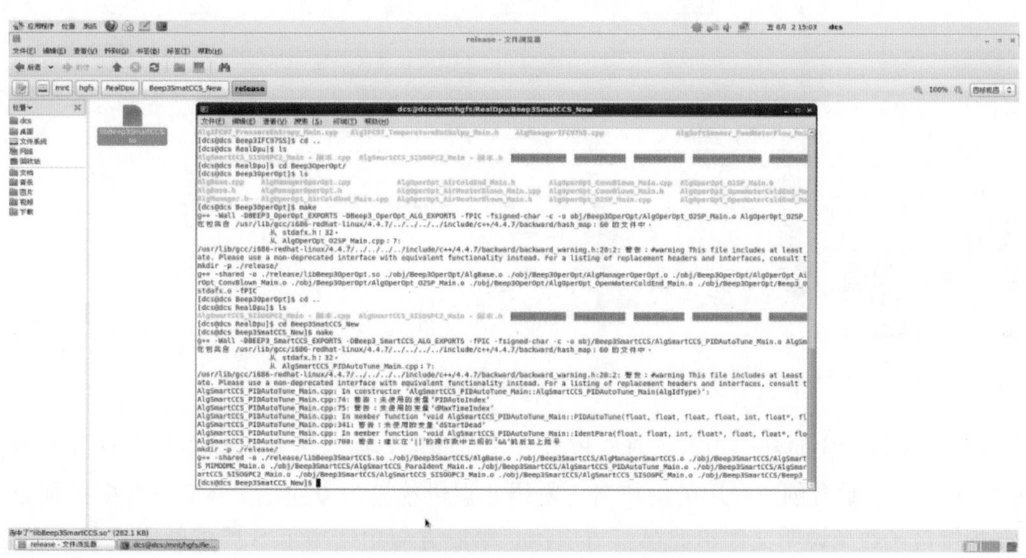

图 3－9　岸石©系统的用户定制模块编译环境

如图 3－10 所示为自定义功能模块画面。

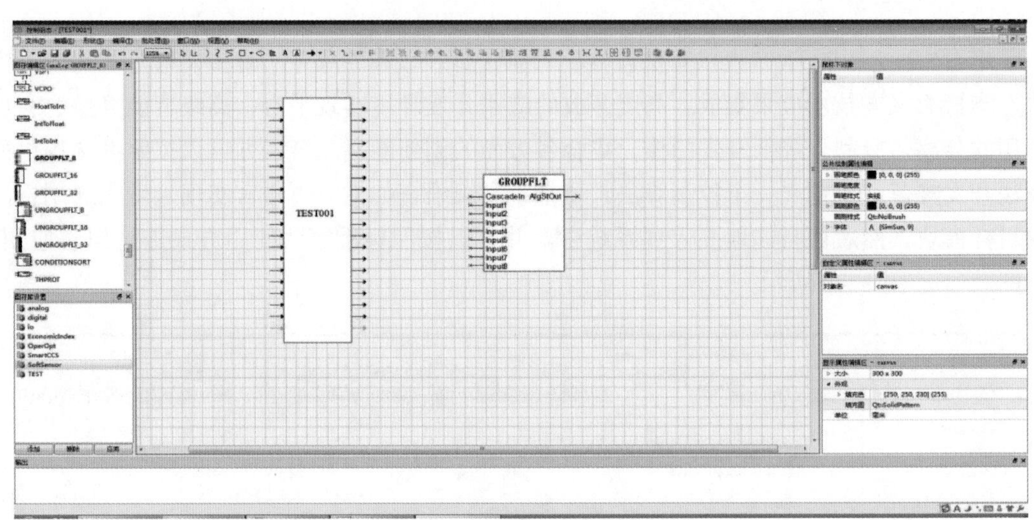

图 3－10　岸石©系统的自定义功能模块

在岸石©系统中，自定义功能模块还具有跟踪和冗余功能，可充分实现手自动无扰切换，还可以和常规功能模块实现统一管理。如图 3－11 所示为自定义功能模块的手自动无扰切换画面。

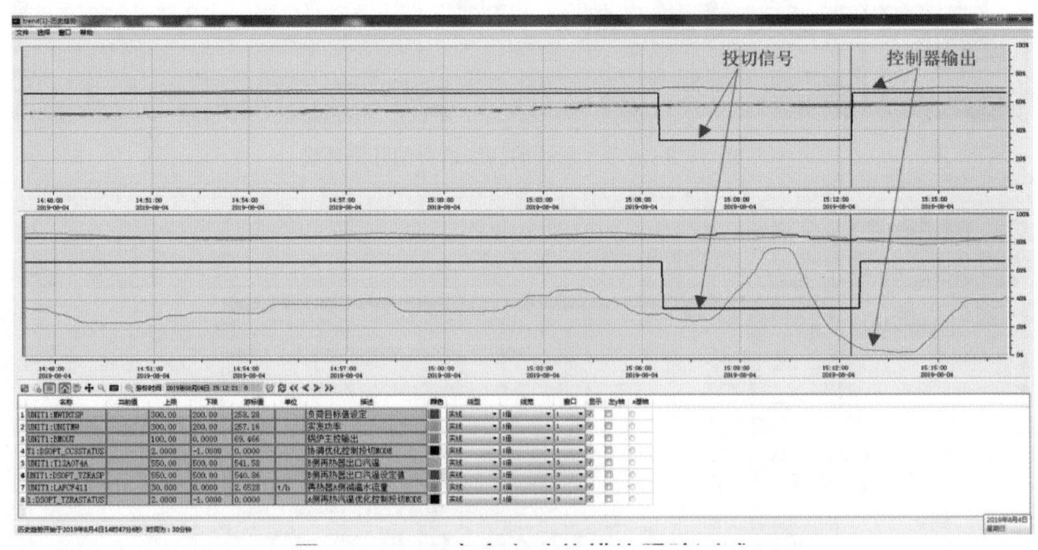

图 3－11　岸石©系统自定义功能模块的手自动无扰切换

岸石©系统的实时和历史数据具有授权方式访问的功能，各数据接口具有规范的授权访问机制。ICS 平台创建专用的用户名、密码并提供给第三方应用。ICS 平台提供预先封装好的接口函数及说明文件给此第三方应用。第三方应用使用 ICS 提供的用户名、密码，调用库函数文件即可访问实时/历史数据库站上的历史数据。如果第三方应用未获得 ICS

平台使用授权，无法访问分布式实时数据库及实时/历史数据库。

二、算法容器

算法容器为第三方算法的核心计算程序提供在DPU中组态、运行和调试的标准接口环境，核心计算程序通过算法容器对外暴露输入输出变量、组态参数、需在线调整的参数等，算法容器与核心计算程序共同构成可图形化组态的算法。算法执行时，由算法容器传递和接受变量，核心计算程序以独立的动态链接库（DLL）方式被调用执行。算法容器技术实现了开发解耦，大大缩短了第三方算法开发周期，简化了部署工作，降低了运维成本。

岸石©系统的算法对象实例是动态生成、定期调度的，运行中可在线销毁。需要为一个新算法开发初始化、重新加载、正向运算、跟踪、修改常数、清理等动作设计响应函数，以及为同步、仿真数据保存和恢复开发相应的函数。算法功能决定了上述函数哪些是必需的，这些函数内部将调用计算库提供的核心计算模块。

算法对象实例化后，会调用初始化函数，调用计算库时传入算法常数、变量以及算法输入管脚连接情况。计算库应自己保存算法常数和算法输入管脚连接情况，分配资源，根据算法输入管脚连接情况修改某些输入的默认值，并写入变量缓冲区。进行模型计算等初始化工作，进行算法的第一次运算，并将计算结果写入变量缓冲区。注意应尽量在初始化时分配好所有资源，如无必要避免运行中动态分配内存。

算法建立后，根据组态的计算周期定期计算，先调用跟踪函数，后调用正向计算函数。计算库使用当前变量计算，并将计算结果写入变量缓冲区。如果计算需要前几轮的数据，计算库应自己保存旧数据。计算库需负责所有输出变量的数值和状态字的更新，包括到达高/低限、参数、品质、跟踪等各种标志位。

计算库可能有内部变量，例如累计值，中间计算结果，如果这些变量不出现在算法变量中，但对下一轮计算有影响，就必须同步到冗余控制器。主控DPU上算法会周期调用同步数据获取函数，传入缓冲区。备用DPU上，算法接收到同步数据后，调用同步数据传送函数。

如果运行中算法组态改变，下载后算法将重新加载。重新加载函数将向计算库传递算法常数、变量以及算法输入管脚连接情况。计算库内保存有新的常数和算法模块的输入端连接信息，根据算法端的连接信息来修改某些输入的默认值，并写入变量缓冲区。

运行中可能修改一个或多个算法常数，此时将调用一次或多次响应函数。函数将向计算库传递算法常数的位置和新值。计算库根据常数位置判断是哪个常数，修改内部保存的常数，并进行相应的响应动作。

如果某个算法对象被删除，将调用清理函数。计算库可在这个函数内释放资源。

按照系统提供的岸石©系统第三方算法开发规范，第三方可自定义新算法，核心功能用C语言编写，完成后生成目标模块（取决于底层系统平台），可嵌入岸石©系统，按照标准算法使用方式进行组态应用，如图 3－12 所示。

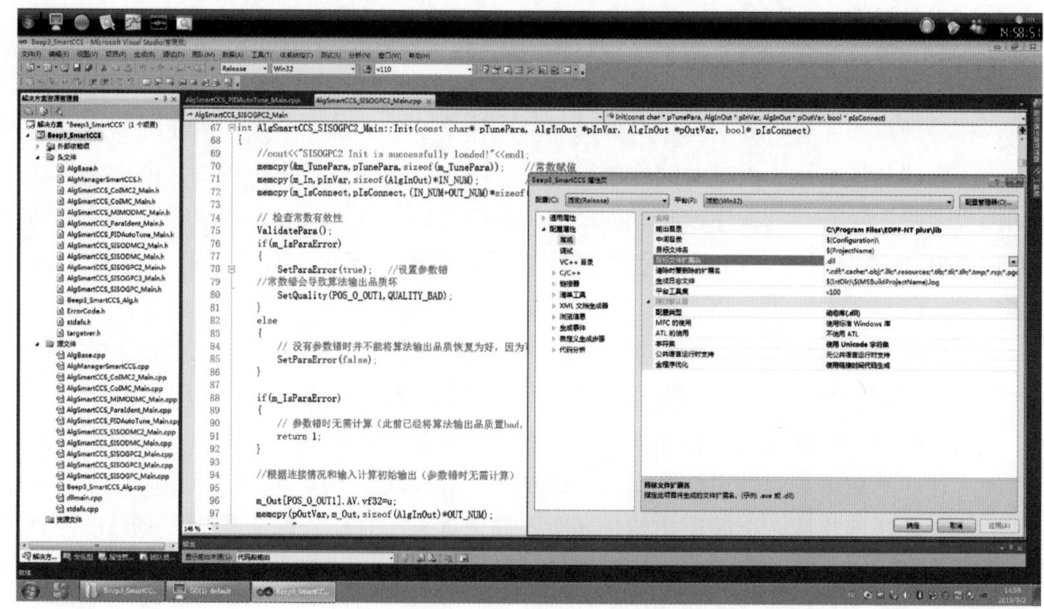

图 3－12　第三方算法的组态应用

算法容器与标准算法执行对比如图 3－13 所示。

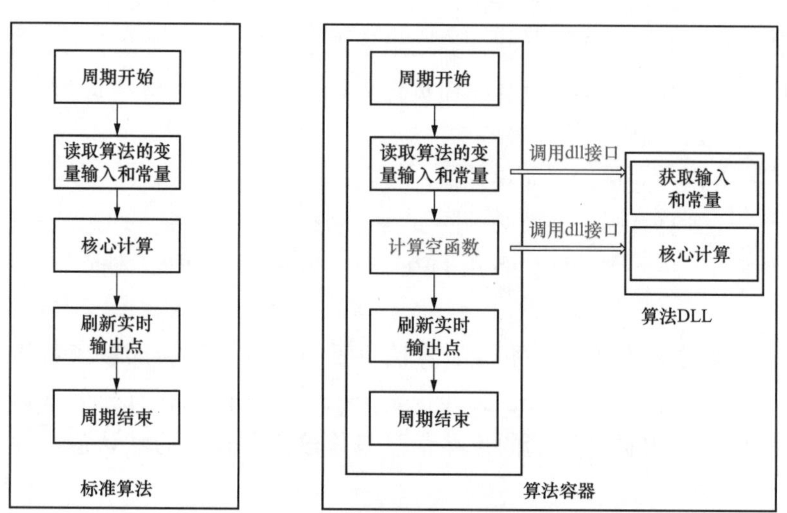

图 3－13　算法容器与标准算法执行对比

三、宏算法封装

宏算法封装功能是将多个算法的组态封装成一个新的 DPU 算法（宏算法），被封装的算法组态以控制组态图（SAMA 图）为基础单位，可以将一页或多页组态图封装

为一个宏算法。宏算法生成时，对被封装的组态图，确定整体需对外暴露的输入输出变量、需在线调整的参数等，定义宏的名称、图符和密码锁，即可完成封装。宏算法具有与标准算法完全一致的组态和运行方式。宏算法封装技术可以隐藏组态技术细节，保护开发者的知识产权。借助于宏算法封装，可以利用系统已有算法开发新算法，降低开发难度。

通过在现有逻辑图类型的基础上新增一种逻辑页类型（宏算法页），来完成算法的内部逻辑设计。通过开发专用工具实现封装功能，自动生成所需的模具和相应的配置文件，使用时作为组件工具直接调用。在原有编译流程的基础上，将用到的宏算法相关内容记录到本站的相关文件中。在工程中设计专门的工具来管理宏算法，包括已有宏算法的列表和宏算法应用情况。

根据系统提供的宏算法使用手册，第三方可将一页或多页普通逻辑图封装成一个宏算法，作为通用算法应用于控制逻辑图中。封装完的宏算法可通过算法浏览器查询基本信息和状态诊断信息，通过宏算法管理器查看属性信息、源文件的版本号，通过工程管理器的算法库验证其被哪些逻辑图使用。如图 3－14 所示为宏算法封装功能画面，图 3－15 为跨逻辑页的宏算法封装功能。

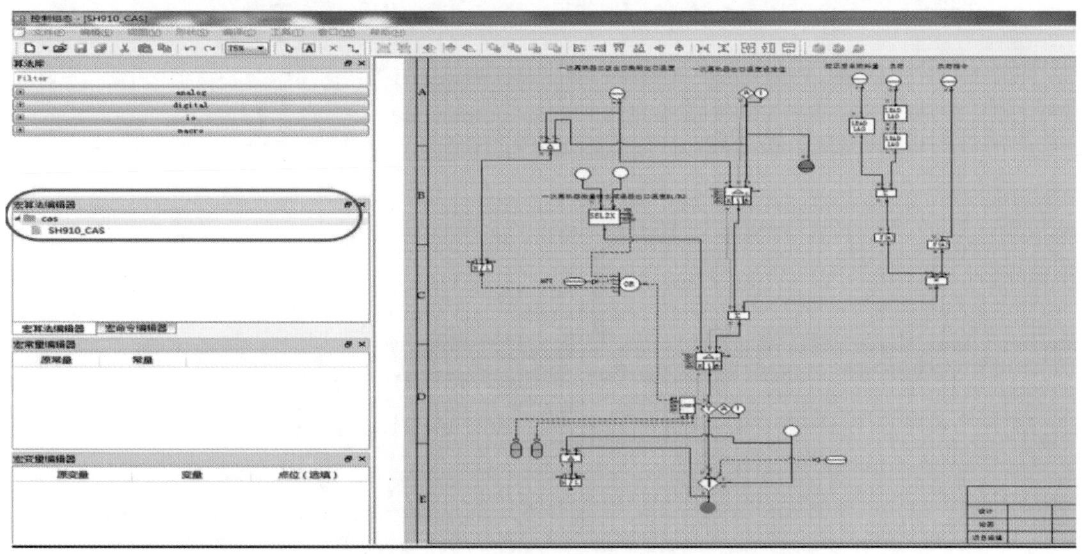

图 3－14 宏算法封装功能

宏算法内部逻辑可自由编辑，可组合多种算法块，支持算法执行排序，支持宏页的排序，自定义图符样式等。下装后可外部暴露若干可整定参数，实现在线调整。宏算法封装可实现密码授权管理，未授权无法打开封装的内部算法。系统允许最多 9999 个宏算法封装上限。宏算法的编辑与封装如图 3－16 所示。

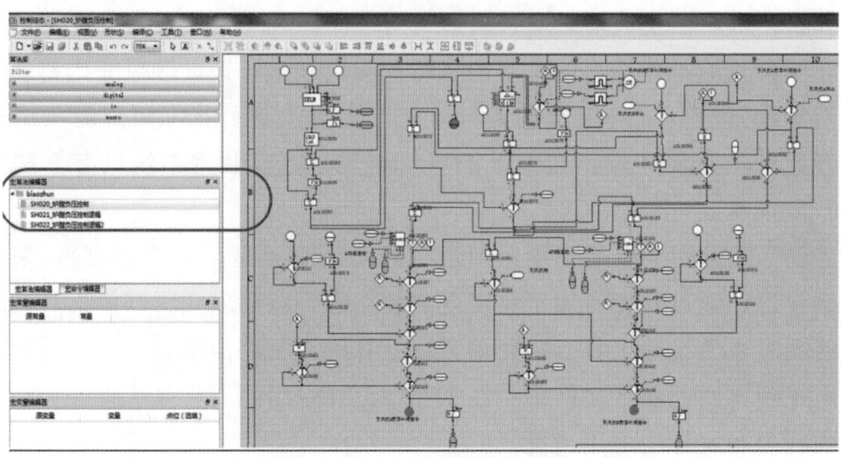

图 3-15　跨逻辑页的宏算法封装功能

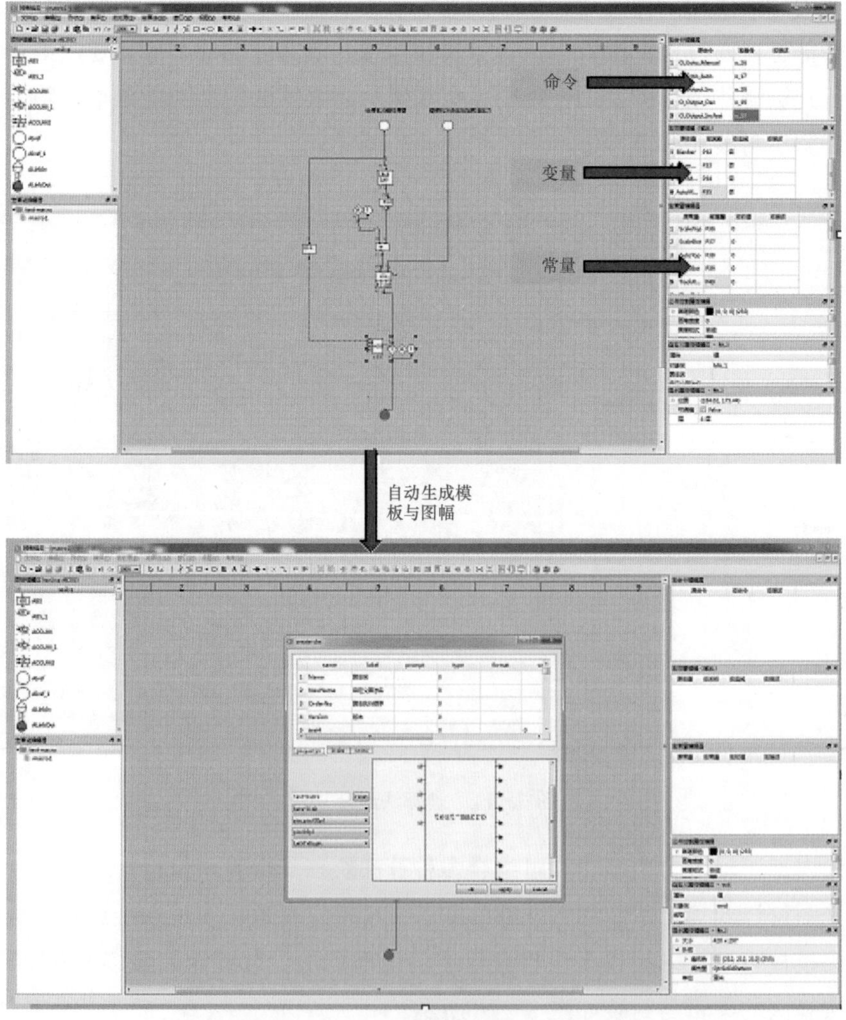

图 3-16　宏算法的编辑与封装

封装一个宏算法并设置若干外部可调参数，编译下装后可进行参数调整。

系统具有宏算法查询功能。根据系统提供的宏算法使用手册，封装一个宏算法，通过算法浏览器查询宏算法的基本信息和状态诊断信息；并通过宏算法管理器查看宏算法的属性信息，源文件的版本号，检查宏算法源文件版本与各个站点的宏文件版本是否一致；通过工程管理器的算法库验证已知宏算法被哪些逻辑图使用。

系统还具有宏算法发布更新功能。根据系统提供的使用手册，封装一个宏算法，并通过宏算法管理器，可将多个宏算法更新到指定的 MMI 站点和 DPU 站点。

系统具有封装安全性设置，实现密码授权管理。封装一个宏算法并设置密码后，经测试无法在不输入密码及密码输入错误的情况下查看宏算法内部逻辑，未授权无法打开封装的内部算法。

四、第三方程序“直接插入”式接口

系统的智能计算服务器配置与控制器功能一致的分布数据库与调度执行机制，第三方独立程序借助于系统提供的 API 接口程序，可实现在智能计算服务器上的“直接插入”式运行。

实时数据读写接口以标准的 C＋＋API 方式供第三方程序调用，提供用于初始化、注册、读、写实时数据等接口，程序启动后需调用初始化函数。调用者可能将需读取的点记录分为多组，并确定每组内的点记录顺序。对每一组调用注册函数，调用时需指定唯一的组 ID。读一组点记录时，传入组 ID，并传入存放数值/状态结构的缓冲区指针。在写入点记录时，传入组 ID 和存放数值/状态结构的缓冲区指针。调用者按需要的周期定期调用读写函数，读取或更新不同组。

独立程序与实时历史数据库交互，可进行复杂的寻优和智能计算、功能扩展。机组智能化应用如流程性能优化、设备状态评价、智能生产调度、高端辅助决策等适合于在此环境下运行。开放且功能齐全的计算组态环境为第三方复杂计算提供便捷的调试运行环境。

实时历史数据库接口采用 API 服务供第三方调用，具有平台无关性、语言无关的特点。用户可以采用 C/C＋＋、.NET、JAVA、Python 等语言开发桌面端、WEB 端、移动端的 App。API 提供强大、快速、丰富、稳定的各种数据读写接口。包括：用户鉴权登陆、实时数据读取、实时数据写入、历史插值数据读取、历史快照值读取、历史原始值读取、历史统计值读取、表数据读取、点信息读取等功能。用户必须使用经过数据库管理员授权的用户名、密码以加密方式登录后，才可以使用数据库提供的功能。API 同时支持多版本的调用方式，通过改变调取的 API 版本号，即可获得不同版本的 API 功能服务。

五、高性能实时历史数据库

随着火电厂容量不断增大，现场产生的过程数据越来越多，企业对生产效率的要求越来越高，为了有效地收集、存储、分析大量过程数据，充分发挥数据的价值，需要开发高

性能时序数据库以支撑企业的发展。这些过程数据的典型特点是：产生频率快、严重依赖于采集时间、测点多、信息量大。基于此类时间序列数据的特点，关系型数据库无法满足对时间序列数据的有效存储与处理，因此迫切需要一种专门针对时间序列数据来做优化的数据库系统。时序数据库通过使用特殊的存储方式，可以高效存储和快速处理海量时序大数据，是解决海量数据处理的一项重要技术。本项目研发了一种高性能时序数据库，采用特殊数据存储方式，极大提高了时间相关数据的处理能力。

(1) 开发了成套性能强大的时序数据库平台，容量等级达到单机规模大于150万点；压缩比、实时读写性能、历史读取性能均达到业内先进水平；支持多种数据类型，满足工业信息化需求；支持毫秒级时间戳精度。

(2) 研发了功能强大、界面友好的客户端管理软件。

(3) 完全分布式网络架构，模块化，扩展方便容易。

(4) 使用多级索引技术，保障数据高速检索。

(5) 提供跨平台、跨语言的API检索接口，更方便第三方使用数据。

(6) 支持B/S、C/S结构。支持PC、WEB、手机App等多种方式访问。

(7) 具有开放的数据采集接入服务，方便各种工控系统数据接入 。

(8) 可扩展集成相关组件构建企业私有云数据中心。

在东胜项目的应用中，为真正实现智能电厂始于感知的计算、学习、决策和执行提供了必要的数据基础，以最大限度地实现了电厂的安全、经济、高效、环保运行。

六、全厂一体化控制

现代智能化大型工业企业越来越强烈要求将全厂工艺主辅设备或生产流程车间看作一个整体来配置自动控制系统。全厂各级各类主辅设备或生产车间控制子系统要通过计算机网络互连。控制子系统之间不能有任何形式的非法数据耦合，但它们之间要建立合法信息双向流动渠道，形成一个整体，共同应对厂级控制系统担负的特殊任务。系统还需要设计全局性操作监视设备，可以同时监控全厂任意被控工艺设备。

全厂一体化控制的研发根据当前最大规模的火电站以及未来的发展趋势，预估可能的数据库容量、域节点数并充分考虑控制系统的稳定性、数据交互及网络传输的可靠性，对现有控制系统的网络设备、工程服务器、历史存储站、上位机硬件配置、多域融合技术、智能DCS系统的软件体系进行研究开发及优化，并根据现场的实际应用场景进行1∶1测试，最终实现全厂主辅车间一体化监控，为实现生产信息全集成奠定了基础。

全厂一体化监控应用范围覆盖单元机组、公用系统、除灰、脱硫、输煤、化水辅助车间等全厂所有生产环节，受控过程的监测变量、控制参数和执行机构显著增加，工艺流程更加复杂。为实现全厂一体化监控，系统在整体拓扑结构、分布式数据库、网络通信技术、全局可靠性能方面进行了优化设计，确保系统处理能力和效率、系统实时性、可靠性满足要求。

1. 分域技术

国能智深EDPF-NT+分散控制系统全厂一体化的实现是由多套工作在不同网络域上

的分散控制子系统集合构成，针对辅助车间按工艺设备特性划分若干个子系统的特点，EDPF－NT＋系统加入了先进的网络“域”技术，每个域上的控制系统都具有独立的DCS全部核心结构，分别对应一套相对独立的工艺被控设备或车间。每个域是一个中型系统，各域上的控制系统之间相互隔离，完成相对独立的控制和采集处理功能。不同的域通过网络连接为一个整体，形成一体化大型系统，合法有效的数据可以在各域上的控制系统之间双向流动。各种人机交互工作站通过加入单个域或多个域可以成为管理操作这些域分散控制子系统和被控设备的域内或全局设备。

工程师站设计安装了针对多域应用环境的“工程管理器”。在工程管理器支持下，可以对整个控制系统进行网络规模、网络域的定义，完成建域、建站、建点、上传、下载等操作。可以直接调用控制策略编辑器、过程画面编辑器等外部工具。各个分散控制子系统可以独立地组态、调试和投运，随后分批、逐次连入统一的厂级网络，进行统一监视、集中操作和维护。

2. 高级应用网及工控域防火墙

为了全厂的安全稳定高效运行，构建厂级网络，并辅以高级应用服务网和工控域防火墙。

为大数据的传输专门建立了千兆级以上的高级应用服务网，实现对机组生产过程实时数据的高速、稳定的采集、压缩、结构化处理和高效率存储，并配置高效安全的调用接口，为上层计算引擎提供数据分析和展现、控制的基础。

采用了全自主知识产权的工控域防火墙进行厂级网内部不同域之间数据的隔离防护。每一个子系统上都配备一组工控域防火墙，在工控域防火墙上灵活配置域间网络转发策略，在该子系统网络上放行必要网段的数据，从而建立精准的网络通路，保证所需数据的高速通过，无关数据被过滤掉，净化网络数据环境，大幅降低子系统网络负荷，并保障了系统的可用性和可靠性。真正满足了全厂级企业自动控制系统的过程控制需求。

如图3－17所示为一分域与工况防火墙的应用示例。

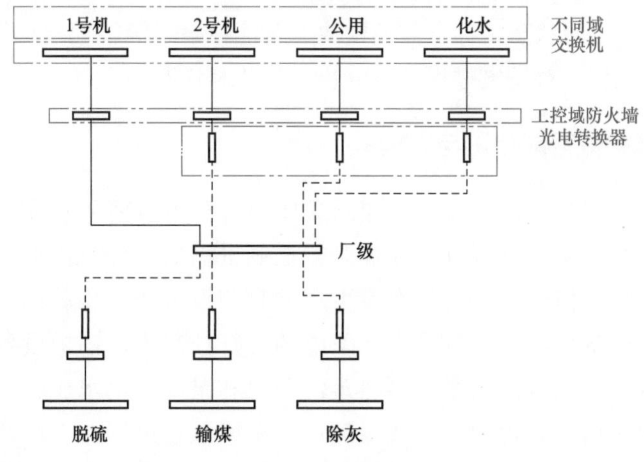

图3－17　分域与工况防火墙应用示例

从图中可以看出，由于主辅控系统采用一体化设计，真正实现了1号、2号机组、公用、辅助车间集中监视和控制的目标，达到资源共享，合并减少或取消就地操作监控点，强制提高设备的健康水平，同时，可以方便的在全厂主辅一体化系统中加入和退出每个子系统或将子系统重新划分，而不影响整个系统和其他子系统的正常运行，方便了辅控系统的逐步投运以及投运后电厂的检修和维护工作，使复杂操作简单化，为电厂的减员增效起到了很好的作用。

EDPF－NT PLUS分散控制系统的厂级自动控制系统解决方案网络结构简单清晰，组态方式友好，控制操作简单可靠。全厂一体化系统依靠EDPF－NT PLUS系统先进的计算机技术、网络通信技术合理有效地提高全厂车间自动化控制和管理水平，提高了电厂运行经济性。

第三节　智能检测与控制技术

围绕智能发电的基本特征，在高级应用控制器中开发新型算法模块，包括基于复合建模的智能感知算法模块、基于模型预测的先进控制算法模块、基于人工智能算法的过程参数预测模块等。以算法模块为基础，融合传统的前馈控制、解耦控制、串级控制、导前微分控制等策略理念，设计协调系统、汽温系统、脱硝系统、水位系统等火电厂主要被控系统的优化控制策略，形成基于精准能量平衡的智能协调控制系统、基于神经网络预测模型的智能汽温控制系统、基于多入单出预测控制的智能脱硝控制系统、基于强化学习算法的智能水位控制系统、基于PID参数自整定的智能流量控制系统。通过对智能感知、先进控制算法、人工智能算法以及传统控制策略经验的高度融合，提高发电过程控制系统的自学习、自适应、自趋优、自恢复、自组织功能。在高级应用服务器中开发多能源高效分配与优化调度、汽轮机冷端优化、锅炉运行氧量优化、高加系统疏水水位优化调度、基于机器学习的设备运行状态异常预警模块、基于模型自弈与典型样本的设备故障诊断模块、基于故障树深度搜索的设备故障根源分析、基于大数据的模型辨识与学习模块、工业大数据统计与分析模块、机组运行状态指标全监控模块、智能报警系统管理模块等，通过对机组历史运行数据的深度挖掘，对发电过程进行分析、优化和诊断。

一、机组状态参数智能检测与重构

机组状态参数检测对于提高和改善控制品质具有极为重要的意义，是控制效果改进的前提条件。机组状态参数既可以作为控制器控制量输出的计算依据，同时还可以作为机组性能优化的指标或信号。机组状态参数通常是与设备密切相关的，如锅炉设备、汽轮机设备、发电机设备、辅机设备等。在发电的运行控制中，锅炉设备的主要运行状态参数包括主蒸汽压力、主蒸汽温度、再热蒸汽压力和温度，给水压力、温度及流量，汽包水位，炉膛压力，烟气氧含量，烟气温度，一次风温、风压，二次风温、风压，燃料量、煤质参数（水分、灰分、发热量等）、含氧量、蓄热系数等。汽轮机设备的运行状

态参数包括蒸汽压力、温度、真空度，凝汽器水位，高、低加热器水位，除氧器水位，润滑油和调速油压，汽机转速振动、偏心、轴向位移、胀差、润滑油温度和压力、汽缸温度、流量（负荷）、转速和真空度等。控制设备方面有控制系统的工作状态、故障、开关或阀门的位置，主备用的切换，还包括机组各主要辅机和各辅助系统所有可控制操作的设备的工作状态。

随着计算机技术和控制理论的日益发展，软测量逐渐成为一门新兴的现代测量技术，并已经在工业控制中得到应用，展现出十分广阔的发展前景。软测量主要经过了由线性、静态、没有校正功能到非线性、动态、有校正功能的发展历程，并逐渐成为过程检测技术与仪表的主要组成部分。软测量技术的优势表现在以下几方面：

（1）能够测量一些限于经济或技术方面原因，无法或者较难用传感器直接测量而又十分重要的过程参数；

（2）能够运用已知的信息对待测对象进行状态重估、趋势预测和诊断；

（3）能够实时获得待测对象微观的二维或三维分布信息，达到复杂工业过程中参数测量的要求；

（4）能够对待测系统进行故障诊断和误差补偿，进而提高系统的可靠性和测量精度；

（5）能够为待测系统动态性能的改善和校准提供一种切实可行的技术措施。

软测量技术主要包括以下几个环节：

（1）辅助变量（又称二次变量）的选取；

（2）软测量数据的采集与处理；

（3）软测量模型建立；

（4）模型在线补偿。

其中实现软测量的最关键环节就是建立一个实时性好、精准度高的软测量模型。软测量建模常用的方法主要有机理建模方法、实验测试法建模、基于统计理论或数学模型的建模方法、基于人工智能的建模方法、基于支持向量机的方法、混合建模方法等。

机理建模法就是通过深刻认识工艺机理，列写出宏观或微观的质量平衡、能量平衡、动量平衡方程、相平衡方程以及反应动力学方程等来确定难测的主导变量和易测的辅助变量之间的数学关系。

建立机理模型必须非常清楚的了解热工过程的工艺机理，由于热工过程的非线性，复杂性和不确定性，使得在对很多过程进行完全的机理建模时存在难度较大或建模精度较低的问题。另外，因为机理模型通常是采用代数方程组、微分方程组、偏微分方程组等表示的，所以当研究对象结构比较复杂时，会出现求解过程计算量大且收敛速度比较慢的问题，这就导致模型无法达到在线实时计算的要求。

一般情况下，工业过程的输入和输出信号往往是能够被测量的，则可以通过输入/输出测得的数据逆推过程的动态特性，利用这些信息建立数学模型，这一过程就是实验测试法建模。这种方法不需要深刻认识工艺机理，所以在某种意义上此法与机理建模法相比较具有一定的优越性。实现实验法建模的关键环节就是选择合适的模型结构，并设计一个实际可行的实验，目的是获取过程包含的最大信息量，要完成这一环节一般难度比较大。

基于统计理论或数学模型的软测量建模，主要通过运用统计规律对现场收集到的试验和历史数据进行分析处理，找出数据间存在的相关关系，进而建立具有预测功能的软测量模型。主要方法有主元分析、部分最小二乘等。

目前关于人工智能建模方法主要有人工神经网络建模、模式识别建模、模糊集合理论建模等。近几年，越来越多的研究人员开始利用人工神经网络的方法建立复杂系统的软测量模型，通过选择合适的网络结构和数学描述，利用有效数据作为样本进行网络训练，得到网络软测量模型，并将其应用到工业过程。

混合建模方法就是将多种建模方法混合进行软测量建模。

二、原煤水分软测量

电厂发电用煤的来源和成分复杂多变，尤其一些电厂为了减少燃料成本，开始采用大比例劣质煤掺烧的形式，使得入炉煤质多变。煤种的差异对制粉系统、燃烧运行调整以及除灰除渣系统带来一系列的问题。在这种情况下，入炉煤质的在线监测就变得很重要。锅炉入炉煤水分是电厂煤质监控中一个重要的变量，入炉煤水分对火电的经济性和安全性影响主要有：

（1）燃煤水分增高，将影响燃煤的发热量，同时水分的蒸发也要多消耗热量，从而降低锅炉效率。

（2）当燃煤的水分增大时，若干燥不充分，会使得煤粉流动性差，易造成磨和输粉管道的堵塞。要解决这个问题，主要的方法就是在磨煤机的控制系统中考虑煤质水分的在线监测并作出补偿控制。只有当入炉煤水分信号的测量达到秒级时，控制系统才能对配风系统和给煤系统进行及时的调整。

原煤水分软测量的方法主要是利用易测过程变量，依据这些易测过程变量与难以直接测量的待测过程变量之间的数学关系（软测量模型），通过各种数学计算和估计方法，从而实现对待测过程变量的测量。这种方法不需要增加昂贵的硬件设备，只需要利用系统已有的传感器测量值即可得到与硬件测量相媲美的效果。

原煤在磨制成煤粉的过程中会被加热和干燥，根据磨煤机系统的输入输出参数，基于质量平衡和能量平衡原理，可以准确获得原煤水分信息。根据 DL/T 5145—2012《火力发电厂制粉系统设计计算技术规定》，制粉系统热平衡是认为在制粉系统起始断面输入之总热量与终端断面带出和消耗之总热量相等，即 $q_{in}=q_{out}$，根据输入参数计算各热量，得到一个以煤收到基水分 M_{ar} 为未知数的一元二次方程，求解方程，得到 M_{ar}。

（一）输入总热量

制粉系统干燥磨制 1kg 煤输入总的热量 q_{in}（kJ/kg）的计算公式如下：

$$q_{in}=q_{ag1}+q_{rc}+q_{mac}+q_{s}+q_{le} \tag{3-1}$$

式中：q_{agl}——干燥剂的物理热，kJ/kg；

q_{rc}——原煤物理热，kJ/kg；

q_{mac}——磨煤机工作时碾磨所产生的热量，kJ/kg；

q_s——密封风的物理热，kJ/kg；

q_{le}——漏入冷风的物理热，kJ/kg。

1. 干燥剂的物理热

$$q_{agl}=c_{agl}t_1g_1 \tag{3-2}$$

式中：t_1——各成分干燥剂混合后的初温度，℃，实际取磨煤机入口风温，为热风和冷风混合后温度。

c_{agl}——在 t_1 温度下各成分干燥剂加权平均质量比热容，kJ/（kg.℃），当磨煤机混合后温度在（0～400℃）之间时，其平均比热容为1.03。

g_1——进入磨煤机的干燥剂量，kg/kg，其计算公式如下：

$$g_1=\frac{3.6\dot{Q}_V\varphi_{MV}}{B_M\chi_M} \tag{3-3}$$

式中：$\dot{Q}_V$——磨煤机通风量，kg/s，选择磨煤机的一次风量作为输入，一般工程上一次风量的单位为t/h，则式（3-3）变化为：

$$g_1=\frac{\dot{Q}_V\varphi_{MV}}{B_M\chi_M} \tag{3-4}$$

式中：B_M——磨煤机设计出力，t/h；

χ_M——磨煤机设计出力下的负荷率，%，其计算公式为：

$$\chi_M=\frac{m_m}{B_M} \tag{3-5}$$

式中：m_m——磨煤机给煤量，t/h，代表磨煤机出力。

ϕ_{MV}——相当于 χ_M 下的通风率%，对于轮式磨煤机，其计算公式如下：

$$\begin{cases}\phi_{MV}=(0.583+0.417\chi_M)\times100，当\ \chi_M>40\% \\ \phi_{MV}=75\%，当\ \chi_M\leqslant40\%\end{cases} \tag{3-6}$$

对于碗式磨煤机，其计算公式如下：

$$\begin{cases}\phi_{MV}=(0.6+0.4\chi_M)\times100，当\ \chi_M>25\% \\ \phi_{MV}=75\%，当\ \chi_M\leqslant25\%\end{cases} \tag{3-7}$$

2. 原煤物理热

原煤带入热量（kJ/kg）计算公式如下：

$$q_{rc}=c_{rc}t_{rc} \tag{3-8}$$

$$c_{rc}=\frac{100-M_{ar}}{100}c_{dc}+\frac{M_{ar}}{100}c_{H_2O} \tag{3-9}$$

式中：c_{rc}——原煤比热容，kJ/（kg·℃）；

c_{H_2O}——水的比热容，可取 3.187 kJ/（kg·℃）；

c_{dc}——干煤比热容，kJ/（kg·℃），如表 3-1 所示；

t_{rc}——进入系统原煤温度（℃），对于 $M_t > \frac{Q_{net,ar}}{0.65}\%$ 的高水分燃料，$t_{rc}=20℃$，对于其他燃料，$t_{rc}=0℃$。

表 3-1　　煤的干燥基比热容 c_{dc}

煤　种	温　　度（℃）				
	0	100	200	300	400
无烟煤	0.767	0.881	0.992	1.102	1.213
贫煤	0.814	1.13	1.447	1.764	2.081
烟煤	0.833	1.221	0.541	1.896	2.234
褐煤	0.933	1.248	1.563	1.878	2.192
页煤	0.856	0.994	1.132	1.269	1.407

3. 磨煤机工作时产生的热

$$q_{mac}=3.6K_{mac}e \tag{3-10}$$

式中：K_{mac}——机械热转化系数，各种型式磨煤机的机械热转化系数。根据国标，MPS 中速磨 $K_{mac}=0.6$；

e——单位磨煤机电耗，kJ/kg，根据 DL/T 5145—2012《火力发电厂制粉系统设计计算技术规定》，MPS 中速磨 e=20～30kJ/kg，选择 25kJ/kg。

磨功率 $P_m=1.732\cdot U\cdot I\cdot\cos(\varphi)$，通常功率因数 φ 取固定值，例如 0.85，可以查阅磨煤机说明书获得具体值，电压单位 kV，电流单位为 A，计算出的磨煤机功率为 kW。

m_m 为磨煤机给煤量（t/h），代表磨煤机出力。

$$e=\frac{P_m}{m_m}=\frac{\text{磨煤机功率(kW)}}{\text{磨煤机出力(t/h)}}=\frac{\text{kW}}{0.2778\text{kg/s}}=\frac{\text{kJ/s}}{0.2778\text{kg/s}}=3.6\text{kJ/kg}$$

4. 密封风物理热

中速磨密封风物理热计算如下：

$$q_s=\frac{3.6\dot{Q}_s}{B_M}c_s t_s \tag{3-11}$$

式中：t_s——密封风温度,℃，如果有则取，否则常数 25℃；

c_s——在温度 t_s 时之湿空气比热容，kJ/（kg·℃），根据 DL/T 5145—2012 确定，密封风温度较小，计算的比热容相对变化也很小，磨煤机密封风温度一般在 20～40℃之间，t_s=25s，湿度取 10g/kg，则比热容为 1.012kJ/（kg·℃）；

$\dot{Q}_s$——密封风质量流量，kg/s，根据国标附录表 D4，MPS190 型号流量为 1.31，MPS225 为 1.43，MPS255 为 1.66，ZGM95 为 1.31。

碗式中速磨按式（3-12）计算：

$$\dot{Q}_s = 0.05 \times \dot{Q}_v \tag{3-12}$$

式中：$\dot{Q}_v$ ——磨煤机通风量，kg/s。

5. 漏入冷风的物理热

本算法针对中速磨正压直吹制粉系统，因此漏入冷风的物理热定义为：

$$q_{le} = 0 \tag{3-13}$$

（二）输出总热量

制粉系统干燥剂磨制 1kg 煤带出和消耗的总热量 q_{out}（kJ/kg）计算如下：

$$q_{out} = q_{ev} + q_{ag2} + q_f + q_5 \tag{3-14}$$

式中：q_{ev} ——蒸发原煤中水分消耗的热量，kJ/kg；

q_{ag2} ——乏气干燥剂带出的热量，kJ/kg；

q_f ——加热燃料消耗的热量，kJ/kg；

q_5 ——设备散热损失，kJ/kg。

1. 蒸发原煤中水分消耗并带出的热量

原煤的被磨制过程中，水分蒸发所消耗并带出的热量计算如下：

$$q_{ev} = \Delta M(2500 + c''_{H_2O}t_2 - 4.187t_{rc}) \tag{3-15}$$

式中：c''_{H_2O} ——水蒸气平均定压比热容 kJ/（kg·℃），根据经验，选择 25℃的水的定压比热容，取值为 1.862；

t_{rc} ——原煤温度，℃，如果原煤水分 $M_t \geq \dfrac{Q_{net,ar}}{0.65}\%$（$Q_{net,ar}$，MJ/kg）的高水分燃料，则原煤温度=20℃，对其余燃料则 0℃；

t_2 ——干燥剂终点的温度，可以选择磨煤机出口风粉混合物温度。

蒸发水分消耗的能量和每 kg 原煤在磨煤机中蒸发掉的水量 ΔM 有关，ΔM 由式（3-16）计算：

$$\Delta M = \frac{M_{ar} - M_{pc}}{100 - M_{pc}} \tag{3-16}$$

式中：M_{ar} ——煤收到基水分；

M_{pc} ——煤粉水分，可由式（3-17）计算（煤粉水分通常较低，因此采用制粉系统干燥出力设计时的推荐计算式）：

$$M_{pc} = 0.048M_{ar}\frac{R_{90}}{t_2^{0.46}} \tag{3-17}$$

式中：R_{90} ——煤粉细度，%；

t_2 ——干燥剂终点的温度，可以选择磨煤机出口风粉混合物温度。

2. 乏气干燥剂带出的热量

正压直吹系统，干燥剂仅为热风，按照式（3-18）计算：

$$q_{ag2}=\left[(1+K_{le})g_1+\frac{3.6\times\dot{Q}_s}{B_M}\right]c_{a2}t_2 \tag{3-18}$$

式中：c_{a2}——在 t_2 下湿空气的比热容，kJ/（kg·℃），按照国标确定。按照 d=10g/g 的湿度，温度在 70℃左右，应该取 1.014；

K_{1e}——对于正压系统，$K_{le}=0$。

3. 加热燃料消耗的热量

加热燃料消耗的热量计算如下：

$$q_f=\frac{100-M_{ar}}{100}\left(c_{dc}+\frac{4.187M_{pc}}{100-M_{pc}}\right)(t_2-t_{rc})+q_{unf} \tag{3-19}$$

$$q_{unf}=0.01\left(M_{ar}-M_{ad}\frac{100-M_{ar}}{100-M_{ad}}\right)(I_d-c_i t_{a,min}) \tag{3-20}$$

式中：c_{dc}——干燥煤的比热容，kJ/（kg·℃）；

q_{unf}——原煤解冻用热量，kJ/kg，对于最低日平均温度在 0℃以下又无解冻库时作此计算，其他可取 0，适合于东北寒冷地带的电厂，除此之外均为 0；

$t_{a,\ min}$——最低日平均温度（负值），℃；

I_d——冰的溶解热，可取 3.336kJ/kg；

c_i——冰的比热容，可取 2.092kJ/（kg· ℃）。

4. 设备散热损失

直吹式制粉系统设备散热损失 q_5 按照式（3-21）计算：

$$q_5=0.02q_{in} \tag{3-21}$$

在计算 q_{rc} 时，因为其包含 M_{ar} 未知，所以把 $q_{rc}=0$，因此计算的 q_{in} 差了一个 q_{rc}。考虑到 q_{rc} 较小，可以稍微放大上式的百分比，原来为 0.02，现在为 0.022，这个系数可调整，则 $q_5=0.022q_{in}$。

（三）原煤水分 M_{ar} 求解

根据能量平衡，有如下等式：

$$q_{in}=q_{ag1}+q_{rc}+q_{mac}+q_s+q_{le}$$

$$q_{out}=q_{ev}+q_{ag2}+q_f+q_5$$

$$q_{in}=q_{out}$$

则：

$$q_{ag1}+q_{rc}+q_{mac}+q_s+q_{le}=q_{ev}+q_{ag2}+q_f+q_5 \tag{3-22}$$

式（3-22）中，q_{rc}、q_{ev}、q_f 三个变量中存在着 M_{ar}，整理该式，求解一元二次方程，获得原煤水分计算值。选择有意义的一元二次方程实根作为入炉煤收到基水分的计算值。

根据制粉系统能量守恒原理，令 $q_{in}=q_{out}$ 即可得到关于原煤水分煤粉水分等参数。由于原煤水分软测量以单台磨煤机展开，而一般机组均配置多台磨煤机，为了克服由于测点

差异以及随机干扰噪声对软测量精度的影响，对多组测量结果采取数据融合来提高预估值精度。对于 n 组测量数据，其第 i 组的测量结果为 X_i，由于 X_i 会存在测量误差以及随机干扰的影响，其具有一定的随机性，但其结果必然会满足正态分布 $N(\mu_i, \sigma_i^2)$，其中 μ_i 表示期望输出，其包含测量结果的偏差信息；σ_i^2 表示均方差，其反应测量结果的精度。因此，在基于数据加权的融合方式中，原煤水分最优估计值可以表示为：

$$\hat{X}=\omega_1 X_1+\omega_2 X_2+\cdots+\omega_n X_n \tag{3-23}$$

$$\omega_i=\frac{\dfrac{1}{\sigma_i^2}}{\displaystyle\sum_{i=1}^{n}\frac{1}{\sigma_i^2}} \tag{3-24}$$

通过原煤/煤粉水分对出口风温设定值的优化，在保证煤粉不爆燃的情况下，提升磨出口风粉混合物温度，同时克服由于煤质变化对制粉系统输出参数的影响。

（四）仿真验证

水分计算需要的输入测点数据为：磨煤机入口一次风温度、磨煤机入口一次风量、给煤机给煤量、磨煤机电机电流、磨煤机出口风粉温度。程序计算所涉及的数据取自某电厂实时/历史数据库中存储的某年 8 月份机组实际的运行数据。计算结果分五种情况进行了分析对比，结果见图 3－18～图 3－24 所示。

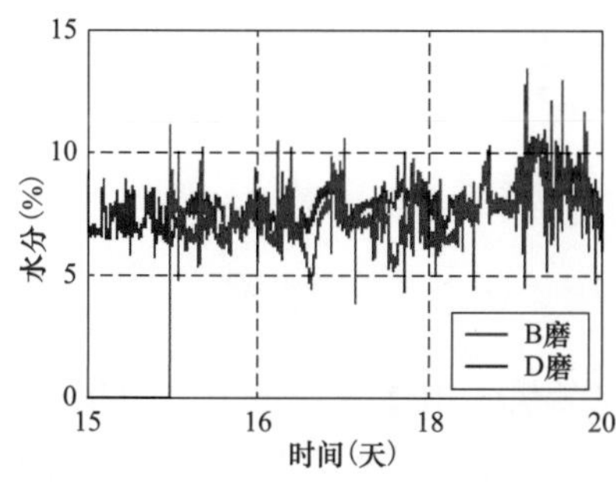

图 3－18　B磨和D磨的水分软测量值

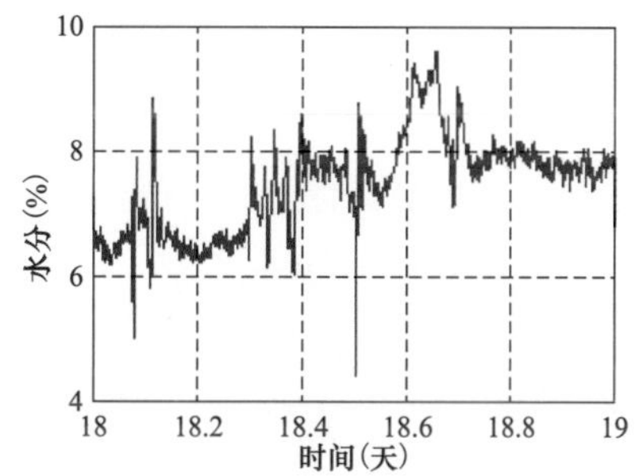

图 3－19　B磨的计算水分值

（1）计算了某电厂 8 月份整月的 A－F 磨的水分值，为了清楚的显示计算水分的波动情况，选择期间连续运行的D磨和只有 1 次启停的B磨 8 月 14 日到 8 月 20 日 6 天的计算结果来显示，如图 3－18 所示。其中B磨在 8 月 15 日 22 点 55 分有一次启磨。由图 3－18 可见，在整个时间段两条计算水分曲线都在合理的范围内波动，能够反映不同时间水分的变化情况；计算出来的进入B磨和D磨的两条水分曲线，

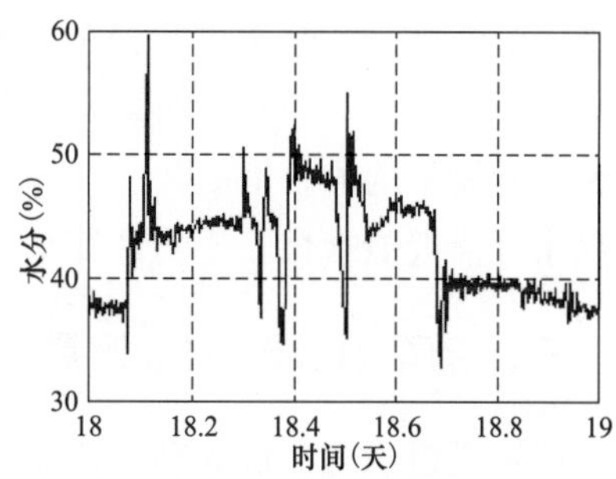

图 3－20　B磨的给煤量

其波动趋势、波动范围近似相同，但由于B磨和D磨采用不同的输煤皮带输煤，煤质不可能在所有时段上煤煤质完全相同，所以两者计算值在某些时段会出现较大差别；此外，计算结果在某些位置会出现异常的极大极小值。后面将分情况进行分析。

（2）连续运行时，水分计算异常值分析。取B磨8月18日一整天的连续运行数据如图3-19、图3-20所示，其中图3-19为计算的水分值，图3-22为B磨的给煤量。对比两图即可发现，在给煤量快速大范围变化时，计算水分会出现异常极值。究其原因主要是由于制粉动态的存在。水分计算需要的测点数据分别取自磨入口和磨出口的参数，所以在快速变出力时，由于制粉惯性的存在，会造成入口和出口的测量数据存在暂时的不匹配现象。由于本项目的计算取自静态关系平衡，因此在大范围变出力时计算结果会出现异常极值。

（3）磨煤机启动过程，计算水分出现大的峰值原因分析。图3-21、图3-22说明在磨启动过程中由于磨动态的存在，会出现一个过大的水分计算值。究其原因与（2）中原因相同，只是磨煤机启动过程，动态不匹配的时间持续的会更长一些。

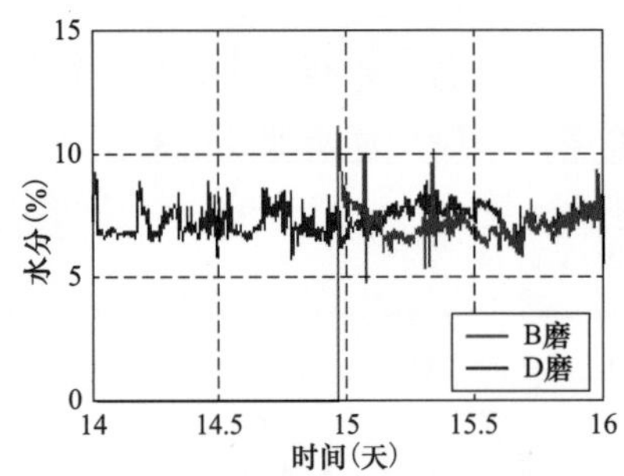

图3-21　B、D磨的水分软测量值（B磨有启机过程）

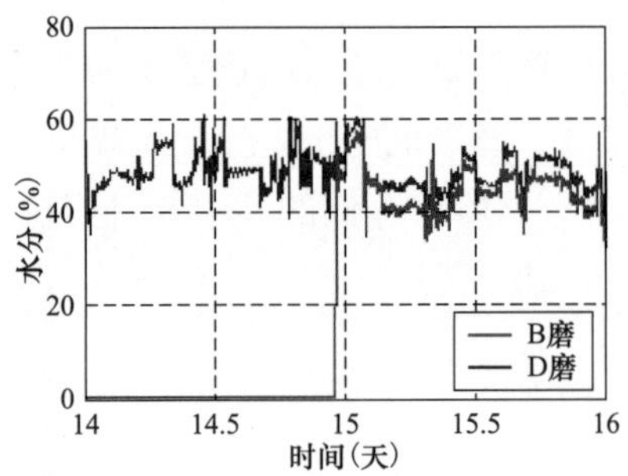

图3-22　B磨和D磨的给煤量

（4）长期入炉煤质化验值与水分计算值对比分析。由于现场没有水分的实时测量值，所以水分软测量的值无法与实时测量值进行点对点的分析对比。但是可以利用电厂每日进行的入炉煤质化验分析报告中的数据，对软测量值的趋势和波动范围进行验证对比。电厂每天进行一次入炉煤分析，煤样取自输送皮带的终端，每五分钟自动取样一次，每天化验两次，最终结果为两次化验值的加权平均。化验结果能描述当天入炉煤取样的均值。图3-23为该厂8月份的入炉煤全水分化验值。图3-24为该厂8月份D磨的收到基水分软测量值的天平均值。由图3-23、图3-24对比，可见本项目计算的水分值的变化趋势与实测水分值近似吻合，说明计算结果是可信的和有效的。

三、煤质低位发热量软测量

燃煤机组状态参数的准确快速测量对提高机组的运行控制效果具有重要的意义。煤发热量这一参数用途尤为重要，利用煤发热量可以计算煤耗，热效率，在超临界直流锅炉燃

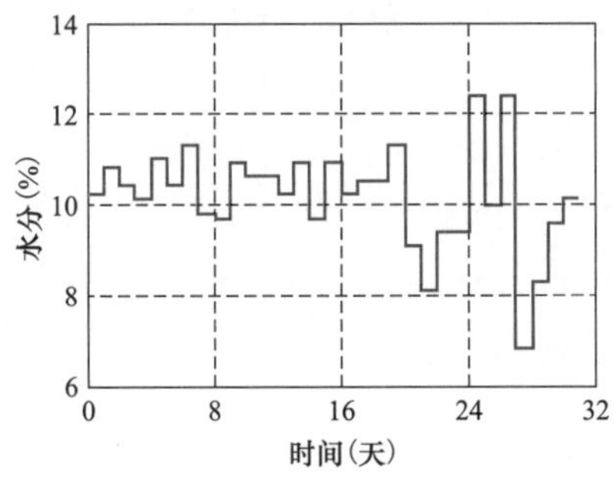

图 3-23　入炉煤全水分化验值

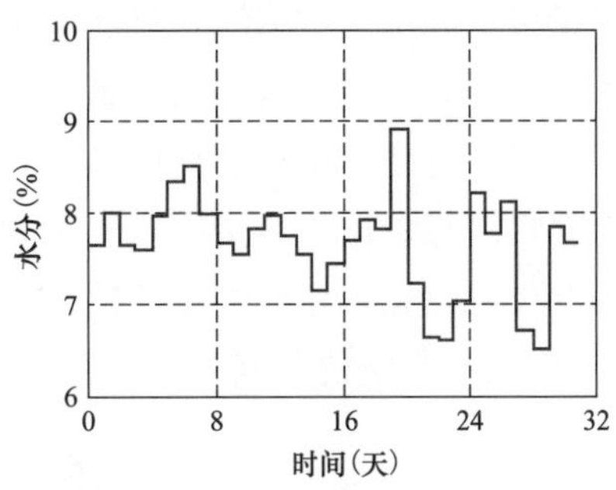

图 3-24　原煤水分软测量值

水比控制中燃料量控制系统中，煤发热量还可以作为反馈信号，及时、准确反映由煤质或煤量变化引起的入炉燃料能量的变化。现今电厂燃煤煤质比较复杂，参差多变，所以煤发热量这一参数的实时在线、准确监测对于实现燃烧优化、提高机组发电效率以及提高机组对煤质变化的抗扰动性，最终实现火电厂稳定、安全、经济有效运行具有非常重要的意义。

然而，热力发电系统中的入炉煤低位发热量参数一般只能通过离线化验方法获取，测量周期为数小时，难以实现在线实时测量，从而产生严重的滞后，并影响机组的控制效果。近年来，软测量技术在理论研究和实际应用方面发展迅速。通过建立的软测量模型，利用较易测得的辅助变量来实现对不可测或难测变量的预测。软测量的建模方法主要包括基于数据的建模方法和基于机理的建模方法。基于工艺机理分析的软测量建模运用了化学反应动力学、物料平衡、能量平衡等原理对过程对象进行机理分析，找出不可测主导变量与可测辅助变量之间的关系，从而实现对某一参数的软测量。该方法因其操作简单、工程背景清晰、便于实际应用等特点，在工程中较为常用。

单位质量的燃料在完全燃烧时所发出的热量称为燃料的发热量，高位发热量是指 1kg 燃料完全燃烧时放出的全部热量，包括烟气中水蒸气已凝结成水所放出的汽化潜热。从燃料的高位发热量中扣除烟气中水蒸气的汽化潜热时，称燃料的低位发热量。

当前国内外常用氧弹量热仪测定法获得煤发热量，该法是在离线状态下进行的，其测量结果准确度和自动化程度都较高，但过程复杂、耗时长，且对外界环境温度变化比较敏感，不能快速实时的反映入厂煤发热量值的变化，也不能满足电厂运行安全的要求；工业中常常结合工业分析组成和元素分析组成得到的实验数据建立与煤发热量相关的经验公式，但这些公式只能近似计算，精度不高。除了上述的氧弹法和经验公式法外，还有一种间接得到煤发热量的方法，即利用发热量与灰分之间的相关经验关系，根据灰分数值得到发热量值。另外，由于在氢含量和挥发物含量之间、挥发物含量和干燥无灰基的发热量之间都存在一定的相关性，通过测定煤中惰性物质和氢的含量也可以实现煤发热量的在线测量。

在给煤量、蒸汽压力、温度等电厂 DCS 中基本测点已知的基础上，锅炉内工质吸收的有效热量可以表示为主蒸汽与再热蒸汽吸收的热量之和，减掉加热给水消耗的热量以及过热和再热器部分减温水消耗的热量。其中涉及的工质的焓可利用该时刻工质的温度和压力值计算获得，再结合排烟消耗的总热量，可以得到锅炉内部释放的总热量。则该段时间内单位燃料量所释放出的热量即可表示为燃煤的低位发热量。

煤的低位发热量利用锅炉总热量与给煤量来计算，煤的低位发热量计算误差一般优于3%，存在堵煤和漏粉情况例外。煤的低位发热量计算公式如下：

$$Q_{net,ar}=K\times\frac{Q_b}{B_\nu} \tag{3-25}$$

式中：Q_b——锅炉总热量，MW；

K——与效率相关的系数，此时 $K=1$；

B_ν——进入炉膛的总煤量 kg/s；

$Q_{net,ar}$——煤的低位发热量，MJ/kg。

1. 锅炉总热量

第一种计算方法：

$$Q_b=\frac{Q_1+Q_2}{1-0.01\times(q_3+q_4+q_5+q_6)} \tag{3-26}$$

式中：Q_1——锅炉有效吸热量，MW；

Q_2——排烟总热量，MW；

q_3——可燃气体未完全燃烧热损失，%；

q_4——固体未完全燃烧热损失，%；

q_5——散热损失，%；

q_6——灰渣物理热损失，%。

第二种计算方法：

$$Q_b=\frac{Q_1+Q_2}{q_1+q_2} \tag{3-27}$$

式中：q_1——可燃气体未完全燃烧热损失，%；

q_2——固体未完全燃烧热损失，%。

一般选用第一种计算方法，第一种方法中的 q_1 在现有的基础上很难通过测量数据计算，第一种方法中的 q_3、q_4、q_5、q_6 可以由测点测量并计算得到，但需要对测点值的准确性进行校验。

2. Q_1 的计算方法

$$Q_1=D_{gr}h_{gr}-D_{gs}h_{gs}+D_{jws}(h_{zr}-h_{jws})+D_{zr}(h_{zr}-h_{gp}) \tag{3-28}$$

式中：D_{gr}——主蒸汽流量，kg/s；

h_{gr}——主蒸汽焓，MJ/kg；

h_{gs}——给水焓，MJ/kg；

D_{gs}——给水流量，kg/s；

D_{jws}——减温水流量，kg/s；

h_{jws}——减温水焓，MJ/kg；

D_{zr}——再热蒸汽流量，kg/s；

h_{zr}——再热蒸汽焓，MJ/kg；

h_{gp}——高缸排汽焓，MJ/kg。

根据水蒸气热力计算，可以计算出蒸汽或者水的焓值；D_{gr}、D_{gs} 和 D_{jws} 可以直接由测点测量得到，D_{zr} 可以通过模型计算得出。

3. Q_2 的计算方法

$$Q_2 = 1.071 \times (1.3593 + 0.000188 t_1) \times (t_1 - t_0) \times Q_a \tag{3-29}$$

式中：Q_a——总风量，kg/s；

t_0——基准温度（环境温度），℃；

t_1——排烟温度，℃。

4. 锅炉热损失计算方法

在锅炉排烟热损失计算中，q_3、q_4 一般采用煤质和排烟氧量拟合得到，而 q_5 则通过锅炉热力实验规程推荐方法计算，q_6 采用锅炉设计值计算得到，一般为常数。

大型锅炉的机械未完全燃烧损失主要受到：煤质、锅炉结构及配风形式、煤粉细度、氧量、锅炉负荷影响。离线计算锅炉效率时可以通过分析飞灰、炉渣份额及含碳量来计算机械未完全燃烧损失，在线计算无法实现这一点。在线计算假设煤种、锅炉结构及配风形式、煤粉细度是不变的，只考虑氧量、锅炉负荷的影响，可以采用以下拟合公式计算。

$$q_4 = K_o \frac{1}{O_2 + 1} + K_e \frac{q_{c-100}}{q_c} \tag{3-30}$$

式中：q_4——机械未完全燃烧损失，%；

K_o——氧量影响系数；

K_e——负荷影响系数；

O_2——锅炉烟气氧量，%；

q_c——锅炉燃料量，t/h；

q_{c-100}——100%负荷下锅炉燃料量，t/h。

散热损失按照通用锅炉设计计算标准计算，为了统一采用燃料量表示锅炉负荷：

$$q_5 = q_{5-100} \frac{q_{c-100}}{q_c} \tag{3-31}$$

式中：q_{5-100}——100%负荷下散热损失设计值，%；

q_{c-100}——100%负荷下给煤量设计值，t/h；

q_c——锅炉燃料量，t/h。

5. 煤质低位发热量计算

当投油助燃时，煤的发热量可以采用公式（3-32）计算：

$$Q_{net,ar} = (Q_b - 45.2 \times q_y) / B_v \tag{3-32}$$

式中：B_v——进入炉膛的总煤量，kg/s；

q_y——油的流量，kg/s。

还有的低位发热量的计算方法是基于煤质燃烧机理和能量守恒、物料守恒定律，利用锅炉尾部烟气成分建立了煤质低位热值的软测量模型。在使用软测量方法测定出煤质水分的前提下，通过分析锅炉排烟气体成分来实现煤质元素的软测量，然后通过灰分校正来修正煤质元素的软测量结果，然后基于煤质水分和煤质元素来计算低位发热量。

四、锅炉氧量软测量

锅炉优化的核心是提高燃烧效率，通过调整锅炉各环节操作参数，进而实现燃料在锅炉内充分燃烧，并最大限度实现燃烧热能的充分利用。锅炉烟气含氧量直接反应锅炉燃烧过程的风煤配比，是关系燃烧经济性的一个重要指标，锅炉热工自动化中重要的被控参数，锅炉热效率和污染物排放量的重要指标，也是确保锅炉燃烧经济性和安全性的前提。在锅炉运行过程中，如果烟气中氧量值过高，则表示炉膛内空气系数较大，会造成热量的大量流失，同时会导致更多硫酸化合污染物的排放，降低锅炉热能效率。反之，烟气中氧量值过低，则表示炉膛内处于欠氧状态，煤粉无法充分燃烧，就会产生 CO、H_2S 等气体的过量排放，降低锅炉热能效率。对于烟气含氧量必须做到严格的监控，使之维持在最优氧含量值范围之间。

实现燃煤电厂的智能化运行，作为锅炉侧重要的参数指标，快速、准确、实时地测量烟气含氧量数据是重要的支撑。

目前大型锅炉大多数采用内置式氧化锆氧量计测量锅炉排烟氧量，但使用情况并不太理想，存在的主要问题是：

(1) 故障率高。主要故障包括：飞灰磨损，堵灰，铂电极中毒或剥离脱落，电加热器损坏等。

(2) 测量精度低。受传感器本身精度，烟气含氧量分布不均匀，安装处漏风等因素的影响，测量精度不容易保证，综合误差在 2%O_2 左右。

(3) 动态特性差。氧化锆氧量计是利用浓差电池的原理工作的，氧分子在氧化锆电介质内有一个渗透的过程，造成测量滞后大，为了减少飞灰磨损，许多氧量计探头加装陶瓷保护套管，但这样又增加了堵灰的可能性和增加了测量滞后。

(4) 在整个锅炉系统中需要部署大量测点，从而增加大量成本。

(5) 随着时间的推移，传感器易老化、易损坏，精度日益下降，维修过程复杂且需要定期检测，增加了资金和劳动力成本并影响整个系统的有效运行。

相较于传统的物理传感器测量方法，软测量方法的提出为上述问题提供了一种科学可行的解决方案。软测量是一种借助锅炉系统运行中易测的辅助变量（二次变量）实现烟气含氧量（一次变量或主导变量）的测量方法。作为一种数据驱动的策略，软测量随着机器学习、深度学习的发展、数值计算科学的进步和计算机技术的飞速发展，近年来已在燃煤电厂的数据监测和预测方面得到了应用示范，具有广泛的应用前景。

针对烟气含氧量的精准测量这一目标，设计有效的软测量模型，保障烟气含氧量的稳定监测使其维持在最优范围内，并实现锅炉系统的反馈操作，这一软测量方法需包含数据采集、数据处理、变量选取和数据建模这几个重要环节。然而锅炉燃烧系统复杂的环境和庞大的数据量对已有的传统软测量方法提出新的挑战。因此，为适应智能化建设需求，研究基于机器学习和深度学习的新技术为烟气含氧量的精准测量带来了新的思路。

大型锅炉排烟含氧量软测量，尝试提供一种成本低、精度高、动态特性好、可靠性高的大型锅炉排烟含氧量的测量方法，该方法主要分成如下几个步骤：

1. 原始数据及其校准

软测量用到的原始数据包括：主蒸汽温度、主蒸汽压力、给水温度、主蒸汽流量、再热汽温、再热汽压、高排温度、高排汽压、排烟温度、冷风温度、总风量、给水流量、泵出口温度、油流量、总煤量、机组功率、其中总风量需要校核到一个大气压下 0℃。

2. 校核煤空气热量比

1kg 煤完全燃烧所需理论干空气量 $V_0'(\mathrm{m^3})$ 为：

$$V_0'=0.0889C_{ar}+0.0333S_{ar}+0.265H_{ar}-0.0333O_{ar} \tag{3-33}$$

1kg 煤完全燃烧时低位发热量 $Q_0'(\mathrm{MJ})$ 为：

$$Q_0'=0.339C_{ar}+0.109S_{ar}+1.032H_{ar}-0.109O_{ar}-0.025M_{ar} \tag{3-34}$$

定义煤空气热量比为：

$$K_{vq}=V_0'/Q_0'=0.262\frac{C_{ar}+0.375S_{ar}+2.98H_{ar}-0.375O_{ar}}{C_{ar}+0.322S_{ar}+3.04H_{ar}-0.322O_{ar}-0.074M_{ar}} \tag{3-35}$$

定义煤质修正系数为：

$$K_{cl}=\frac{C_{ar}+2.98H_{ar}+0.375(S_{ar}-O_{ar})}{C_{ar}+3.04H_{ar}+0.322(S_{ar}-O_{ar})-0.074M_{ar}} \tag{3-36}$$

式中：C_{ar}、H_{ar}、O_{ar}、S_{ar}、M_{ar}——煤收到基碳、氢、氧、硫、水分百分含量，%。

注意观察上式煤质修正系数计算方法，可以发现分子分母各种元素成分前系数非常接近，而仅仅分母中增加了一个水分计算项。原煤中硫、氢、氧含量相对较少，碳燃烧在消耗干空气量和产生热量中起主要作用。所以对于不同煤种，煤质修正系数 K_{cl} 都非常接近于 1。国内主要煤种收到基水分含量在 5%～30%之间，煤质修正系数 K_{cl} 略微大于 1，并且随水分含量增加略有增加。

通过对世界主要煤矿煤质分析数据进行统计发现，80%以上煤种空气热量比在 0.261～0.265 之间，实际煤空气热量比可取 0.263（$\mathrm{m^3/MJ}$）（见表 3-2）。

表 3-2　　国内主要煤种燃烧空气热量比

煤种	C_{ar} (%)	S_{ar} (%)	R_{ar} (%)	H_{ar} (%)	O_{ar} (%)	B_{ar} (%)	V_0' ($\mathrm{m^3/kg}$)	Q_0' (MJ/kg)	Q_0 (MJ/kg)	K_{vq}' ($\mathrm{m^3/MJ}$)	K_{vq} ($\mathrm{m^3/MJ}$)
京西无烟煤	67.9	0.2	67.98	1.7	2.0	1.45	6.414	23.04	23.96	0.257	0.278
阳泉无烟煤	68.9	0.8	69.20	2.9	2.4	2.60	6.817	26.40	26.83	0.254	0.258

续表

煤种	C_{ar} (%)	S_{ar} (%)	R_{ar} (%)	H_{ar} (%)	O_{ar} (%)	B_{ar} (%)	V_0' (m^3/kg)	Q_0' (MJ/kg)	Q_0 (MJ/kg)	K_{vq}' (m^3/ MJ)	K_{vq} (m^3/ MJ)
焦作无烟煤	66.1	0.4	66.25	2.2	2.0	1.95	6.389	22.88	25.00	0.256	0.279
萍乡无烟煤	60.4	0.7	60.66	3.3	2.5	2.99	6.158	22.63	23.43	0.252	0.272
西山贫煤	67.6	1.3	68.09	2.7	1.8	2.48	6.687	23.72	26.26	0.255	0.271
淄博贫煤	63.8	2.6	65.78	3.1	1.6	2.90	6.590	23.28	25.97	0.254	0.283
抚顺烟煤	56.9	0.6	57.13	3.4	9.1	3.26	5.914	22.42	23.89	0.248	0.264
开滦烟煤	58.2	0.8	58.50	3.3	6.3	3.51	6.100	22.83	23.55	0.249	0.267
大同烟煤	70.8	2.2	71.63	3.5	7.1	3.61	7.292	27.80	29.12	0.250	0.262
徐州烟煤	63.0	1.2	63.45	3.1	6.7	3.26	6.476	23.72	25.91	0.250	0.262
平顶山烟煤	58.2	0.5	58.39	3.7	3.1	3.19	6.007	22.63	23.99	0.250	0.265
元宝山褐煤	39.3	0.9	39.64	2.7	11.2	1.30	3.857	13.58	15.59	0.247	0.265
丰广褐煤	35.2	0.2	35.28	3.2	12.6	1.60	3.552	13.41	13.60	0.243	0.265

3. 锅炉总热量计算方法

$$Q_b = \frac{Q_1 + Q_2}{1 - 0.01 \times (q_3 + q_4 + q_5 + q_6)} \tag{3-37}$$

式中：Q_b——锅炉总热量，MW；

Q_1——锅炉有效吸热量，MW；

Q_2——排烟总热量，MW；

$q_3 \sim q_6$——锅炉各项热损失，%。

关于锅炉总热量计算方法可参见前文煤质低位发热量软测量方法，这里不再复述。

4. 风量计算

锅炉风量计算方法：

$$V_1 = \frac{V_p + V_s}{1 - 0.01\delta} \tag{3-38}$$

式中：V_1——锅炉风量，kg/s；

V_p——锅炉总一次风量，由各台磨一次风量求和得到，kg/s；

V_s——锅炉总二次风量，由各层燃烧器二次风量求和得到，kg/s；

δ——锅炉制粉、炉膛漏风率，一般取设计参数，%。

因此，锅炉排烟烟气氧量可以表示为：

$$O_2 = 21\left(1 - \frac{K_{vq} Q_B}{V_1}\right) \tag{3-39}$$

式中：O_2——锅炉排烟氧量，%；

K_{vq}——空气热量比，m^3/MJ；

Q_b——锅炉总热量，MW；

V_1——锅炉总风量，kg/s。

从计算过程可以发现，氧量软测量计算方法本质上基本不受煤发热量、煤成分变化影响，只要获得锅炉总热量和锅炉总风量，即可计算锅炉烟气氧量；同时氧量软测量不受未完全燃烧损失影响，因为未燃尽碳既不产生热量也不消耗氧量，同灰分效果类似。

5. 动态补偿

在实际应用时上述氧量计算公式只有在静态时才是成立的，对于带稳定负荷的机组可以应用，但绝大部分机组都承担电网调峰和一次调频任务，发电负荷以及锅炉燃烧状态经常性的处于变化过程中，直接上述稳态公式计算会出现巨大动态误差。具体现象是在锅炉变负荷时，软测量氧量同实际测量氧量曲线不“平行”，甚至出现变化趋势相反的情况，因此需针对动态运行工况对氧量计算公式进行修正。

锅炉风量变化以及燃烧过程动态时间很小，不需要进行动态补偿；实际产生氧量变化的热量信号应该对应煤粉在锅炉炉膛内燃烧产生热量的时刻，由于锅炉总热量计算值与此热量存在巨大的动态差异，因此通过引入锅炉总给煤量进行动态补偿，其可以表示为：

$$Q_F = q_c \frac{Q_{ar}}{1+T_f s} e^{-\tau s}\left[1-\frac{1}{(1+T_v s)^2}\right] + Q_b \frac{1}{(1+T_v s)^2} \tag{3-40}$$

式中：Q_F——锅炉炉膛内煤燃烧瞬时热量，MW；

q_c——给煤量，kg/s；

Q_{ar}——煤低位发热量，MJ/kg，取软测量值；

T_f——锅炉制粉惯性时间，s；

τ——锅炉制粉迟延时间，s；

T_v——滤波时间，s。

因此，采用公式（3-41）计算锅炉干烟气氧量：

$$O_2 = 21 \times \left(1 - \frac{K_{vq} Q_F}{V_1}\right) \tag{3-41}$$

五、锅炉蓄热系数软测量

随着电网容量的增大及对火电机组调峰调频能力要求的不断提高，如参与电网一次调频、投入自动发电控制（AGC）等，因此对单元机组的协调控制系统（CCS）的调节品质提出了更高的要求。而在 CCS 中，机侧的负荷控制为单回路的 PID 控制，系统响应较快，相对比较简单，锅炉侧的燃烧控制则复杂得多。

目前大多单元机组的协调控制采用直接能量平衡（DEB）的控制策略，由于 DEB 控制策略中，通常用热量信号代替燃料量，热量信号与进入炉膛的燃料量呈比例关系，仅在时间上存在迟延，如图 3-25 所示（图中 p_d 表示汽包锅炉中的汽包压力）。图 3-25 中热量信号由蒸汽流量信号（表征汽包留存热量以外输出的热量）和汽包蓄热量 $C_b(dp_d/dt)$ 组成，如下式所示。

$$\text{热量信号 } D_q = \text{蒸汽流量 } D + \text{汽包蓄热量 } C_b(dp_d/dt) \tag{3-42}$$

式中：C_b——汽包蓄热系数，表示汽包留存热量的能力，非常近似于单容水箱系统中的水箱的容量系数。

汽包蓄热量只是锅炉蓄热量中的一种，其他还包括水冷壁蓄热、蒸汽管道蓄热等热量信号中最重要的参数锅炉蓄热系数 C_k 的确定对于控制效果具有重要意义，因此获取准确的锅炉蓄热系数 C_k 在 CCS 的整定与投入中起到至关重要的作用。通过以上分析还可看出，在热量传输角度上讲，锅炉可近似看作是多个一阶单容对象的串联或并联，锅炉蓄热系数在性质上较为接近一阶单容对象的容量系数，这个参数是对象模型的重要参数，精确确定这一参数可有效改善模型准确性，对于提高控制算法的控制精度具有重要的意义。

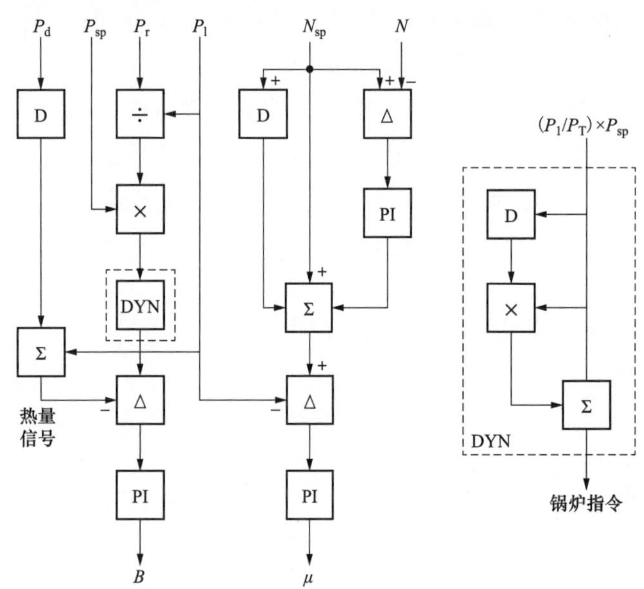

图 3-25　DEB400 协调控制策略

1. 传统的 C_k 整定方法

通常采用试验法整定锅炉蓄热系数，试验时稳定锅炉燃烧，保持进入炉膛的给煤量不变，阶跃改变汽轮机调门开度 u_t，获取主蒸汽流量 D_t 及汽包压力 P_b 动态过程曲线，通过该曲线确定锅炉蓄热系数，锅炉蓄热系数 C_k 可采用如下方程计算得到：

$$C_k=\frac{\int_0^t[D_t(t)-D_t(0)]\,\mathrm{d}t}{|p_b(t)-p_b(0)|} \tag{3-43}$$

该方法具有非常明确的物理意义。通过前面分析已知，锅炉可视为多个一阶单容对象的串联，或者简单起见视为一个大的单容水箱系统，水箱的容积系数对应锅炉的蓄热系数。这种方法是保持单容水箱系统的输入管道流量不变，而突然开大输出管道阀门，此时水箱的水位下降，用水箱中多流出的流量（看做体积）除以压力变化值（看做水位下降值）即可获得水箱截面积，也即水箱的容积系数，对应锅炉的蓄热系数。

但是这种方法获得 C_k 的方法存在以下问题：

（1）这种试验方法是以锅炉燃烧率保持不变为前提，试验时只是保持给煤机转速不变，但运行过程中煤质煤种的变化，制粉系统运行状况等因素均没有考虑；

（2）实验过程中需要较大幅度的变更机组负荷，不便于现场实施；

（3）在实际运用过程中，试验的复现性较差，同一工况下做相同的试验得到的曲线可能不同；

（4）不同的汽包压力 P_b 下锅炉蓄热系数 C_k 不同，这种方法所得到的结果只是某一压力工况下的 C_k，如果要获得另一压力下的 C_k，则需要重新做试验；

（5）试验时给水温度及压力、送风量等参数的不同都会对试验结果产生较大影响。

2. 锅炉蓄热的构成

水冷壁蓄热：炉膛中热能的转换过程为燃料燃烧释放热能传递给水冷壁金属管壁、再由金属将热量传递给水，并将水加热蒸发的过程。转换过程中，由于水冷壁的热容性，一部分热量存在金属及介质中，成为水冷壁蓄热，蓄热系数为 C_m。在能量信号 DEB 构建中，该蓄热系数主要表现为燃烧系统对象特性的动态响应时间上。

汽包蓄热：汽包流入蒸汽流量 D_q 与流出蒸汽流量 D_k 之间的偏差转化为汽包的蓄热增量，使得汽包金属及汽包介质中积蓄了一定的热力势能，形成了汽包压力 P_b，蓄热系数为 C_b。

过热器及主蒸汽管道蓄热：汽包流出蒸汽流量 D_k 与主蒸汽流量 D_t 之间的偏差存储于过热器及主蒸汽管道中，同时过热器吸收的热量也部分转化为蓄热（主要表现为蒸汽焓值及金属蓄热的变化），使过热器及主蒸汽管道中积蓄了一定的热力势能，形成了主蒸汽压力 p_t，蓄热系数为 C_{sh}。

汽包蓄热包括金属、饱和水及饱和蒸汽蓄热，理论分析及工程实践证明：汽包蓄热系数 C_b 占锅炉蓄热系数 C_k 的 90%。因此，只需要求得汽包蓄热系数 C_b，便可得出锅炉蓄热 C_k。

锅炉能量流传送及其蓄热过程可视为多级单容对象的串联，如图 3-26 所示。

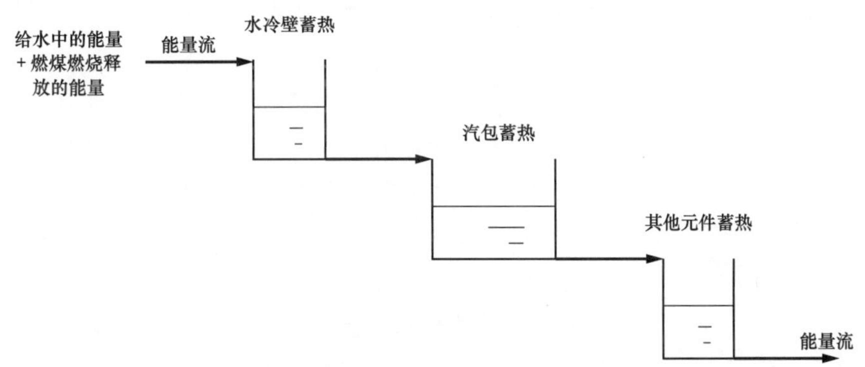

图 3-26　锅炉能量流及其蓄热示意图

3. DEB 中热量信号的基本形式

DEB控制策略中，燃料量，不能够准确测量，通常用热量信号代替燃料量，热量信号与进入炉膛的燃料量呈比例关系。如图 3-27 所示。

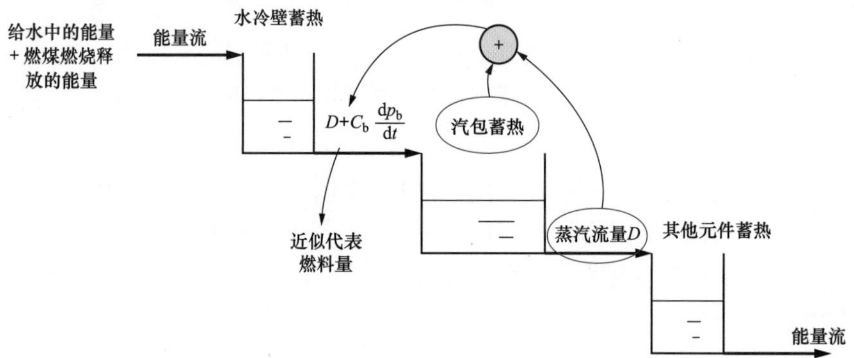

图 3-27　热量信号代替燃料量

从图中可以看出，由于初始的能量流是给水中的能量与燃煤燃烧释放的能量的和值，忽略水冷壁的蓄热后，第一个单容对象（水冷壁）的输出可以表示给水的能量与燃煤燃烧释放的能量的和值。根据能量平衡，可以认为第二级单容对象（汽包）的输入端能量可以表征给水的能量与燃煤燃烧释放的能量的和值，也可以用第二级单容对象（汽包）的输出端能量加上汽包的蓄热能来表示。由于需要表示的只是燃料量（也即燃煤燃烧释放的能量），也就是说不含给水的能量，所以在计算中要从汽包的输出端能量和汽包的蓄热能中都扣除给水能量。

汽包蓄热系数 C_b 可以看作是单容对象的容积系数，可通过（体积）/（高度）来获得。汽包作为一个单容对象，压力变化值 dP_b 可以表示单容对象液位的高度变化值，因此有：

$$C_b=\frac{dQ_r}{dP_b} \tag{3-44}$$

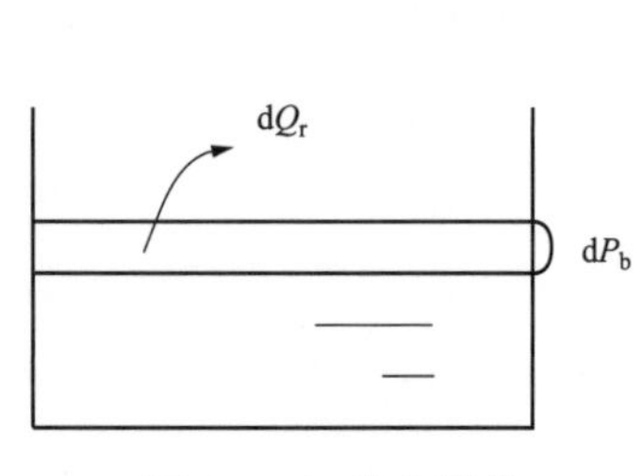

图 3-28　汽包蓄热系数 C_b 的计算

式中：Q_r——汽包的蓄热量；

P_b——汽包压力。

汽包蓄热系数 C_b 的计算如图 3-28 所示。

令汽包蓄热 $Q_r=M_w i_w+M_s i_s+q_{is}$，即汽包蓄热 Q_r 包括水、汽、金属蓄热的能量之和，i_w 为汽包中饱和水焓值，kJ/kg；i_s 为汽包中饱和蒸汽焓值，kJ/kg；M_w 为汽包中饱和水总质量，kg；M_s 为汽包中饱和蒸汽总质量，kg；q_{js} 为汽包金属蓄热量，kJ。

所以有：

$$C_b=\frac{dQ_r}{dP_b}=\frac{d(M_w i_w+M_s i_s+q_{is})}{dP_b} \tag{3-45}$$

由上述分析已知，要表示燃料量需要从汽包的蓄热中扣除给水的能量，因此需要对上述推导出的汽包的蓄热系数做一个基于燃料量表达的修正。由能量平衡有：

$$\text{单位时间内的燃料能量}\ Q+\text{单位时间的给水能量}\ W$$
$$=\text{单位时间内的汽包蓄热能量}+\text{单位时间内的汽包后的输出蒸汽能量} \tag{3-46}$$

即：

$$\text{单位时间内的燃料能量}\ Q=\text{单位时间内的汽包蓄热能量}+\text{单位时间内的汽包后的输出蒸汽能量}\ S-\text{单位时间内的给水能量}\ W \tag{3-47}$$

又因为：

单位时间内的汽包后的输出蒸汽能量 $S=D_s i_s$，D_s 为单位时间内的蒸汽流量，i_s 为蒸汽焓值。

单位时间内的给水能量 $W=D_w i_w$，D_w 为单位时间内的给水流量，i_w 为给水焓值，且正常情况下，单位时间内的锅炉给水流量与汽包出口蒸汽流量相同，即 $D_s=D_w=D_t$，所以有：

$$\begin{aligned}\text{单位时间内的燃料能量}\ Q &=\text{单位时间内的汽包蓄热能量}+D_s i_s-D_w i_w\\ &=\text{单位时间内的汽包蓄热能量}+D_t(i_s-i_w)\end{aligned} \tag{3-48}$$

即

$$\text{单位时间内的燃料能量}\ Q=\text{单位时间内的汽包蓄热能量}+D_t(i_s-i_w) \tag{3-49}$$

即

$$\frac{Q}{i_s-i_w}=\frac{\text{单位时间内汽包蓄热能量}}{i_s-i_w}+D_t \tag{3-50}$$

又有

$$\text{单位时间内的汽包蓄热能量}=\frac{\mathrm{d}(\text{汽包蓄热总能量})}{\mathrm{d}t}=\frac{\mathrm{d}(M_w i_w+M_s i_s+q_{is})}{\mathrm{d}t} \tag{3-51}$$

所以有：

$$\frac{Q}{i_s-i_w}=\frac{\mathrm{d}(M_w i_w+M_s i_s+q_{is})}{\mathrm{d}t}\frac{1}{i_s-i_w}+D_t \tag{3-52}$$

式（3-52）中 $\frac{Q}{i_s-i_w}$ 就是DEB系统中的热量信号，间接表示的是燃煤量。

将式（3-52）作进一步变形有：

$$\frac{Q}{i_s-i_w}=\frac{\mathrm{d}(M_w i_w+M_s i_s+q_{is})}{\mathrm{d}P_b}\times\frac{1}{i_s-i_w}\frac{\mathrm{d}P_b}{\mathrm{d}t}+D_t \tag{3-53}$$

因为汽包蓄热系数 $C_b=\frac{\mathrm{d}(M_w i_w+M_s i_s+q_{is})}{\mathrm{d}P_b}$，在此基础上修正为 $C_b'=\frac{\mathrm{d}(M_w i_w+M_s i_s+q_{is})}{\mathrm{d}P_b}\times\frac{1}{i_s-i_w}$，将 C_b' 可看作是基于燃料量表征修正后的锅炉蓄热系数。

4. 汽包蓄热系数 C_b 的计算

当汽包压力 P_b 变化时，汽包中蓄水质量近似保持不变，则

$$Q'_r = M_w i_w + M_s i_s = M_w i_w + \rho_s (V_0 - V_w) i_s = M_w i_w + \rho_s V_0 i_s - \rho_s \frac{M_w}{\rho_w} i_s \quad (3-54)$$

式中：Q'_r——汽包中介质（包括水和蒸汽）蓄热量，kJ；

ρ_s——汽包中饱和蒸汽密度，kg/m^3；

ρ_w——汽包中饱和水密度，kg/m^3；

V_0——汽包有效容积，m^3；

V_w——汽包有效水容积，m^3。

$$\frac{dQ'_r}{dp_b} = \frac{d(M_w i_w + M_s i_s)}{dp_b} = M_w \frac{di_w}{dp_b} + \rho_s (V_0 - V_w) \frac{di_s}{dp_b} + (V_0 - V_w) i_s \frac{d\rho_s}{dp_b} + \frac{V_w}{\rho_w} \rho_s i_s \frac{d\rho_w}{dp_b} \quad (3-55)$$

当汽包压力 P_b 变化时，汽包金属蓄热变化量为：

$$\frac{dq_{js}}{dp_b} = G_{js} C_{js} \frac{\partial T}{\partial p_b} \quad (3-56)$$

式中：G_{js}——金属总质量，kg；

C_{js}——汽包金属比热，kJ/kg・℃；

$\frac{\partial T}{\partial p_b}$——饱和温度随压力的变化率，℃/MPa。

将汽包中介质蓄热变化和汽包中金属蓄热变化代入 C'_b 的计算方程的以蒸汽流量表示的汽包蓄热系数为：

$$\begin{aligned} C'_b &= \frac{dQ_r}{dp_b} \times \frac{1}{i'' - i_0} \\ &= \frac{d(M_w i_w + M_s i_s + q_{js})}{dp_b} \times \frac{1}{i'' - i_0} \\ &= \left[M_w \frac{di_w}{dp_b} + \rho_s (V_0 - V_w) \frac{di_s}{dp_b} + (V_0 - V_w) i_s \frac{d\rho_s}{dp_b} + \frac{V_w}{\rho_w} \rho_s i_s \frac{d\rho_w}{dp_b} + G_{js} C_{js} \frac{\partial T}{\partial p_b} \right] \end{aligned} \quad (3-57)$$

在能量信号 DEB 中，用调节级压力 p_1 代表主蒸汽压力，认为主蒸汽流量 D_t 与汽机调速级后压力 p(MPa) 呈线性关系，令

$$D_t = k_1 p_1 \quad (3-58)$$

式中：$k_1 = \frac{D_e}{p_{1e}}$——主蒸汽流量 D 与汽机调速级后压力 p_1 的比例系数，kg/s/MPa；

D_e——汽机额定蒸汽流量，kg/s；

P_{1e}——额定工况下汽机调速级压力，MPa。

$$HR = K_1 p_1 + C'_b \frac{dp_b}{dt} \quad (3-59)$$

$$\frac{HR}{K_1} = p_1 + \frac{C'_b}{K_1} \times \frac{dp_b}{dt} \quad (3-60)$$

令：$BD=\dfrac{HR}{K_1}$，$C_b=\dfrac{C'_b}{K_1}$，则

$$BD=P_1+C_b\frac{dp_b}{dt} \tag{3-61}$$

这就是DEB400中燃料率指令的表达式，其中：BD 为以汽机调速级后压力表征的燃烧率指令，MPa；C_b 为汽包蓄热系数，s。

锅炉蓄热系数 C_k 可以表示为：

$$C_k=\frac{C_b}{0.9} \tag{3-62}$$

六、基于遗传算法的过程参数辨识

大多数系统辨识问题中均涉及对离散系统的参数估计，因而发展了以最小二乘为基础的理论和方法，后来又出现了基于神经网络、蚁群算法等现代方法的辨识手段。连续系统模型可通过对离散模型的相关变换得到。然而理论和实践证明，这种处理方法在理论和工程中均存在一定局限性，有时会改变系统的稳定性。

求取被控对象数学模型的试验方法很多，实践中最常用的是阶跃扰动法，其次是脉冲扰动法和正弦扰动法，以及近年发展起来的相关辨识法。由于被控对象的数学模型反映系统本身固有性质，与其输入信号的性质无关，所以用这些方法求取的数据可以相互转换。但是这些方法中有些受现场条件和测试时间等因素的影响，实际应用较少。例如当阶跃响应曲线比较规则时，传统的切线法、两点法、半对数法等就表现出通用性较差、精度不高等缺点。当阶跃响应曲线呈不规则形状时，常用的面积法又存在易于陷入局部最小等缺点。以最小二乘法为基础发展起来的现代系统辨识方法都是基于离散系统差分模型的参数估计，这类方法对测试信号和噪声干扰有一定的要求。

遗传算法（genetic algorithm，GA）是模拟达尔文生物进化论的自然选择和遗传学机理的生物进化过程的计算模型，是一种通过模拟自然进化过程搜索最优解的方法。遗传算法以一种群体中的所有个体为对象，并利用随机化技术指导对一个被编码的参数空间进行高效搜索。其中，选择、交叉和变异构成了遗传算法的遗传操作；参数编码、初始群体的设定、适应度函数的设计、遗传操作设计、控制参数设定五个要素组成了遗传算法的核心内容。

遗传算法是从代表问题可能潜在的解集的一个种群开始的，而一个种群则由经过基因编码的一定数目的个体组成。种群可看做是关于某个问题的多个解集，而个体可看作是某个解集。每个个体实际上是染色体（chromosome）带有特征的实体。染色体作为遗传物质的主要载体，即多个基因的集合，其内部表现（即基因型）是某种基因组合，它决定了某种特征，如黑头发的特征是由染色体中控制这一特征的某种基因组合决定的。因此，在一开始需要实现从表现型到基因型的映射即编码工作。由于仿照基因编码的工作很复杂，我们往往进行简化，如二进制编码。初代种群产生之后，按照适者生存和优胜劣汰的原理，不合适的个体（即解集）被淘汰，逐代演化产生出越来越好的近似解，在每一代，根据问题域中个体的适应度大小选择个体，并借助于自然遗传学的遗传算子进行组合交叉和变异，产生出代表新的解集的种群，即产生新的数据解的组合。

这个过程将导致种群像自然进化一样的后生代种群比前代更加适应于环境，末代种群中的最优个体经过解码（decoding），可以作为问题近似最优解。

遗传算法流程如图 3－29 所示。

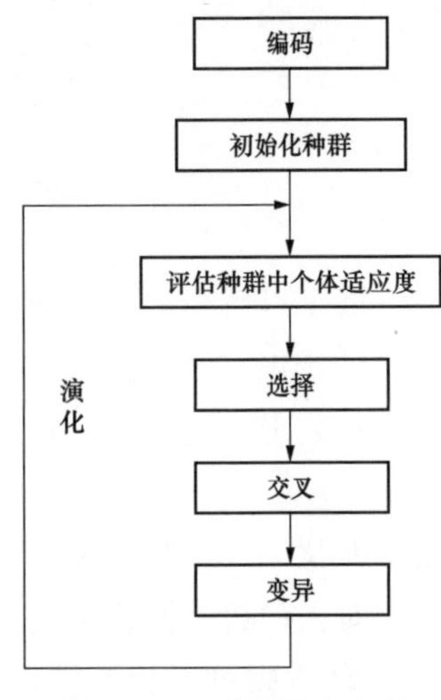

图 3－29　遗传算法流程

遗传算法是作为一种基于自然选择和自然遗传学机理进行全局搜索的学习算法，将它应用于线性离散系统的辨识，较好的解决了最小二乘法难于处理的时滞在线辨识和局部优化的缺点。遗传算法应用于参数辨识过程中，需要完成遗传算法的各种计算过程，包括确定种群和解的集合，确定选择运算、交叉运算、变异运算、解码运算和个体评价的途径等。GA（遗传算法）模拟了生物界的生命进化机制，在人工系统中实现特定目标的优化。利用遗传算法进行优化相对于一些经典优化算法的优点在于：

（1）遗传算法的搜索过程是从一群初始点开始搜索，而不是从单一的初始点开始搜索，这种机制意味着搜索过程可以有效的跳出局部极值点。特别是当采用有效的保证群体多样性的措施时，遗传算法可以很好的将局部搜索和全局搜索协调起来，可以在整个问题空间实施探索，得到问题全局最优解的概率大大提高了。

（2）遗传算法在搜索过程中使用的是基于目标函数值的评价信息，而不是传统方法主要采用的目标函数的导数信息或带待解问题领域内的知识。遗传算法的这一特点使其成为具有良好普适性和可规模化的优化方法。

（3）遗传算法具有显著的隐式并行性。遗传算法虽然在每一代只对有限个体进行操作，但处理的信息量为群体规模的高次方。

（4）遗传算法在形式上简单明了，不仅便于与其他方法相结合，而且非常适合于大规模并行计算机运算，因此可以有效地用于解决复杂的适应性系统模拟和优化问题。

（5）遗传算法具有很强的鲁棒性，即在存在噪声的情况下，对同一问题的遗传算法的多次求解得到的结果是相似的。遗传算法的鲁棒性在大量的应用实例中得到了充分的验证。

遗传算法不仅适合于单变量模型辨识，它还能很好的解决多变量系统的参数辨识问题。众所周知，多变量过程辨识比单变量过程辨识复杂的多。以这两种过程的传递函数模型为例，单变量过程需要辨识分子分母多项式系数向量，而对于多变量过程而言，需要辨识 $r\times m$（r 代表输入变量个数，m 代表输出变量个数）倍个单变量系统的参数。相比于传统优化算法，遗传算法寻优是不受变量的多少影响的。该方法的引入使多变量系统辨识中的优化问题变得简单、可行。更加体现出遗传算法解决系统辨识中的优化问题的优越性。

基于遗传算法的系统辨识原理如图 3－30 所示。

基于遗传算法的系统辨识的基本过程与最小二乘辨识基本相近，只是在参数寻优的过程中的方式有所区别。

热工过程传递函数形式同样可以用下式表示

$$G(s)=\frac{b_0s^{n-1}+b_1s^{n-2}+\cdots b_{n-2}s+b_{n-1}}{a_0s^n+a_1s^{n-1}+\cdots a_{n-1}s+a_n} \tag{3-63}$$

模型辨识的过程就是寻找最优参数 a_0，a_1，a_2，…，b_1，b_2，…使目标函数最小。

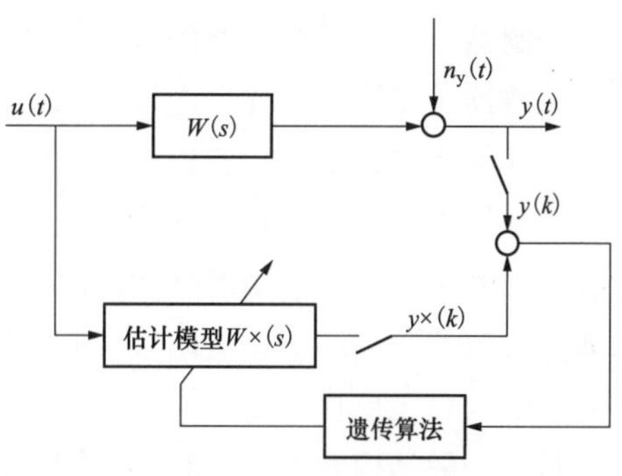

图 3－30　基于遗传算法的系统辨识原理

遗传算法采用二进制编码和基于适应度比例的选择机制，使用交叉与变异方法和固定的交叉与变异概率去模拟生物进化过程。针对某一具体问题，随机产生一组可能解作为初始群体，通过选择、交叉和变异操作使群体的“素质”逐渐提高，从而找到问题的最优解。

第四节　智能控制与优化技术

一、先进控制理论方法

（一）内模控制算法

内模控制（IMC，internal model control）由 Gariac 于 1982 年提出，其产生的背景主要有两个方面：一是为了对当时提出的两种预测控制算法 MAC 和 DMC 进行系统分析；二是作为 Smith 预估器的一种扩展，使设计更为简便，使鲁棒性及抗扰性大为改善，内模控制技术发展至今，已形成了较为完备的理论体系[16]。

内模控制本质上是一种鲁棒控制，虽作为先进控制理论的一种，但由于其对数学理论的要求不是特别高，结构简单，在线调节参数少，设计直观简便，并对模型不确定性有很强的鲁棒性，故其在工业过程中的应用越来越广泛。

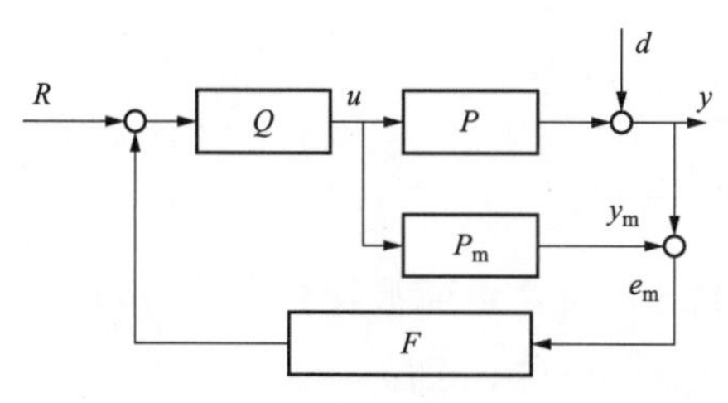

图 3－31　内模控制基本结构图

1. 内模控制原理

具有反馈滤波的内模控制结构图如图 3－31 所示，其中，$R(s)$ 是输入，d 为扰动，$y(s)$ 为输出，$Q(s)$ 为控制器，$P(s)$ 为实际受控对象，$P_m(s)$ 为对象模型，$em(s)$ 为反馈信号，$F(s)$ 为滤波器。

对象模型：用来预测变量对系统输出的影响，对系统的性能有很大影响。

控制器：通过对控制器的设计使系统能够跟踪输入。

滤波器：将滤波器移入内模控制器中，在保证控制品质的同时，增强系统的鲁棒性。

在这种控制结构下，若模型准确，无扰动时，$e_m(s)$ 为 0，此时系统为开环。

当系统加入扰动时，扰动对系统的作用将通过反馈通道添加到系统的输入端，从而抑制扰动对系统的影响；当模型失配时，反馈信号包含模型失配的误差和扰动输入，此时可以通过调节滤波器的参数使内模控制系统的鲁棒性和稳定性得到保证。实验证明只要扰动为有界输入，无论扰动为多大值，总可以通过调节滤波器的参数来消除扰动。

具有一般结构的内模控制器（即不添加反馈滤波的结构）具有 3 个基本性质：对偶稳定性、零稳态偏差特性及理想控制特性。

对偶稳定性：当过程模型与被控对象匹配且无未知干扰时，此时系统为开环，对象输出 $y(s)=Q(s)P(s)$，此时只要满足 $Q(s)$、$P(s)$ 均是稳定的，则系统为稳定系统。

零稳态偏差特性：当闭环系统稳定，即使模型失配，只要设计逆控制器 $Q(s)=P_m^{-1}(s)$（$P_m^{-1}(s)$ 存在并可实现），系统对阶跃输入信号和恒值扰动无稳态误差。

理想控制器特性：当模型匹配时，只要 $Q(s)=P_m^{-1}(s)$（$P_m^{-1}(s)$ 存在并可实现），系统无稳态误差［此时系统开环，$y(s)=R(s)$，扰动经反馈通道消除］。

但令 $Q(s)=P_m^{-1}(s)$，在实际系统中也许无法实现，例如模型中包含非最小相位系统零点，或含有滞后环节，或模型 $P_m(s)$严格正则时。

2. IMC 系统稳态鲁棒无差条件

对图 3 - 31 中系统的传递函数进行等效变换，可以得到图 3 - 32 的传递函数等效结构，由图 3 - 32 的结构可得系统的输出为：

$$y=\frac{QP}{1+FQ(P-P_m)}r+\frac{1}{1+F\dfrac{Q}{1-FQP_m}P}d \tag{3-64}$$

系统的反馈误差为：

$$e_m=\frac{1-FQP_m+QP(F-1)}{1+FQ(P-P_m)}r+\frac{1-FQP_m}{1+FQ(P-P_m)}d \tag{3-65}$$

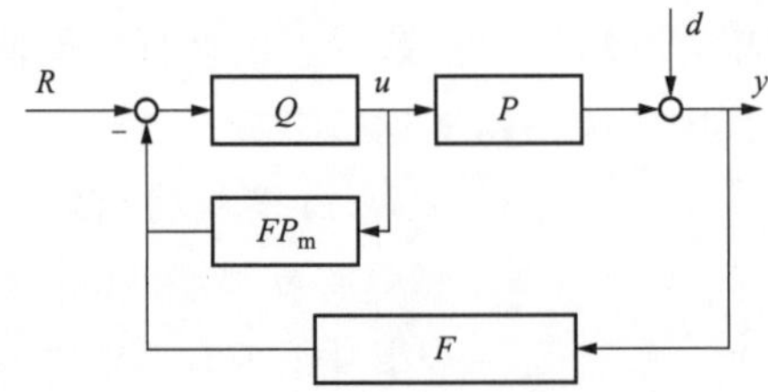

图 3 - 32　IMC 系统的等效结构

鲁棒无差的定义为即使系统存在扰动和模型失配的情况，也能够使得系统 $\lim\limits_{t\to\infty}e(t)=0$，根据此定义，得到使得系统鲁棒无差的条件为 $\lim\limits_{s\to 0}se(s)=0$，即为：

(1) $\dfrac{1}{1+FQ(P-P_{\mathrm{m}})}$ 稳定（系统鲁棒性），即 $1+FQ(P-P_{\mathrm{m}})$ 在劳斯判据下是稳定的。

(2) $1-FQP_{\mathrm{m}}$ 和 $F-1$ 的零点包含 r 的稳定极点（跟踪）。

(3) $1-FQP_{\mathrm{m}}$ 的零点包含 d 的不稳定极点（抗扰）。

上述条件实际上就是 IMC 机构下的内模原理，主要包含了两个方面，一是不考虑扰动时的无差跟踪条件，即条件（1）和条件（2）；二是不考虑输入时的无差抗扰条件，即条件（1）和条件（3），内模控制的这种结构使得可以分别设计 Q 和 F 来满足系统鲁棒无差的条件。设计过程为先设计控制器 Q，再设计和调整滤波器 F，在设计 Q 和 F 时要使其满足以上 3 个条件。

（二）广义预测控制算法

广义预测控制（GPC）算法是由 D. W. Clarke 等人于 1985 年提出的一种重要的适应性控制算法。近年来，自适应控制技术在过程控制领域得到了广泛的重视并取得了很大的发展。但它们对过程的模型精度要求比较高，这在相当大的程度上限制了自适应控制技术在复杂工业过程中的应用。广义预测控制既吸收了自适应控制适用于随机系统、在线辨识等优点，又保持了预测控制算法中的滚动优化策略、对模型要求不高等特点。

DMC 和 MAC 算法分别采用阶跃响应和脉冲响应作为预测模型。这类模型比较容易获得，但响应本身不能克服随机噪声的影响。对受随机噪声影响的随机系统，其动态特性可采用由辨识方法所得到的受控自回归滑动平均模型（CARMA 模型）来表示

$$A(q^{-1})y(k)=B(q^{-1})u(k-1)+C(q^{-1})\xi(k) \tag{3-66}$$

在实际中，经常遇到两类主要的扰动：在随机时间出现的随机阶跃扰动（如材料的质量变化）和布朗运动（如在涉及能量平衡的化工装置中的扰动）。在这两种情况下，采用下述受控自回归积分滑动平均（controlled auto-regressive integrated moving average，CARIMA,）模型比较合适：

$$A(q^{-1})y(k)=B(q^{-1})u(k-1)+C(q^{-1})\xi(k)/\Delta \tag{3-67}$$

在上述扰动存在的情况下，引入差分算子 $\Delta=1-q^{-1}$ 可以保证闭环系统稳态无偏，在后面的控制器设计中，将会看到 Δ 的作用。采用 CARMA 或 CARIMA 模型的预测控制称为广义预测控制。这里只讨论采用 CARIMA 模型的情形。

1. 自回归积分滑动平均模型

对象的 CARIMA 模型用下式表示

$$A(q^{-1})y(k)=B(q^{-1})u(k-1)+C(q^{-1})\xi(k)/\Delta \tag{3-68}$$

式中：

$$A(q^{-1})=1+a_1q^{-1}+a_2q^{-2}+\cdots+a_nq^{-n}$$
$$B(q^{-1})=b_0+b_1q^{-1}+b_2q^{-2}+\cdots+b_mq^{-m}$$
$$C(q^{-1})=c_0+c_1q^{-1}+c_2q^{-2}+\cdots+c_lq^{-l}$$

都是移位因子 q^{-1} 的多项式。$\xi(k)$ 是一个不相关的随机噪声序列。

将上式两端除以 $C(q^{-1})$ 可以消去扰动项中的 $C(q^{-1})$。故为简单起见，假定 $C(q^{-1})=1$，即只研究如下系统：

$$A(q^{-1})y(k)=B(q^{-1})u(k-1)+\xi(k)/\Delta \tag{3-69}$$

该系统在 $k+j$ 时刻的输出预测值为

$$A(q^{-1})y(k+j)=B(q^{-1})u(k+j-1)+\xi(k+j)/\Delta \tag{3-70}$$

为了能用截至 k 时刻的对象输出数据及过去和未来控制量输入数据预测 $k+j$ 时刻的输出 $y(k+j)$，需采用如下丢番图（diophantine）方程：

$$1=A(q^{-1})\Delta E_j(q^{-1})+q^{-j}F_j(q^{-1}) \tag{3-71}$$

因为 $A(q^{-1})$ 和 Δ 已知，故当预测时刻 j 确定时，限定 $E_j(q^{-1})$ 的阶次为 $j-1$，使可求得丢番图方程的唯一解：

$$E_j(q^{-1})=e_{j,0}+e_{j,1}q^{-1}+\cdots+e_{j,j-1}q^{-(j-1)} \tag{3-72}$$

$$F_j(q^{-1})=f_{j,0}+f_{j,1}q^{-1}+\cdots+f_{j,n}q^{-n} \tag{3-73}$$

$F_j(q^{-1})$ 的阶次应为 $A\Delta$ 的阶次减 1，这里为 n。为了书写阅读方便，下面在不至于引起混淆的地方舍去（q^{-1}），如用 A 代替 $A(q^{-1})$ 等。将式（3－70）两端同乘 $E_j\Delta$，可得

$$AE_j\Delta y(k+j)=BE_j\Delta u(k+j-1)+E_j\xi(k+j) \tag{3-74}$$

由式（3－71）可知 $A\Delta E_j=1-q^{-j}F_j$，代入式（3－74），可得

$$y(k+j)=BE_j\Delta u(k+j-1)+F_jy(k)+E_j\xi(k+j) \tag{3-75}$$

式中：$y(k)$ ——过去的输出；

$E_j\xi(k+j)$ ——噪声产生的未来响应，一般无法预测。

因而系统未来输出的模型预测值可以写成：

$$y_M(k+j)=\bar{G}_j\Delta u(k+j-1)+F_jy(k) \tag{3-76}$$

式中的过去输出 $y(k)$ 可采用过程输出的测量值，这样能够减少模型不准确带来的预测误差，式（3－76）中：

$$\bar{G}_j=BE_j \tag{3-77}$$

$$\begin{aligned}\bar{G}_j&=\frac{B[1-q^{-j}F_j]}{A\Delta}\\&=\bar{g}_{j,0}+\bar{g}_{j,1}q^{-1}+\bar{g}_{j,2}q^{-2}+\cdots+\bar{g}_{j,m+j-1}q^{-(m+j-1)}\end{aligned} \tag{3-78}$$

$\bar{G}_j(q^{-1})$ 可以由 B 和 E_j 相乘而得，故其阶次为 $m+j-1$。$z^{-1}B(z^{-1})/A(z^{-1})$ 为对象单位脉冲相应的 z 变换；若除以 Δ，则成为对象单位阶跃响应的 z 变换，它与 $z[1-z^{-j}F_j(z^{-1})]$ 相乘后，其前 j 项的系数应当不变。所以 $\bar{G}_j(q^{-1})$ 的前 j 项系数跟对象单位阶跃响应 z 变换的前 j 项系数相同。从式（3－76）可见，$\bar{G}_j(q^{-1})$ 的前 j 项正是未来控制量 $\Delta u(k+j-1)$，…，$\Delta u(k+1)$，$\Delta u(k)$ 的系数。因此，可以将前 j 项记为一个有限项多项式：

$$G_j(q^{-1})=g_0+g_1q^{-1}+g_2q^{-2}+\cdots+g_{j-1}q^{-(j-1)} \tag{3-79}$$

式中：g_0，g_1，g_2，…——对象阶跃响应的采样值。

计算 $j+1$ 时的丢番图方程，预测 $k+j+1$ 时刻的输出，可以算得 $\bar{G}_{j+1}$，它的前 $j+1$ 项系数为对象单位阶跃响应的前 $j+1$ 项。所以可得：

$$G_{j+1}=G_j+g_jq^{-j} \tag{3-80}$$

显然，这种表示方式为递推算法提供了方便。

2. 丢番图公式的递推计算

在预测控制中每一步需要预测对象的多个输出（譬如 $j=1$，2，…，P），而对于每一个 j 都要计算 E_j、F_j 和 G_j，计算量比较大。为了减少计算量，可用递推计算的方法来求 E_j 和 F_j。

由丢番图方程式（3-71）可得：

$$1=A\Delta E_j+q^{-j}F_j$$

$$1=A\Delta E_{j+1}+q^{-(j+1)}F_{j+1} \tag{3-81}$$

两式相减则得：

$$A\Delta(E_{j+1}-E_j)+q^{-j}(q^{-1}F_{j+1}-F_j)=0 \tag{3-82}$$

记：

$$A=A\Delta=1+(a_1-1)q^{-1}+(a_2-a_1)q^{-2}+\cdots+(a_n-a_{n-1})q^{-n}-a_nq^{-(n+1)}$$

$$=1+\tilde{a}_1q^{-1}+\tilde{a}_2q^{-2}+\cdots+\tilde{a}_{n+1}q^{-(n+1)} \tag{3-83}$$

$$E_{j+1}-E_j=\tilde{E}+e_{j+1,j}q^{-j} \tag{3-84}$$

则式（3-82）可以写成：

$$\tilde{A}(\tilde{E}+e_{j+1,j}q^{-j})+q^{-j}(q^{-1}F_{j+1}-F_j)=0 \tag{3-85}$$

即：

$$\tilde{A}\tilde{E}+q^{-j}(q^{-1}F_{j+1}-F_j+\tilde{A}e_{j+1,j})=0 \tag{3-86}$$

上式对任意 j 成立，故要求同次幂系数为零。展开上式另前 j 项 q^0，q^1，…，$q^{-(j-1)}$ 的系数为零，便可得到：

$$\tilde{E}=0$$

$$F_{j+1}=q(F_j-\tilde{A}e_{j+1,j}) \tag{3-87}$$

由 $\tilde{E}=0$ 和式（3-84）可得 E_j 的递推方程：

$$E_{j+1}=E_j+e_{j+1,j}q^{-j} \tag{3-88}$$

其实，由 E_j 的求取过程也可以得到上述结论：$E_j=(1-q^{-j}F_j)/\tilde{A}=\tilde{A}-q^{-j}F_j/\tilde{A}$ 为 $j-1$ 次多项式，所以 E_j 只是 $1/\tilde{A}$ 的前 j 项。同样，$E_{j+1}=(1-q^{-j-1}F_{j+1})/\tilde{A}$ 是 $1/\tilde{A}$ 的前 $j+1$ 项，故而两者只能相差 $e_{j+1,j}q^{-j}$。将上式展开得：

$$f_{j+1,0}+f_{j+1,1}q^{-1}+f_{j+1,2}q^{-2}+\cdots+f_{j+1,n}q^{-n}$$

$$=q\{f_{j,0}+f_{j,1}q^{-1}+f_{j,2}q^{-2}+\cdots+f_{j,n}q^{-n}[1+\tilde{a}_1q^{-2}+\tilde{a}_2q^{-2}+\cdots$$
$$+\tilde{a}_nq^{-n}+\tilde{a}_{n+1}q^{-n-1}]e_{j+1,j}\}$$
$$=f_{j,0}q+f_{j,1}+f_{j,2}q^{-1}+\cdots+f_{j,n}q^{-n(n-1)}-e_{j+1,j}q-\tilde{a}_1e_{j+1,j}-$$
$$\tilde{a}_2e_{j+1,j}q^{-1}-\cdots-\tilde{a}_ne_{j+1,j}q^{-(n-1)}-\tilde{a}_{n+1}e_{j+1,j}q^{-n} \qquad (3-89)$$

比较等式两侧的系数可得：

$$f_{j,0}=e_{j+1,j}$$
$$f_{j+1,0}=f_{j,1}-\tilde{a}_1e_{j+1,j}=f_{j,1}-\tilde{a}_1f_{j,0}$$
$$f_{j+1,1}=f_{j,2}-\tilde{a}_2e_{j+1,j}=f_{j,2}-\tilde{a}_2f_{j,0}$$
$$\vdots$$
$$f_{j+1,n-1}=f_{j,n}-\tilde{a}_ne_{j+1,j}=f_{j,n}-\tilde{a}_nf_{j,0}$$
$$f_{j+1,n}=-\tilde{a}_{n+1}e_{j+1,j}=-\tilde{a}_{n+1}f_{j,0}$$

上述 F_j 系数的递推关系可以写成向量形式：

$$f_{j+1}=\tilde{A}f_j \qquad (3-90)$$

式中：

$$f_{j+1}=[f_{j+1,0},f_{j+1,1},\cdots,f_{j+1,n}]$$
$$f_j=[f_{j,0},f_{j,1},\cdots,f_{j,n}]$$

为 $n+1$ 维向量。

$$\tilde{A}=\begin{pmatrix}-\tilde{a}_1 & 1 & & 0 & \\ -\tilde{a}_2 & 0 & 1 & & \\ \vdots & & & \ddots & \\ -\tilde{a}_n & 0 & \cdots & \cdots & 1\\ -\tilde{a}_{n+1} & 0 & \cdots & \cdots & 0\end{pmatrix}=\begin{pmatrix}1-a_1 & 1 & & 0 & \\ a_1-a_2 & 0 & 1 & & \\ \vdots & & & \ddots & \\ a_{n-1}-a_n & 0 & \cdots & \cdots & 1\\ a_n & 0 & \cdots & \cdots & 0\end{pmatrix}$$

为 $(n+1)$ 维方阵。而 E_j 的递推公式则可以改写为：

$$E_{j+1}=E_j+f_{j,0}q^{-1} \qquad (3-91)$$

当 $j=1$，丢番图方程为：

$$1=E_1\tilde{A}+q^{-1}F_1 \qquad (3-92)$$

E_1 只能是常数。一般 $A(q^{-1})$ 的首项是 1（从而 $\tilde{A}(q^{-1})$ 的首项也为 1），故 $E_1=1$。由 $F_1=q(1-\tilde{A})$ 可以看出，F_1 仅包含 $\tilde{A}$ 中除首项以外的系数。

因此，在计算时，取 $f_0=[1\quad 0\quad \cdots\quad 0]^{\mathrm{T}}$，$E_0=0$，再采用式（3-90）和式（3-91）按 $j=0$，1，2，…，$P-1$ 进行递推计算求取 F_{j+1} 和 E_{j+1}。

3. 滚动优化

在广义预测控制中，应使 $k+j$ 时刻的输出 $y(k+j)$ 尽量接近指定的参考值 $y_R=k+j$。但计算时，只能采用 $k+j$ 时刻的输出预测值 $y_M=k+j$，所以 k 时刻优化目标函数的

一般形式为

$$J(P_1,P_2)=E\left\{\sum_{j=P_1}^{P_2}[y_{\mathrm{M}}(k+j)-y_{\mathrm{R}}(k+j)]^2+\sum_{j=0}^{L-1}\lambda(j)[u(k+j)]^2\right\} \tag{3-93}$$

式中：E ——数学期望；

P_1、P_2 ——优化时域的初始值和终值，称为最小和最大预测步程（或优化步程）；

L ——控制步程；

$\lambda(j)$ ——控制增量加权系数序列（为简化起见，一般去常数 λ）。

P_1 应大于对象的纯时延，以减少优化计算量。若对象的纯时延为 0，可取 $P_1=1$，P_2 就可直接记为预测步程 P 一般而言，应和对象的上升时间近似相等。这样，k 时刻的优化目标函数可写成：

$$J(k)=E\left\{\sum_{j=1}^{P}[y_M(k+j)-y_R(k+j)]^2+\sum_{j=0}^{L-1}\lambda[u(k+j)]^2\right\} \tag{3-94}$$

输出预测值的表达式应为：

$$y_{\mathrm{M}}(k+j)=\bar{G}_j\Delta u(k+j-1)+F_j y(k)+E_j\varepsilon(k+j) \tag{3-95}$$

但 $E_j\varepsilon(k+j)$ 为未来的噪声影响，不可测。故系统输出的预测值只采用式（3－76）所示的模型预测值，即：

$$y_{\mathrm{M}}(k+j)=\bar{G}_j\Delta u(k+j-1)+F_j y(k) \tag{3-96}$$

当 $j=1，2，\cdots，P$ 时，可得：

$$y_{\mathrm{M}}(k:+1)=\bar{G}_1 u(k)+F_1 y(k)$$

$$y_{\mathrm{M}}(k+2)=\bar{G}_2 u(k+1)+F_2 y(k)$$

$$\vdots$$

$$y_{\mathrm{M}}(k+P)=\bar{G}_P\Delta u(k+P-1)+F_P y(k) \tag{3-97}$$

为了将未来控制分离成独立的部分，可利用 $\bar{G}_j$ 的 j 项系数跟对象单位阶跃响应 z 变换前 j 项系数相同这一事实，再将上述各式改写成：

$$y_{\mathrm{M}}(k+1)=G_1\Delta u(k)+s(k+1)$$

$$y_{\mathrm{M}}(k+2)=G_2\Delta u(k+1)+s(k+2)$$

$$\vdots$$

$$y_{\mathrm{M}}(k+P)=G_P\Delta u(k+P-1)+s(k+P) \tag{3-98}$$

其中：

$$G_1=g_0$$

$$G_2=g_0+g_1q^{-1}$$

$$\vdots$$

$$G_j=g_0+g_1q^{-1}+\cdots+g_{j-1}q^{-(j-1)}$$

$$\vdots$$

$$G_P = g_0 + g_1 q^{-1} + \cdots + g_{P-1} q^{-(P-1)}$$

而：

$$\begin{aligned} s(k+1) &= \bar{g}_{1,1}\Delta u(k-1) + \bar{g}_{1,2}\Delta u(k-2) + \cdots + \bar{g}_{1,m}\Delta u(k-m) + F_1 y(k) \\ &= [\bar{g}_1 - g_0]\Delta u(k) + F_1 y(k) \\ s(k+2) &= \bar{g}_{2,2}\Delta u(k-1) + \bar{g}_{2,3}\Delta u(k-2) + \cdots + \bar{g}_{2,m+1}\Delta u(k-m) + F_2 y(k) \\ &= q[G_2 - g_0 - g_1 q^{-1}]\Delta u(k) + F_2 y(k) \\ &\vdots \\ s(k+j) &= \bar{g}_{j,j}\Delta u(k-1) + \bar{g}_{j,j+1}\Delta u(k-2) + \cdots + \bar{g}_{j,m+j-1}\Delta u(k-m) + F_j y(k) \\ &= q^{j-1}[\bar{G}_j - g_0 - \cdots - g_{j-1} q^{-j+1}]\Delta u(k) + F_j y(k) \\ &\vdots \\ s(k+P) &= \bar{g}_{P,P} u(k-1) + \bar{g}_{P,P+1}\Delta u(k-2) + \cdots + \bar{g}_{P,m+P-1}\Delta u(k-m) + F_j y(k) \\ &= q^{P-1}[\bar{G}_P - g_0 - \cdots - g_{P-1} q^{-P+1}]\Delta u(k) + F_P y(k) \end{aligned} \tag{3-99}$$

则代表所有过去的控制信号在 $k+j$ 时刻产生的输出分量及过去输出测量值之和。令

$$y_M = [y_M(k+1), y_M(k+2), \cdots, y_M(k+P)]^T \tag{3-100}$$

$$\Delta u = [\Delta u(k), \Delta u(k+1), \cdots, \Delta u(k+P-1)]^T \tag{3-101}$$

$$s = [s(k+1), s(k+2), \cdots, s(k+P)]^T \tag{3-102}$$

当 $P=L$ 时，预测输出可记为：

$$y_M = G\Delta u + s \tag{3-103}$$

式中：

$$G = \begin{bmatrix} g_0 & & & 0 & \\ g_1 & g_0 & & & \\ g_2 & g_1 & g_0 & & \\ \vdots & & & \ddots & \\ g_{P-1} & g_{P-2} & & \cdots & g_0 \end{bmatrix}_{P\times P}$$

$$s = \eta(q^{-1})\Delta u(k) + \varphi(q^{-1}) y(k)$$

$$\eta(q^{-1}) = \begin{bmatrix} \bar{G}_1 - g_0 \\ q(\bar{G}_2 - g_0 - g_1 q^{-1}) \\ q^2(\bar{G}_2 - g_0 - g_1 q^{-1} - g_2 q^{-2}) \\ \vdots \\ q^{P-1}(\bar{G}_P - g_0 - \cdots - g_{P-1} q^{-P+1}) \end{bmatrix}$$

$$\varphi(q^{-1})=\begin{bmatrix}F_1(q^{-1})\\F_2(q^{-1})\\F_3(q^{-1})\\\vdots\\F_P(q^{-1})\end{bmatrix}$$

令

$$y_R=[y_R(k+1),y_R(k+2),\cdots,y_R(k+P)]^T \tag{3-104}$$

则目标函数也可改写为矩阵向量形式：

$$J(k)=[G\Delta u+s-y_R]^T[G\Delta u+s-y_R]+\lambda\Delta u^T\Delta u \tag{3-105}$$

取$\partial J/\partial\Delta u=0$，可得到使 J 最小的控制增量为：

$$\Delta u=(G^TG+\lambda I)^{-1}G^T(y_R-s) \tag{3-106}$$

设 d^T 为 $(G^TG+\lambda I)^{-1}G^T$ 的第一行，便可得到 k 时刻的控制增量：

$$\Delta u(k)=d^T(y_R-s) \tag{3-107}$$

所以 k 时刻的控制量为：

$$u(k)=u(k-1)+d^T(y_R-s) \tag{3-108}$$

可见，上述控制中包含了积分作用，它可以保证对阶跃设定值变化不产生稳态误差。

当 $L<P$ 时，预测输出仍如式（3－107）所示，但此时对 $j=L+1，L+2，\cdots，P-1$，应取控制增量：

$$\Delta u(k+j)=0 \tag{3-109}$$

故而得到新的矩阵：

$$G=\begin{bmatrix}g_0 & & 0 & \\ g_1 & g_0 & & \\ \vdots & & \ddots & \\ g_{L-1} & g_{L-2} & \cdots & g_0\\ \vdots & & & \vdots\\ g_{P-1} & g_{P-2} & \cdots & g_{P-L}\end{bmatrix}_{P\times L} \tag{3-110}$$

相应地，Δu 应为 L 维向量：

$$\Delta u=[\Delta u(k),\Delta u(k+1),\cdots,\Delta u(k+L-1)]^T \tag{3-111}$$

当对象纯延迟时间已知时，一般应取 P_1 大于该延迟时间。这时目标函数亦应取式（3－93）这种一般形式，在输出预测的表达式（3－103）中，则应定义 P_2-P_1+1 维向量：

$$y_M=[y_M(k+P_1),y_M(k+P_1+1),\cdots,y_M(k+P_2)]^T \tag{3-112}$$

$$s=[s(k+P_1),s(k+P_1+1),\cdots,s(k+P_2)]^T \tag{3-113}$$

而：

$$G=\begin{bmatrix} g_{P_1-1} & g_{P_1-2} & \cdots & g_{P_1-L} \\ g_{P_1} & g_{P_1-1} & \cdots & g_{P_1-L+1} \\ & & \vdots & \\ g_{P_2-1} & g_{P_2-2} & \cdots & g_{P_2-L} \end{bmatrix}_{(P_2-P_1+1)\times L} \tag{3-114}$$

（三）自抗扰控制 ADRC

自抗扰控制提出于 20 世纪 80 年代，结合基于误差控制方法和基于模型控制方法的优点，是一种能够估计补偿不确定扰动的控制方法。自抗扰控制应用于多个领域中。90 年代末，韩京清验证了自抗扰控制对时变系统，多变量系统，大时滞系统控制的有效性，提出了自抗扰控制在不同类型被控系统中的控制方法，并且首次提出将神经网络应用在自抗扰控制。其后，自抗扰控制在不同的场景中得到了应用，尤其在电机控制和电力系统控制中得到广泛应用。

自抗扰是估计并补偿扰动的一种控制方法，他将系统中的不确定性，误差以及外部扰动作为总扰动，由扩张状态观测器实时估计总扰动并补偿，是一种基于误差反馈的控制方法，与 PID 传统控制策略相比，安排了过渡过程，降低了输入噪声，引入了状态反馈和输出反馈，克服了快速性和超调振荡的矛盾，使自抗扰控制具有很强的抗干扰能力。

下面以 n 阶被控对象为例，重构为积分串联型，介绍自抗扰控制的基本原理。

如下一个 n 阶被控系统：

$$\begin{cases} \dot{x}_1=x_2 \\ \dot{x}_2=x_3 \\ \cdots \\ \dot{x}_{n-1}=x_n \\ \dot{x}_n=f(x_1,x_2,\cdots,x_n,t,w(t)) \\ y=x_1 \end{cases} \tag{3-115}$$

如果所有解都满足：

$$\lim_{t\to\infty}x_i=0, i=1,2,\cdots,n \tag{3-116}$$

可以得出对应的跟踪微分器：

$$\begin{cases} \dot{x}_1=x_2 \\ \dot{x}_2=x_3 \\ \cdots \\ \dot{x}_{n-1}=x_n \\ \dot{x}_n=r^n f\left((x_1-v(t),\frac{x_2}{r},\cdots,\frac{x_n}{r^{n-1}}\right) \end{cases} \tag{3-117}$$

式（3－117）是一个很好的跟踪微分器，然而在系统进入稳态后会有高频振荡，我们可以采用其他形式的跟踪微分器，假设被控对象是一个二阶线性系统，或者被控对象是一个简单的纯积分串联型系统，可以设计一个这样的二阶跟踪微分器：

$$\begin{cases} x_1(k+1)=x_1(k)+hx_2(k) \\ x_2(k+1)=x_2(k)+h\times fhan(x_1(k)-v(t),x_2(k),r,h) \end{cases} \tag{3-118}$$

式（3－118）中 fhan 函数如式（3－119）所示：

$$\begin{cases} d=rh^2 \\ a_0=hx_2 \\ y=x_1+a_0 \\ a_1=\sqrt{d(d+8|y|)} \\ a_2=a_0+sign(y)(a_1-d)/2 \\ a=(a_0+y)fsg(y,d)+a_2(1-fsg(y,d)) \\ fsg(x,d)=(sign(x+d)-sign[x-d])/2 \\ fhan=-(a/d)fsg(a,d)-rsign(a)(1-fsg(a,d)) \end{cases} \tag{3-119}$$

在得到了自抗扰控制器中的跟踪微分器后，可以再设计之后的误差反馈律，一个 n 阶系统的状态误差反馈律如式（3－120）所示，状态误差反馈律采用非线性函数，往往有更好的效果。

$$u_0=k_1e_1+k_2e_2+\cdots+k_{n-1}e_{n-1} \tag{3-120}$$

k_1，k_2，$\cdots k_{n-1}e_{n-1}$ 是非线性函数，一般可以取如下的非线性函数。

$$fst(x,a,b)=\begin{cases} 1,x>b \\ \dfrac{x-a}{b-a},a<x<b \\ 0,x<a \end{cases} \tag{3-121}$$

$$fss(x,a,b)=sign(x-a)(1-sign(x-b))/2,a<b \tag{3-122}$$

$$fst_0(x,a,b)=\frac{|x+d|-|x-d|}{2d} \tag{3-123}$$

$$fal(x,a,b)=\begin{cases} \dfrac{x}{b^{1-a}},x<b \\ |x|^a sign(x),x>b \end{cases} \tag{3-124}$$

$$fhan=-r(a/d)fsg(a,d)-rsign(a)(1-fsg(a,d)) \tag{3-125}$$

选择合适的非线性函数作为状态误差反馈律的非线性部分，最终可以确定自抗扰控制的控制信号：

$$u=u_0-z_{n+1}/b \tag{3-126}$$

ESO 是自抗扰控制最重要的一部分，负责估计各个状态变量，包括扩张的状态，并对被控对象进行补偿。对 n 阶的被控系统，设计相应阶数的 ESO：

$$
\begin{cases}
e=z_1-y \\
\dot{z}_1=z_2-\beta_1 fal(e,\alpha_1,\delta) \\
\dot{z}_2=z_3-\beta_2 fal(e,\alpha_2,\delta) \\
\cdots \\
\dot{z}_{n-1}=z_n-\beta_{n-1} fal(e,\alpha_{n-1},\delta) \\
\dot{z}_n=-\beta_n fal(e,\alpha_{n-1},\delta)
\end{cases}
\tag{3-127}
$$

为了避免高频振荡现象，非线性函数一般选择 fal 函数，式（3-127）中，fal 函数由式（3-124）给出。

1. 线性自抗扰控制

线性自抗扰控制器如图 3-33 所示，包括跟踪微分器，线性误差反馈排，线性扩张状态观测器。跟踪微分器安排过渡环节，对给定信号进行一次滤波，滤除输入端时能存在的干扰，并对其进相位修正。非线性误差反馈律经微分跟踪器处理的给定信号与扩张状态观测器反馈回的信号非线性相加，再加上扩张状态观测器观测的总扰动，一起作为被控目标的控制输入。自抗扰控制器中，扩张状态观测器往往比抗扰控制器的阶数高一阶，起误差反馈和扰动估计补偿作用，是控制器中最重要的环节。

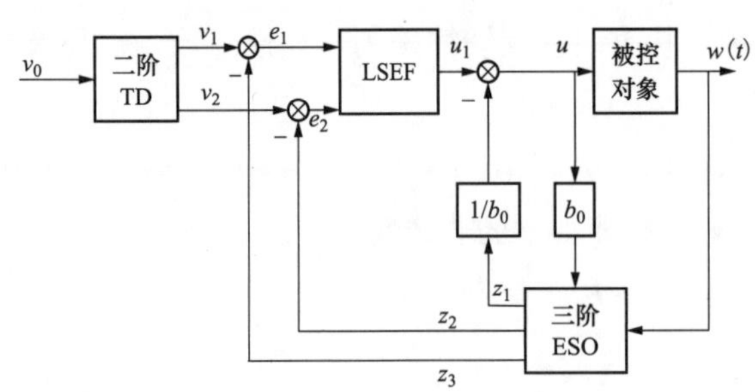

图 3-33 二阶线型自抗扰控制器结构图

跟踪微分器为控制器的输入安排过渡过程，过滤噪声，能得到平滑的输出信号和微分信号，微分器在实际应用中采用串联的惯性环节来近似表达，然而噪声信号和原有信号都经过了近似的微分环节，噪声信号并未衰减，同时超调量也会因为微分环节的引入变得更大。所以 PI 控制器使用的较多。为了实现快速跟踪输入信号，并且能够输出无噪声的微分信号，设计了一个微分跟踪器，微分跟踪器采用了最速跟踪函数，强化了微分控制的效果，抑制了噪声，减小了稳态误差。式（3-128）是跟踪微分器的一般形式，式中，V 是跟踪微分器的输入，x_1，x_2 分别是微分器的两个输出，一个跟踪给定信号，一个是近似的微分信号，fhan 函数是非线性函数 r，h 是可调参数，选择合适的参数即可实现理想的效果。

$$
\begin{cases}
fh=fhan(x_1(k)-v(k),x_2(k),r_0,h_0) \\
x_1(k+1)=x_1(k)+hx_2(k) \\
x_2(k+1)=x_2(k)+hfh
\end{cases}
\tag{3-128}
$$

如果一个二阶及以上阶次的自抗扰控制器，采用式（3-128）的跟踪微分器即可，对任意一个 dq 轴下的信号，都能实现提取微分信号和跟踪参考信号的目的，但是对一个一阶的自抗扰控制器，输入信号只有一个，且信号的微分信息我们不需要获得，所以设计一

个一阶跟踪微分器，可以省略微分环节，同时也降低了控制系统的复杂度。简化的跟踪微分器如式（3-129）所示：

$$\begin{cases} e_1 = P^{*1} - P^{*} \\ P^{*1} = -re_1 \end{cases} \tag{3-129}$$

扩张状态观测器是自抗扰控制中最为重要的一个环节，估计补偿不确定因素，实现抑制扰动的目的。状态观测器能够观测被控系统的状态量，并进行状态误差反馈补偿，扩张状态观测器额外观测了一个扰动状态，即把所有的不确定因素作为一个状态，ESO 有多个反馈通道，分别是系统各个状态的反馈补偿和扩张状态的反馈补偿。例如一个一阶自抗扰控制器，我们可以设计一个二阶的扩张状态观测器，b，β_1，β_2 是可调参数，z_1，z_2 是观测的状态，也是观测器的输出量。

二阶线性扩张状态观测器：

$$\begin{cases} e_2 = z_1 - p \\ \dot{z}_1 = z_2 - \beta_1 e_2 + bu \\ \dot{z}_2 = -\beta_2 e_2 \end{cases} \tag{3-130}$$

误差反馈增益的选择就如选择 PI 控制中的比例环节系数一般，主要影响系统的响应速度和超调，线性的反馈增益即选择固定的常数作为不同反馈误差的增益系数，例如一阶线性误差反馈律，选择一个常数作为信号的增益即可。在自抗扰控制器的实际应用中，线性和非线性的环节可以混合使用，一般误差反馈增益环节选择非线性组合更好。式（3-131）是一阶线性误差反馈律。

$$\begin{cases} e_3 = P^{*1} - z_1 \\ u_0 = ke_3 \\ u = u_0 - z_1/b \end{cases} \tag{3-131}$$

对上述的自抗扰控制器，需要协调整定的参数有四个，分别是 k、β_1、β_2、b 。β_2 和 b 影响观测器对扰动的估计输出，加快系统的响应速度。β_1 起对超调和振荡的抑制作用。对观测器进行极点配置，可以得到观测器的特征方程：

$$D(S) = s^2 + \beta_1 s + \beta_2 \tag{3-132}$$

稳定条件是 $D(S)$ 的根都位于 s 平面的左半平面。$\beta_1 > 0$、$\beta_2 > 0$ 即可保证控制器稳定。为了增强系统的稳定裕度，让特征方程的根离虚轴越远越好，即特征方程的根相等，则有 $\beta_1{}^2 = 4\beta_2$。引入扩张状态观测器的带宽 w_0，即观测器的极点安排在 $-w_0$ 处。则有 $\beta_1 = 2w_0\beta_2 = w_0{}^2$。在实际的参考调节中不一定要严格按照这个规律来调节，选取合适的参数使得控制性能满足要求即可。

2. 非线性自抗扰控制

和线性的自抗扰控制器相比较，非线性的自抗扰控制器增加了非线性环节，需要调节

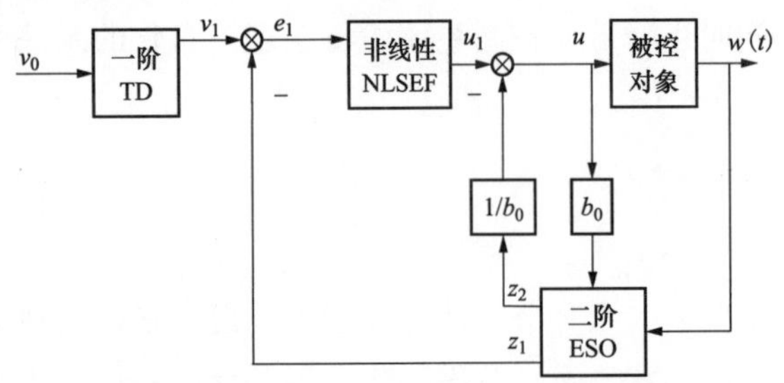

图 3-34　一阶非线性自抗扰控制框图

的参数更多，结构更复杂，但抗扰能力更好，动态响应也更好；如能够调整好参数，控制效果非常显著，动态特性更好；如果参数选择不当，那么在实际的应用中，往往难以实现理想的控制效果，无法快速地跟踪目标。

对于图 3-34 的一阶非线性 ADRC 微分跟踪器：

$$\begin{cases} e_1 = V_{ref1} - V_{ref} \\ P^{*1} = -re_1 \end{cases} \tag{3-133}$$

非线性扩张状态观测器：

$$\begin{cases} e_2 = z_1 - V \\ \dot{z}_1 = z_2 - \beta_1 * fal(e_2, \alpha, \delta) + bu \\ \dot{z}_2 = -\beta_2 * fal(e_2, \alpha, \delta) \end{cases} \tag{3-134}$$

非线性控制率：

$$\begin{cases} e_3 = V_{ref1} - z_1 \\ u_0 = k * fal(e_3, \alpha, \delta) \\ u = u_0 - z_1/b \end{cases} \tag{3-135}$$

$$fal(e, \alpha, \delta) = \begin{cases} \dfrac{e}{\delta^{1-\alpha}}, |e| < \alpha \\ |e| sgn(e), |e| > \alpha \end{cases} \tag{3-136}$$

如式（3-136）所示，非线性自抗扰控制器增加了非线性函数，额外增加了两个参数，使得参数整定更为复杂，但基本结构与线性的自抗扰控制器是相同的。非线性函数中，δ，α 选择一个合适的值，使得 fal 函数能够保持连续，可以避免动态过程中的振荡问题。非线性函数的选择可以有很多，不同的函数效果不同，对控制器的控制性能影响却并不明显。

二、智能协调控制系统

协调或协同控制在现代化大生产中具有重要的地位，是生产运行调控的主要手段。从广义规模上的电网到狭义规模上的电厂，协调或协同控制都扮演着极其重要的角色，在节能减排、绿色环保方面发挥着关键的作用。

在我国提出的一系列新能源电力发展战略背景下，火电机组面临着改造项目多，运行特性变化大；能源格局变换，电网调峰、调频动作造成单元机组扰动的不确定性；发供双方不平衡，面临深度调峰等多项挑战。单元发电机组重要辅机系统特性差等多项因素是制约单元机组协调控制品质提升的主要原因。

在电厂过程控制中，协调系统作为火电机组自动发电控制（AGC）系统的重要组成部分，承担着协调锅炉、汽机响应电网调度指令的重要任务，直接影响着机组运行的安全性、稳定性、经济性和电网有功调节水平。在新能源电力系统大环境下，面对现阶段电网的调度方式，火电机组协调系统的控制性能还远未达到实际需求。目前单元机组控制难度大的主要原因为：

1. 机组运行特性变化较大

单元机组具有纯延迟、大惯性、非线性等特点，机组多参数之间相互关联、制约，存在强烈的耦合特性。随着环保等民生需求日益提升，火电机组先后历经了脱硫脱硝改造、电除尘环保改造，部分机组在节能降耗方面又开展了机组通流升级改造，造成单元机组运行特性发生了很大变化，原始设计的协调控制策略难以适应机组新特性，出现了调节品质下降，甚至在安全性与经济性方面都面临着较大考验。

2. 新能源电力系统的多元化趋势，电网调峰、调频动作造成单元机组扰动的不确定性

随着风电、太阳能等新能源大规模应用于电力系统，抽水蓄能电站调节的能力有限。随着电网直流特高压工程的建设发展，已正式进入特高压交直流混联的特大型电网时代，频率运行特性愈发复杂。火电机组不合格比重大，机组协调控制品质差也是造成一次调频响应能力受限的重要因素。目前电网主要还是依靠火电机组的负荷调整能力，大电网运行对单元发电机组的一次调频、协调控制品质提出了更高标准的要求。

3. 发供双方不平衡，面临深度调峰

我国风电和光伏发电等新能源发展迅速，火电机组加强调峰能力建设，提升系统灵活性。在这样的基础上，各发电机组在深度调峰的需求下，机组协调控制将面临着更大的难度。伴随着机组负荷的升降，机组的动态特性参数随之大幅变化。

4. 单元发电机组重要辅机系统特性差

由于近年来，火力发电机组设备年利用小时数不断降低以及污染物排放相关环保压力等因素，各发电企业发电成本增加，企业的经营利润空间逐步压缩。各发电企业对机组的检修周期、项目不断进行调整，难以根据设备的真实状态来确定检修内容。在火力发电机组中，如磨煤机等辅机设备的性能状况对机组的协调控制有着至关重要的影响作用，制粉系统的出力差别造成的锅炉燃料响应时间和燃烧率差异相当大。通过现场经验总结对比，就燃料从机组燃烧需求开始，至锅炉主蒸汽压力响应结束，在不同的发电机组中，短则 120s，长则超过 300s，对机组协调控制的调节品质影响非常大。部分发电机组的辅机设备长期未得到状态分析、检修，最终在未满一个 A 修周期时，就已经导致相应控制系统无法投入自动运行。

针对上述问题，在内蒙古东胜电厂的智能发电运行控制系统中（以下简称项目），首先基于机理分析和数据辨识，建立了机炉协调系统非线性控制模型；在此基础上采用了以广义预测控制为核心设计协调控制方案，融合了经典的 DEB400 直接能量平衡和传统前馈控制相结合的控制策略，采用煤质低位发热量校正，构建了一种基于精准能量平衡的智能协调控制策略。仿真及工程应用结果表明，这种基于精准能量平衡的智能协调控制系统能够大幅提高控制系统的稳定性和抗干扰能力。

（一）机炉协调系统非线性控制模型

项目中控制系统的仿真验证是基于经典汽包炉机组简化非线性模型进行的。该模型能够很好的反映汽包炉机组的动态特性，且具有一定的通用性，模型精度能够满足控制系统设计和验证的基本要求，模型具体如图 3 - 35 所示：

图 3 - 35 亚临界汽包炉机组仿真模型

磨煤机作为一个过程对象单独考虑的话，由于存在给煤量输入和一次风调节的双重输入，本质为一个非自平衡一阶对象，给煤量输入为该单容对象的输入端，一次风调节门为该单容对象的输出端，磨煤机存煤量视作液位变量。但考虑到风煤比通常为确定值，在改变给煤的同时会同步调节一次风量，所以在这种情况下可以把磨煤机视作是自平衡一阶对象，也即一阶惯性对象。

如果水冷壁对象的输入是进入炉膛的煤粉量（间接看做是热能），输出为水冷壁的吸收的热量，则水冷壁对象是可视作是一个平衡一阶对象，也即一阶惯性对象。

综上所示，磨煤机及水冷壁对象总和可看做是两个一阶惯性对象的串联，该二阶对象的输入量为给煤量，输出为水冷壁吸收的热量。考虑到实际进入水冷壁吸收的热量为给煤的实际有效热量，该热量只是给煤量的一部分，因此使用设计煤种收到基低位发热值来修正给煤量。

$$\frac{Q(s)}{M(s)Q_{\text{net. ar}}}=G(s) \tag{3-137}$$

式中：$Q(s)$ ——水冷壁吸收的热量；

$M(s)$ ——给煤量；

$Q_{\text{net. ar}}$ ——设计煤种收到基低位发热值，MJ/kg。

因此，如果以给煤量 $M(s)$ 作为输入量，该环节可以表达为：

$$G_b(s)=Q_{\text{net. ar}}\frac{1}{3.6(T_{\text{mill}}s+1)(T_{\text{heat}}s+1)}e^{-\tau_{\text{mill}}s} \tag{3-138}$$

式中：T_{mill} ——制粉惯性时间，s；

τ_{mill} ——制粉过程的迟延时间，s；

T_{heat} ——水冷壁吸热惯性时间，s；

$Q_{\text{net. ar}}$ ——设计煤种收到基低位发热值，MJ/kg。

其中，T_{mill}、T_{heat}、τ_{mill} 为待辨识参数。式中系数“3.6”与一次风挡板阻力系数、水冷壁传热阻力系数之乘积的倒数有关。

下面从能量流角度来分析锅炉的模型。

给煤燃烧释放的能量一部分由水冷壁吸收后传递给给水，后面的能量流如图 3-36 所示：

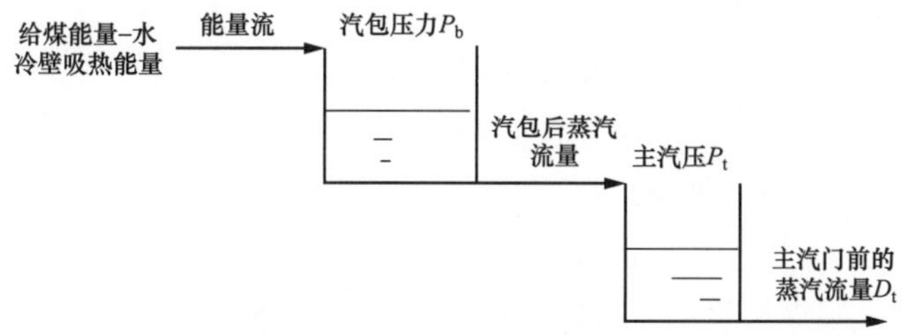

图 3-36　锅炉能量流模型

主汽压和输入热量之间基本呈现为二阶惯性环节，其传递函数与进入汽包的等价能量阀开度系数、汽包蓄热系数 C_b、主蒸汽管道的等价阀开度系数、主蒸汽管道蓄热系数 C_p、汽包输出蒸汽管道阻力 R_b 有关，如图 3-37 所示。

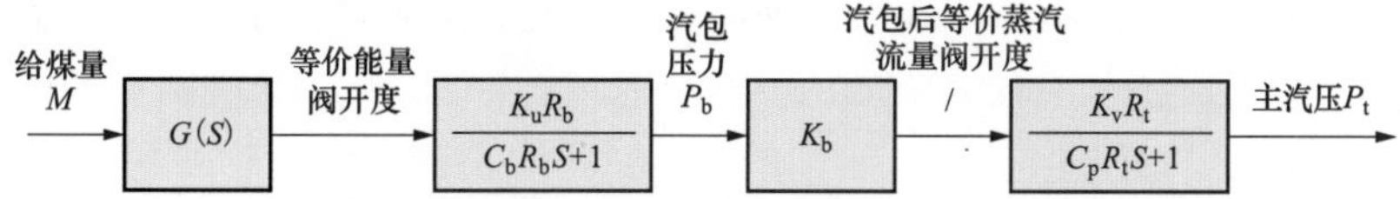

图 3-37　主汽压和给煤量之间传递函数的方框图

也可以使用状态空间模型来表达，需要使用能量平衡来建立状态空间。由上图锅炉能量流模型有：

$$\text{锅炉有效吸热量 } D_q \mathrm{d}t = \text{汽包蓄热 } C_1 \mathrm{d}(P_b) + \text{汽包后蒸汽流量 } \mathrm{d}t \quad (3-139)$$

式（3-139）中“汽包后蒸汽流”可以表达为汽包与主汽压的压差修正后的函数 $k_1(p_b-p_t)^{0.5}$

同理有：

$$\text{汽包后蒸汽流量} = \text{主蒸汽管道蓄热} + \text{主蒸汽流量} \quad (3-140)$$

因此，其状态空间模型可表达为：

$$\begin{cases} c_1 \dot{p}_b = D_q - k_1 (p_b - p_t)^{0.5} \\ c_2 \dot{p}_t = k_1 (p_b - p_t)^{0.5} - k_2 p_t u_t \\ D_t = k_3 p_t u_t \end{cases} \quad (3-141)$$

式中：　D_q ——锅炉有效吸热量，MJ/s；

p_b ——汽包压力，MPa；

p_t ——主蒸汽压力，MPa；

c_1 ——汽包蓄能系数，MJ/MPa；

c_2 ——主蒸汽管道蓄能系数，MJ/MPa；

D_t ——主蒸汽流量，t/h；

c_1、c_2、k_1、k_2、k_3 ——待辨识参数。

如果以主汽阀开度为输入，汽轮机转速为输出，则汽轮机动态传递函数模型为：

$$G_t(s)=\frac{k_4}{(T_{HPC}s^{+1})(T_{IPC}s^{+1})(T_{LPC}s^{+1})} \tag{3-142}$$

式中：T_{HPC}——高压缸惯性时间，s；

T_{IPC}——中压缸惯性时间，s；

T_{LPC}——低压缸惯性时间，s；

T_{HPC}、T_{IPC}、T_{LPC}、k_4——待辨识参数。

在仿真模式下，给煤量扰动（本例为给煤量阶跃减小）时机组负荷和主汽压的基本变化趋势如图 3-38 所示。

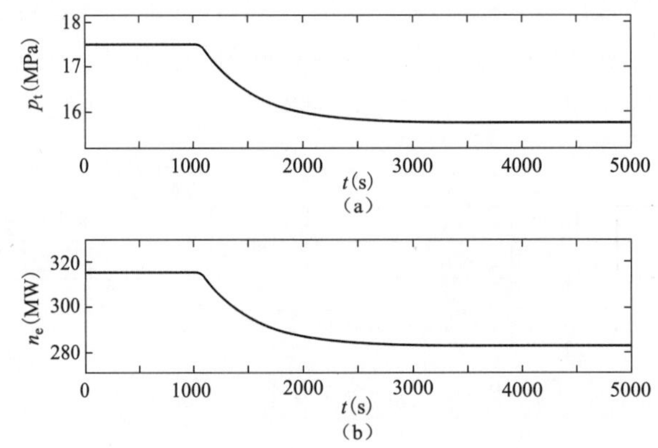

图 3-38 给煤量扰动时机组负荷和主汽压的基本变化趋势

(a) 主蒸汽压力响应曲线；(b) 机组负荷响应曲线

主汽门扰动（本例为给主汽门阶跃开大）时机组负荷和主汽压的基本变化趋势如图 3-39 所示。

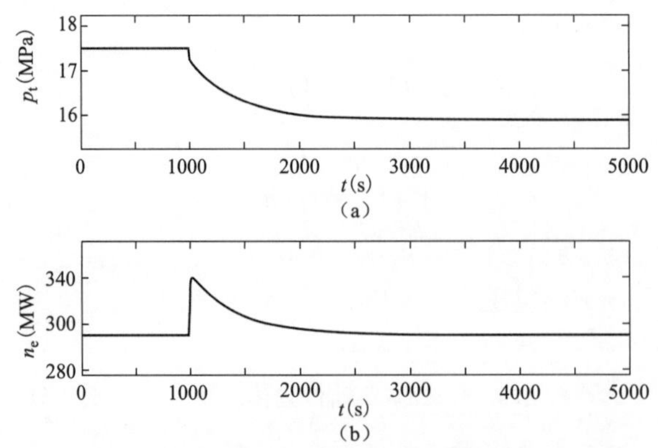

图 3-39 主汽门扰动时机组负荷和主汽压的基本变化趋势

(a) 主蒸汽压力响应曲线；(b) 机组负荷响应曲线

针对我国某电厂 330MW 亚临界汽包炉机组，本项目采集了 2018 年 9 月 11～12 日连续 48h 的机组实际运行数据进行模型参数的辨识和验证，所取工况范围涉及 50%～100% 额定工况，给煤量波动范围从 100 t/h 到 220t/h [见图 3-40 (a)]，主汽门开度波动范围从 42%到 80% [见图 3-40 (b)]，且存在多次升降负荷过程，能够充分反映亚临界汽包炉机组的动态特性，在模型辨识过程中，$Q_{net.ar}$ 取该厂机组设计煤种收到基低位发热值，即 $Q_{net.ar}=19.440$MJ/kg。

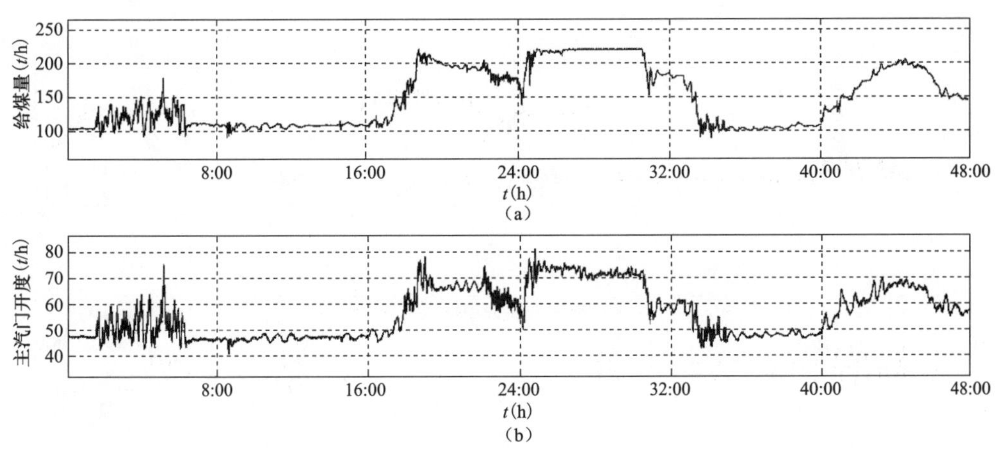

图 3-40　给煤量和主汽门开度输入数据

辨识时可以仿照上面所述之仿真模式下的情况，采用传统的辨识方法，即首先保持其他参量不变的情况下，进行给煤量阶跃扰动试验，获得的机组负荷输出和主汽压输出数据和曲线，然后依据输入输出曲线数据进行参数辨识。

在本项目中，采用了遗传算法进行参数辨识，也即通过遗传算法来尝试各种参数组合，然后经过各代优化后找到一组最优的参数配合来拟合输出曲线。使用给煤量和主汽门开度输入数据、机组负荷和主蒸汽压力的实际输出数据作为遗传算法的原始数据，在待辨识参数预设初始值的基础上，经过遗传算法的各代优化，最终找到一组最佳的配合参数。

为了充分验证模型辨识及验证过程的准确性，本项目将所采集的前 24h 数据用于模型参数的辨识，后 24h 数据用于模型的验证。在模型辨识过程中，采用了实数编码的遗传算法，以实际输出和模型输出误差的函数作为个体适应度函数，种群大小为 60，终止迭代次数为 30，交叉概率为 0.93，变异概率为 0.3，获得的模型参数如表 3-3 所示，辨识及验证过程如图 3-41 所示。

表 3-3　　辨识获得的模型参数

模型未知参数	获得参数	模型未知参数	获得参数
c_1	13273.7883	τ_{mill}	55.1703
c_2	4439.8620	T_{heat}	20.3217

续表

模型未知参数	获得参数	模型未知参数	获得参数
K_1	497.2176	T_{mill}	81.2034
K_2	0.8928	T_{HPC}	3.5701
K_3	0.7950	T_{IPC}	6.0174
K_4	0.3290	T_{LPC}	3.7800

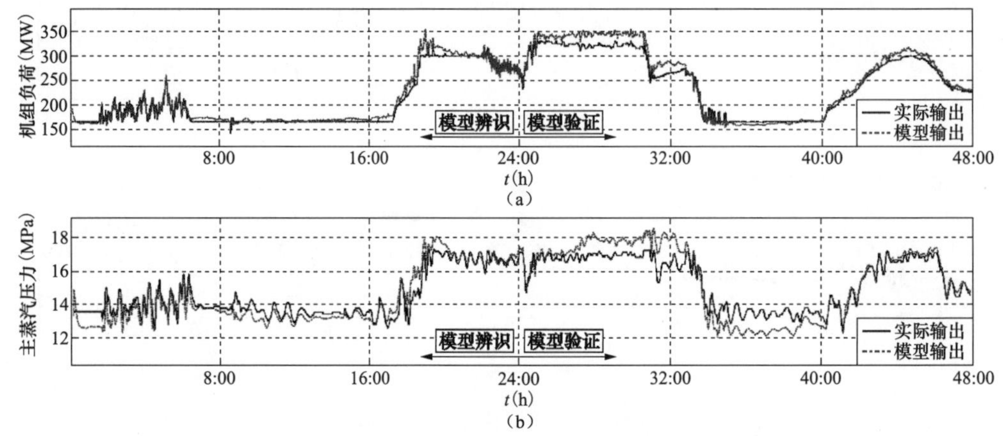

图 3-41 机组负荷和主蒸汽压力的模型输出与真实值对比

图 3-41 机组负荷和主蒸汽压力的模型输出与真实值对比给出了模型辨识及验证过程中机组负荷和主蒸汽压力的模型输出与实际输出的对比曲线，在模型辨识阶段，机组负荷和主蒸汽压力的模型输出能够很好的贴合实际输出；在模型验证阶段，机组负荷和主蒸汽压力的模型输出和实际输出在高负荷段和低负荷段稍有偏离，但两者的趋势基本一致。

为了进一步说明模型输出与实际输出曲线在趋势上的一致性和模型精度，本项目将图 3-41 机组负荷和主蒸汽压力的模型输出与真实值对比进行局部放大（图 3-42、图 3-43），并计算了后 24h 模型输出和实际输出的相关性系数和均方根误差（表 3-4）。由图 3-42 和图 3-43 可见，由于机组协调系统对象特性复杂，受煤质变化、复杂恶劣环境干扰等影响，模型输出和实际输出在某些工况下存在一定的偏差，但两者的变化趋势基本一致；由表 3-4 可见，机组负荷和主蒸汽压力模型输出和实际输出的相关性系数均高于 0.95，尤其对于机组负荷，两者相关性系数更是高达 0.9938，这足以说明模型输出和实际输出在趋势上是高度吻合的；此外，机组负荷和主蒸汽压力模型输出和实际输出的相对均方根误差均低于 3.5%，验证了模型在大范围工况下的准确性。因此，本项目辨识获得的亚临界汽包炉模型能够展现该电厂 330MW 级机组的动态特性，满足亚临界汽包炉机组协调控制系统设计和验证的需求。

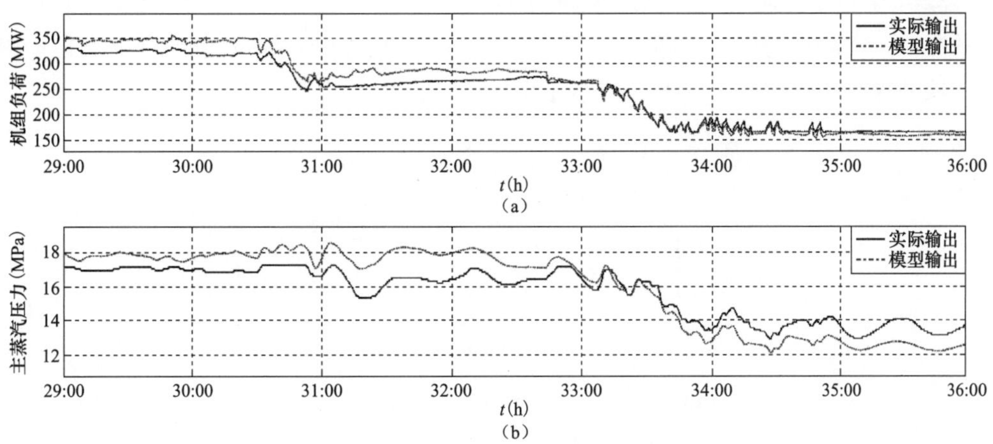

图 3-42 机组负荷和主蒸汽压力的模型输出与真实值对比（一）

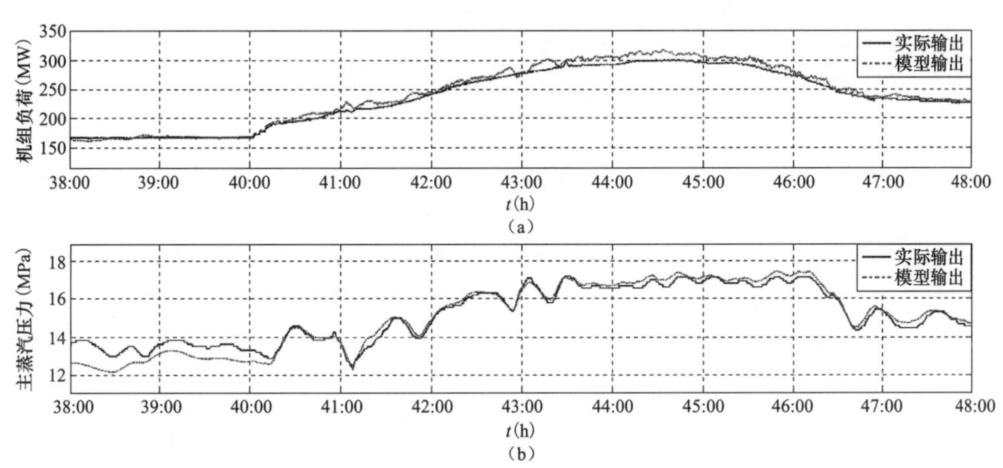

图 3-43 机组负荷和主蒸汽压力的模型输出与真实值对比（二）

表 3-4 模型输出和实际输出的相关性系数和均方根误差

输出对比	机组负荷 N_e	主蒸汽压力 p_t
相关系数	0.9938	0.9640
均方根误差	11.0917	0.6463
相对均方根误差	3.12%	3.48%

以上示例也同时验证了遗传算法在离线参数辨识中的重要作用和实际工程价值。

（二） AGC优化目标

1. 调节速率 K_1

调节速率是指机组响应设点指令的速率，可分为上升速率和下降速率。第 i 台机组第 j 次调节的调节速率考核指标计算过程描述如下：

在涨出力阶段，即 $T_1 \sim T_4$ 区间，由于跨启磨点，因此在计算其调节速率时必须消除启磨的影响；在降出力区间，即 $T_5 \sim T_6$ 区间，未跨停磨点，因此计算时勿需考虑停磨的影响。综合这两种情况，实际调节速率计算公式如下：

$$v_{i,j}=\begin{cases}\dfrac{P_{Ei,j}-P_{Si,j}}{T_{Ei,j}-T_{Si,j}} & P_{di,j}\notin(P_{Ei,j},P_{Si,j})\\[2ex]\dfrac{P_{Ei,j}-P_{Si,j}}{(T_{Ei,j}-T_{Si,j})-T_{di,j}} & P_{di,j}\in(P_{Ei,j},P_{Si,j})\end{cases} \tag{3-143}$$

式中：$v_{i,j}$——机组 i 第 j 次调节的调节速率，MW/min；

$P_{Ei,j}$——其结束响应过程时的出力，MW；

$P_{Si,j}$——其开始动作时的出力，MW；

$T_{Ei,j}$——结束的时刻，min；

$T_{Si,j}$——开始的时刻，min；

$P_{di,j}$——第 j 次调节的启停磨临界点功率，MW；

$T_{di,j}$——第 j 次调节启停磨实际消耗的时间，min。

$$K_1^{i,j}=\frac{v_{i,j}}{v_{N,i}} \tag{3-144}$$

式中：$v_{N,i}$——机组 i 标准调节速率。MW/min，其中：一般的直吹式制粉系统的汽包炉的火电机组为机组额定有功功率的 1.5%；一般的带中间储仓式制粉系统的火电机组为机组额定有功功率的 2%；循环流化床机组和燃用特殊煤种（如劣质煤，高水分低热值褐煤等）的火电机组为机组额定有功功率的 1%；超临界定压运行直流炉机组为机组额定有功功率的 1.0%，其他类型直流炉机组为机组额定有功功率的 1.5%；燃气机组为机组额定有功功率的 4%；水力发电机组为机组额定有功功率的 10%。

$K_1^{i,j}$——衡量的是机组 i 第 j 次实际调节速率与其应该达到的标准速率相比达到的程度。

2. 调节精度

调节精度是指机组响应稳定以后，实际出力和设点出力之间的差值。调节精度的考核指标计算过程描述如下：

在第 i 台机组平稳运行阶段，即 $T_4 \sim T_5$ 区间，机组出力围绕 P_2 轻微波动。在类似这样的时段内，对实际出力与设点指令之差的绝对值进行积分，然后用积分值除以积分时间，即为该时段的调节偏差量，如下式：

$$\Delta P_{i,j}=\frac{\int_{T_{Si,j}}^{T_{Ei,j}}|P_{i,j}(t)-P_{i,j}|\times \mathrm{d}t}{T_{Ei,j}-T_{Si,j}} \tag{3-145}$$

式中：$\Delta P_{i,j}$——第 i 台机组在第 j 次调节的偏差量，MW；

$P_{i,j}(t)$——其在该时段内的实际出力；

$P_{i,j}$——该时段内的设点指令值；

$T_{Ei,j}$——该时段终点时刻；

$T_{Si,j}$——该时段起点时刻。

$$K_2^{i,j}=2-\frac{\Delta P_{i,j}}{\text{调节允许的偏差量}} \tag{3-146}$$

式中：调节允许的偏差量——机组额定有功功率的1%。

$K_2^{i,j}$——衡量的是该AGC机组 i 第 j 次实际调节偏差量与其允许达到的偏差量相比达到的程度。如果 $K_2^{i,j}$ 的计算值小于0.1，则取为0.1。

3. 响应时间

响应时间是指EMS系统发出指令之后，机组出力在原出力点的基础上，可靠地跨出与调节方向一致的调节死区所用的时间，即：

$$t_{i,j}^{\text{up}}=T_1-T_0 \text{ 和 } t_{i,j}^{\text{down}}=T_6-T_5 \tag{3-147}$$

$$K_3^{i,j}=2-\frac{t_{i,j}}{\text{标准响应时间}} \tag{3-148}$$

式中：$t_{i,j}$——机组 i 第 j 次AGC机组的响应时间。火电机组AGC响应时间应小于1min，水电机组AGC的响应时间应小于20s。

$K_3^{i,j}$——衡量的是该AGC机组 i 第 j 次实际响应时间与标准响应时间相比达到的程度。如果 $K_3^{i,j}$ 的计算值小于0.1，则取为0.1。

4. 调节性能综合指标

每次AGC动作时按下式计算AGC调节性能：

$$K_p^{i,j}=K_1^{i,j}\times K_2^{i,j}\times K_3^{i,j} \tag{3-149}$$

式中：$K_p^{i,j}$——衡量的是该AGC机组 i 第 j 次调节过程中的调节性能好坏程度。

调节性能日平均值 $K_{pd}^{i,j}$：

$$K_{pd}^{i,j}=\begin{cases}\dfrac{\sum_{j=1}^{n}K_p^{i,j}}{n}\text{，机组 } i \text{ 被调用 AGC}(n>0)\\ 1\text{，机组 } i \text{ 未被调用 AGC}(n=0)\end{cases} \tag{3-150}$$

式中：$K_{pd}^{i,j}$——第 i 台AGC机组一天内 n 次调节过程中的性能指标平均值。未被调用AGC的机组是指装设AGC但一天内一次都没有被调用的机组。

调节性能月度平均值：

$$K_p^i = \begin{cases} \dfrac{\sum_{j=1}^{N} K_p^{i,j}}{n}, \text{机组 } i \text{ 被调用 AGC}(n > 0) \\ 1, \text{机组 } i \text{ 未被调用 AGC}(n = 0) \end{cases} \tag{3-151}$$

式中：K_p^i ——第 i 台 AGC 机组一个月内 N 次调节过程中的性能指标平均值。未被调用 AGC 的机组是指装设 AGC 但在考核月内一次都没有被调用的机组。

（三）智能协调控制策略

在煤质低位发热量软测量及广义预测控制等理论的基础上，本项目融合传统前馈控制和经典 DEB400 直接能量平衡控制理念，设计了亚临界汽包炉机组协调系统优化控制方案如图 3-44 所示。

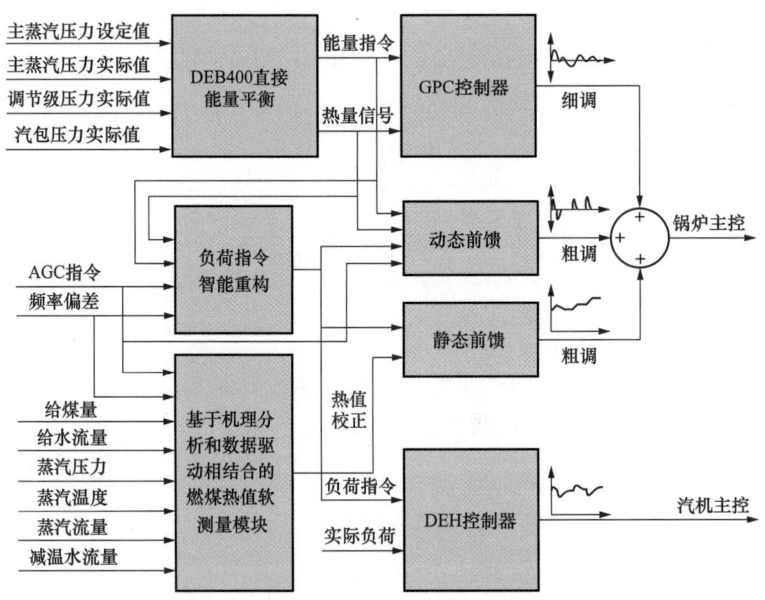

图 3-44　亚临界汽包炉机组协调系统优化控制方案

图 3-44 给出了亚临界汽包炉机组协调系统优化控制方案，本项目设计的亚临界汽包炉机组协调系统优化控制方案主要由适应机组动态特性的机组负荷指令智能重构、基于煤质校正的负荷煤量静态前馈控制策略、基于能量偏差的预给煤动态前馈控制策略、基于 DEB400 直接能量平衡的反馈控制策略等四部分构成。在反馈控制中，考虑到锅炉侧存在大迟延、大惯性特性，采用广义预测控制进行设计；由于主汽门至机组负荷的响应速率较快，往往又独立于 DEH 中，故保留原有的 PID 调节方式。

1. 适应机组动态特性的机组负荷指令智能重构

为了提高火电机组 AGC“两个细则”性能考核指标，本项目根据电网 AGC 指令和频差信号、锅炉能量指令和热量信号，构造一种适应机组动态特性的机组负荷指令，该指令

能够保证机组安全稳定运行的情况下，尽可能地提高机组电网 AGC 及一次调频负荷响应能力。

2. 基于煤质校正的负荷煤量静态前馈控制策略

机组负荷-煤量线性前馈回路在锅炉主控输出指令中起着非常重要的作用，在其中占有很大的份额，给煤基线的合理与否将对机组协调控制系统的调节性能起决定性的作用。其中的基线函数是依据负荷处于不同工况下时，给煤量与之有一个定量的对应关系确定的，通过这种方式可以在变负荷过程中对机组功率进行一个大致的确定，即“粗调”。而且为了使锅炉侧的响应速度尽可能地快，要让折线变换过来的给煤量有一个合适的变化速度，这个速度应该比机组负荷变化率快。同时如果现场机组使用的是多种煤种掺烧的方式，则有必要结合煤质低位发热量在线计算数据对基线给煤量指令进行修订，将煤质在线校正由燃料主控侧提前至给煤量前馈侧进一步提高锅炉侧给煤量调节的响应速率，保证机组在升降负荷时不会因为煤质波动而导致的温度、压力等关键参数大幅度偏离设定值。

3. 基于能量偏差的负荷煤量动态前馈控制策略

负荷煤量动态前馈控制策略主要用于克服变负荷初期反馈调节缓慢的问题，根据目标负荷指令、实际负荷指令、锅炉能量指令和热量信号构建一种负荷煤量动态前馈控制策略。锅炉能量指令和热量信号的引入是为了提高负荷煤量动态前馈的自适应能力，避免煤量的大幅度超调。

4. 基于 DEB400 直接能量平衡的反馈控制策略

DEB400 直接能量平衡控制理论是美国 Leeds&Northraup 公司的专利产品，它是一个精确的、反应灵敏的控制策略，它使锅炉跟随汽机需求而维持锅炉的输入之间有适当的关系，提供了一个独特的前馈——反馈的协调控制策略。直接能量平衡 DEB 的基本控制策略如图 3-45 所示。

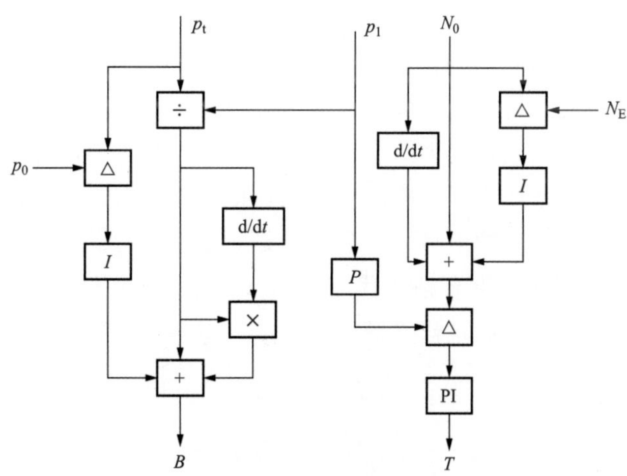

图 3-45　直接能量平衡 DEB 的基本控制策略（DEB300）

图 3-45 中 p_t 为主蒸汽压力测量值，p_0 为主蒸汽压力设定值，p_1 为主蒸汽调节级压力；N_0 为功率设定值，N_E 为输出功率测量值；B 表示燃料阀开度，T 表示主汽阀开度。在汽机侧（图 3-45 中右侧部分），使用微分调节和功率指令直通作为前馈加速提高汽机侧后半部分过程（功率级）的调节速度，使用功率设定信号的主调节器积分控制率来精确控制汽机侧后半部分（功率级）的调节；使用副调节器比例控制率来控制汽机侧前半部分过程（从主汽阀到调节级），总体上构成一个串级控制策略；在锅炉侧（图 3-45 中左侧部分），使用汽机侧的阀门开度信号 p_1/p_t 作为前馈信号加速燃料阀开度，使用带主汽压设定的积分控制率来控制燃料阀。这种控制策略一般称为 DEB300。后来在 DEB300 基础上又改进出了 DEB400 控制策略，如图 3-46 所示。

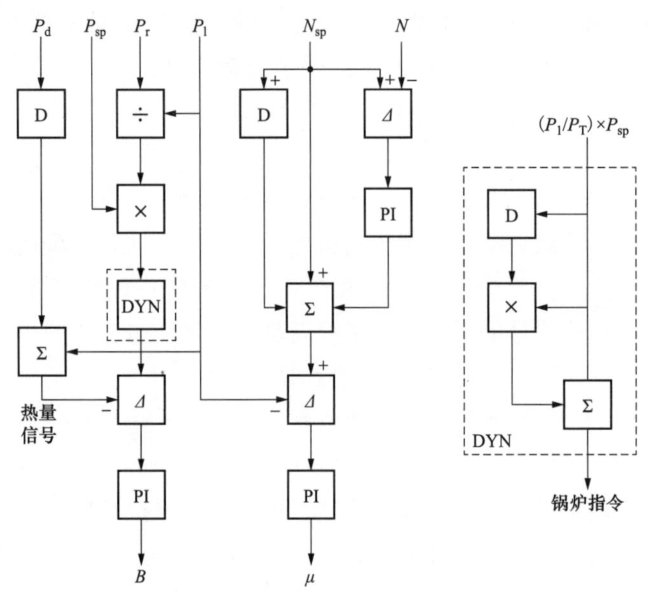

图 3-46　DEB400 控制策略

在 DEB300 中，主汽阀向后到汽机前的过程分为了两个过程，这两个过程也存在协同，如果这两个部分协同效果不是十分理想的话会影响总体的协调控制的效果，因此考虑不将主汽阀向后到汽机前的过程分为两个过程，而是作为一个整体过程考虑，这样可以提高这个部分的协同性，于是产生了 DEB400 控制策略。DEB400 控制策略在锅炉侧不再使用 DEB300 中的主汽压作为反馈信号，而是使用调节级压力 p_1 作为反馈信号，取消了锅炉侧基于积分调节的主汽压细调环节，代之以一个以 p_1/p_tp_0 为主汽压设定值（如图中 DYN 部分所示）的比例积分调节器。当稳态时有

$$dP_d/d_t=0$$

$$p_1=(p_1/p_t)p_0,\text{即 } p_t=p_0 \tag{3-152}$$

也可以理解为汽机调节级压力 p_1 点的压力设定点根据主汽阀开度直接修正为（p_1/p_t）p_0 了，p_1 点为锅炉和汽机两个部分协同的界面，而不再是使用主蒸汽压力 p_t 作为锅

炉和汽机两个部分协同的界面，这样就将原来从燃料阀门到汽机调节级压力 p_1 点的三部分协同变成了两部分协同，所以整体的协同性更好。

经典 DEB400 直接能量平衡控制策略能够及时的反应汽轮机能量需求情况和锅炉具备的热量，这是经典 DEB400 直接能量平衡留下的宝贵经验，广义预测控制能够预测被控量的未来变化情况，提前调整控制量，这是现代控制算法处理大迟延、大惯性控制难题的绝对优势。本项目中将如图 DEB400 中的锅炉侧的 PI 控制器换成预测控制器。将 DEB400 直接能量平衡模块输出的能量指令和热量信号作为预测控制器的设定值和反馈值，能够实现两者的高度融合，从而提高协调系统控制性能。

三、基于锅炉性能最优的氧量定值优化

在影响机组运行经济性的众多因素中，锅炉燃烧效率对机组运行经济性起着决定作用。锅炉运行中需要多种参量的协同，比如空气-燃料协同、给水-燃料协同、负荷-脱硝协同等。任何一种协同出现不同步或准确度下降时，都可能造成锅炉运行参数（主汽压、主汽温等）的波动，影响运行的安全性和稳定性，同时造成了资源（煤、水、氨气等）的浪费，还增加了设备的磨损。

在电站锅炉燃烧调整的众多参数中，氧量则是锅炉燃烧调整的重要监视参数，它表征了锅炉内整体的燃烧状态，代表了炉膛整体配风水平。氧量过高，其不仅会导致炉内燃烧产生的 NO_x 浓度增加，更会导致锅炉排烟热损失的增大；而氧量过低，则会导致炉内燃烧不充分，锅炉固体未完全燃烧损失增加。因此，如何确定锅炉最佳运行氧量成为锅炉燃烧优化领域中研究的重点和难点。

在锅炉氧量优化研究方法中主要分为基于机理模型和基于数值模型的氧量优化研发方法。由于锅炉燃烧系统复杂、影响因素众多，很难给出一个完备的机理模型来反映锅炉运行氧量与锅炉效率、配风之间的关系；而基于数据模型的优化方法中，建模所需的样本数据较多，建模训练时间较长，不适于在线学习和优化，且模型精度在很大程度取决于数据是否遍历。因此，本项目提出了基于锅炉性能最优的氧量定值优化方法，通过构建氧量热量软测量信号，克服机理模型存在的缺陷，提升优化结果的可靠性和实用性。

（一）锅炉效率计算

煤粉在锅炉中燃烧并得到有效利用的热量称为锅炉有效吸热量，而其他热量则称为锅炉燃烧热损失，其主要包括排烟热损失、气体不完全燃烧热损失、固体不完全燃烧热损失、散热损失、其他热损失。在最佳氧量寻优锅炉效率计算中，结合了锅炉效率正平衡和反平衡原理，保证了简化机理模型的计算精度。

锅炉燃烧释放的总热量的去处有如下几个：

(1) 蒸汽（含加热给水、烟气传递的热量）。

(2) 锅炉设备金属。

(3) 排烟烟气（热量损失）。

(4) 固体不完全燃烧热损失（灰渣，所含全部热量损失）。

蒸汽（分子）是锅炉燃烧释放的热量的主要承接物，通过以给水、过热、再热等形式承载热量。烟气中的热量有一部分随烟气从烟囱排出，形成排烟热损失。

1. 锅炉有效吸热量计算

锅炉有效吸热量是汽水系统在锅炉中所吸收的热量，其主要包括主蒸汽吸热量、再热蒸汽吸热量、过热减温水系统以及再热减温水系统量，其分别如下：

主蒸汽吸热量：

$$TEMP_1 = D_{fw} \times (h_0 - h_{fw}) \tag{3-153}$$

式中：$TEMP_1$——主蒸汽吸热量，kW；

D_{fw}——锅炉给水流量（ks/s）；

h_0——主蒸汽焓值，kJ/kg，由主蒸汽压力和主蒸汽温度确定；

h_{fw}——省煤器入口工质焓值（kJ/kg），由省煤器入口给水压力和温度确定。

再热蒸汽吸热量：

$$TEMP_2 = D_{zr} \times (h_{zrh} - h_{zrl}) = D_{zr} \times \sigma \tag{3-154}$$

式中：$TEMP_2$——再热蒸汽吸热量，kW；

D_{zr}——再热蒸汽流量，ks/s；

h_{zrh}——热再焓值，kJ/kg，由再热器出口蒸汽压力和温度确定；

h_{zrl}——冷再焓值，kJ/kg，由再热器入口蒸汽压力和温度确定；

σ——再热焓升，kJ/kg，即热再焓值减去冷再焓值。

过热减温水吸热量：

$$TEMP_3 = D_{ss} \times (h_0 - h_{ss}) \tag{3-155}$$

式中：$TEMP_3$——过热减温水吸热量，kW；

D_{ss}——过热减温水流量，ks/s；

h_{ss}——过热减水焓值，kJ/kg，由过热减温水引出点压力和温度确定。

再热减温水吸热量：

$$TEMP_4 = D_{rs} \times (h_{zrh} - h_{rs}) \tag{3-156}$$

式中：$TEMP_4$——再热减温水吸热量，kW；

D_{rs}——再热减温水流量，ks/s；

h_{rs}——再热减水焓值，kJ/kg，由再热减温水引出点压力和温度确定。

锅炉总有效吸热量可以表示为：

$$Q_1 = TEMP_1 + TEMP_2 + TEMP_3 + TEMP_4 \tag{3-157}$$

2. 排烟热损失计算

排烟热损失主要指锅炉排烟烟气带走的热量，其可以表示为：

$$Q_2 = D_{ZFL} \times (c_{py} \cdot t_{py} - c_{lf} \cdot t_{lf}) \tag{3-158}$$

$$c_{py} = 1.071 \times (1.3593 + 0.000188 \times t_{py}) \tag{3-159}$$

$$c_{lf} = 1.071 \times (1.3593 + 0.000188 \times t_{lf}) \tag{3-160}$$

式中：D_{ZFL}——总风量，kg/s；

t_{py}——排烟烟气温度，℃；

t_{lf}——锅炉入口送风温度，℃；

c_{py}、c_{lf}——排烟烟气和锅炉入口空气比容，kJ/（kg·℃）。

3. 固体未完全燃烧热损失百分比

固体未完全燃烧热损与锅炉运行氧量与锅炉出力相关，其可以表示为：

$$q_4 = 2/\eta_{O_2} + (D_{dsn}/D_0) \times 0.22 \tag{3-161}$$

式中：q_4——固体未完全燃烧热损失百分比，%；

η_{O_2}——锅炉排烟烟气氧量，%；

D_{dsn}——锅炉额定蒸发量，kg/s。

4. 散热损失百分比

散热损失通常认为与锅炉负荷相关，其可以表示为：

$$q_5 = (D_{dsn}/D_0) \times 0.17 \tag{3-162}$$

式中：q_5——散热损失百分比，%。

5. 锅炉总热量计算及锅炉效率

锅炉系统的能量守恒，锅炉总热量及锅炉效率可以表示为：

$$Q_{total} = Q_1 + Q_2 + Q_3 + Q_4 + Q_5 + Q_6 \tag{3-163}$$

$$\begin{aligned}\eta_{Boiler} &= \frac{Q_1}{Q_{total}} \times 100 = 100 - 100 \times \left(\frac{Q_2}{Q_{total}} + \frac{Q_3}{Q_{total}} + \frac{Q_4}{Q_{total}} + \frac{Q_5}{Q_{total}} + \frac{Q_6}{Q_{total}}\right) \\ &= 100 - q_2 - q_3 - q_4 - q_5 - q_6\end{aligned} \tag{3-164}$$

式中：q_2、q_3、q_4、q_5、q_6——表示锅炉各项热损失百分比。

在最优氧量寻优计算中，我们一般认为锅炉中未完全燃烧可燃性气体可以忽略不计，因此气体未完全燃烧热损失 $Q_3=0$；锅炉其他热损失百分比 q_6 一般根据锅炉设计说明书确定。综合锅炉效率计算正平衡和反平衡原理，锅炉总吸热量和锅炉总热量计算为：

$$Q_{zrl} = Q_1 + Q_2 \tag{3-165}$$

式中：Q_1——锅炉总有效吸热量，也即进入到蒸汽中的热量；

Q_2——排烟热量损失。

$$Q_{total} = Q_{zrl} \times 100/(100 - q_4 - q_5 - q_6) \tag{3-166}$$

则氧量热量可以表示为：

$$Q_{O_{2RL}} = Q_{total} \times (1 - q_4/100) \tag{3-167}$$

式中：q_4——固体未完全燃烧热损失百分比，%，即进入到固体（如灰渣）中的热量；

Q_{O_2RL}——氧量热量，是进入到气体分子（含蒸汽气体分子、空气气体分子）中的总热量。

（二）烟气氧量、总风量和锅炉热效率

在锅炉处于稳定运行工况下，锅炉排烟烟气氧量与总风量关系可以近似表示为：

排烟烟气氧量（%）＝总风量＋燃料中含有的可释放的氧量－燃料燃烧消耗的氧量，即：

$$\eta_{O_2} = D_{ZFL} + a \times D_{RLL} - b \times D_{RLL} - c \times Q_{O_2RL} \tag{3-168}$$

式中：η_{O_2}——排烟烟气氧量，%；

D_{ZFL}——总风量，kg/s；

D_{RLL}——燃料量，kg/s；

a，b，c——系数。

其中燃料燃烧消耗的氧量又包含两部分，一是燃料充分燃烧时消耗的氧量，二是非充分燃烧时（形成灰渣等）消耗的氧量。燃料充分燃烧时消耗的氧量可通过氧量热量 Q_{O_2RL} 来计算，非充分燃烧时（形成灰渣等）消耗的氧量可通过一个燃料量的系数来估算。

锅炉的总风量是形成烟气的主因，它与锅炉热损失之间具有一定的函数关系，但这个函数关系是非单调的。锅炉总风量较小时，燃料燃烧不够充分，放出的热量少，但同时由于总风量也较小，所以其排烟热量损失也较小，此时锅炉的热效率并不是非常低，但燃料效率很低，同时会造成较严重的锅炉结焦和结渣，不但不利于生产安全运行，而且使相当的热量转移到了灰渣中，无法有效利用，造成热量的浪费；当锅炉总风量适中时，燃料燃烧较为充分，放出的热量较多，灰渣较少，热量浪费少，但同时由于总风量增加，所以其排烟热量损失也增加，但此时的主流因素是放热多，而排烟损失是次要因素，所以此时锅炉的热效率较高；当锅炉总风量较大时，燃料燃烧充分，放出的热量更多，但同时由于总风量增加显著，所以其排烟热量损失也显著增加，但此时的主流因素是排烟损失，而放热多是次要因素，所以此时锅炉的热效率反而下降，呈现一种“过犹不及”的情况。锅炉的总风量与锅炉热效率大体呈现如图 3-47 所示关系。因此确定最佳的烟气氧量值，对于锅炉的经济运行具有极为重要的意义。

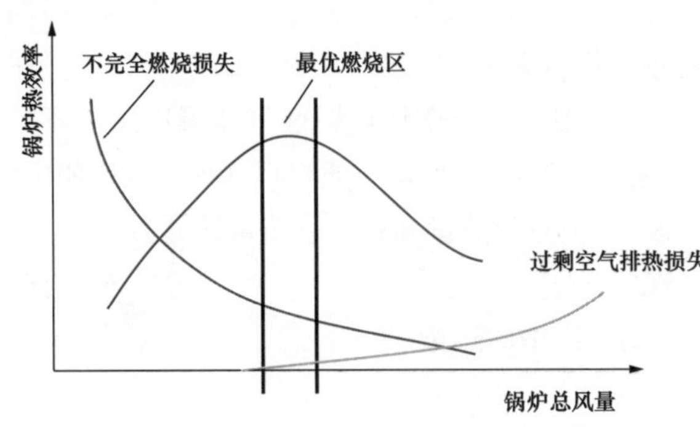

图 3-47　锅炉的总风量与锅炉热效率的关系

总风量变化后，锅炉烟气氧量也会发生变化，根据这一特性可以通过锅炉烟气氧量某个设定值反向计算出对应于该烟气氧量的总风量数值。通过一定的比例关系，可进一步计算出某个总风量对应的排烟热损失，进而计算出锅炉热效率。过程如下：

当锅炉总风量变化为 D'_{ZFL} 后，排烟热损失变化为：

$$Q'_2 = D'_{ZFL}(c_{py}t_{py} - c_{lf}t_{lf}) \tag{3-169}$$

式中：c_{py}、c_{lf}——排烟烟气和锅炉入口空气比容，kJ/（kg·℃）。

锅炉总吸热量变化为：

$$Q'_{zrl} = Q_1 + Q'_2 \tag{3-170}$$

结焦结渣等固体未完全燃烧热损失百分比变化为：

$$q'_4 = 2/\eta'_{O_2} + (D_{dsn}/D_0) \times 0.22 \tag{3-171}$$

式中：D_{dsn}——锅炉额定蒸发量，kg/s；

D_{dsn}/D_0——锅炉出力情况。

锅炉总热量变化为：

$$Q'_{total} = Q'_{zrl} \times 100/(100 - q'_4 - q_5 - q_6) \tag{3-172}$$

式中：q_5——散热损失百分比，%；

q_6——锅炉其他热损失百分比。

锅炉效率变化为：

$$\eta'_{Boiler} = \frac{Q_1}{Q'_{total}} \times 100 \tag{3-173}$$

（三）基于爬坡寻优的锅炉最佳氧量寻优

通过以上计算步骤，可以通过爬坡试凑搜索的方法获得机组最佳运行氧量，也即锅炉热效率最高时对应的烟气氧量。在实际运行中，控制策略中的风量控制部分是以烟气氧量作为定值的，首先给烟气氧量设置一个初始值，进而会影响送风量，然后实时计算锅炉热效率，然后判断是否达到预定要求的数值，如未达到预定要求的锅炉热效率，则增加或减小烟气氧量设定值，进而送风量随之改变，然后再次计算锅炉热效率。重复以上过程，直到锅炉实时热效率满足要求为止。

为了得到机组最佳运行氧量，本项目以当前排烟烟气氧量 η_{O2} 为初始值，在其［−1，1］变化范围内对最佳氧量进行遍历寻优，在每次寻优变工况计算过程中，判断氧量热量上一步计算与本步计算值是否收敛，当氧量热量上一步计算与本步计算值偏差小于给定值范围后则结束该次变工况计算，进行下一次变工况计算；直至完成［−1，1］变化范围内的所有变工况计算后，得到锅炉效率最佳时对应的排烟烟气氧量，其流程如图 3-48 所示。

上述过程为一种实时计算和校正风量的方法，优点是计算过程简单、实时性好，但主要问题是由于存在一些比例和参数数值的估算，所以在一定程度上影响了计算的准确度。

（四）基于参数辨识的氧量定值优化

基于爬坡寻优的锅炉最佳氧量寻优方法计算过程简单、实用性强，但在运行中每次都

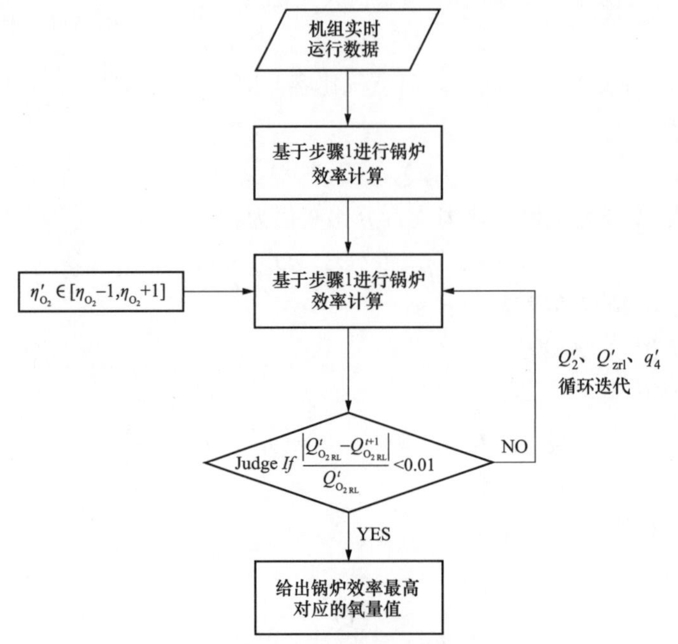

图 3-48　最佳氧量优化流程图

需要实时地进行爬坡寻优、反馈校正。为了提高获得烟气氧量最优值的效率，可以采用基于参数辨识的优化方法，达到“一次辨识，多次使用”的目的。

基于参数辨识的优化方法是通过构建一个含有多元变量的最佳氧量值等式。

$$O_{2\_u}=f(a_1x_1,a_2x_2,a_3x_3,\cdots,a_nx_n) \tag{3-174}$$

式中：　O_{2_u}——最优烟气含氧量；

$x_1,x_2,x_3,\cdots,x_n$——机组运行的各种参数，如主汽流量、主汽温度、主汽压力、给水温度、再热蒸汽温度、再热蒸汽压力、高压排气温度、高压排气压力、排烟温度、冷风温度、总风量、给水流量、泵出口温度、油流量、给煤量、机组功率等；

$a_1,a_2,a_3,\cdots,a_n$——以上机组运行各参数的系数。

通过采集机组运行中O_{2_u}为最优值所对应的历史数据组，得到O_{2_u}，$x_1,x_2,x_3,\cdots,x_n$，然后采用参数辨识的方法获得该机组运行各参数的系数a_1，a_2，a_3，…，a_n，这样就获得了最优烟气含氧量计算的表达式（3-174）。

在其他运行工况下，将工况对应的各参数如主汽流量、主汽温度、主汽压力、给水温度等代入该计算式，即可获得工况对应的最近烟气含氧量设定值。

这种方法需保证所采集的历史数据对应的烟气含氧量是最优值，但常常该值仅为次优值，而非最优值。

参数辨识本身可以采用传统的最小二乘法，以及改进的支持向量机最小二乘法、遗传算法、神经网络等。

第五节　智能报警和故障预警技术

智能报警系统通常就是用来监视某些关键性的过程变量的数值，一旦超过报警限值，报警系统便会发出一些信号来提醒值班员生产过程中发生了异常，需要进行处理。在实际工程中，不同行业对环境的参数变化要求不同，例如，石油化工行业对环境温度、CO_2、湿度等因素要求较高；而电厂则对过程中的温度、流量、液位等要求更高。依据报警变量的多少，报警系统设计可以分为单变量报警和多变量报警。单变量报警主要考虑报警阈值的选择对原始变量数据的处理（滤波、时间延迟、死区）。当多个过程变量同时发生报警且不能分别处理时，尤其在报警泛滥时，单变量报警技术很难处理此类问题，此时就应考虑多变量报警，对多个报警变量进行相似性分析，根据相似性对报警泛滥进行聚类分析。

1. 单变量报警系统

单变量报警系统设计是为了提高报警系统的准确性、可靠性和高效性，从单个变量的角度对报警系统进行分析和设计的方法。由于噪声干扰或者阈值设置不合理等原因，常常会带来抖动报警、误报警和漏报警。通过采用滤波、死区和延迟的方法去优化报警系统，达到了消除滋扰报警的目的。基于模型的性能监控可对报警阈值进行合理优化，通过滤波器、死区设置和延时定时器等报警系统设计方法对过程变量数据进行预处理。抖动报警作为滋扰报警最常见的一种表现形式，通过确定一个合理的抖动指标，可过滤掉一些非必要的报警。滑动平均滤波器作为一种线性滤波器，在实际工程中是应用最广的。滑动平均方法既表达了数据自身的变化又体现了数据场景的变化。假设过程数据无论是正常工况或是异常工况下都满足高斯分布时，滑动平均滤波器是一种最优的线性滤波器。中值滤波器也可用于滤除抖动报警，减少无效报警。除了对滤波器的应用，死区也是单变量报警技术中常见的一种，按照报警机制不同可以分为两种：时间死区和测量死区。测量死区比时间死区更为常见，在报警信号产生或者消除时，适当地在报警阈值附近增大或者减小报警阈值，就形成了两种不同的报警阈值，两个阈值便可构成一个死区区间，这样可以有效地降低噪声信号的影响，可以很好的抑制抖振报警。

2. 多变量报警系统

多变量报警系统与单变量报警系统有所不同，不仅仅是因为变量个数的不同，更重要的是变量之间具有关联性和耦合性。由于变量之间的因果关系以及系统中配有冗余设置，一旦设备异常，报警信息就会从报警源向相关联的报警设备中传播，使人难以找到报警的源头，这种情况称为警涌。警涌属于报警系统中常见的一种十分恶劣的情况，通常是多个报警同时发生，而且这些报警之间还具有相关性。

目前主要采用相关系数法和距离分析法来分析报警数据的相似性。然后再对报警泛滥的序列进行聚类分析。解决因果报警需要对工业过程建立拓扑模型。因果报警指当一个报警被触发时，相关的报警也会接连的产生，但是报警没有一个特定的顺序。因果关系报警主要是由不正常事件的传播造成。一旦发生报警由于设备之间的串联或者耦合关系，很快就会导致报警泛滥。因此要从根本上解决因果关系，需要从报警产生的根源进行分析。大致可以分为两种方法，一是利用过程知识建立拓扑模型，确定报警的传播途径。此类方法包括符号有向图、因果模型、多级流模型、专家系统规则模型；二是利用数据驱动方法首先分析数据，从而实现因果关系的报警检测，最后建立模型。这种方法不需要深层次的过程知识，只需要过程数据就行。此类常用的方法有时延相关分析，通过对数据进行分析，来实现因果关系报警的检测。目前常用的方法有时延相关分析，一般情况下，产生原因的时间要先于结果，近似的因果关联关系可以通过时延相关性分析得到。但是由于多变量之间的复杂关系，求得的最大时延相关系数是通过多个时间序列平移得到。通过过程变量之间的时间延迟，分析出各个变量之间因果关系，建立拓扑模型。

（1）火电机组报警系统产生的报警信号存在大量冗余和虚假信息，这些信息可能是由于扰动等原因引起的，不能表示系统故障的因果关系，称为无效报警，而真正有效的信息却淹没其中，异常发生时大量报警涌出，运行人员无法在第一时间发现报警源头或者是报警信号产生时留给运行人员应急处理时间太短，造成了非停事故。

（2）火电机组报警系统功能较为单一，只能处理开关量状态翻转和模拟量信号越限产生的报警，和火电实际生产需求存在很大的差距。运行人员据此往往只能第一时间关注到的故障的“表象”，故障根源不能快速定位并及时得到处理，造成“头痛医头，脚痛医脚”，浪费宝贵的危机处理时机。

（3）大规模实时数据分析超出运行员反应和理解能力范围。机组运行中实时产生大量数据，这些数据中包含了故障发生的模式和特征，即使运行专家也只能进行有限的解读，数据信息无法被充分理解并利用。

如何确保电厂高效生产、降低人力成本提高企业市场竞争力、保证火电机组安全生产运行已经是一个很现实的问题。通过对火电机组很多事故的深入分析研究发现，事故发生之前已经有很多明显的异常特性，只是目前的报警系统尚不能达到及时的、可靠的、准确的报警。智能报警系统恰恰可以弥补传统报警系统的不足，所以智能报警系统具有很好的需求。智能报警所涉及的内容包括基本要求、报警管理、报警展示、智能预警、报警技术等五部分功能。

报警管理中心负责报警的处理、存储、统计、维护、订阅发布功能。岸石©系统的报警管理中心分为报警配置与维护、报警监控与评价，具体如下：

1. 报警配置与维护

可实现对报警项进行报警确认、报警恢复、报警挂起等功能。挂起状态下，发生报警将不会推送到前台显示。

可支持用颜色变化、声音、闪烁、语音区别不同类型报警项，报警声音可根据需要进行调节和屏蔽。

可支持对报警数据进行修改，可支持报警数据批量的导入导出操作。

具有报警配置功能。可对报警点属性、报警窗口属性、报警发生时的文字、声音属性等进行设置。

可支持对报警项进行备注，比如报警原因、报警处理记录等信息。

可支持设定标签、分类，能够快速索引指导报警处理流程及应急预案。

可支持实时报警超时未处理提醒。

具有维护记录，可按照行为、时间、人员进行追溯。

具有跟报警有关数据的归档、打印等功能。

2. 报警监控与评价

具有报警统计分析功能，如报警活动的频率、类型、优先级、异常报警及班、值内统计信息（见图 3-49、图 3-50）。

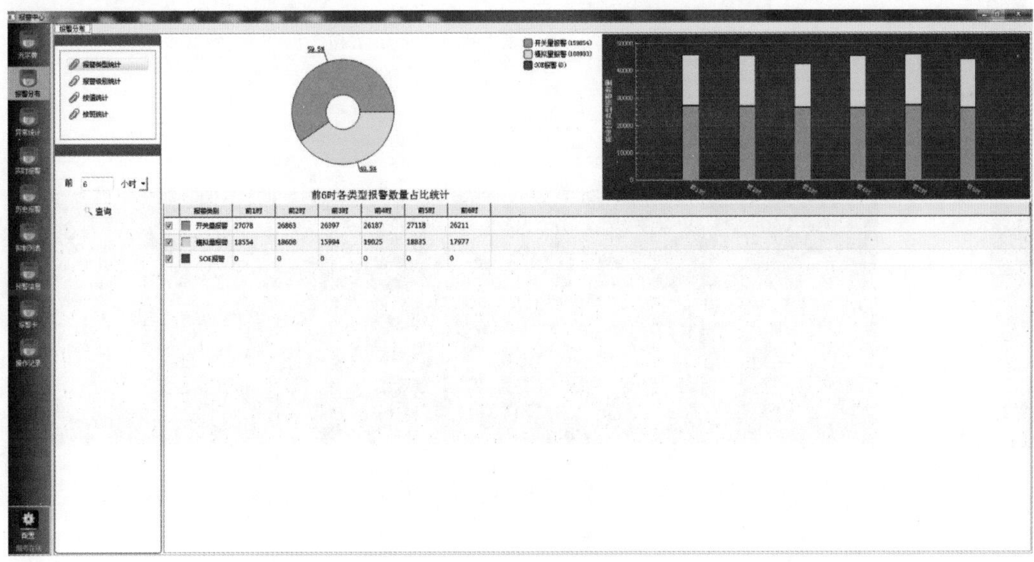

图 3-49　报警类型统计

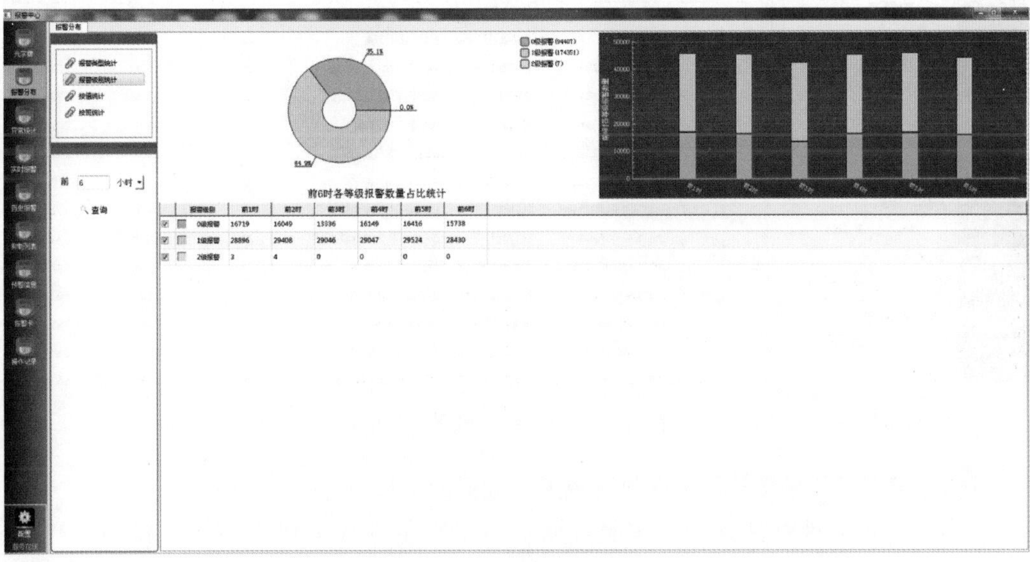

图 3-50　报警级别统计

可支持应用数据可视化的方法对报警总体状态和特征进行直观、多维展示，如柱状图、饼图等图表。

可支持多种报警统计查询方式，如高频报警、顽固报警、反复报警、洪水报警（见图3-51～图3-54）。

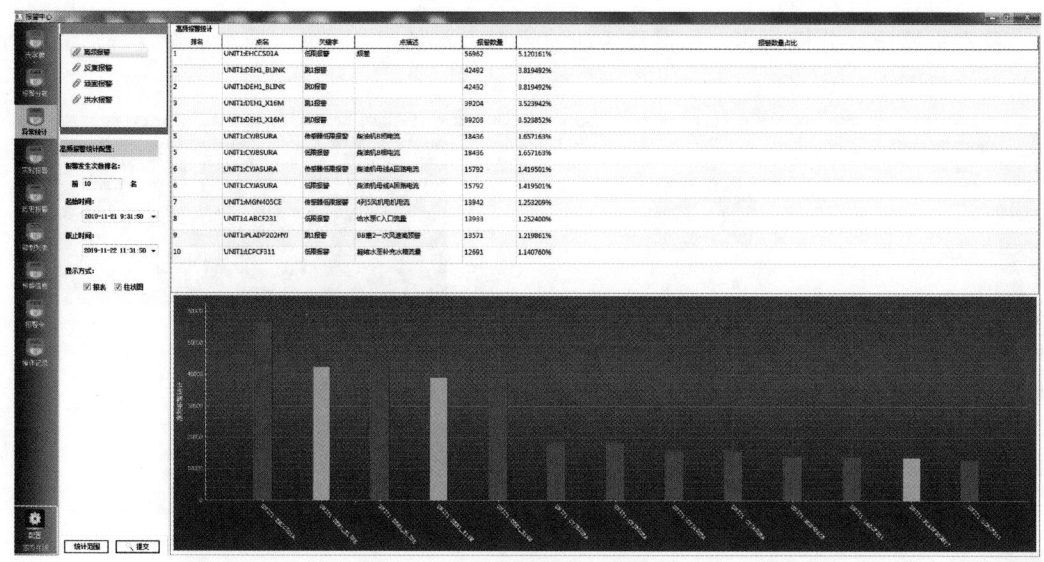

排名	点名	关键字	点描述	报警数量	报警数量占比
1	UNIT1:EHCCS01A	低限报警	[illegible]	56962	5.120161%
2	UNIT1:DEH1_BLINK	跳1报警		42492	3.819492%
2	UNIT1:DEH1_BLINK	跳0报警		42492	3.819492%
3	UNIT1:DEH1_X16M	跳1报警		39204	3.523942%
4	UNIT1:DEH1_X16M	跳0报警		39203	3.523852%
5	UNIT1:CYJBSURA	传感器低限报警	柴油机B相电流	18436	1.657163%
5	UNIT1:CYJBSURA	低限报警	柴油机B相电流	18436	1.657163%
6	UNIT1:CYJASURA	传感器低限报警	柴油机母线A回路电流	15792	1.419501%
6	UNIT1:CYJASURA	低限报警	柴油机母线A回路电流	15792	1.419501%
7	UNIT1:MGN405CE	传感器低限报警	4列5风机电机电流	13942	1.253209%
8	UNIT1:LABCF231	低限报警	给水泵C入口流量	13933	1.252400%
9	UNIT1:PLADP202HYJ	跳1报警	BB磨2一次风速高预警	13571	1.219861%
10	UNIT1:LCPCF311	低限报警	[illegible]	12691	1.140760%

图3-51　高频报警信号统计

编号	点名	关键字	点描述	反复报警组数	平均反复报警时长	
7	UNIT1:CYJBSURA	低限报警	柴油机B相电流	23	1.65秒	1461.30
8	UNIT1:CYJBSURA	传感器低限报警	柴油机B相电流	23	1.65秒	1461.30
9	UNIT1:CYJASURA	传感器低限报警	柴油机母线A回路电流	23	4.51秒	1224.61
10	UNIT1:CYJASURA	低限报警	柴油机母线A回路电流	23	4.51秒	1224.61
11	UNIT1:LABCF231	低限报警	给水泵C入口流量	23	5.1秒	1053.43
12	UNIT1:PLADP202HYJ	跳1报警	BB磨2一次风速高预警	23	2.9秒	1027.61
13	UNIT1:MGN405CE	传感器低限报警	4列5风机电机电流	23	3.75秒	1103.22
14	UNIT1:HHECP411HYJ	跳1报警	E磨E4一次风速高预警	23	2.64秒	951.26
15	UNIT1:PLADP204HYJ	跳1报警	BB磨4一次风速高预警	23	7.63秒	694.91
16	UNIT1:MGN601CE	传感器低限报警	6列1风机电机电流	23	5.14秒	547.09
17	UNIT1:MGN301CE	传感器低限报警	3列1风机电机电流	23	2.80秒	890.48
18	UNIT1:MGN403CE	传感器低限报警	4列3风机电机电流	23	2.3秒	858.70
19	UNIT1:MGN305CE	传感器低限报警	3列5风机电机电流	23	1.83秒	848.26
[illegible]	UNIT1:AD1DD1NA	传感器低限报警	1机乏汽凝结水导电度	23	1.7秒	540.04

图3-52　反复报警信号统计

可通过设定多种采样条件，有效避免无效数据的干扰。

可通过设定多种查询条件，按照日期、类型等条件检索历史数据（见图3-55～图3-57）。

可支持对测点、类型、级别、所属工艺系统的过滤查询。

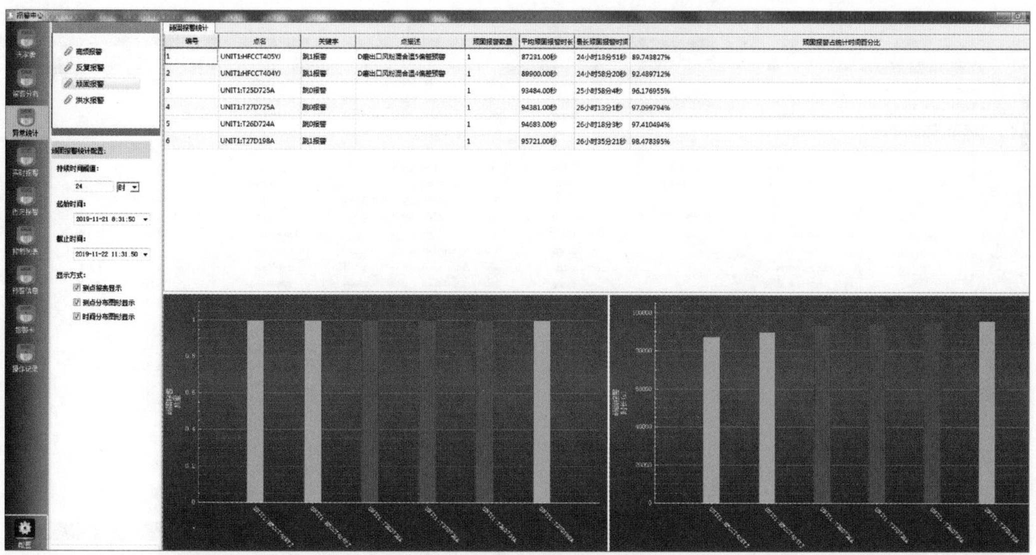

图 3－53 顽固报警信号统计

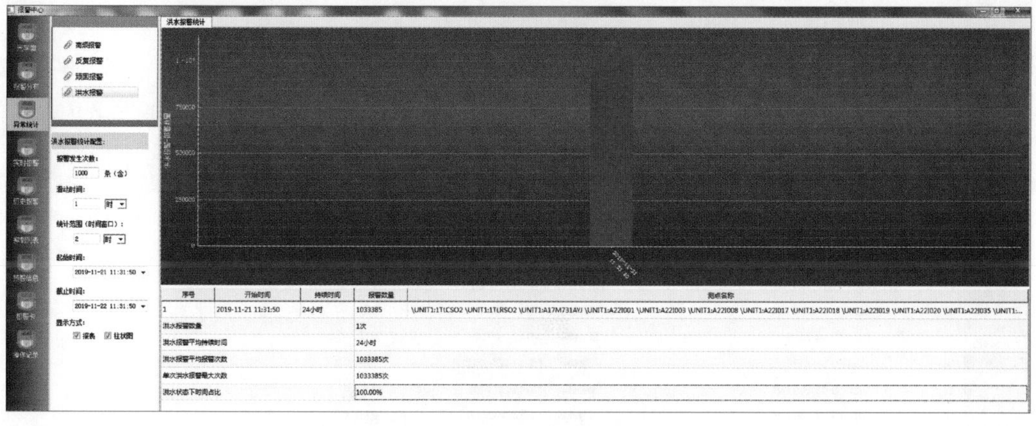

图 3－54 洪水报警统计

编号	点名	点描述	点类型	报警关键字	报警级别	起始时间	持续时间(s)	状态	确认时间	SID	班	组	报警描述\单位	特征字
169	UNIT1:MGN3...	3列5风机电机电流	AP	传感器低限...	0	2019-11-22 11:36:49.818	1	退出报警未确认		1.27.0.178	0	0	A	DU27
170	UNIT1:MGN3...	3列3风机电机电流	AP	传感器低限...	0	2019-11-22 11:36:49.818	3	退出报警未确认		1.27.0.176	0	0	A	DU27
171	UNIT1:D15001A		DP	跳1报警	1	2019-11-22 11:36:49.586	1	退出报警未确认		1.15.0.429	0	0	是	
172	UNIT1:DEH1_...		DP	跳1报警	1	2019-11-22 11:36:49.551	1	退出报警未确认		1.20.0.1075	0	0	是	
173	UNIT1:CYJAS...	柴油机母线A回路电流	AP	低限报警	0	2019-11-22 11:36:49.521	12	退出报警未确认		1.24.0.287	0	0	A	DU24
174	UNIT1:CYJAS...	柴油机母线A回路电流	AP	传感器低限...	0	2019-11-22 11:36:49.521	12	退出报警未确认		1.24.0.287	0	0	A	DU24
175	UNIT1:D10C2...	RB自动复位	DP	跳0报警	1	2019-11-22 11:36:49.461	2	退出报警未确认		1.10.0.1626	0	0	否	
176	UNIT1:T10D2...		DP	跳1报警	1	2019-11-22 11:36:49.441	2	退出报警未确认		1.10.0.1731	0	0	是	
177	UNIT1:D26001A		DP	跳1报警	1	2019-11-22 11:36:49.334	1	退出报警未确认		1.26.0.874	0	0	是	
178	UNIT1:YCTPDZ	#1机一次调频动作	DP	跳0报警	1	2019-11-22 11:36:49.194	1	退出报警未确认		1.4.0.1165	0	0	未动作	DU4
179	UNIT1:PLADR..	BB磨2一次风速高预警	DP	跳1报警	0	2019-11-22 11:36:49.134	6	退出报警未确认		1.3.0.3678	0	0		
180	UNIT1:D02001A		DP	跳0报警	1	2019-11-22 11:36:49.90	11	退出报警未确认		1.2.0.775	0	0	否	
181	UNIT1:D29001A		DP	跳1报警	1	2019-11-22 11:36:49.3	1	退出报警未确认		1.29.0.11	0	0	是	
182	UNIT1:DPU88...	DPU88CPU负荷	AP	低限报警	1	2019-11-22 11:36:48.920	5	退出报警未确认		1.28.0.8	0	0	%	
183	UNIT1:MGN4...	4列5风机电机电流	AP	传感器低限...	0	2019-11-22 11:36:48.818	1	退出报警未确认		1.27.0.183	0	0	A	DU27
184	UNIT1:MGN3...	3列1风机电机电流	AP	传感器低限...	0	2019-11-22 11:36:48.818	1	退出报警未确认		1.27.0.174	0	0	A	DU27
185	UNIT1:A22I018	#3给水泵A有功功率	AP	传感器低限...	1	2019-11-22 11:36:48.819	7	退出报警未确认		1.22.0.352	0	0	kW	COM
186	UNIT1:D10C2...	负荷触发	DP	跳0报警	1	2019-11-22 11:36:48.441	14	进入报警未确认		1.10.0.1586	0	0	否	
187	UNIT1:DEH1_...		DP	跳0报警	1	2019-11-22 11:36:48.449	1	退出报警未确认		1.20.0.1075	0	0	否	
188	UNIT1:T26D3...		DP	跳1报警	1	2019-11-22 11:36:48.332	14	进入报警未确认		1.26.0.887	0	0	是	

图 3－55 实时报警信息统计

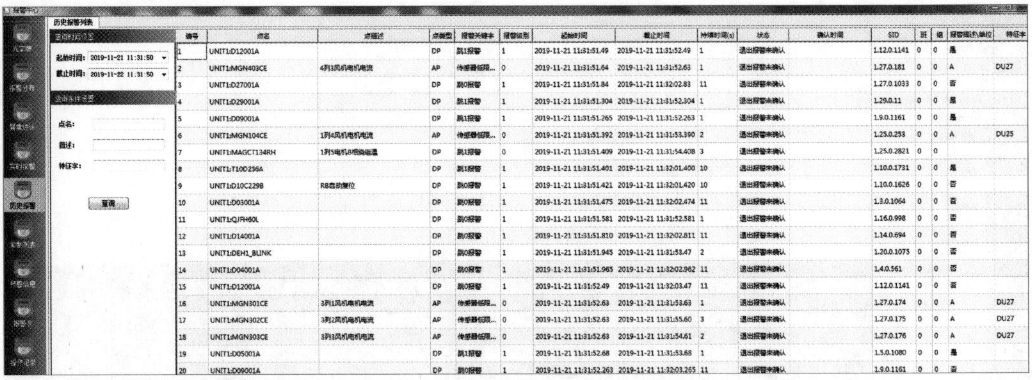

编号	点名	点描述	点类型	报警关键字	报警级别	起始时间	截止时间	持续时间(s)	状态	确认时间	SID	班	组	报警描述\单位	特征字
1	UNIT1:D12001A		DP	跳1报警	1	2019-11-21 11:31:51.49	2019-11-21 11:31:52.49	1	退出报警未确认		1.12.0.1141	0	0	是	
2	UNIT1:MGN403CE	4列3风机电机电流	AP	传感器低限...	0	2019-11-21 11:31:51.64	2019-11-21 11:31:52.63	1	退出报警未确认		1.27.0.181	0	0	A	DU27
3	UNIT1:D27001A		DP	跳0报警	1	2019-11-21 11:31:51.84	2019-11-21 11:32:02.83	11	退出报警未确认		1.27.0.1033	0	0	否	
4	UNIT1:D29001A		DP	跳1报警	1	2019-11-21 11:31:51.304	2019-11-21 11:31:52.304	1	退出报警未确认		1.29.0.11	0	0	是	
5	UNIT1:D09001A		DP	跳1报警	1	2019-11-21 11:31:51.265	2019-11-21 11:31:52.263	1	退出报警未确认		1.9.0.1161	0	0	是	
6	UNIT1:MGN104CE	1列4风机电机电流	AP	传感器低限...	0	2019-11-21 11:31:51.392	2019-11-21 11:31:53.390	2	退出报警未确认		1.25.0.253	0	0	A	DU25
7	UNIT1:MAGCT134RH	1列5电机B相绕组温	DP	跳1报警	0	2019-11-21 11:31:51.409	2019-11-21 11:31:54.408	3	退出报警未确认		1.25.0.2821	0	0		
8	UNIT1:T10D236A		DP	跳1报警	1	2019-11-21 11:31:51.401	2019-11-21 11:32:01.400	10	退出报警未确认		1.10.0.1731	0	0	是	
9	UNIT1:D10C229B	RB启动复位	DP	跳0报警	1	2019-11-21 11:31:51.421	2019-11-21 11:32:01.420	10	退出报警未确认		1.10.0.1626	0	0	否	
10	UNIT1:D03001A		DP	跳0报警	1	2019-11-21 11:31:51.475	2019-11-21 11:32:02.474	11	退出报警未确认		1.3.0.1064	0	0	否	
11	UNIT1:QJFH60L		DP	跳0报警	1	2019-11-21 11:31:51.581	2019-11-21 11:31:52.581	1	退出报警未确认		1.16.0.998	0	0	否	
12	UNIT1:D14001A		DP	跳0报警	1	2019-11-21 11:31:51.810	2019-11-21 11:32:02.811	11	退出报警未确认		1.14.0.694	0	0	否	
13	UNIT1:DEH1_BLINK		DP	跳0报警	1	2019-11-21 11:31:51.945	2019-11-21 11:31:53.47	2	退出报警未确认		1.20.0.1075	0	0	否	
14	UNIT1:D04001A		DP	跳0报警	1	2019-11-21 11:31:51.965	2019-11-21 11:32:02.962	11	退出报警未确认		1.4.0.561	0	0	否	
15	UNIT1:D12001A		DP	跳0报警	1	2019-11-21 11:31:52.49	2019-11-21 11:32:03.47	11	退出报警未确认		1.12.0.1141	0	0	否	
16	UNIT1:MGN301CE	3列1风机电机电流	AP	传感器低限...	0	2019-11-21 11:31:52.63	2019-11-21 11:31:53.63	1	退出报警未确认		1.27.0.174	0	0	A	DU27
17	UNIT1:MGN302CE	3列2风机电机电流	AP	传感器低限...	0	2019-11-21 11:31:52.63	2019-11-21 11:31:55.60	3	退出报警未确认		1.27.0.175	0	0	A	DU27
18	UNIT1:MGN303CE	3列3风机电机电流	AP	传感器低限...	0	2019-11-21 11:31:52.63	2019-11-21 11:31:54.61	2	退出报警未确认		1.27.0.176	0	0	A	DU27
19	UNIT1:D05001A		DP	跳1报警	1	2019-11-21 11:31:52.68	2019-11-21 11:31:53.68	1	退出报警未确认		1.5.0.1080	0	0	是	
20	UNIT1:D09001A		DP	跳0报警	1	2019-11-21 11:31:52.263	2019-11-21 11:32:03.265	11	退出报警未确认		1.9.0.1161	0	0	否	

图 3 - 56　历史报警信息统计

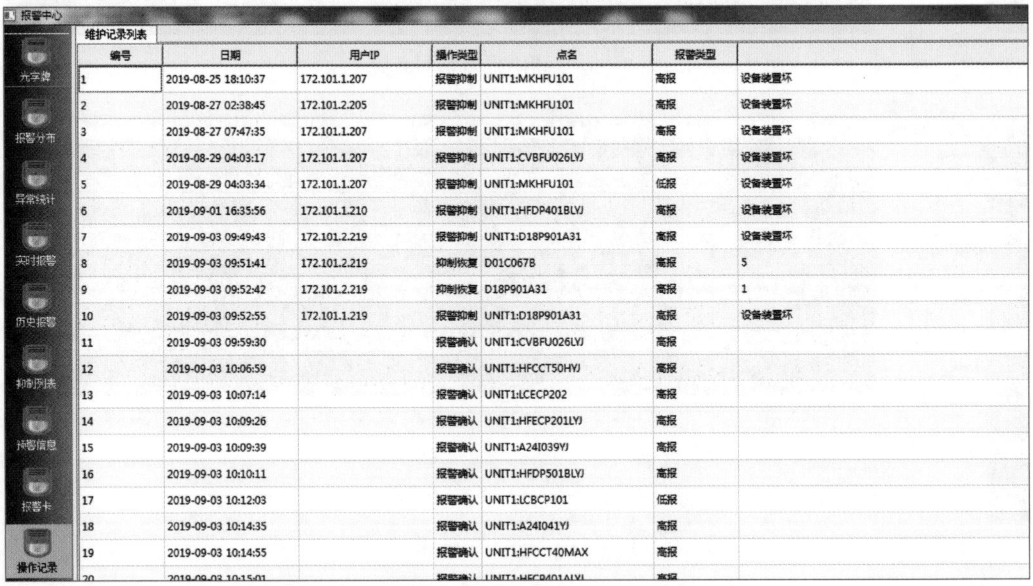

编号	日期	用户IP	操作类型	点名	报警类型	
1	2019-08-25 18:10:37	172.101.1.207	报警抑制	UNIT1:MKHFU101	高报	设备装置坏
2	2019-08-27 02:38:45	172.101.2.205	报警抑制	UNIT1:MKHFU101	高报	设备装置坏
3	2019-08-27 07:47:35	172.101.1.207	报警抑制	UNIT1:MKHFU101	高报	设备装置坏
4	2019-08-29 04:03:17	172.101.1.207	报警抑制	UNIT1:CVBFU026LYJ	高报	设备装置坏
5	2019-08-29 04:03:34	172.101.1.207	报警抑制	UNIT1:MKHFU101	低报	设备装置坏
6	2019-09-01 16:35:56	172.101.1.210	报警抑制	UNIT1:HFDP401BLYJ	高报	设备装置坏
7	2019-09-03 09:49:43	172.101.2.219	报警抑制	UNIT1:D18P901A31	高报	设备装置坏
8	2019-09-03 09:51:41	172.101.2.219	抑制恢复	D01C067B	高报	5
9	2019-09-03 09:52:42	172.101.2.219	抑制恢复	D18P901A31	高报	1
10	2019-09-03 09:52:55	172.101.1.219	报警抑制	UNIT1:D18P901A31	高报	设备装置坏
11	2019-09-03 09:59:30		报警确认	UNIT1:CVBFU026LYJ	高报	
12	2019-09-03 10:06:59		报警确认	UNIT1:HFCCT50HYJ	高报	
13	2019-09-03 10:07:14		报警确认	UNIT1:LCECP202	高报	
14	2019-09-03 10:09:26		报警确认	UNIT1:HFECP201LYJ	高报	
15	2019-09-03 10:09:39		报警确认	UNIT1:A24I039YJ	高报	
16	2019-09-03 10:10:11		报警确认	UNIT1:HFDP501BLYJ	高报	
17	2019-09-03 10:12:03		报警确认	UNIT1:LCBCP101	低报	
18	2019-09-03 10:14:35		报警确认	UNIT1:A24I041YJ	高报	
19	2019-09-03 10:14:55		报警确认	UNIT1:HFCCT40MAX	高报	
20	2019-09-03 10:15:01		报警确认	UNIT1:HFCP401ALYJ	高报	

图 3 - 57　报警操作记录统计

同时，发电厂及其组件运行特性会不断发生变化，需要对这些变化进行连续监控，否则它们会导致无法发现的机组效率下降或部件突然失效而带来的经济损失。故障预警系统通过结合经典的统计分析方法和合理的附加工具，例如神经网络、趋势预测和数据过滤等，在早期检测和识别被监控组件将会出现的故障，从而可以进行预防性的维护来减少非计划停机时间。故障预警应用覆盖面非常广泛，它的意义在于超前的故障预警提醒企业管理运维人员制定针对性的保养维护策略，将设备的缺陷隐患消除在萌芽状态，延长设备的使用寿命，真正意义上实现了状态驱动运维的模式。对于无法避免的故障可以进行及时针对性的事故演练，保证充足的备件调配准备时间，避免人为因素造成二次事故，同时也大大减少因备件因素造成的非计停时间延长情况的

发生。

根据现有的运行测量值，基于传感器的历史数据，使用机器学习方法和神经网络来创建数字孪生，并与当前实测值进行比较，通过比较实际值和参考值可以计算出归一化的质量特性，可以及早发现由关键条件引起的异常波动，包括模式变化和趋势变化，从而在故障出现早期，远在主控报警产生之前进行预警。由于测量数据存在不确定性，当前实际值和预期值之间产生的偏差是正常的。利用统计学的方法来确定观察到的偏差是否真正地暗示一个显著变化，综合使用不同的统计学方法来进行显著性检验来确保预警的可靠性。

智能预警技术可应用于：

(1) 过程质量监控，用于诊断过程质量变化，例如凝汽器结垢导致的终端温差的增加。

(2) 故障监控，以便及早发现组件即将发生的缺陷或故障，例如由于轴承损坏导致的轴承振动增加。

(3) 传感器监控，用于识别故障或由缺陷的测量系统，例如由于传感器损坏导致的测量数据错误。

设备故障预警和状态监测根据设备运行规律或观测得到的可能性前兆，在设备真正发生故障之前，及时预报设备的异常状况，采取相应的措施，从而最大程度的降低设备故障所造成的损失。随着设备装置和工程控制系统的规模和复杂性日益增大，为保证生产过程的安全平稳，通过可靠的状态监控技术及时有效的监测和诊断过程异常就显得尤为迫切和重要。

现有的设备故障预警技术主要分为三大类：基于机理模型的方法、基于知识的方法和基于数据驱动的方法。

基于机理模型的方法是发展最早也最为深入的故障预警和状态监测方法，它主要包括两个阶段：

(1) 残差产生阶段：通过设备运行机理建立精确的数学模型来估计系统输出，并将之与实际测量值比较，获得残差，这个阶段构建的模型又叫残差产生器；

(2) 残差评价阶段：对残差进行分析以确定过程是否发生故障，并进一步辨识故障类型。该类方法与控制理论紧密结合，主要采用参数估计、状态估计和等价空间三类具体的方法来实现残差序列的构建，其中状态估计方法最为常用，可使用观测器或卡尔曼滤波器实现。

基于知识的方法主要以相关专家和操作人员的启发性经验知识为基础，定性或定量描述过程中各单元之间的连接关系、故障传播模式等，在设备出现异常征兆后通过推理、演绎等方式模拟过程专家在监测上的推理能力，从而自动完成设备故障预警和设备监测。该类方法无需精确的数学模型，但对专家知识有较强的依赖性，常用的方法主要包括专家系统、故障决策树、有向图、模糊逻辑等。

基于机理模型的监控方法能够把物理认识与监控系统结合起来，通过分析残差来进行故障预警的方式也更有利于专业人员的理解，但由于多数机理模型均为简化的线性系统，因此当面对非线性、自由度较高以及多变量耦合的复杂系统时，其使用效果并不理想；对复杂系统建立机理模型可能要付出巨大的成本；实际工业过程中的噪声影响，环境因素的变化等都提高了模型失效的风险。以上原因都使得基于机理模型的监控方法检测效果不佳，应用范围不广。

基于知识的监控方法使用定性的模型实现预警和监测，当被监控对象较为简单，工艺知识和生产经验较为充足时，其性能较为优良。但需要注意的是该类方法的预警准确度对知识库中专家知识的丰富程度和专家知识水平的高低具有很强的依赖性；同时，部分专家实际操作经验很难用一种合理的形式化表达方式进行描述，当系统较为复杂时还有可能出现“冲突消解”“组合爆炸”等问题；这类方法的通用性较差，且先验知识的完整性一般难以保证。

基于数据驱动的方法通过挖掘过程数据中的内在信息建立数学模型和表达过程状态，根据模型来实施过程的有效监测。随着智能化仪表和计算机存储技术的广泛应用，海量的过程数据得以有效地监测、收集和存储，该类方法正是基于这样的海量数据，在监测和预警算法上它又可以分为基于信号处理、粗糙集、机器学习、信息融合和多元统计这五大类算法，其中机器学习算法是在理论和实践中发展最为活跃的分支，它包括贝叶斯分类器、神经网络、支持向量机、k 最近邻算法、聚类算法、主成分分析等算法。基于数据驱动的预警原理是通过大量历史数据的梳理和分析，将故障发生前的一段时间内所有故障相关影响参数进行趋势量化处理，打标签后形成带有本地特色的故障模型。在工业领域日常生产活动中监测的参数实时对比本地化故障模型，达到触发条件后进行预警。

基于数据驱动的故障预警和状态监测技术直接通过系统的历史数据建立故障预警模型，不需要知道系统精确的机理模型，因此其通用性和自适应能力都较强。基于大数据的故障预警与传统的故障预警相比的优势：

（1）投入成本低，使用门槛低。大多数电厂在转机振动故障预警监测投入一般都比较大，例如企业常用的创优 CX10 系列产品，动辄花费上百万元，而且需要极其深厚的频谱解调分析功底。但电力企业经济预算有限，一般人员也没有频谱分析功底。大数据故障预警监测的数据源均来自企业现有的数据集成中心，例如 SIS、DCS 等。只需要在软件处理上做一些接口对接工作，无需购置昂贵的检测分析仪器，而且分析过程均由机器自动完成，不用人为参与，分析结果实时自动推送。

（2）模型通用性强，带有强烈的企业特色。目前，监测汽轮轴系状态的有 TDM、BCT101 等；监测锅炉受热面的有四管泄漏监测系统；监测转机振动的有 TSI。每个设备由于其原理及构造的不同都有不同的监测模型，而且都是标准产品。大数据故障预警系统可用于电厂所有系统各种类型设备的故障模型搭建，而且模型训练数据均来自企业本身，量身定做故障预警模型，更加贴近企业真实情况。

第六节 工业数据分析与智能计算环境

智能发电运行控制系统提供一套完整的工业数据分析与智能计算环境。主要由智能存储组件和智能计算组件两部分组成。计算环境在数据存储与智能计算组件之间构建了专用的高级应用服务网作为高速数据交互通道，提供高强度数据交互能力的同时不影响实时控制的网络负荷。

智能计算组件包括实时计算引擎、数据分析引擎、知识推理引擎，形成一套较为完善的工业数据分析与智能计算工具。

如图 3-58 所示为工业数据分析与智能计算环境的总体架构。

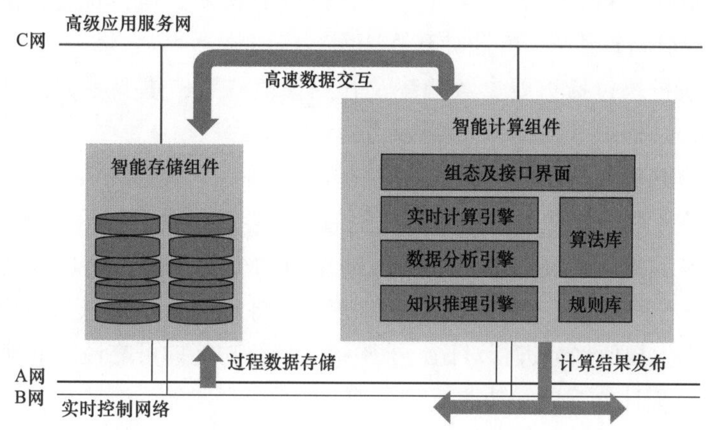

图 3-58 工业数据分析与智能计算环境的总体架构

计算环境硬件系统采用高性能服务器、高可用性数据库集群以及分布式计算引擎，为厂级大规模数据分析的相关应用提供强力、稳定的支持。智能计算环境包括智能存储服务器和智能计算服务器。

1. 智能存储服务器

智能存储服务器可采用高性能服务器。操作系统采用强实时系统。CPU 可采用多核处理器，内存通常可设置较大的容量，以增强数据处理速度。可采用大容量外存设备构成 RAID10 存储子系统，同时需兼顾提供良好的可靠性和稳定性。网络需注重标准化和兼容性，可采用高性能千兆以太网，同时配备光纤接口，为智能存储服务器提供网络通信性能。

智能存储服务器所提供的计算环境的数据存储部分采用双主数据库模式，实现数据库集群，从而保证数据的高可用性。当其中一个数据库节点出现故障时，数据库服务自动切换到另外一个数据库服务器节点，切换过程中不影响计算引擎的实时计算。双主数据库集群可实现单故障点容错，满足高可用性要求。

2. 智能计算服务器

智能计算服务器在性能上应更加强劲，与智能存储服务器相比较，可采用更加高性能的服务器。操作系统采用强实时系统。CPU 的处理速度更快，内存容量更大，以增强数据处理速度。智能计算服务器采用了大容量外存构成数据存储子系统，同时兼顾了系统良好的可靠性和稳定性。智能计算服务器的网络配置与智能存储服务器基本相同，以标准化和兼容性为主要考虑因素，采用了高性能的千兆以太网，同时配备有光纤通信接口，为计算服务器与数据库服务器通信提供网络通信性能。

智能计算服务器所提供的集群计算功能可实现多线程、分布式的计算配置。

智能计算服务器所提供的实时计算功能模块主要包括：实时运行控制优化模块、实时统计分析模块。

实时运行控制优化相关模块主要包括：基本 IO 算法库、运行优化算法库、运行故障诊断算法库、工况分析算法库、性能计算算法库。

实时统计分析模块包括重要参数趋势及其期望值展示、重要参数得分统计分析展示(含不同值次得分)、锅炉壁温统计计算展示：

(1) 重要参数趋势及其期望值展示功能。

该功能可实现汇集机组重要参数及其期望值，在各值背景下展示参数实际值及其期望值的趋势，直观展示机组重要参数及其跟踪期望值的变化情况。用户可选择任意时间区间、任意值次，查看页面的实时统计计算信息展示，将页面显示信息与历史记录中重要参数趋势、运行操作指导值趋势进行对比，检验统计分析功能的可靠性、准确性。

(2) 运行评价统计分析展示功能。

该功能可实现实时展示机组各关键参数的计分曲线及实际得分情况。以计分曲线为基准得分趋势曲线帮助用户直观的了解机组运行优劣的变化情况。展示机组在不同值次下的总分情况，进一步分析不同值次间机组运行状态的差别。用户可通过选择需要观测的时间区间和值次来查看实时统计计算信息展示，还能够将页面中的显示信息与历史记录中的重要参数的运行趋势、运行操作指导值等进行对比，从而检验统计分析功能的可靠性、准确性。

(3) 锅炉壁温统计计算展示功能测试。

该功能可实现锅炉壁温的实时统计分析，给出统计特征值，为后续进行进一步锅炉燃烧分析提供必要的支撑。通过查看页面的实时统计计算页面，并与历史记录中的数据进行对比验证，检验统计分析功能的可靠性、准确性。

3. 工业数据分析服务器

工业数据分析功能主要包括：工业数据预处理功能、在线模型辨识功能、机器学习训练功能、智能报表功能。

(1) 工业数据预处理

工业数据预处理功能能够将 ICS 历史站中的数据进行便捷的抽取、预处理、可视化展示，通过人机交互界面，将电厂海量复杂数据按要求加工成为标准的、满足进一步深

度数据分析目标的数据结构。此外，其探索分析功能能够分析任意运行变量之间的相关性，提示内在规律。该功能具备了将生产实时数据进行工业数据分析的各项预处理功能。工业数据预处理功能还可实现生产过程中任意测点、任意时间段、任意筛选条件的数据抽取、清洗、预处理、探索分析及可视化展示，为后续数据分析过程提供满足要求的数据样本。

工业预处理主要功能包括ICS历史数据抽取、数据样本统计、相关性分析展示、数据预处理功能（如异常值处理、噪声处理、简单函数变换、归一化、连续函数离散化、数值化处理、属性规约/数值规约转换等）。通过工业数据预处理抽取智能发电运行控制系统中的历史站数据进行预处理，通过可视化展示，将电厂海量的复杂数据按要求加工成为标准的、能够满足进一步深度数据分析的二次数据。

（2）在线模型辨识

在线模型辨识功能将经过预处理的数据进行挖掘筛选、辨识预处理、建模训练、可视化人机交互等步骤，构建生产过程的动态数学模型。通过数据预处理、建模训练模式设置等进行模型训练过程。训练完成后系统可自动给出一系列待选数学模型。根据测试集验证信息选择最优模型后，实现模型在线自动更新。

（3）机器学习训练

机器学习训练功能为系统智能预警功能提供机器学习模型。通过选择机器学习模型要建模的对象，根据工艺过程机理确定模型的输入参数、输出参数进行模型训练，为智能报警和预警提供准确的机器学习模型。

（4）智能报表

智能报表功能提供智能化的生产数据报表，实现运行人员对于任意测点、任意时间段、任意特定条件的组合报表需求，无需事先订制报表模板。

4. 知识推理服务器

知识推理引擎性能实现生产过程知识和经验的表达，构建固化的软件知识库。知识库可与生产实时/历史数据结合，形成基于实际生产过程的智能推理。

第七节 网络安全技术

智能发电运行控制系统还具有完善的工控系统信息安全功能，即ICS的信息安全防护能力及对系统的性能影响，主要包括：主机访问控制安全，非法接入网络防护，边界隔离防护，态势预警功能和事故溯源等功能。

一、主机访问控制安全

基于安全策略和白名单等机制，实现了对主机应用进程进行管控，保障了运行环境的完整性，实现了对恶意代码的防范。通过审核机制还能够对主机操作系统进行合规性检查、安全加固、进程管控、文件管控、USB管控、非法外联管控等在线运行监测并具有日志审计功能。如图 3－59 所示为岸石©系统中主机访问控制安全的配置画面。

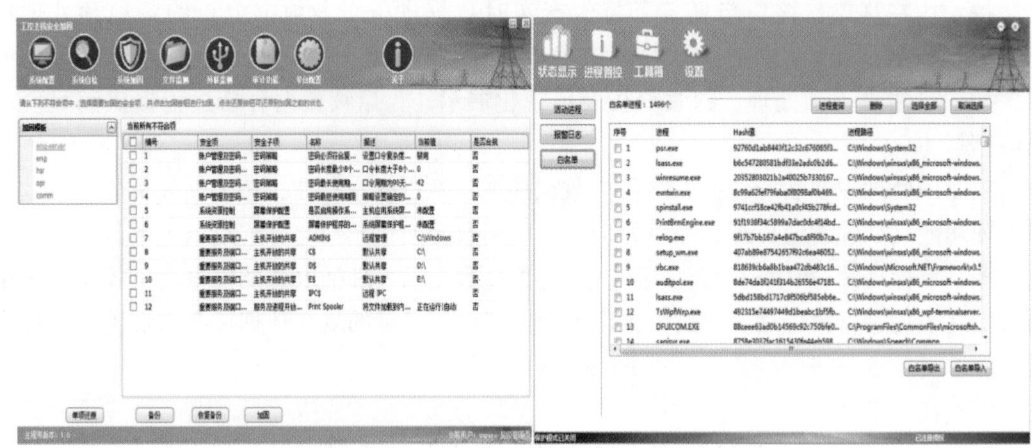

图 3－59　岸石©系统中主机访问控制安全的配置

二、非法接入网络防护

ICS 在结构上采用分布式计算环境（DCE）的多“域”管理技术，解决了单元机组、公用系统、辅网系统及厂级系统多系统互联及集中监控功能的要求。在系统中部署了安装有网络安全管控平台的服务器，实现了对系统的网络结构、网络设备、非法接入、边界防护的统一监管，保障了系统的安全稳定运行。

如图 3－60 所示为岸石©系统中非法接入网络防护的配置画面。

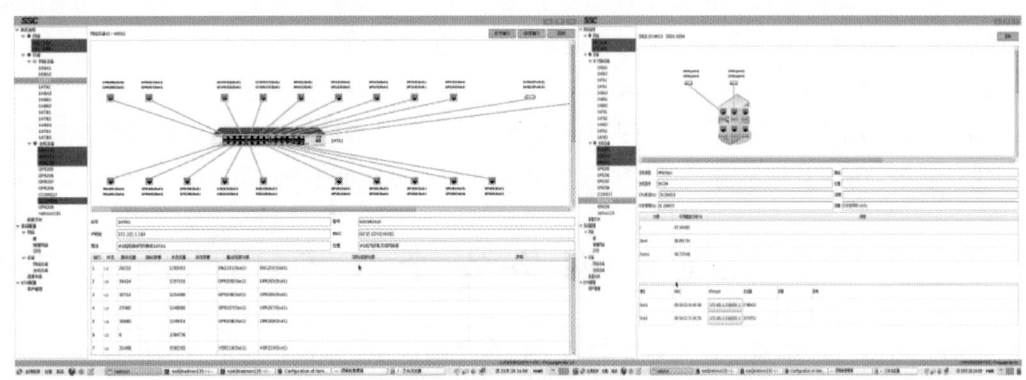

图 3－60　岸石©系统中非法接入网络防护的配置

三、边界隔离防护

通过在 ICS 网络边界处部署单向隔离网关，有效隔离了来自办公网、信息网、互联网的威胁与攻击，保证了 ICS 系统的安全。在 ICS 内不同子系统之间通过防火墙和白名单策略，实现了系统间网络信息流的高细粒度管控和系统间网络边界的隔离防护。

四、态势预警功能

通过网络探针对工控网络信息进行采集和分析，实现网络安全审计，全面提升了工控系统安全预警能力。对主机、网络等运行状态进行监测，发现异常能够及时报警，并直观展示异常节点位置。根据预置策略，对网络上各种协议、数据流进行分析，对可能出现的网络异常进行告警。如图 3－61 所示为岸石©系统中态势预警功能画面。

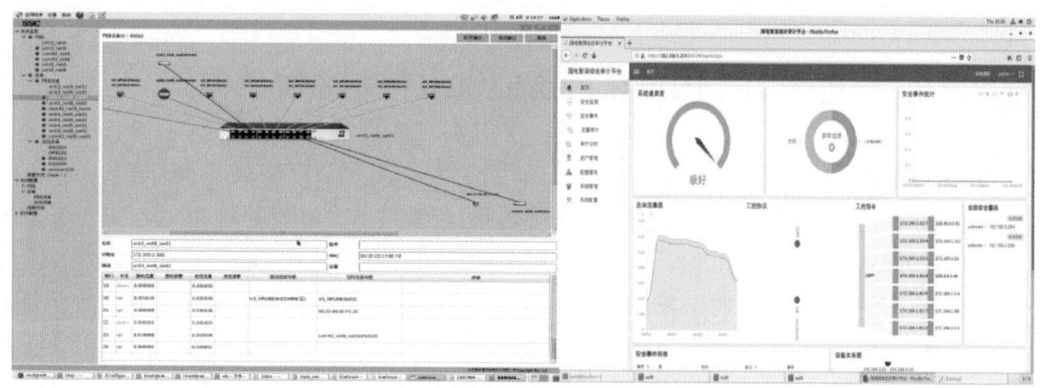

图 3－61　岸石©系统中态势预警功能

五、事故溯源功能

部署了网络数据审计设备，实现了对网络流量、用户网络行为等进行日志记录。ICS 应用软件具有操作日志记录功能，能对用户操作进行日志记录，实现了日志记录的密文存储。日志记录包括：事件的日期和时间、用户、事件类型、事件是否成功及其他与审计相关的信息，能够根据日志记录进行分析，并生成审计报表。如图 3－62 所示为岸石©系统中事故溯源功能画面。

图 3－62　岸石©系统中事故溯源功能画面

第四章

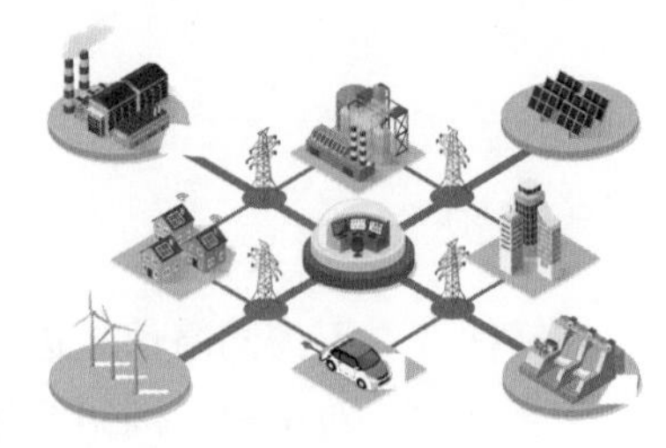

智能发电运行控制系统的工程应用

第一节　国电东胜智能发电控制系统架构

国电东胜电厂分散控制系统（DCS）采用的是国能智深控制技术有限公司生产的EDPF－NT＋系统，其中1号机组DCS系统包括40对DPU过程处理单元，2个工程师站，2个历史站，5个操作员站；2号机组DCS系统包括40对DPU过程处理单元，2个工程师站，2个历史站，5个操作员站，主机公用DCS系统包括6对DPU过程处理单元；灰煤硫DCS系统包括27对DPU过程处理单元，1个工程师站，2个历史站，8个操作员站；化水DCS系统包括8对DPU过程处理单元，1个工程师站，2个历史站，4个操作员站。

国电东胜电厂在原有DCS系统的基础初上，通过在1号、2号机组DCS系统中分别部署智能控制器、数据分析服务器、智能计算服务器、大型实时历史数据库、智能报警服务器、高级应用服务网等智能组件，构建成机组级智能运行控制系统，并提供有高度开放的应用开发环境、工业大数据分析环境、智能计算环境以及智能控制环境，机组级智能运行控制系统重点在于实现生产数据价值的深度挖掘和反馈指导；在此基础上，为了实现对全厂数据进行综合分析，实现全局信息价值挖掘，通过域间隔离器等智能组件，将1号机组、2号机组、主机公用系统、灰煤硫系统、化水系统等通过网络连接在一起，并配置厂级大型实时历史数据库、厂级智能分析服务器、高级值班员站、网络管理审计等智能组件，建立高度开放的应用开发环境、工业大数据分析环境、智能计算环境和智能控制环境，构建成厂级智能运行控制系统，实现全厂数据聚合与一体化监控，消除信息孤岛。东胜电厂智能DCS网络拓扑结构如图4－1所示。

在系统实际运行中，实际网络负载数据在增加智能控制器和高级应用服务器，且增加大数据访问后，现场实时控制网络负载平均值约为3.5%；高级应用服务网络负载约为5.3%；操作员站节点负载为1.7%。ICS高性能实时/历史数据库支持20万标签点规模的数据容量，毫秒级的数据采样，能够对采集的数据进行高效压缩和存储，对第三方提供完善易用的数据接口。

岸石©系统在东胜项目的应用中新增了4类算法库，包括软测量算法库、性能计算算法库、运行优化算法库和智能控制算法库，如图4－2所示。

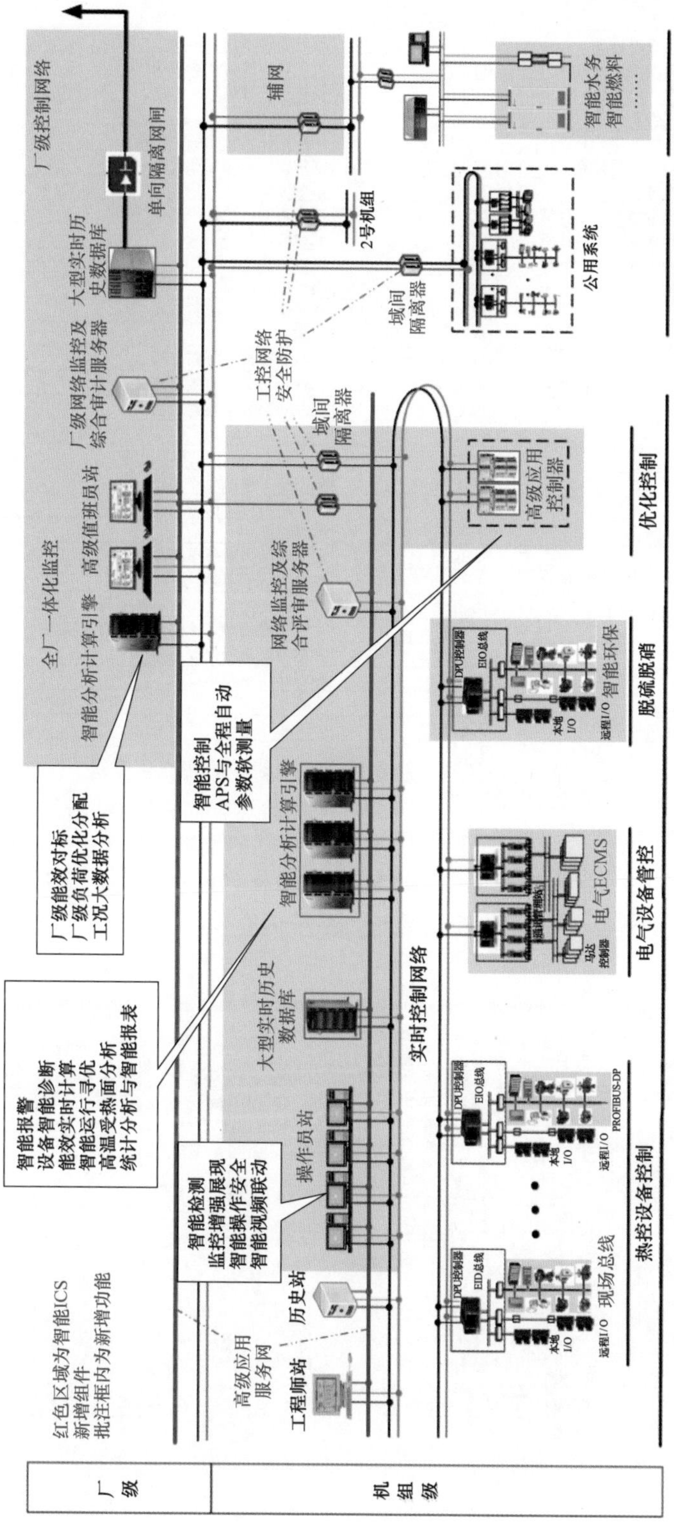

图 4-1 国电东胜电厂智能 DCS 网络拓扑图

IFC97SS算法库（软测量）		
序号	算法功能	模块名
1	已知压力的饱和水蒸汽性质计算	IFCP
2	已知压力和温度的水蒸汽性质计算	IFCPT
3	已知压力和焓的水蒸汽性质计算	IFCPH
4	已知压力和熵的水蒸汽性质计算	IFCPS
5	已知压力和比容的水蒸汽性质计算	IFCPV
6	已知压力和干度的水蒸汽性质计算	IFCPQ
7	已知温度的饱和水蒸汽性质计算	IFCT
8	已知温度和比焓的饱和水蒸汽性质计算	IFCTH
9	已知温度和比熵的饱和水蒸汽性质计算	IFCTS
10	已知温度和比容的饱和水蒸汽性质计算	IFCTV
11	已知温度和干度的饱和水蒸汽性质计算	IFCTQ
12	计算给水泵焓升	IFCWHI
13	计算级间效率或缸效率	IFCIR
14	计算水蒸气的定压比热容	IFCWSH
15	计算空气及烟气及灰的平均定压比热容	IFCASH
16	计算煤的比热容	IFCCSH
17	计算空气的相对湿度	IFCRH
18	低压缸排汽焓	SSHC
19	蒸汽流量	SSSF
20	入炉煤水分	SSCM
21	给水流量动态修正	SSFWF
22	锅炉重要参数计算	SSBC

OperOpt算法库（运行优化）		
序号	算法功能	算法名
1	对流受热面洁净因子计算	OOCB
2	常规空冷机组冷端优化	OOACE
3	氧量定值优化	OOO2SP
4	空气预热器洁净因子计算	OOAHB
5	开式循环直接水冷机组冷端优化	OOOWCE

EcoIndex算法库（性能计算）		
序号	算法功能	模块名
1	汽轮机核心计算模块	EITC
2	汽轮机内部功计算模块	EITP
3	锅炉有效吸热量	EIBAQ
4	锅炉排烟热损失	EIBQ2
5	锅炉气体未完全燃烧热损失	EIBQ3
6	锅炉固体未完全燃烧热损失	EIBQ4
7	锅炉散热损失	EIBQ5
8	二次再热汽轮机内部功	EIRTTP
9	灰渣物理显热损失	EIBQ6
10	其他热损失	EIBQoth
11	锅炉输入热量	EIBQin
12	锅炉热效率及燃料效率	EIBEF
13	机组耗差分析	EIBEL
14	二次再热汽水分布方程	EIRTSDE
15	二次再热锅炉有效吸热量	EIRTBAQ
16	二次再热机组耗差分析	EIBEL

SmartCCS算法库（智能控制）		
序号	算法功能	算法名
1	单入单出动态矩阵预测控制	SISODMC
2	单入单出广义预测控制	SISOGPC
3	内模控制	IMC
4	多变量动态矩阵预测控制	MIMODMC
5	继电器法PID自整定	PIDAT
6	参数可变的单入单出动态矩阵预测控制	SISODMC_V
7	参数可变的单入单出广义预测控制	SISOGPC_V
8	参数可变的内模控制器	IMC_V
9	面积法辨识对象参数	AMPI

图 4-2　岸石©系统在东胜项目应用中新增的智能化算法

智能控制器 CPU 主频为 1GHz，显示控制器内存为 1G，控制器闪存为 4G。其中 DPU 内涉及机炉协调控制系统、主蒸汽温度优化控制系统、再热蒸汽温度优化控制系统、脱硝优化控制系统、加热器水位优化控制系统，系统内存使用率 13.14%，DPU 负荷使用率 1.6%（见图 4-3）。

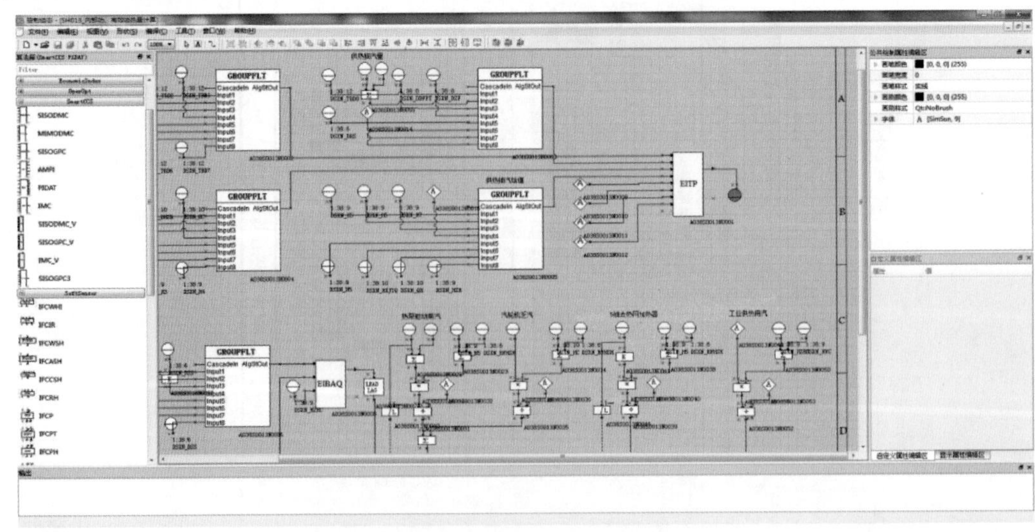

图 4-3　智能控制器新增算法模块示例

第二节 智能计算环境与智能控制的应用

一、智能计算环境的基本配置

岸石©系统在东胜项目的应用中，智能计算环境的智能存储服务器采用了 2 台高性能浪潮 2U 机架式服务器。操作系统是 CentOS 系统。CPU 采用多核至强处理器，内存大于 128G，并最多提供 20 个内存插槽。硬盘采用 4 块 4TB 的 SATA 硬盘，构成 RAID10 存储子系统，同时提供良好的可靠性和稳定性。具有 8TB 的存储空间以及最大 25 个热插拔硬盘位。网络采用 Intel 高性能千兆双口网卡，同时配备光纤接口，为智能存储服务器提供网络通信性能。其智能计算服务器采用高性能浪潮 2U 机架式服务器。其中，CPU 采用多颗至强处理器。单颗处理器拥有 8 核心 16 线程，主频 3GHz，20ML3 缓存。内存配备 256G 的 DDR4 内存，支持 4 通道交叉存取、内存镜像、内存热备等功能。硬盘采用 2 块 480G 的 SSD 硬盘，组成 RAID1，为计算引擎提供系统运行主分区。网络采用 Intel 高性能千兆双口网卡，同时配备光纤接口，为计算服务器与数据库服务器通信提供网络通信性能。智能计算服务器所提供的集群计算功能可实现多线程、分布式的计算配置，应用页面调取响应时间小于 1s。

二、实时计算平台的应用

实时计算引擎主要包括：实时运行控制优化模块、实时统计分析模块。实时计算平台算法库如图 4－4 所示。

实时计算平台算法库			
序号	算法功能	序号	算法功能
1	共享内存输入/输出模块	8	参数劣化分析模块
2	冷端优化模块	9	参数趋势判断系列模块
3	氧量优化模块	10	工况分析系统模块
4	负荷优化分配模块	11	参数相关性分析模块
5	运行参数预警模块(NN)	12	控制性能指标评价模块
6	系统运行异常预警模块(NN)	13	神经网络控制器模块
7	系统运行参数预测模块(LSTM)	14	耗差分析算法模块

图 4－4 实时计算平台算法库

实时计算平台算法库中的各算法模块如运行参数预警模块、冷端优化模块、参数相关性分析模块功能等最快计算速度达到 61ms，完全满足现场的实时计算需求。

实时计算平台的实时统计分析功能可使用户任意选择时间区间、任意值次，查看页面的实时统计计算信息展示，将页面显示信息与历史记录中重要参数趋势、运行操作指导值趋势进行对比，检验统计分析功能的可靠性、准确性。如图 4－5 所示。

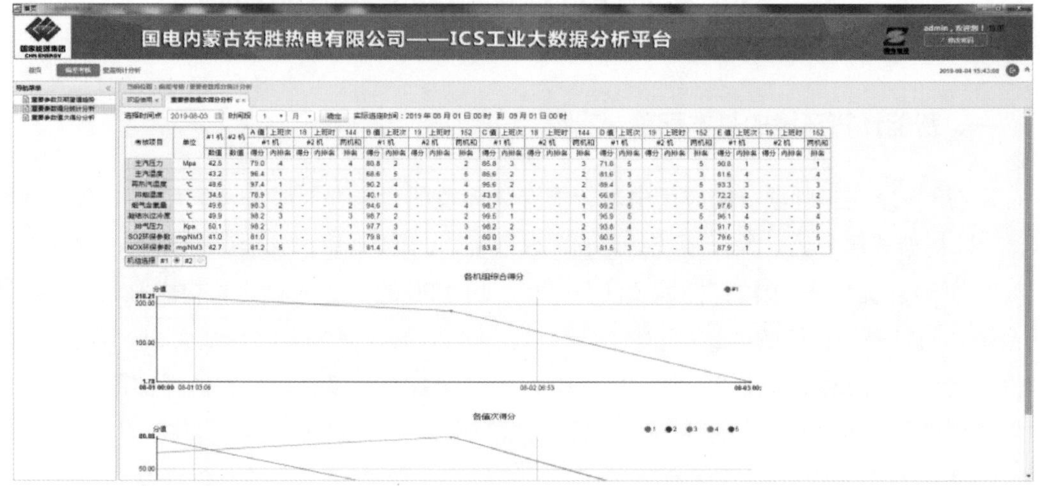

图 4-5　实时统计分析模块

锅炉壁温的实时统计分析通过查看页面的实时统计计算页面，并与历史记录中的数据进行对比验证，检验统计分析功能的可靠性、准确性，如图 4-6 所示。

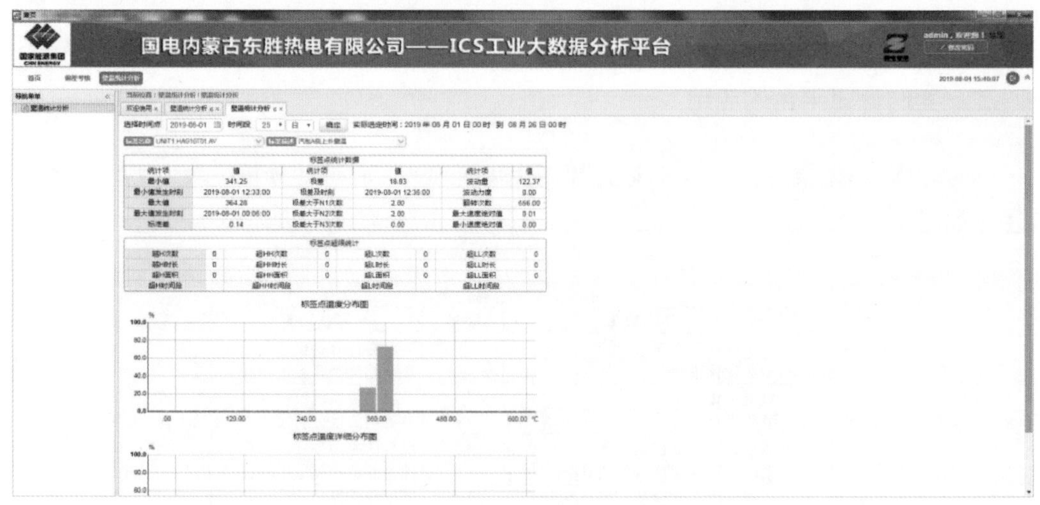

图 4-6　锅炉壁温统计计算展示

现场运行实践表明，实时运行控制优化模块中的各项高级算法均已投入使用，模块的计算周期为 500ms，各计算模块的计算正确有效，各模块均有标识，容易组态调用。实时统计分析模块中的各项功能工作正常，通过高速的生产数据统计计算为机组运行分析提供了有价值的参考信息。实时计算引擎服务器的内存使用率为 85Mbit，CPU 使用率为 3%，内存以及 CPU 使用率正常。

三、实时分析平台的应用

1. 工业数据预处理功能

生产过程中任意测点、任意时间段、任意筛选条件的数据抽取、清洗、预处理、探索分析及可视化展示都可在工业数据预处理中实现，这就为后续数据分析过程提供了满足用户需求的各类数据样本。系统的工业数据预处理功能在东胜电厂的应用如图 4-7 所示。

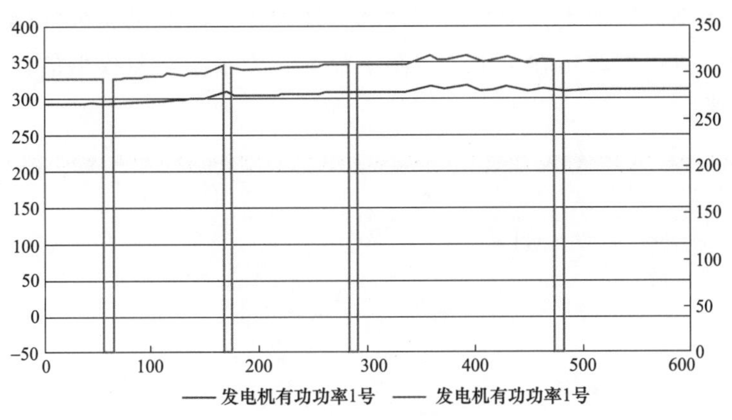

图 4-7　工业数据预处理

工业预处理软件功能如图 4-8 所示。主要功能包括历史站数据抽取、数据预处理、样本统计、相关性分析等功能。数据预处理功能又包括如异常值处理、噪声滤波、函数变换、数据归一化、连续函数离散化和数值化、属性规约或数值规约的转换等。

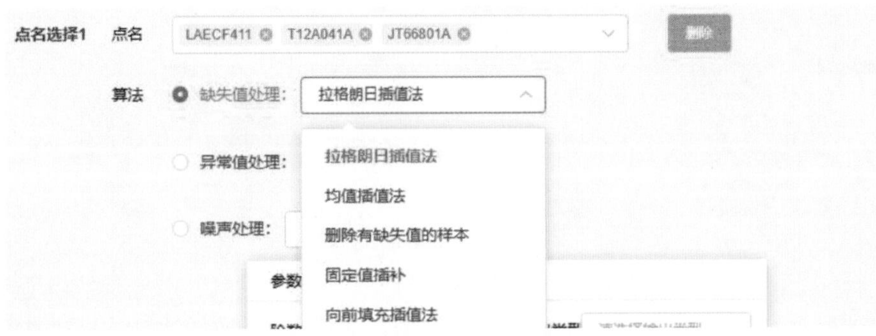

图 4-8　工业预处理软件功能

2. 在线模型辨识功能

岸石© ICS 还具有在线模型辨识功能。通过导入已预处理完成的数据样本，或者任意抽取一段历史数据，设定目标工况、激励阶次等条件，进行相应的配置选项，开始数据自动筛选，系统自动筛选历史数据中满足规定的工况要求、且满足规定的辨识激励条件的历史数据。通过重采样、归一化、零初始等操作，将数据样本文件进行辨识预处理。经过筛选、预处理后的数据样本，可进入建模功能，配置延时预估模块。通过选择上述同一数据样本，配置建模训练模块，开始模型训练过程。训练完成后系统可自动给出一系列待选数学模型。根据测试集验证信息选择最优模型后，可实现模型在线自动更新，系统可定时（如每天）对生产过程数据进行自动化的抽取、清洗、预处理、延时估计和模型训练，给出最新的数学模型并自动存档记录。

运行实践表明，岸石© ICS系统的在线模型辨识功能能够按照规范的流程自动完成过程模型辨识和建模，为控制回路提供对象模型，如图 4－9 所示。其辨识过程不需要进行主动激励，采取大范围数据筛选的方法找出满足激励条件的样本数据，且辨识得到的模型参数可实时传输至 ICS 控制系统中，为基于对象模型的控制算法提供模型实时更新服务。

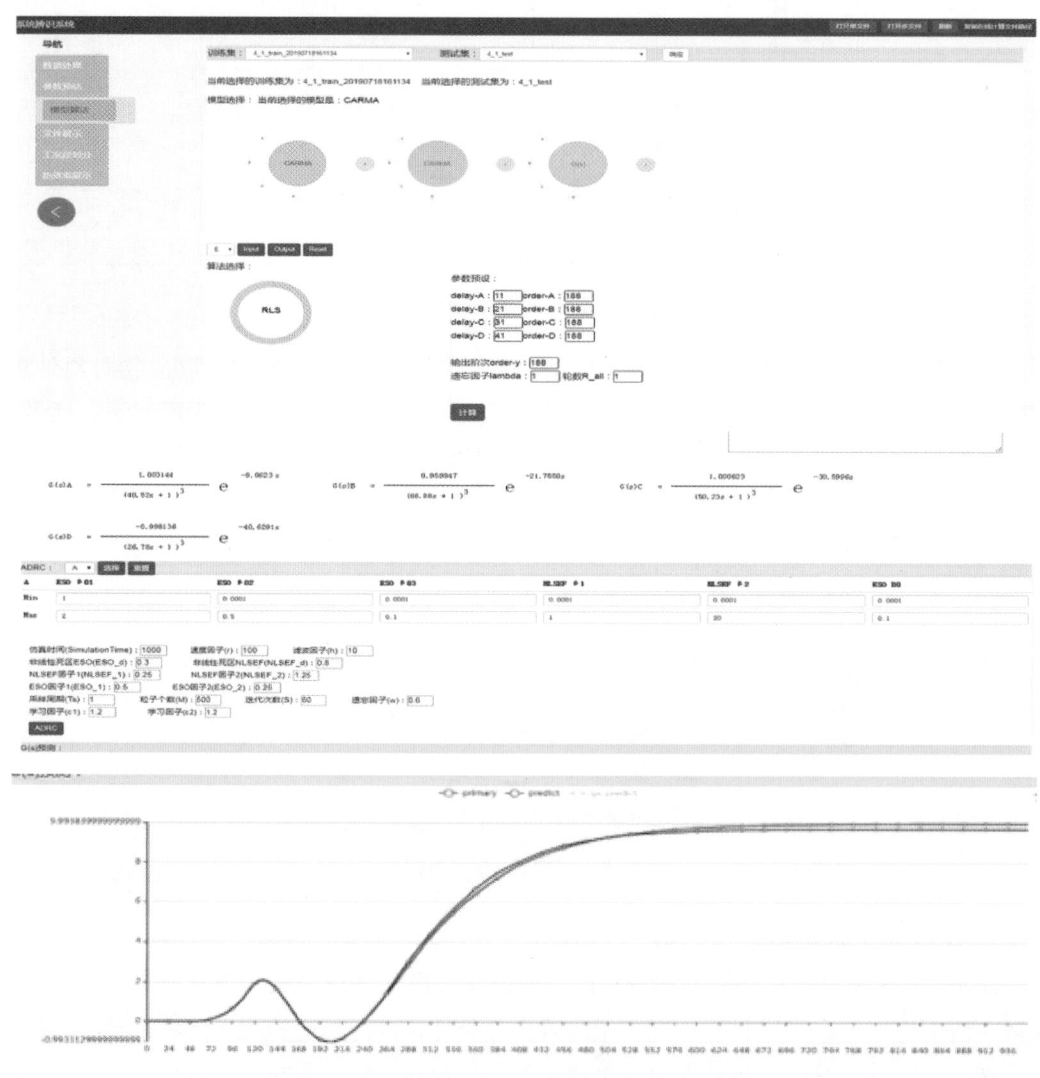

图 4－9　岸石© ICS系统的在线模型辨识功能

3. 机器学习训练功能

机器学习训练功能为系统智能预警功能提供机器学习模型。主要是通过机器学习，根据工艺过程或运行机理来确定模型的各种输入参数和输出参数，然后对模型进行训练，通过反馈校正等方式修正机器学习的结果，为智能报警和预警等功能提供必要的模型。

通过选择机器学习模型要建模的对象，根据工艺过程机理确定模型的输入参数、输出参数。应用神经网络训练工具，输入待训练的参数的点名、描述、上下限等，在神经网络训练中选择模型训练代数以及批量训练维度，选择历史数据获取的路径以及参数保存的路径，然后在历史数据读取中选择读取历史的时间段以及采样周期，开始进行模型训练。将训练完成的参数放到智能报警中的运行参数预警模块进行组态。组态完成后可看到通过模型输出的参数预测值与实际参数保持一致，偏差值在 2% 以内，且变化趋势相同，如图 4 - 10、图 4 - 11 所示。运行实践表明，机器学习训练功能能够按照规范的流程完成机器学习过程的生产数据准备和训练，为智能报警和预警提供准确的机器学习模型。通过查看已有的基于机器学习模型训练的神经网络参数预警，预警对象目前有 85 个，各预警参数在正常工况下均能与实际参数保持一致，模型训练结果正确可靠，具备生产过程大范围参数预警的功能。

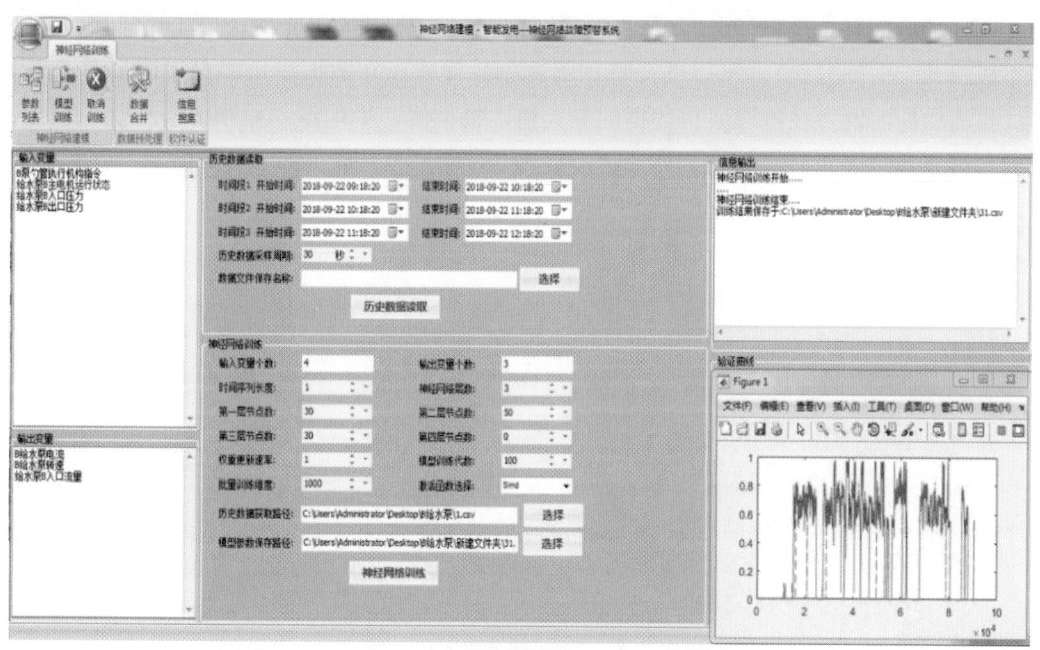

图 4 - 10　神经网络模型训练客户端

4. 智能报表功能

智能报表功能无需事先定制报表模板，就可以为用户提供智能化的生产数据报表，实现运行人员对于任意测点、任意时间段、任意条件的组合报表需求。在东胜项目中，通过

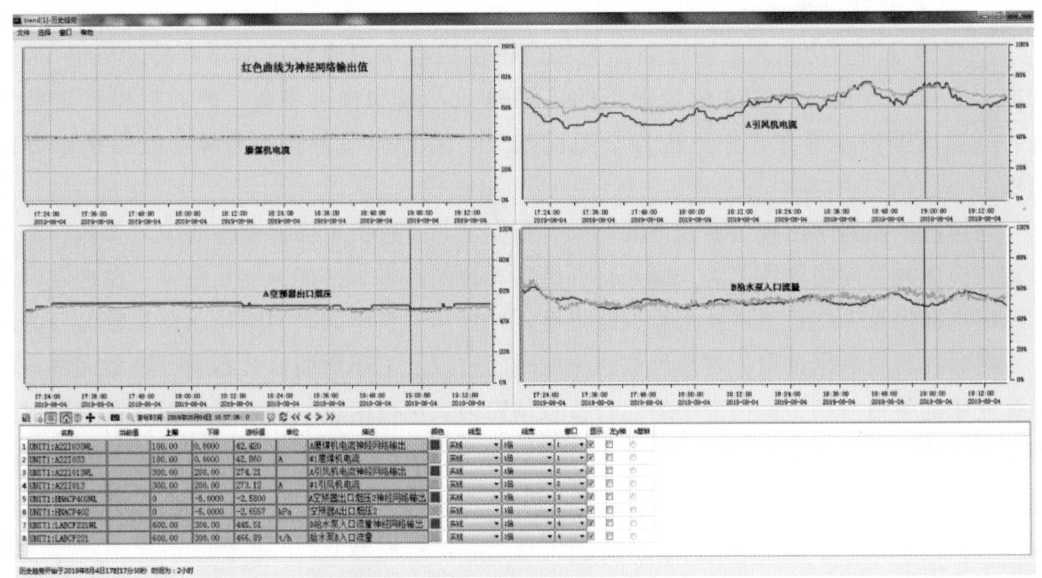

图 4－11　神经网络模型对比验证

智能报表配置界面，确定与数据库的连接信息，填写要抽取数据的时间范围，填写任务名称，选择抽取间隔，选择任务开始时间，选择测点编码、要抽取数据的时间区间（一个时间整段或几个时间分段）。然后进行特殊筛选条件设置。在数据设定界面，配置是否计算本次报表中所有测点在抽取所得数据的最大值、最小值、平均值、累积值、中值。报表生成后，可查看报表正确性与准确性。智能报表功能如图 4－12、图 4－13 所示。

新建单次任务

数据库基本信息

服务器IP	端口号	数据库账号	表ID	操作
192.168.1.132	7369	admin	1	编辑

模板选取

模板名称	备注	创建时间	操作
展示		2019-07-09 14:19:05	下载模板　删除
测试		2019-07-04 15:39:42	下载模板　删除
正式测试	潮州数据	2019-07-04 10:30:09	下载模板　删除

时间范围选取

时间范围1　2019-07-09 00:00:00　--　2019-07-09 14:20:12　删除

增加时间范围

其它信息填写

* 任务名称　展示　　抽取间隔　－ 1 ＋ 秒

起始时间　2019-07-09 14:20:12　　备注　请输入备注信息

提交

图 4－12　智能报表操作界面

智深工业大数据分析平台测试			
	发电功率	给水泵入口温度1	给水泵入口温度2
	ap	ap	ap
	UNIT1:JT66801A	UNIT1:HAJ40T40	UNIT 1:HAJ40T41
2019-07-24 00:00:00	300.412079	319.899994	320.100006
2019-07-24 01:00:00	298.901093	318.100006	318.600006
2019-07-24 02:00:00	300.824158	321.399994	322.200012
2019-07-24 03:00:00	300.13736	320	320.899994
2019-07-24 04:00:00	251.648346	312.399994	312.899994
2019-07-24 05:00:00	237.225281	310.600006	310.700012
2019-07-24 06:00:00	253.571426	313	313.399994
2019-07-24 07:00:00	245.87912	312.600006	313.399994
2019-07-24 08:00:00	246.291199	313.399994	313.800018
2019-07-24 09:00:00	164.835159	296.899994	298.800018
2019-07-24 10:00:00	214.560425	300.399994	302
2019-07-24 11:00:00	171.016479	292.5	294.600006
2019-07-24 12:00:00	217.857147	299.600006	301.300018
2019-07-24 13:00:00	199.038452	297.100006	299.100006
2019-07-24 14:00:00	207.417587	299.700012	301.5
2019-07-24 15:00:00	200.13736	301.800018	303.300018
2019-07-24 16:00:00	211.950546	300.100006	302.100006
2019-07-24 17:00:00	243.406601	302.399994	303.700012
2019-07-24 18:00:00	250.137344	311.600006	312.399994
2019-07-24 19:00:00	250.137344	310.800018	311.800018
2019-07-24 20:00:00	251.098892	306.700012	307.800018
2019-07-24 21:00:00	250.549438	307	308.600006
2019-07-24 22:00:00	250.961533	307.700012	308.600006
2019-07-24 23:00:00	251.648346	308.399994	309.200012
平均值	240.4017798	307.6708361	308.7833403
最小值	164.835159	292.5	294.600006
最大值	300.824158	321.399994	322.200012
累加值	5769.642715	7384.100066	7410.800168

图 4－13　智能报表统计结果

现场应用实践表明，岸石© ICS 系统的智能报表功能能够按照生产实际需求，实现对于任意测点、任意时间段、任意特定条件的组合报表需求，完全满足工业现场基于数据挖掘的智能化报表的需求。

四、知识推理平台的应用

知识推理引擎用于实现生产过程中获得的知识和经验的信息和数据的表达，通过这些信息和数据来构建推理知识库。推理知识库通过与生产的实时和历史数据相结合，形成基于实际生产过程的基于数据驱动的智能推理机制。在岸石© ICS 中，通过知识推理平台的配置界面，进行知识库组态。在高级应用服务器通过查看根源分析软件，组态的搭建分为锅炉、汽机、电气三大部分，组态的搭建以树状结构呈现，第一级为故障信号，依次展开为故障的一些触发原因，直到最末级为故障发生的根源。故障根源分析通过对历史数据进行检索分析，在故障触发的第一时间进行历史检索并将检索到的故障发生路径呈现到 ICS 人机接口界面中去，经过对 A 磨煤机满煤（如图 4－14 所示）、AGC 异常切除等根源分析进行测试，现场运行结果正常可靠，能够满足实际需求。

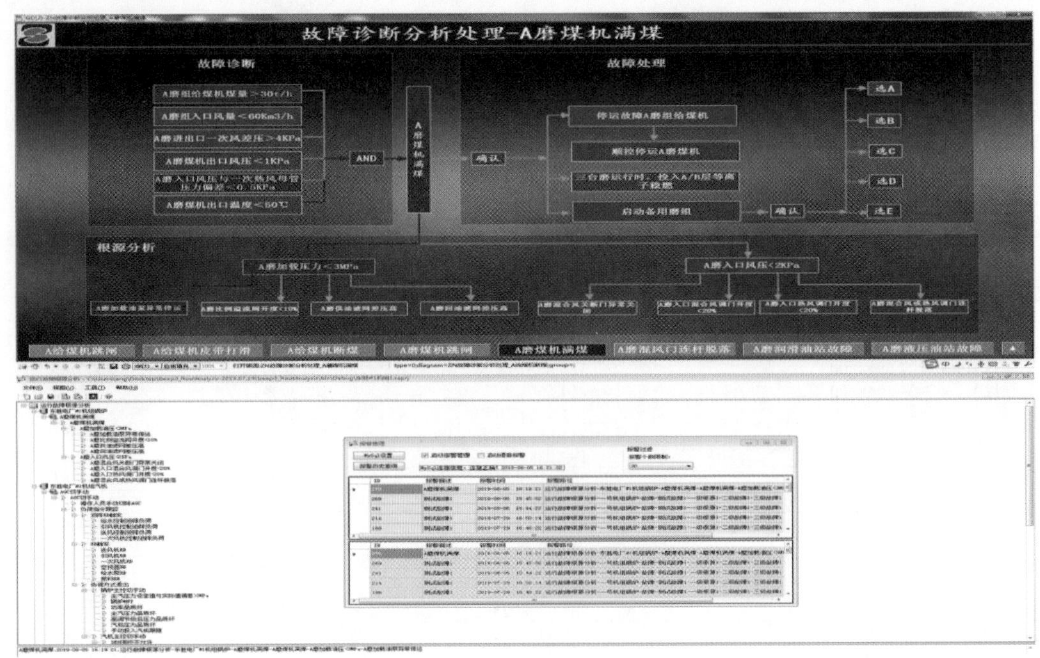

图 4-14　磨煤机满煤根源分析界面

第三节　智能报警管理功能的应用

岸石© ICS 的智能报警管理功能主要包括：滋扰报警抑制、报警增强展现等。

一、智能报警抑制的应用

智能报警的抑制分为手动抑制与自动抑制两类。

1. 手动抑制

智能报警的手动抑制通过在智能光字牌上选择和确认一个已经发生的报警信号，选择抑制原因以及抑制时间后确认，此时所有光字牌上的该报警信号消失，此时通过查看抑制列表的手动抑制，可以查看到该报警的抑制开始时间，抑制剩余时间，抑制的原因。通过在报警中心的操作记录中查询可以看到抑制该报警的用户 IP 地址，抑制的点名以及抑制原因。经多次手动抑制测试表明手动抑制安全可靠，能够有效抑制高频和无效报警信息。运行操作人员使用简单方便，且具有抑制操作记录可供查询，如图 4-15 所示。

2. 自动抑制

首先需要进行自动抑制文件的配置工作，针对某一报警信号，选择 C 磨煤机入口压力低报警，此报警信号的抑制条件为 C 磨煤机停运状态，对自动抑制文件进行配置后，在 C

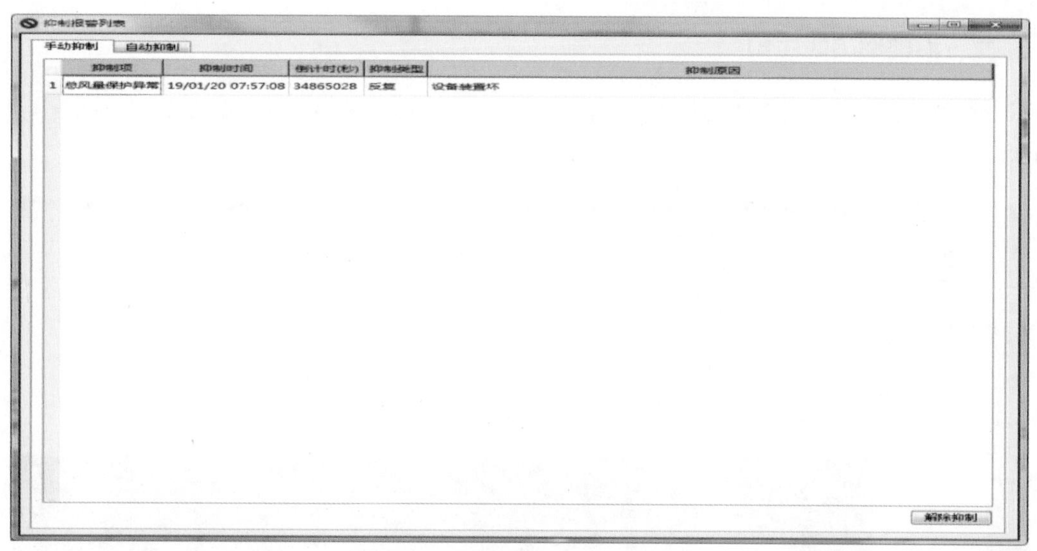

抑制报警列表

手动抑制 | 自动抑制

	抑制项	抑制时间	倒计时(秒)	抑制类型	抑制原因
1	总风量保护异常	19/01/20 07:57:08	34865028	反复	设备装置坏

解除抑制

图 4-15　智能报警的手动抑制

磨煤机停运的状态下，进行模拟实验，此时 C 磨煤机处于停运状态，C 磨煤机入口压力低报警并未触发，此时在智能光字牌的自动抑制列表中可以查看到 C 磨煤机入口压力低报警的抑制原因为 C 磨煤机停运状态，此时将 C 磨煤机强制为运行状态，此时 C 磨煤机入口压力低报警触发，并在光字牌上报警。除此之外，进行了给水泵入口压力低、柴油机电压低、交流润滑油泵电流低、B 凝结水泵出口压力低等报警信号的自动抑制功能测试。

现场运行实践表明，岸石© ICS 的智能报警自动抑制配置简单方便，可靠性高，机组正常运行阶段处于自动抑制的报警信号在 40～60 个，能够大幅减少高频和无效报警信号，提高报警的精确度以及有效性，能够满足生产实际需求，如图 4-16 所示。

抑制报警列表

手动抑制 | 自动抑制

	抑制项	抑制时间	抑制原因
19	柴油机频率高	19/07/31 23:57:12	B410开关断开
20	#2顶轴油泵电流低	19/07/29 13:40:11	#2顶轴油泵停运
21	#1顶轴油泵电流低	19/07/29 13:39:43	#1顶轴油泵停运
22	自动盘车控制屏电流低	19/07/29 13:36:37	盘车停运
23	B凝结水泵出口压力低	19/08/03 13:42:58	#2凝泵停运
24	低压缸喷水右压力低	19/07/27 21:12:48	排汽温度<60°C
25	低压缸喷水左压力低	19/07/27 21:12:48	排汽温度<60°C
26	低旁减温水压力低	19/07/27 21:12:48	低旁减温水后温度<93°C
27	盘车转速高	19/07/29 13:36:38	盘车停运
28	交流润滑油泵出口油压低	19/07/29 14:53:33	交流油泵未运行
29	直流事故油泵出口油压低	19/07/29 14:53:54	直流油泵未运行
30	低旁减温水压力低	19/07/27 21:12:48	低旁后蒸汽温度<93°C
31	发电机氢测密封油备用泵差压低	19/08/04 00:44:28	发电机氢密备油泵未运行
32	发电机空测密封油备用泵差压低	19/07/29 13:51:23	发电机空密备油泵未运行
33	废水收集池液位低	19/07/27 21:12:48	#1/#2废树脂输送泵未运行
34	辅料辅助槽液位低	19/08/02 10:55:07	辅膜再循环泵未运行
35	#6轴顶起油压低	19/07/29 13:40:11	#1/#2顶轴油泵未运行且转速>2950RPM
36	#5轴顶起油压低	19/07/29 13:40:11	#1/#2顶轴油泵未运行且转速>2950RPM
37	#4轴顶起油压低	19/07/29 13:40:11	#1/#2顶轴油泵未运行且转速>2950RPM
38	#3轴顶起油压低	19/07/29 13:40:11	#1/#2顶轴油泵未运行且转速>2950RPM
39	C磨入口风压低	19/08/01 13:53:23	C磨煤机停运
40	C磨密封/一次差压3低	19/08/01 15:26:17	C磨煤机停运
41	C磨润滑油泵切低速	19/08/01 15:26:11	C磨煤机停运

图 4-16　智能报警的自动抑制

二、报警增强的应用

在 ICS 画面点击智能报警按钮，打开报警中心的报警增强展示界面，如图 4－17 所示。

图 4－17　增强报警功能

（1）点击报警分布，此功能具有报警的分布统计，分别可按照报警类型、报警级别、按值进行报警统计工作，首先按报警类型进行统计，选择查询的时间为 6h，点击查询按钮，可显示出前 6h 的每一个小时中开关量报警、模拟量报警以及 SOE 报警发生的数量，并会展现出三类报警信号的饼图比例显示以及柱状图显示。之后进行了按报警级别以及按值进行统计，经测试报警分布统计能够正确有效的对报警信号进行统计以及分类，且统计速度较快，6h 的数据在 3s 左右统计完成。

（2）点击异常统计，此功能能够对高频报警、反复报警、顽固报警以及洪水报警进行统计，首先选择高频报警，然后选择报警发生频率最高的 5 个进行统计，选择统计时间为 2019 年 7 月 10 日～2019 年 7 月 25 日，然后点击提交按钮，查询时间约为 10s，查询完成后在查询时间段内发生次数最多的 5 个报警信号会从高到低排列出来，并会有该报警在查询时间段内发生的次数以及比例，并会以柱状图的形式显示出来。同样步骤进行了反复报警、顽固报警以及洪水报警的统计测试，测试结果正确有效，且统计速度较快，能够对报警优化产生指导意义。

（3）点击历史报警，此功能可以查询报警的历史，可以根据点名、描述以及特征字进行查询，报警查询的时间段可以进行配置，分别按照点名、描述以及特征字对多个报警信号进行了历史查询，查询结果正确有效，查询时间在 1s 以内。

三、系统可用率评估

可用率表明了一个可恢复特性的装置或系统能在规定的时间内完成其规定功能的概

率，可用率计算公式如下：

$$可用率(\%)=\frac{实际测试时间-故障时间}{实际测试时间}\times 100\% \quad (4-1)$$

$$可用时间=实际测试时间-故障时间 \quad (4-2)$$

式中：实际试验时间——整段试验时间扣除空等时间；

空等时间——机组或辅机故障、运行人员引起的不正常操作、环境条件不符要求、不可抗拒的因素、所供电源丧失等引起的等待时间；

故障时间——供方提供的任一装置或子系统在实际试验时间内而停运的一段时间；

可用时间——试验开始至试验结束的整段试验时间内，扣除试验的空等时间和故障时间后的这一段时间。

实际测试时，整段试验时间为机组整启之后连续运行的 60 天。查询电厂 ICS 的运行维护记录，ICS 在连续运行 60 天（1440 小时）后，其故障时间小于 0.7h，经计算 ICS 的可用率大于 99.95%。

第四节　智能检测及智能控制的应用

在东胜项目的应用中，岸石©系统的智能检测和控制功能主要包括：

（1）机组在不同负荷工况及外界环境因素下，基于机理和数据建模相结合的煤质低位发热量软测量、原煤水分软测量、锅炉氧量软测量、低压缸排汽焓软测量、主蒸汽流量软测量、再热蒸汽流量软测量等。

（2）基于深度神经网络和长短期记忆网络算法的一级过热蒸汽温度、二级过热蒸汽温度、A/B 侧再热蒸汽温度、A/B 侧 SCR 出口 NO_x 浓度预测模型；在机组负荷发生变化、制粉系统磨组合及配风方式改变时，基于深度学习的预测功能。

一、基于复合建模的软测量应用

通过软测量获得的参数主要包括：锅炉烟气氧量、低压缸排汽焓、入炉煤水分、入炉煤低位发热量、机组煤质等参数。对于锅炉烟气氧量与机组实测烟气含氧量进行了对比验证。

对于汽轮机低压缸排汽焓值，为了能够正确反映出汽轮机低压缸排汽焓的测量精度，以汽轮机热平衡数据作为校核依据，将计算结果与热平衡中排汽焓进行比较，如表 4-1 所示。

表 4-1　汽轮机排汽焓计算对比结果

工况	计算值	设计值	相对误差
THA	2413.4	2440.6	1.11%
TEL	2515.3	2535.9	0.81%
TMCE	2477.6	2432.1	1.87%

续表

工况	计算值	设计值	相对误差
75%THA	2439.6	2475.6	1.45%
50%THA	2483.9	2524.1	1.59%

同时，把汽轮机排汽焓作为重要输入变量的汽轮机内部功计算与机组实际进行对比，从侧面反映出汽轮机排汽焓值计算精度。

对于入炉煤低位发热量、入炉煤水分，采集每日计算数据的日均值，通过与当日实际化验数据进行了对比验证。

各个软测量的参数的结果与实际值进行了对比，如图 4－18～图 4－20 所示。

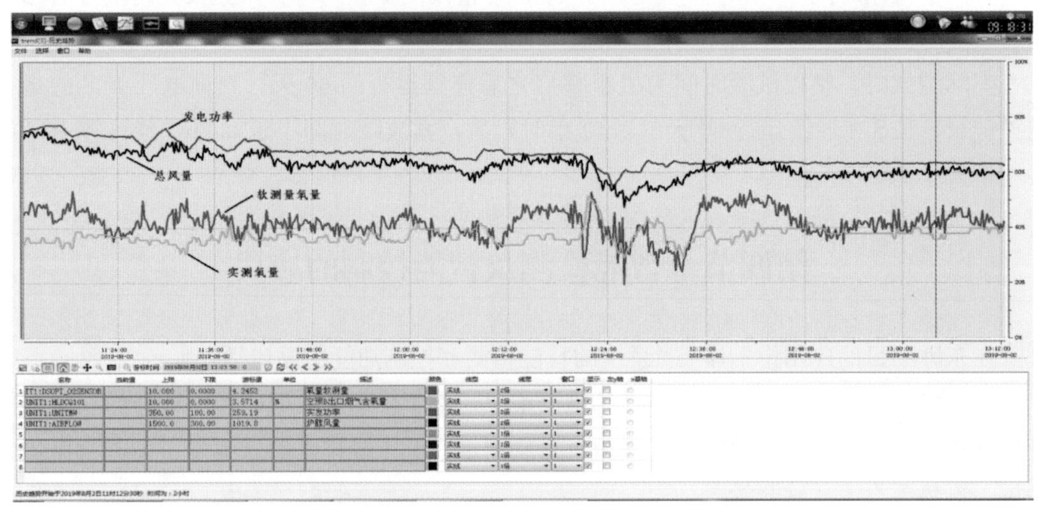

图 4－18　锅炉烟气氧量对比曲线

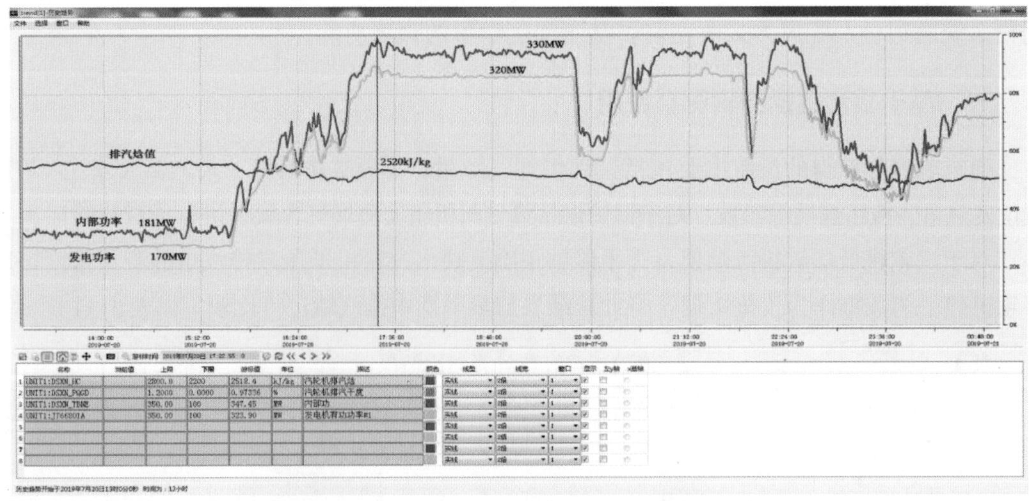

图 4－19　汽轮机内部功及排汽焓曲线

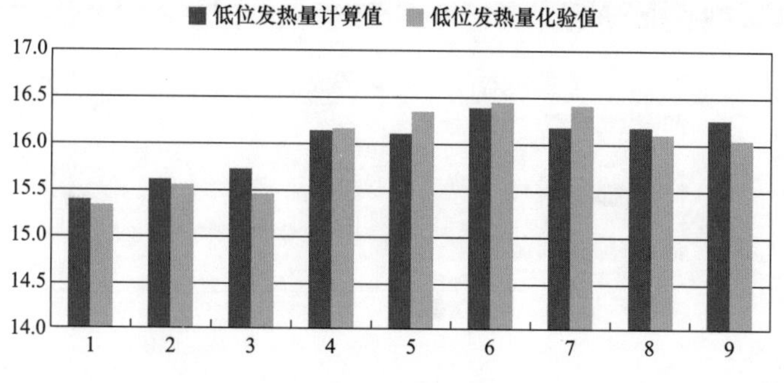

图 4－20　低位发热量验证对比曲线

现场实际应用测试表明：通过与空预器入口氧量实际测量结果对比分析，锅炉烟气氧量软测量与实际值动态过程中最大偏差为 1%，平均偏差为 0.5%；汽轮机排汽焓计算值与设计值相对误差小于 2%，通过将汽轮机内部功和机组实发功率对比分析，汽轮机内部功计算平均相对误差小于 5%，假定其他测点均测量准确，说明汽轮机低压缸排汽焓的计算误差亦不低于 5%；通过和机组化验数据进行对比分析，入炉煤低位发热量的误差低于 2%。综上所述，基于复合建模的机组关键参数软测量具有较高精度，完全满足现场工程实际应用。

二、神经网络预测模型的应用

（1）选取一级过热蒸汽温度、二级过热蒸汽温度、A/B 侧再热蒸汽温度、A/B 侧 SCR 出口 NO_x 浓度进行测试，读取上述预测参数的历史数据。

（2）读取所测参数的实际运行历史数据，并与预测值进行对比验证。

运行测试表明：基于深度神经网络和长短期记忆网络算法的一级过热蒸汽温度、二级过热蒸汽温度、A/B 侧再热蒸汽温度、A/B 侧 SCR 出口 NO_x 浓度预测结果具有一定的精度和超前性，如图 4－21、图 4－22 所示。一级过热蒸汽温度预测值最大偏差小于 5℃，超前 2min，平均预测相对误差小于 0.91%；二级过热蒸汽温度预测值超前 2min，最大偏差小于 3.5℃，平均偏差为 0.63℃，平均预测相对误差小于 0.12%；A 侧再热蒸汽温度预测值超前 2min，最大偏差小于 5℃，平均偏差为 1.6℃，平均预测相对误差小于 0.29%；B 侧再热蒸汽温度预测值超前 2min，最大偏差小于 8℃，平均偏差为 2.2℃，平均预测相对误差小于 0.41%；A 侧 SCR 出口 NO_x 浓度预测值超前 2.5min，最大偏差小于 7mg/Nm^3，平均偏差为 1.6mg/Nm^3，平均预测相对误差小于 4%；B 侧 SCR 出口 NO_x 浓度预测值超前 2.5min，最大偏差小于 8mg/Nm^3，平均偏差为 1.73mg/Nm^3，平均预测相对误差小于 5%。

在测试过程中机组负荷发生变化、制粉系统磨组合及配风方式均发生改变，仍然能够维持上述预测精度，且预测值变化趋势与实际值完全一致。综上所述，基于深度学习预测模型的汽温系统及脱硝系统被控参数预测值显著超前于实际值，及时的反映了汽温

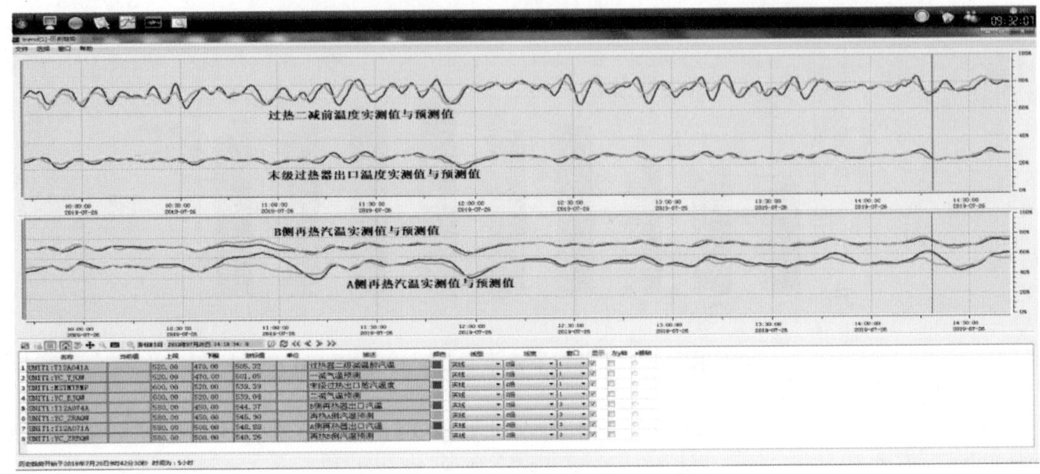

图 4－21　蒸汽温度预测值与实际值

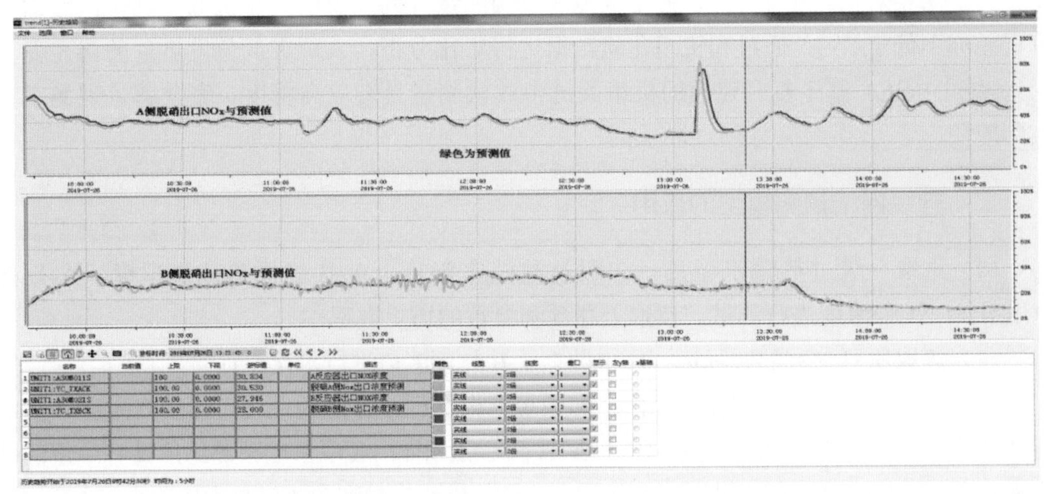

图 4－22　脱硝出口 NO_x 浓度预测值与实际值

系统和脱硝系统被控参数的变化情况，能够为运行监控和控制系统的超前调节提供技术支撑。

三、智能控制的应用

（1）智能协调控制性能的应用测试，主要测试机组锯齿波工况、大范围变工况时协调系统预测控制的稳定性和负荷快速响应能力，具体指标为：①电网 AGC“两个细则”考核指标的改善效果；②机组主蒸汽压力动态波动幅度和收敛性；③给煤量超调量及过热一减前汽温波动幅度；④协调系统预测控制对煤质煤种及磨组合变化的自适应能力。

（2）智能汽温控制性能测试，主要测试内容包括：①机组大范围快速变工况时，智能汽温控制系统响应的及时性和收敛性；②在过热二级减温调节能力受限的情况下，测试

一、二级减温水量的智能分配和调度策略；③结合深度学习模型对再热汽温的预测，测试A/B侧再热汽温控制系统抑制扰动的能力；④汽温系统预测控制对煤质煤种及磨组合变化的自适应能力。

（3）智能脱硝控制性能测试，主要测试内容包括：①机组大范围快速变工况时，脱硝控制系统响应的及时性和收敛性；②在吹灰系统频繁投切和CEMS仪表吹扫情况下，测试喷氨调节响应的快速性和收敛性；③脱硝系统预测控制对煤质煤种及磨组合变化、启停磨工况下的自适应能力。

1. 负荷锯齿波性能测试

（1）机组负荷稳定在200MW负荷附近，机组处于协调控制模式，变负荷速率设置为7MW/min。

（2）主汽温度、再热蒸汽温度、SCR出口NO_x浓度等优化控制系统投入运行；运行人员修改负荷设定值，每次变化幅度不小于10MW，不大于30MW。

（3）机组负荷连续波动5个周期，待各参数稳定后试验结束。

（4）记录负荷设定值和实际值、主汽压力设定值和实际值、锅炉主控输出、燃料量指令、主蒸汽温度设定值和实际值、A/B侧再热蒸汽温度设定值和实际值、A/B侧SCR出口NO_x浓度设定值和实际值等曲线。

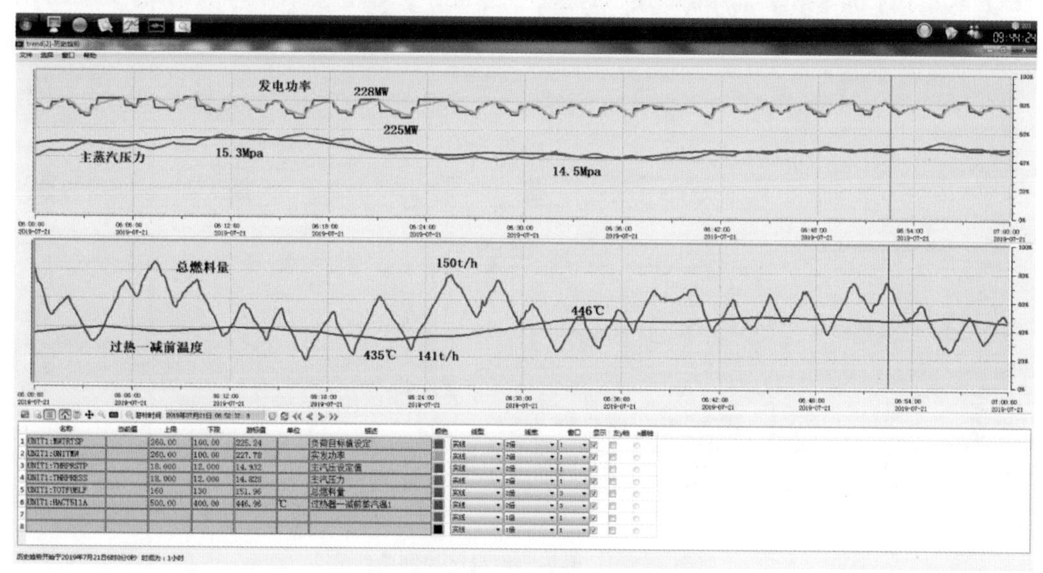

图4-23　机炉协调优化控制曲线

运行结果如图4-23～图4-26所示，结果表明：主汽压力最大偏差小于0.4MPa，过热一减前汽温波动小于15℃，在以机组能量作为控制目标的机炉协调控制系统，有效降低了锅炉燃料量的过燃调节，既保证了主蒸汽压力的控制品质，又避免在变负荷过程中主蒸汽温度、再热蒸汽温度超温，整个变负荷过程中，基于精准能量平衡的智能协调控制系统控制品质良好。

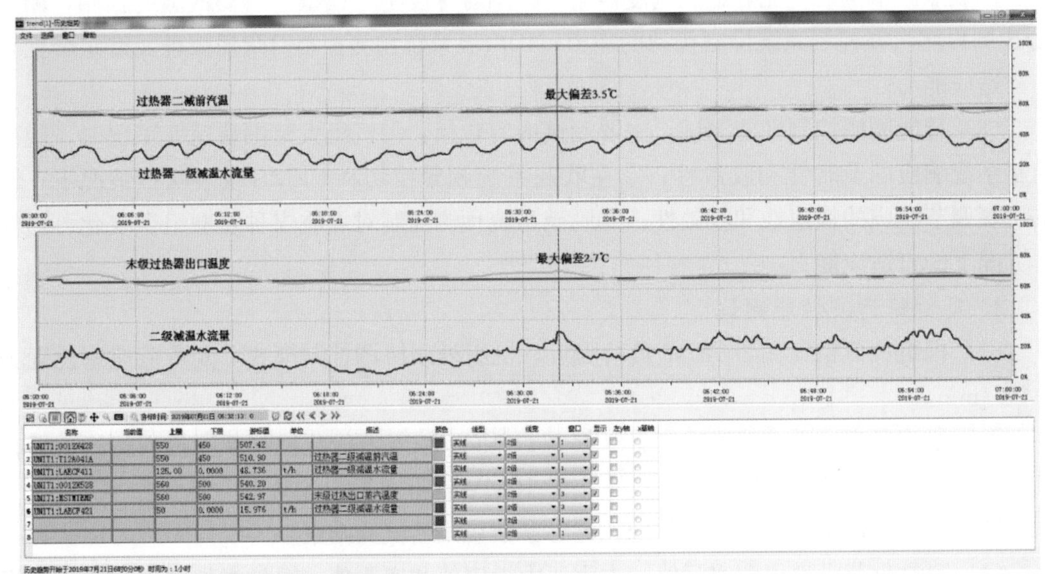

图 4－24　主蒸汽温度控制曲线

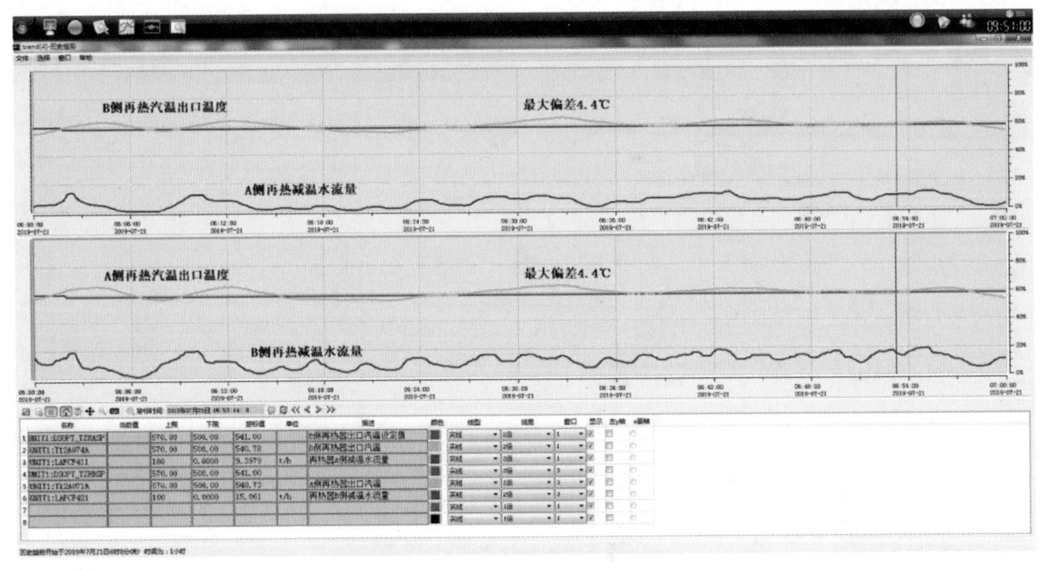

图 4－25　再热蒸汽温度控制曲线

在以给煤量、主蒸汽流量作为前馈预测通道的过热减温水预测控制系统中，控制器输出能够提前预知未来汽温的变化方向，进行减温水的超前调节，避免了主蒸汽温度的大幅度波动，二减前汽温波动最大偏差为 3.5℃，主蒸汽温度波动最大偏差为 2.8℃；在以再热蒸汽温度预测值作为前馈预测通道的再热减温水控制系统中，控制器能够提前感知到再热汽温的变化，减温水流量在汽温仍处于上升过程中及时回收，避免了下一波再热蒸汽温度欠温，有效提升了再热蒸汽温度的控制品质，再热蒸汽温度最大偏差为 5.5℃。

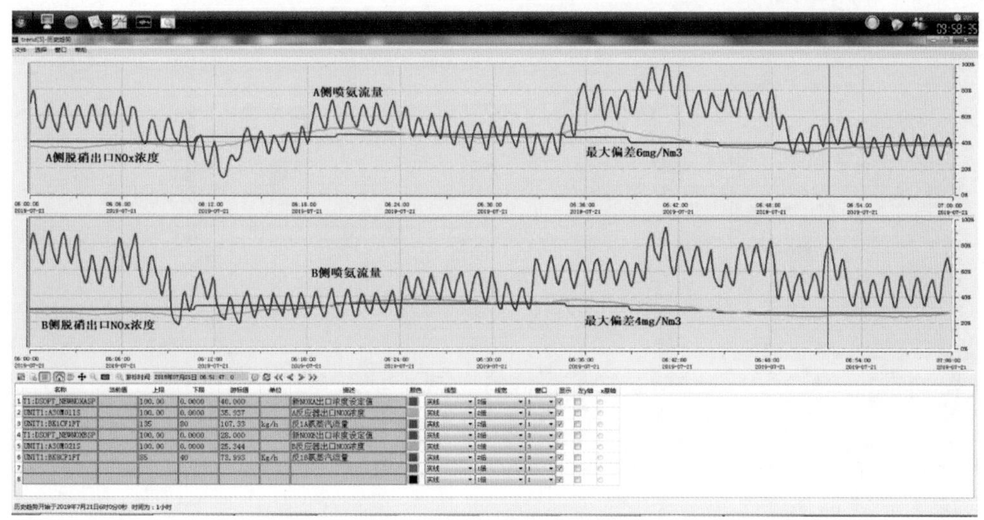

图 4-26 SCR脱硝系统控制曲线

在以 SCR 入口氧量、SCR 出口 NO_x 浓度预测值作为前馈预测通道的 SCR 脱硝控制系统中，控制器能够根据入口氧量和 SCR 出口 NO_x 浓度预测值的变化方向和幅值，提前进行喷氨作用，在整个变负荷过程中 SCR 出口 NO_x 浓度最大偏差小于 $6mg/Nm^3$。

整个变负荷过程中，主蒸汽温度控制系统、再热蒸汽温度控制系统及脱硝控制系统的控制品质良好。

2. 降负荷性能

(1) 机组负荷稳定在 300MW 负荷附近，机组处于协调控制模式，变负荷速率设置为 7MW/min。

(2) 主汽温度、再热蒸汽温度、SCR 出口 NO_x 浓度等优化控制系统投入运行。

(3) 机组负荷随着 AGC 指令变化逐渐降低至 180MW。

(4) 机组负荷达到设定值，待各参数稳定后，采用一键停磨程序停运磨煤机 1 台。

(5) 记录负荷设定值和实际值、主汽压力设定值和实际值、锅炉主控输出、燃料量指令、主蒸汽温度设定值和实际值、A/B 侧再热蒸汽温度设定值和实际值、A/B 侧 NO_x 浓度设定值和实际值等曲线。

运行结果如图 4-27、图 4-28 所示，结果表明：在机组快速降负荷过程中，主汽压力最大偏差小于 0.8MPa，二级前蒸汽温度最大偏差为 10℃，主蒸汽温度最大偏差为 4℃，再热蒸汽温度最大偏差为 8℃，SCR 出口 NO_x 浓度最大偏差小于 $10mg/m^3$；变负荷结束后，各控制系统能够快速稳定在设定值附近，稳态工况下主蒸汽压力偏差小于 0.1MPa，主汽温偏差小于 1℃，再热蒸汽温度偏差小于 1℃，SCR 出口 NO_x 浓度偏差小于 $3mg/m^3$。

整个变负荷过程机炉协调控制系统、主蒸汽温度控制系统、再热蒸汽温度控制系统及脱硝控制系统控制品质良好；且在停磨过程中，机炉协调控制系统、主蒸汽温度控制系统、再热蒸汽温度控制系统及脱硝控制系统可以快速抑制停磨对系统产生的影响，主蒸汽

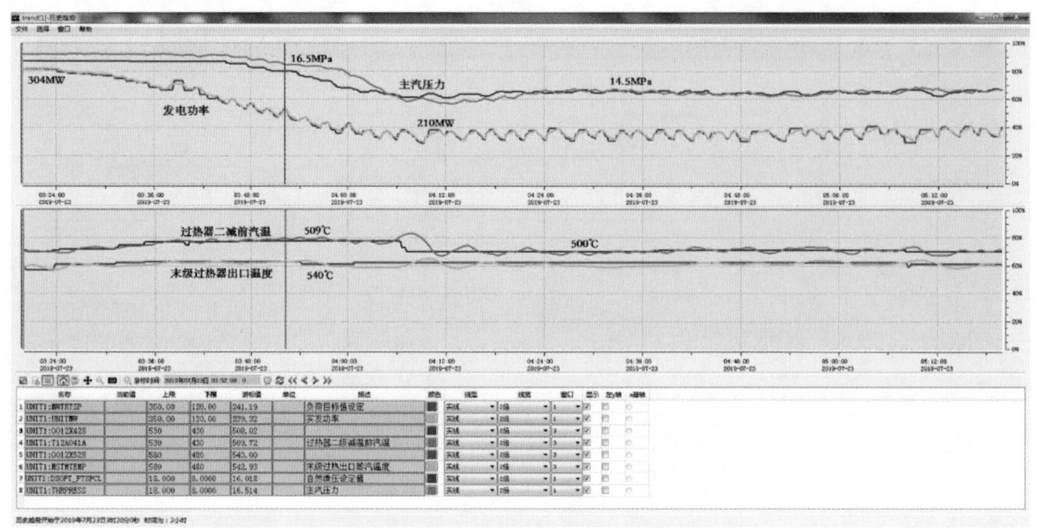

图 4-27　降负荷过程中压力温度控制曲线

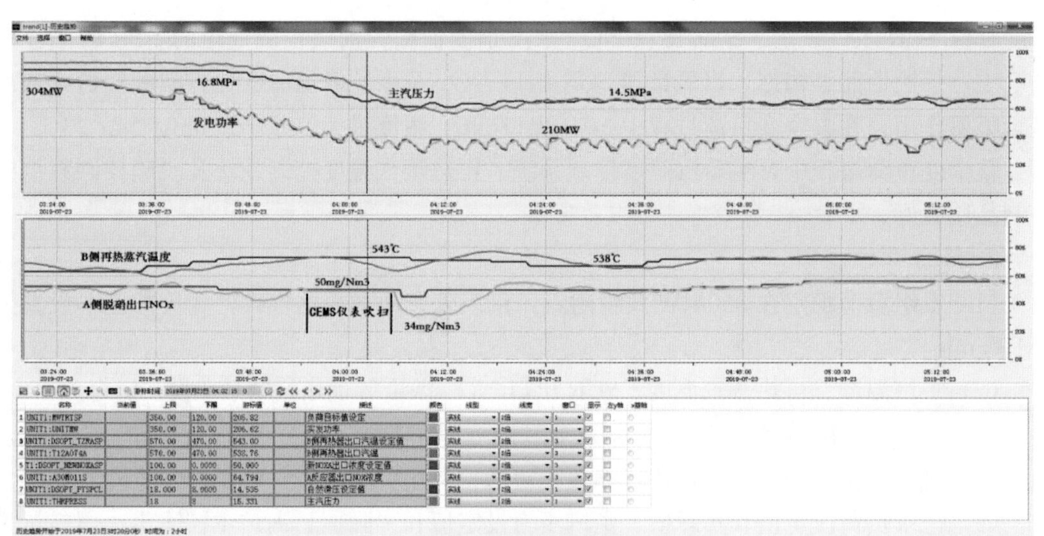

图 4-28　降负荷过程中脱硝控制曲线

压力波动幅度为 0.3MPa，主蒸汽温度波动幅度为 5℃，再热蒸汽温度波动幅度为 5℃，SCR 出口 NO_x 浓度波动幅度为 5mg/m^3，停磨后在 5min 内各个参数相继达到设定值。

3. 升负荷性能测试

（1）机组负荷稳定在 170MW 负荷附近，机组处于协调控制模式，变负荷速率设为 7MW/min。

（2）主汽温度、再热蒸汽温度、SCR 出口 NO_x 浓度等优化控制系统投入运行。

（3）在升负荷前采用一键起磨程序启动磨煤机一台。

（4）磨煤机运行正常后，机组负荷随着 AGC 指令变化逐渐升高至 330MW。

（5）机组负荷达到设定值，待各参数稳定后测试结束。

（6）记录负荷设定值和实际值、主汽压力设定值和实际值、锅炉主控输出、燃料量指令、主蒸汽温度设定值和实际值、A/B 侧再热蒸汽温度设定值和实际值、A/B 侧 NO_x 浓度设定值和实际值等曲线。

运行结果如图所示图 4－29、图 4－30，结果表明：主汽压力最大偏差小于 0.8MPa，二减前蒸汽温度最大偏差为 8℃，主蒸汽温度最大偏差为 8℃，再热蒸汽温度最大偏差小于 8℃，SCR 出口 NO_x 浓度最大偏差小于 6mg/m^3；变负荷结束后快速稳定在设定值附近，稳态工况下主蒸汽压力偏差小于 0.1MPa，主汽温偏差小于 1℃，再热蒸汽温度偏差小于 1℃，SCR 出口 NO_x 浓度偏差小于 3mg/m^3。

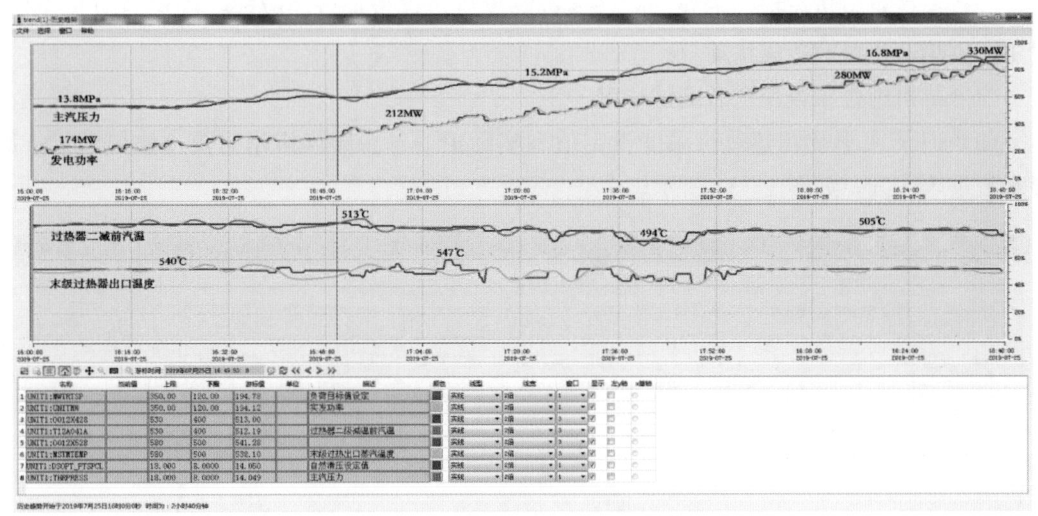

图 4－29　升负荷压力温度控制曲线

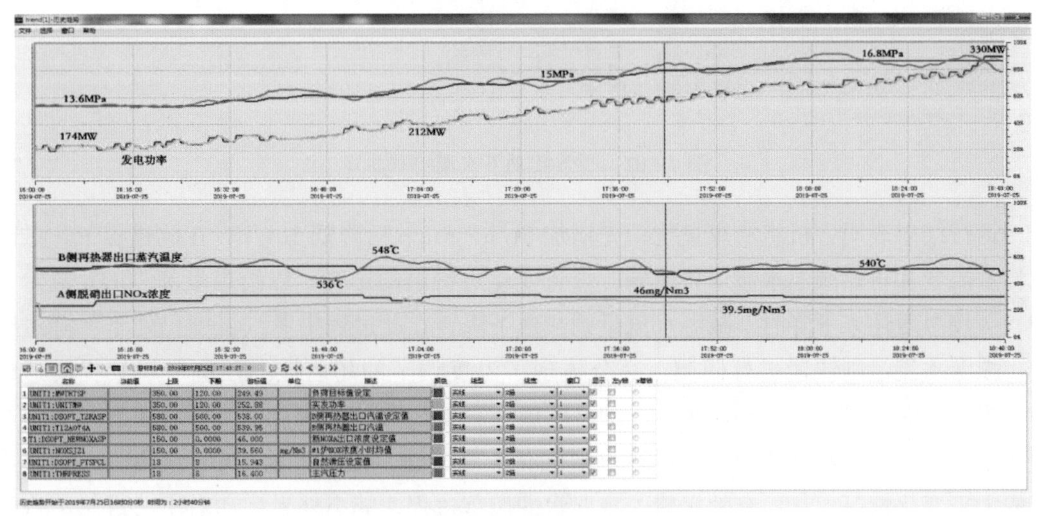

图 4－30　升负荷脱硝控制曲线

整个变负荷过程机炉协调控制系统、主蒸汽温度控制系统、再热蒸汽温度控制系统及脱硝控制系统控制品质良好；且在启磨过程中，机炉协调控制系统、主蒸汽温度控制系统、再热蒸汽温度控制系统及脱硝控制系统可以快速抑制停磨对系统产生的影响，蒸汽压力波动幅度为 0.3MPa，主蒸汽温度波动幅度为 5℃，再热蒸汽温度波动幅度为 5℃，SCR 出口 NO_x 浓度波动幅度为 5mg/Nm^3，启磨后在 5min 内各个参数相继达到设定值。

4. 煤量扰动下汽温控制性能

（1）机组负荷稳定在 260MW 负荷附近，机组处于协调控制模式。

（2）主汽温度、再热蒸汽温度、SCR 出口 NO_x 浓度等优化控制系统投入运行。

（3）保持机组负荷指令不变，改变各台磨煤机给煤量偏置、改变一次风总风量偏置，对主、再热蒸汽温度造成扰动。

（4）待机组各参数稳定后测试结束。

（5）记录 A/B 侧再热蒸汽温度设定值和实际值、各台磨煤机出力及一次风流量、减温水流量等曲线，如图 4－31 所示。

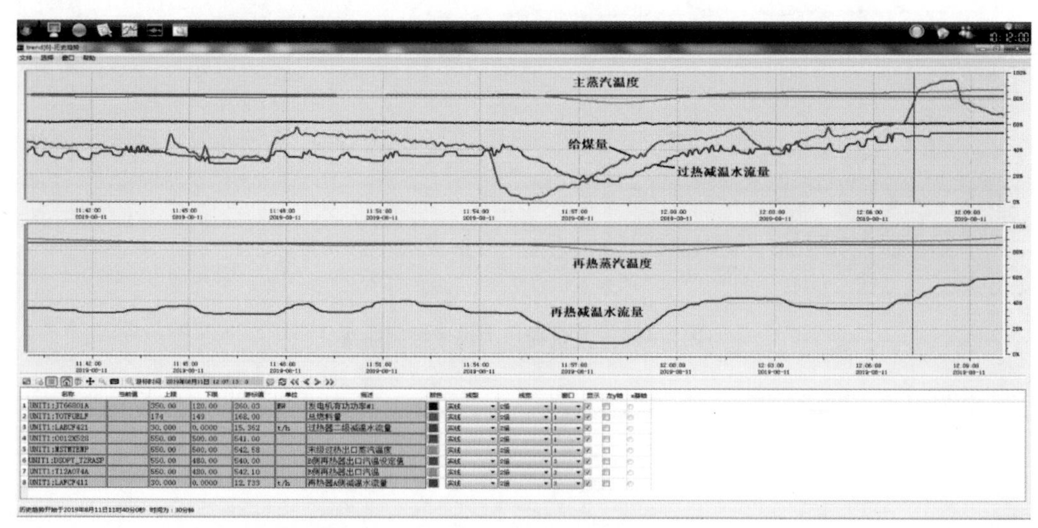

图 4－31　煤量扰动下汽温控制曲线

运行结果表明：机组给煤量扰动先增加 5t/h，6min 后降低 10t/h，在此过程中，过热减温水流量和再热减温水流量快速响应煤量变化对汽温的影响。以给煤量降 10t/h 流量为例，蒸汽温度还未下降时，减温水流量则快速下降，在此过程中蒸汽温度仍处于下降过程中，减温水流量则快速进行回调，充分体现了温度调节的超前性。在整个煤量扰动过程中，主蒸汽温度最大波动幅度为 3℃，再热蒸汽温度最大波动幅度为 4℃。基于深度学习预测模型及预测控制算法的主、再热汽温优化控制方法，能够提前 2min 预测主、再热汽温的未来变化情况，从而有效提前了减温水的调节过程，减小外界扰动对主、再热蒸汽温度造成的影响，实现对大迟延大惯性对象的提前调节。

5. 二次风扰动下脱硝控制性能

主要运行场景为：

（1）机组负荷稳定在 260MW 负荷附近，机组处于协调控制模式。

（2）主汽温度、再热蒸汽温度、SCR 出口 NO_x 浓度等优化控制系统投入运行。

（3）保持机组负荷指令不变，修改锅炉氧量定值，对锅炉烟气脱硝系统造成扰动。

（4）待机组各参数稳定后测试结束。

（5）A/B 侧 SCR 出口 NO_x 浓度设定值和实际值、A/B 侧喷氨调阀开度、A/B 侧喷氨流量等曲线如图 4－32 所示。

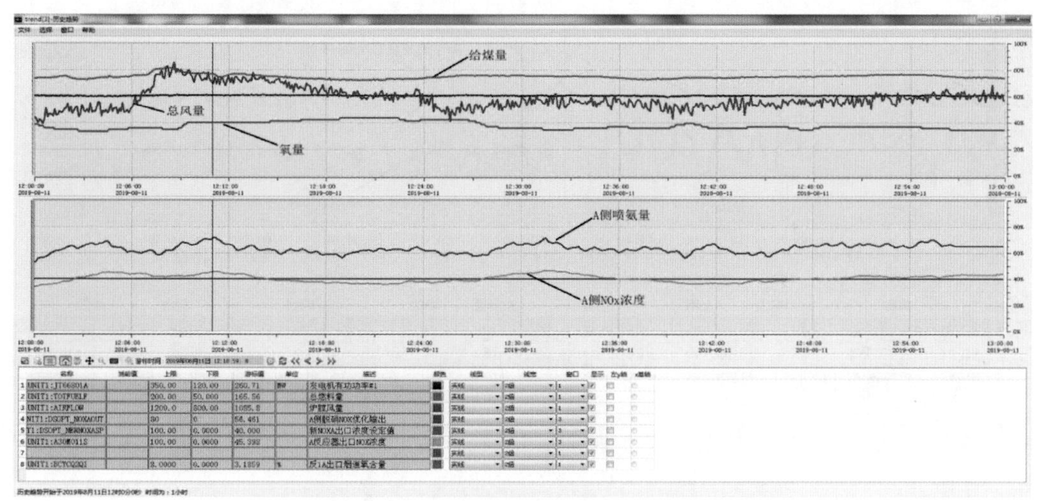

图 4－32　二次风量扰动下脱硝控制曲线

运行结果表明：先增加约 120km^3/h 二次风量，锅炉运行氧量增加约 0.7%，随后二次风量逐步降低，锅炉氧量回到扰动前的 2.7%。在整个实验过程中，A 侧 SCR 出口 NO_x 浓度最大偏差小于 6mg/Nm^3，B 侧 SCR 出口 NO_x 浓度最大偏差小于 5mg/Nm^3；基于深度学习预测模型及预测控制算法设计的脱硝优化控制系统提前 2min 预测 A/B 侧 SCR 出口 NO_x 浓度的未来变化情况，从而有效提前了喷氨流量的调节过程，减小外界扰动对脱硝系统造成的影响，实现对大迟延大惯性对象的提前调节。

四、强化学习控制器的应用

强化学习控制器通过学习被控对象输出、扰动量与控制率之间的关系，能够取代传统的控制器实现对复杂对象的控制，强化学习控制器主要应用在 2 号号高加水位控制中。主要运行场景为：

（1）机组投入 AGC 运行方式，机组负荷随着电网负荷进行波动。

（2）2 号高加水位强化学习控制器投入运行，1 号高加水位控制处于 PID 控制模式。

（3）机组负荷、2 号高加水位反馈值、2 号高加水位设定值、2 号高加疏水阀开度和指令、1 号高加疏水阀开度等曲线如图 4 - 33 所示。

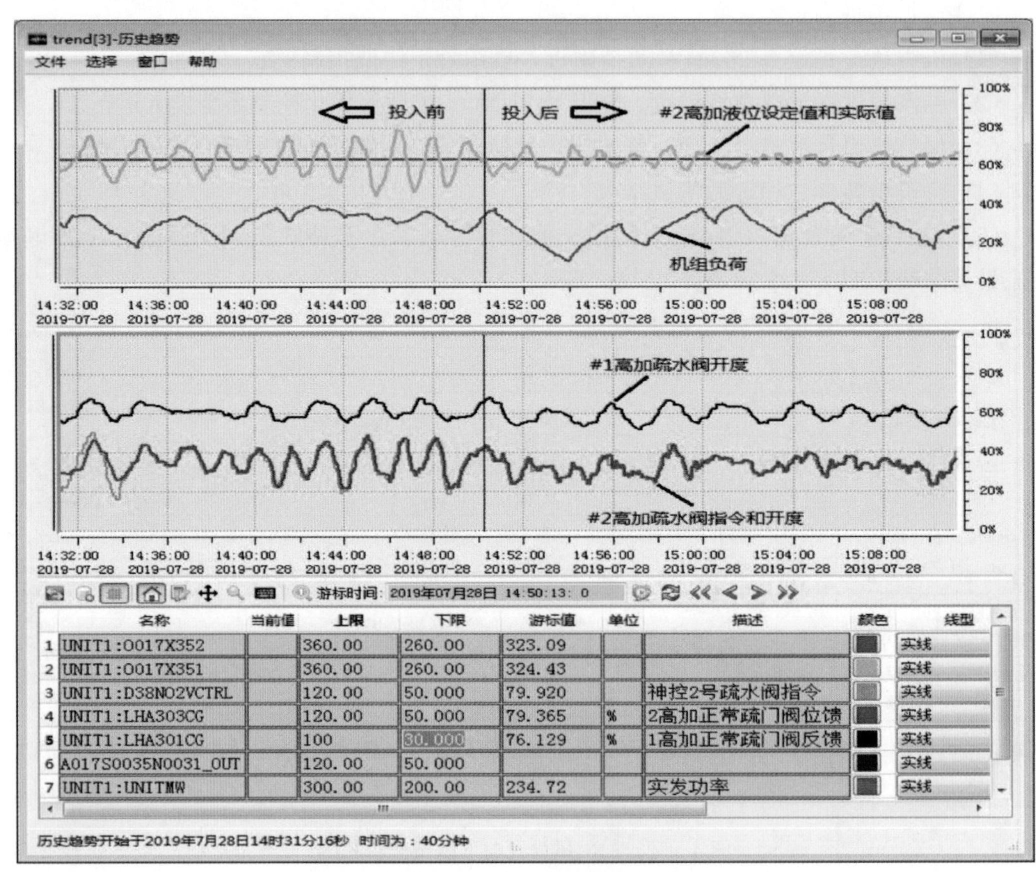

图 4 - 33　2 号高加水位控制曲线

运行结果表明：当 2 号高加水位强化学习控制器投入后，在机组负荷大范围变化过程中，强化学习控制可以很快的实现对加热器水位的快速精准调节，水位波动幅度不高于 10mm，较原有的水位控制系统，水位波动幅度降低 50%以上；且在机组负荷和 1 号高加疏水阀频繁波动的过程中，强化学习控制器能够有效的克服外界扰动和环境变化的影响且由于强化学习控制器具有的在线学习能力，在类似负荷波动和 1 号疏水阀位波动的情况下，2 号高加水位的波动范围逐渐降低。综上所述，在 2 号高加水位控制测试中，充分体现了强化学习控制器的自适应能力和自学习能力，可有效克服外界扰动和工况条件的变化，能够实现对加热器水位的快速、精准控制，具有良好的控制性能。

五、机组灵活运行控制功能的应用

机组灵活运行控制主要指充分调用汽轮机回热加热器系统蓄能和汽轮机冷端系统的蓄能，辅助机组在变负荷过程中实现快速响应，主要内容包括：

（1）凝结水节流调节。在机组升负荷过程中，测试凝结水节流调节对于负荷调节的能

力、效果和投入率。

（2）空冷机组凝汽器冷却工质节流调节。在机组降负荷过程中，测试凝汽器冷却工质节流调节对于负荷调节的能力、效果以及对机组节能指标的影响。

测试步骤：

（1）机组投入 AGC 运行方式，机组负荷随着电网负荷进行波动。

（2）凝结水节流快速变负荷控制系统投入运行。

（3）凝汽器冷却工质节流快速变负荷控制系统投入运行。

（4）机组负荷变化速率设定值为 7MW/min。

（5）记录机组指令和实际负荷、除氧器水位、凝结水流量、空冷背压设定值和实际背压等曲线。

机组运行结果如图 4－34 所示。

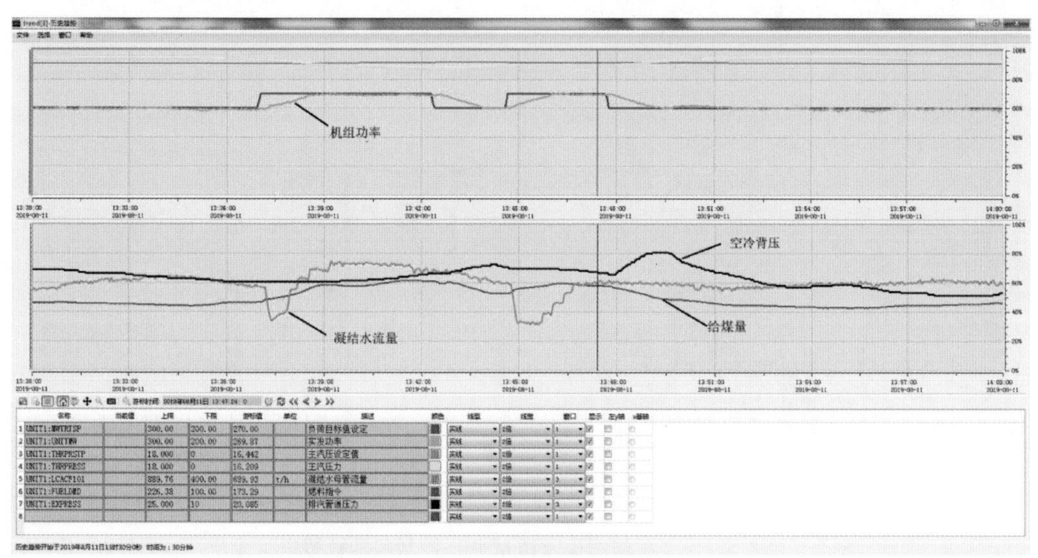

图 4－34　机组灵活运行控制曲线图

运行结果表明：在机组升负荷过程中，凝结水节流控制系统能够快速响应机组负荷的变化，在 18s 内凝结水流量从 690t/h 快速下降至 560t/h，前 30s 内机组实际负荷变化速率达到 12MW/min，变负荷结束后凝结水流量缓慢恢复，除氧器水位最大波动 100mm；在机组降负荷过程中，空冷机组背压设定值随着 AGC 指令的变化快速上调，机组背压从 19.8kPa 上升至 22.1kPa，前 30s 内机组实际负荷变化速率达到 11MW/min，变负荷结束后汽轮机背压缓慢回调至原有设定值。

综上所述，在机组灵活运行过程中，通过凝结水节流和凝汽器冷却工质节流作用可以很好的辅助机组功率实现快速调节，且充分发挥了两种节流方式各自长处，实现与机炉协调控制系统之间的很好融合。

六、PID 参数自整定的应用

PID 参数自动整定依据振荡周期等重要参数来确定 PID 控制器的参数。应用面向二级过热减温水流量 PID 控制器参数整定。

应用场景为：

（1）选择二级过热蒸汽的减温水流量 PID 控制系统作为被测对象。

（2）负荷处于稳定工况，减温水温度控制系统处于稳定工况。

（3）启动 PID 自整定，观察整定过程中减温水流量波动情况。

（4）整定结束后，将整定的 PID 控制器参数投入。整定的 PID 参数及减温水流量控制效果如图 4－35 所示。

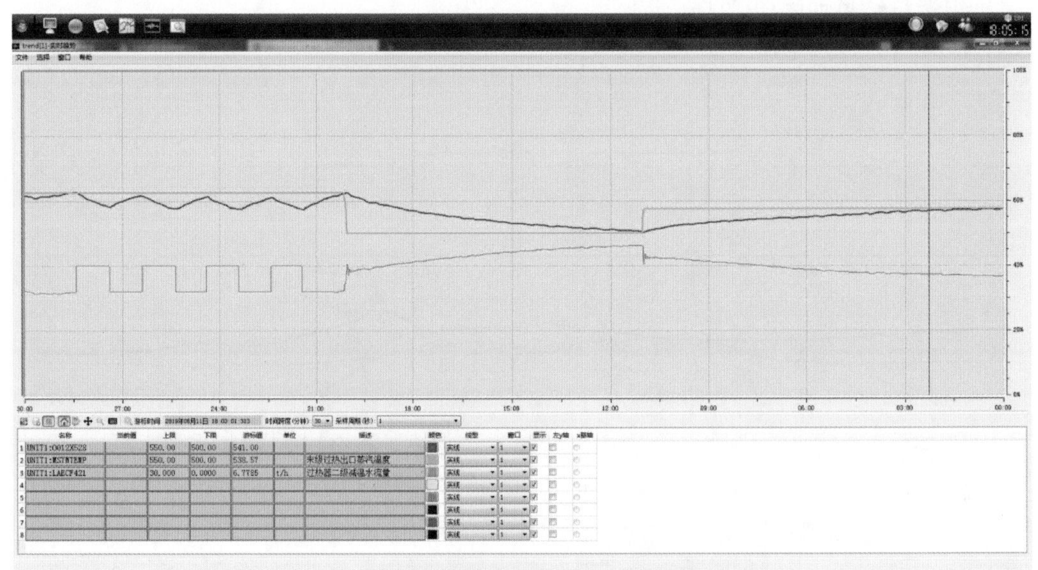

图 4－35　二级减温水流量 PID 控制器参数整定

应用效果表明：PID 参数自动整定功能正常，能够根据预估的对象模型，激励控制变量实现极限环震荡，整定后的 PID 控制器参数能够实现二级减温水流量的良好调节。

七、高度自动化运行操作的应用

高度自动化运行操作指当外界环境和机组负荷发生变化时，根据优化操作指导系统给出的操作指导建议，实现磨煤机系统的组合优化和自动启停磨操作，以及二次风配风方式的自动调整，其应用场景为：

（1）磨组合优化和自动启停磨煤机的自组织功能测试。机组处于 CCS 方式运行，负荷稳定在 170MW 附近，机组处于 A/B/E 磨组合运行状态，D 磨投入工作位。将运行寻优操作指导磨组运行方式由 A/B/E 改成 A/B/D 方式运行，验证 D 磨自组织启动和 C 磨的自组织停磨，到达目标煤量，D 给煤机投入自动位，待主汽温、主汽压以及负荷稳定

3min 以上。验证整个过程中机组主要参数波动均在合理范围内。

（2）根据磨组合运行方式自组织进行配风功能测试。机组处于 CCS 方式，负荷稳定在 170MW 附近，当磨组合由 A/B/E 调整为 A/B/D 运行方式后，辅助二次风门、周界风门、燃尽风门根据运行优化操作指导自动进行配风，整个过程中全程根据运行优化操作指导自动进行配风。

应用效果表明：各项自组织功能正常，运行稳定，自启停磨煤机过程中，给煤量最大波动范围小于 8t/h，主蒸汽温度最大波动小于 8℃，机组运行参数平稳，实现了机组运行设备及运行状态的自组织功能。应用效果如图 4－36 所示。

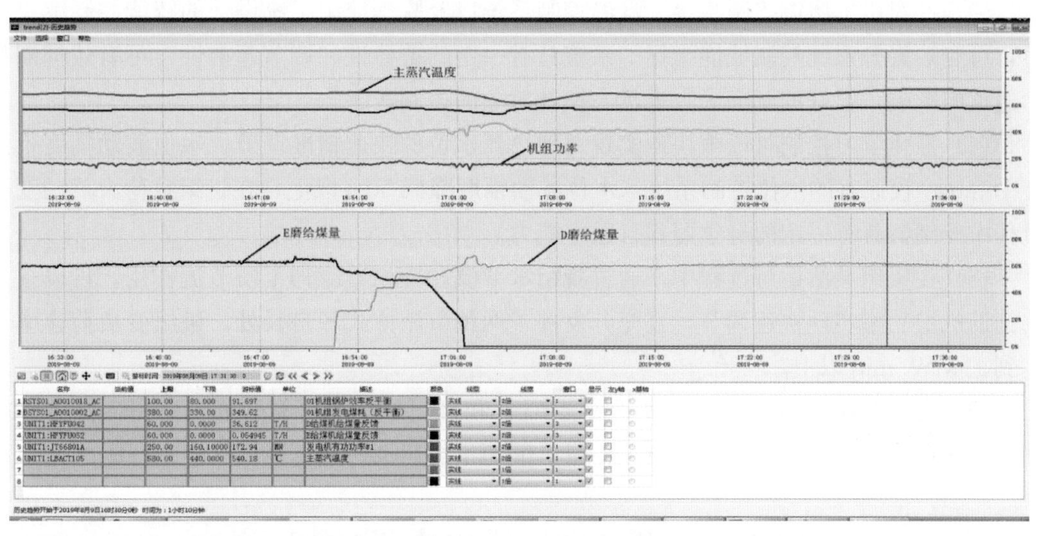

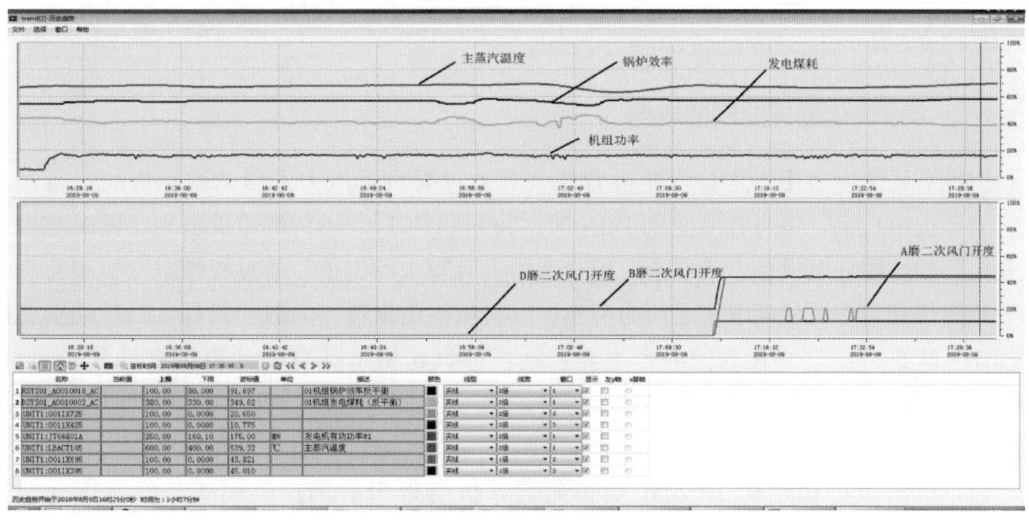

图 4－36　高度自动化运行操作

八、智能检测及控制功能的应用效果

智能检测及智能控制各项功能正常，达到如下指标：

（1）基于机理和数据建模相结合的火电机组关键运行参数软测量方法，实现对煤质低位发热量、原煤水分、锅炉氧量、低压缸排汽焓的精准测量，且精度满足工程需求。

（2）基于神经网络模型的设备/系统状态估计可以实现对各级蒸汽温度、NO_x 出口浓度、各系统参数状态进行准确估计和预测，温度预测相对误差小于 1%，NO_x 预测误差小于 5%。

（3）针对机炉协调控制系统、汽温控制系统以及脱硝控制系统设计的智能控制解决方案，可有效提升系统控制性能指标，系统具有一定的鲁棒性和调节超前性，可有效抑制扰动通道的影响，很好的解决了大迟延大惯性对象的控制难题。

（4）强化学习控制可以很快地实现对加热器水位的快速精准调节，水位波动幅度不高于 10mm，较原有的水位控制系统，水位波动幅度降低 50%以上，在机组负荷大范围变化过程中控制器具有一定的自学习和自适应能力。

（5）在机组灵活运行过程中，通过凝结水节流和凝汽器冷却工质节流作用，可以很好的辅助机组功率实现快速调节，且充分发挥了两种节流方式各自长处，机组变负荷速率可达到 11MW/min 以上。

（6）高度自动化测试中，各辅机系统 APS 和自组织功能可有效降低运行人员的操作强度及误操作几率，减少运行人员工作量，缩短机组启动时间，降低机组运行成本。

第五节　智能运行优化及调度的应用

一、冷端优化闭环控制的应用

空冷岛系统主要用于维持汽轮机背压，其通过凝汽器压力来影响汽轮机的运行经济性。对于火电机组，每当背压变化 1kPa 时，将影响约 1%～2%汽轮机出力，同时空冷风机是电厂的主要耗电设备，其在全厂用电率中占有较大的比重。通过权衡空冷机组背压与汽轮机热耗和空冷风机耗电率之间的关系，以机组供电煤耗作为最优目标，对冷端优化闭环控制系统进行测试，其测试内容主要包括：①汽轮机最佳背压计算可靠性和实时性；②最佳背压调节对机组供电煤耗的影响特性。

应用场景为：

（1）机组负荷稳定在 200MW 负荷附近，机组处于协调控制模式，负荷指令保持不变。

（2）投入冷端闭环优化控制系统，汽轮机背压设定值由实时计算平台给出。

（3）最佳背压调节稳定后，手动改变机组背压设定值，直至参数稳定。

应用中的机组负荷、汽轮机背压设定值和实际值，空冷风机转速、机组实时计算供电

煤耗、汽轮机效率等曲线如图 4 - 37 所示。

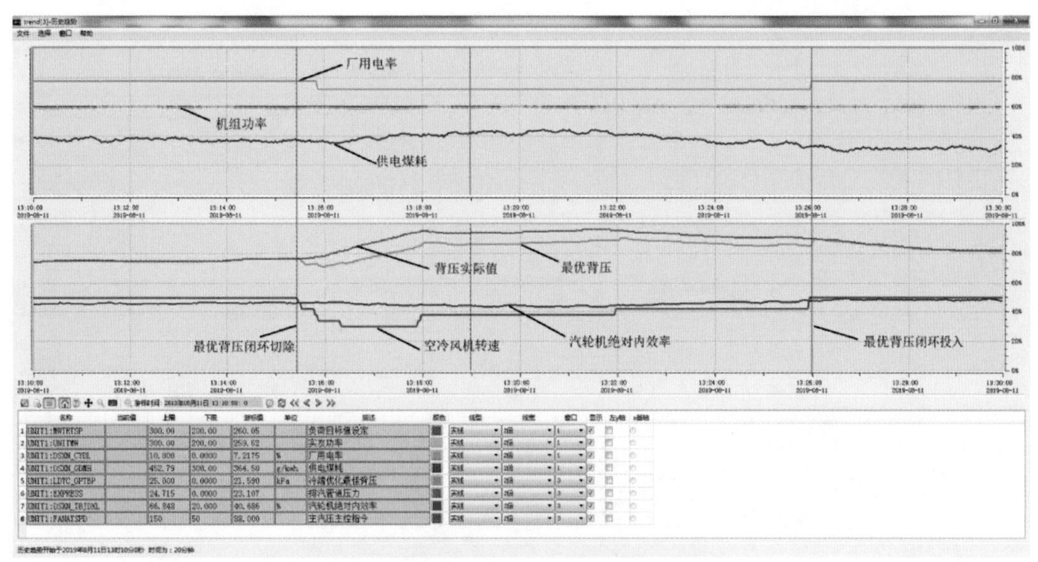

图 4 - 37　冷端优化闭环控制效果图

应用效果表明：由于当前环境温度较高，空冷风机转速处于满转状态，汽轮机最佳背压设定值即为当前背压值；为了说明当前背压为最佳运行背压，手动提高背压设定值 4kPa 后，虽然空冷风机转速由 100%降低至 80%，厂用电率由 7.75%降低至 7.21%，但汽轮机效率由 41.59%降低至 40.319%，导致供电煤耗整体由 357g/kWh 上升至约 364g/kWh，机组运行经济性下降，说明当前背压即为机组最佳运行背压，冷端优化模块输出结果正确。

二、高加系统疏水水位联合调度及优化的应用

高压加热器的疏水水位不仅对系统的运行安全至关重要，同时影响着加热器的换热效率。疏水水位过高则导致抽汽量减少，高加出口水温降低，系统循环热效率降低；水位过低可能导致汽水混合物流入疏水管道，影响下级高加的换热效率。同时，任何一级高加疏水水位的调整将会影响到下一级高加水位。通过对高加系统疏水水位的综合优化调度，从整体上提升高加系统的换热效率，实现机组循环热效率的降低，应用主要包括：①高加系统疏水水位联合优化结果的可靠性和实时性测试；②高加系统疏水水位的联合优化调度对机组循环热效率的影响。

应用场景为：

（1）机组负荷稳定在 260MW 负荷附近，机组处于协调控制模式，负荷指令保持不变。

（2）投入高加水位综合优化调度，对高加水位进行调整。

（3）待高加水位稳定后，记录机组负荷、各级高加水位、汽轮机效率等曲线如图 4 -

38 所示。

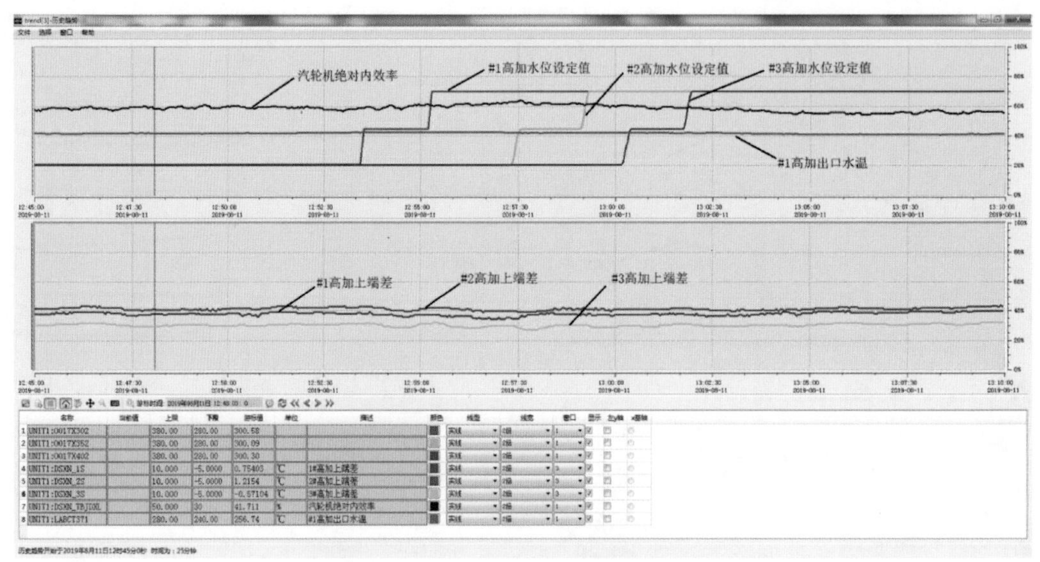

图 4-38　高加水位综合优化调度效果

运行效果表明：将高加系统疏水水位联合调度切除后，调整各级高加水位设定值，高加系统水温出口温度降低约 0.3℃，汽轮机循环热效率降低约 0.3%，各级高压加热器上端差分别从 0.75℃、1.22℃、−0.57℃变化至 1.05℃、1.39℃、−0.23℃。整个实验结果表明，通过对高加系统疏水水位联合调度调节后，可有效提升高压加热器系统的换热效率，各级加热器上端差降低，机组循环热效率提升。多高加联合运行条件下，该系统具有多高加疏水水位定值的联合节能优化调度功能，在总体经济性最优情况下，各高加疏水水位定值实现了自组织调度与分配的性能。

三、锅炉最佳氧量闭环控制的应用

氧量是锅炉燃烧调整的重要监视参数，它表征了锅炉内整体的燃烧状态，对锅炉效率有着重要的影响。氧量过高会造成炉内燃烧产生的氮氧化物浓度增加，同时还会导致锅炉排烟热损失增大；氧量过低则会导致炉内燃烧不充分，锅炉内燃料未完全燃烧的损失增加。通过结合机理分析和数据挖掘技术，对锅炉最佳运行氧量进行闭环优化控制，提升锅炉燃烧效率，其测试内容主要包括：

①锅炉最佳氧量计算结果的可靠性和实时性测试；

②锅炉最佳运行氧量闭环优化控制对锅炉效率及送风系统调节性能影响。

应用场景为：

(1) 机组负荷稳定在 260MW 负荷附近，机组处于协调控制模式，负荷指令保持不变；

(2) 投入氧量闭环优化控制，对锅炉氧量进行调整；

（3）待锅炉运行氧量稳定后，机组负荷、送风量、锅炉运行氧量、锅炉排烟热损失、锅炉固体未完全燃烧热损失、锅炉效率等曲线如图 4－39 所示。

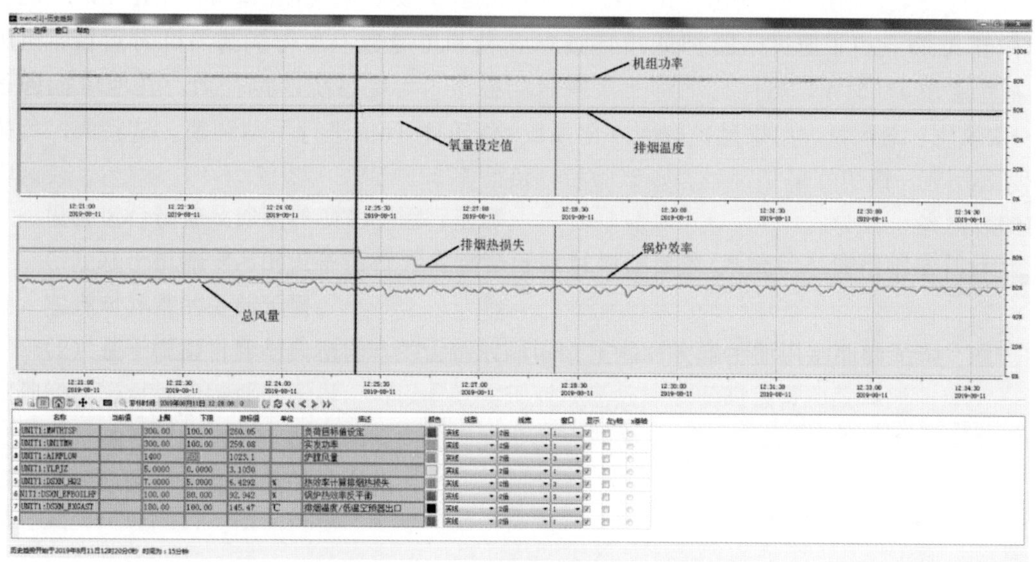

图 4－39 最佳氧量闭环控制效果图

运行效果表明：投入氧量闭环优化控制后，机组氧量由实际值 3.1%降低至最佳氧量值 2.56%，送风量由 1050km³/h 降低至 950km³/h；锅炉排烟热损失由 6.64%下降至 6.42%，固体未完全燃烧热损失未出现明显变化，锅炉效率由 92.7%提升至 92.9%，结果表明：通过对锅炉运行氧量的闭环优化调节，在保证煤粉颗粒可以达到完全燃烧的状态下，可有效降低锅炉排烟热损失，提升锅炉效率。

四、运行工况寻优操作指导的应用

1. 磨运行组合方式优化

磨运行组合方式优化主要针对机组在不同负荷的情况下，根据运行工况寻优操作指导，调整磨煤机的运行组合方式，实现机组的经济运行，其主要内容包括：在 170MW 负荷附近，煤质、环境温度不变，机组保持基本方式运行，根据运行优化操作指标，将原来磨组方式 ABE 改变为磨组方式 ABD，运行人员通过磨煤机的一键启停操作进行倒磨操作，待机组参数稳定后，分析锅炉效率及煤耗的变化情况。

应用场景为：

（1）机组负荷稳定在 170MW 附近，保持机组负荷不变。

（2）机组处于基本方式运行。

（3）改变磨煤机的组合方式为 ABE 磨运行。

（4）运行人员根据采用磨煤机一键启停操作，进行倒磨操作，无需人为干预。

（5）记录磨组方式及配煤系数，采集锅炉效率及煤耗等的对比数据，对该工况下的磨组合方式进行优化操作指导。

运行效果如图 4－40 所示。试验前工况 175MW，磨煤机 ABE 运行，机组 CCS 方式，标杆值 ABD 运行，通过控制逻辑，自动启动磨煤机 D 磨运行，停运磨煤机 E 运行。然后负荷稳定在 175MW，热控自动将二次风门挡板植入寻优系统的标杆值，其他可控因子（一次风压、总风量、给煤量）按照寻优系统给定的标杆值进行手动调整。试验前，负荷 174.73MW，锅炉效率 91.443％；试验后，负荷 173.9MW，锅炉效率 91.697％，较试验前炉效提高 0.254％。

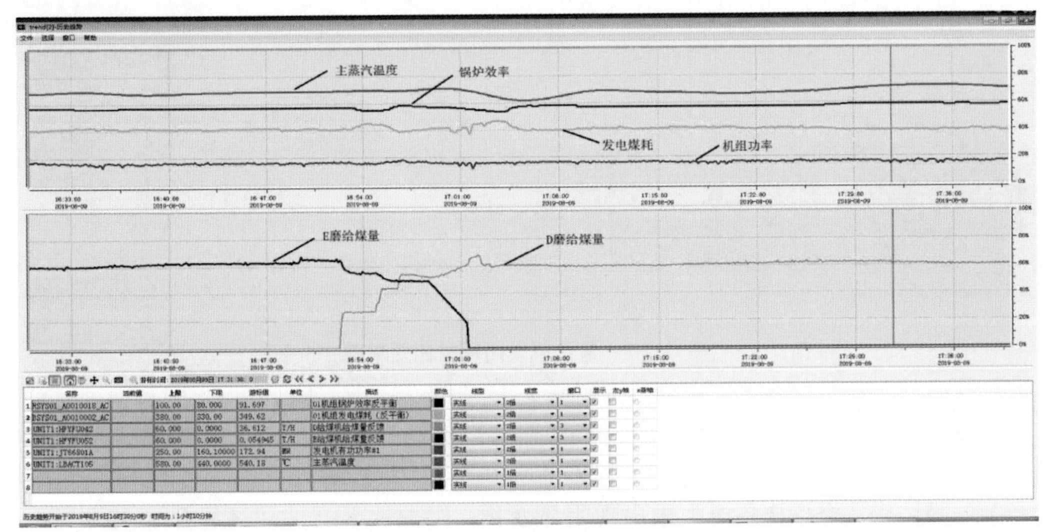

图 4－40　磨组合优化测试效果

2. 二次风门挡板开度优化

二次风门挡板开度优化主要针对机组在不同负荷情况下，根据运行工况寻优操作指导，调整二次风门挡板开度，实现机组的经济运行，其主要内容包括：在 170MW 负荷附近，保持负荷、煤质、环境温度、总风量不变，机组保持基本方式运行，运行人员根据上一步测试中给出的最佳磨组方式和最佳二次风门开度，根据运行操作指导自动调整各二次风门开度，待机组参数稳定后，分析锅炉效率及煤耗的变化情况。

应用场景为：

（1）机组负荷稳定在 170MW 附近，保持机组负荷不变。

（2）机组处于基本方式运行。

（3）保持煤质煤种不变。

（4）运行人员根据运行操作指导自动调整各二次风门开度，待机组参数稳定后，分析锅炉效率及煤耗的变化情况。

（5）对比寻优前后的各项性能指标，分析二次风门优化操作指导对提升锅炉效率，降低发电煤耗的有效性。应用效果如图 4－41 所示。

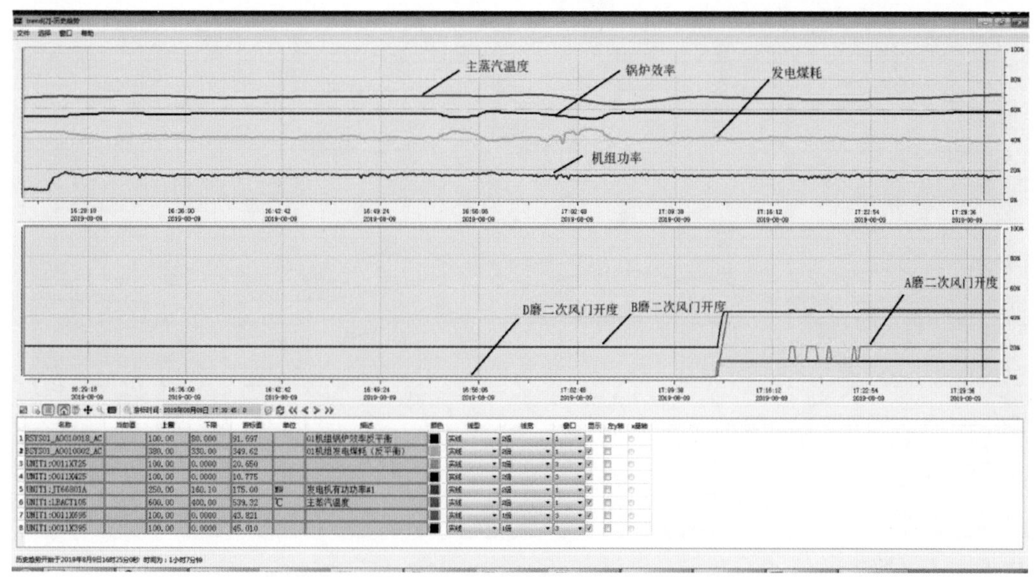

图 4-41　二次风门开度优化应用效果

试验前工况 175MW，磨煤机 ABE 运行，机组 CCS 方式，标杆值 ABD 运行，通过 ICS 逻辑，自动启动磨煤机 D 磨运行，停运磨煤机 E 运行。然后负荷稳定在 175MW，热控自动将二次风门挡板植入寻优系统的标杆值，其他可控因子（一次风压、总风量、给煤量）按照寻优系统给定的标杆值进行手动调整。试验前，负荷 174.73MW，锅炉效率 91.443%；试验后，负荷 173.9MW，锅炉效率 91.697%，较试验前炉效提高 0.254%。

3. 多目标柔性优化

应用场景为：

（1）机组负荷稳定在 260MW 负荷附近，机组处于协调控制模式，变负荷速率设置分别设为 7MW/min。

（2）主汽温度、再热蒸汽温度、SCR 出口 NO_x 浓度等优化控制系统投入运行。

（3）运行人员投入多目标柔性优化控制模式，切入负荷快速调节模式，修改负荷设定值为 270MW，待负荷稳定后再降低机组负荷值 260MW。

（4）记录机组负荷设定值和实际值、主蒸汽压力设定值和实际值、给煤量、过热汽温设定值和实际值、A/B 侧再热汽温设定值和实际值、A/B 侧脱硝出口 NO_x 浓度设定值和实际值，机组背压设定值和实际值，空冷风机转速等曲线。

（5）待机组各项参数稳定后，将多目标柔性优化控制模式切入经济运行模式，记录机组负荷设定值和实际值、主蒸汽压力设定值和实际值、给煤量、机组背压等曲线。

应用效果如图 4-42 所示。

应用效果表明：机组处于负荷快速调节模式下，机组负荷实际值能够快速跟随其

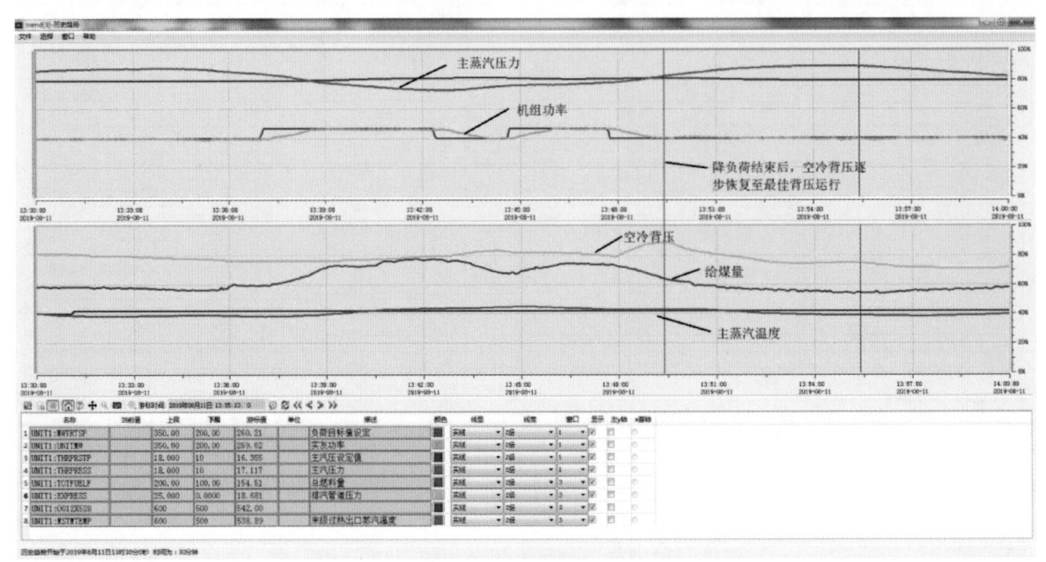

图 4-42　空冷背压多目标柔性切换

设定值，调节速率最高可达 10MW/min，主蒸汽压力最大偏差小于 0.6MPa，给煤量超调量降低 2%，过热汽温最大偏差小于±3℃，再热汽温最大偏差小于±3℃，避免了锅炉过燃调节对汽压及汽温系统的不利影响；控制模式切入经济运行模式时，机组负荷波动最大偏差小于 1.5MW，给煤量最大波动 3t/h，实现了多目标柔性切换；切换完成后，机组背压降低了 4kPa，空冷风机转速平均提高了 20%，实现了机组的经济运行方式。

五、智能运行优化及调度的应用效果

应用效果表明，节能优化及能效指标的大闭环系统运行稳定，各项性能指标优秀。

（1）冷端优化闭环控制系统投入后，通过历史运行数据全年统计来看，可有效降低机组供电煤耗 0.22g/kWh。

（2）高加系统疏水水位联合调度及优化投入后，高加系统水温出口温度提升约 0.3℃，汽轮机循环热效率提升约 0.3%。

（3）氧量闭环优化控制系统投入后，锅炉运行氧量由实际值 3.1%降低至最佳氧量值 2.56%，排烟热损失由 6.64%下降至 6.42%，提升锅炉效率约 0.2%。

（4）通过机组磨煤机运行组合方式和配风方式的改变，可有效改善锅炉燃烧状态，各级受热面吸热比例合理，减温水流量大幅度降低，锅炉效率提升 0.2%，且锅炉出口 NO_x 浓度显著降低；在整个优化过程中，锅炉效率提升约 0.454%，降低发电煤耗约 2.25g/(kW·h)。

第六节　智能状态监测及诊断的应用

一、基于机器学习的设备运行异常预警

电站设备运行正常与否将直接影响着整个机组运行的安全与稳定性，为了能够及时发现系统异常状况，提高风险分析和防范能力，克服传统 DCS 阈值报警方法的缺陷，采用基于深度学习神经网络的参数/系统异常预警方法，利用神经网络强大的建模拟合能力，给出各个参数在不同运行工况下的指导值，进而以此为依据实现对关键参数/设备的异常预警。主要应用包含两方面：①参数预警；②辅机设备异常预警，测试神经网络算法输出预测的准确性和报警信息的及时性。

应用场景为：

（1）参数异常预警选取磨出口风压参数预警、引风机电流参数预警作为应用对象。

（2）设备异常预警选取送风机系统、汽轮机缸本体系统、高加系统作为应用对象。

（3）对于参数/设备异常预警中对运行参数的状态监控，可以根据模块输出预测值与参数实际值进行对比验证；对于异常报警则可以调度相关报警历史曲线，判断报警是否准确，报警过程中参数是否确实存在偏离和异常。

应用效果如图 4－43～图 4－46 所示。

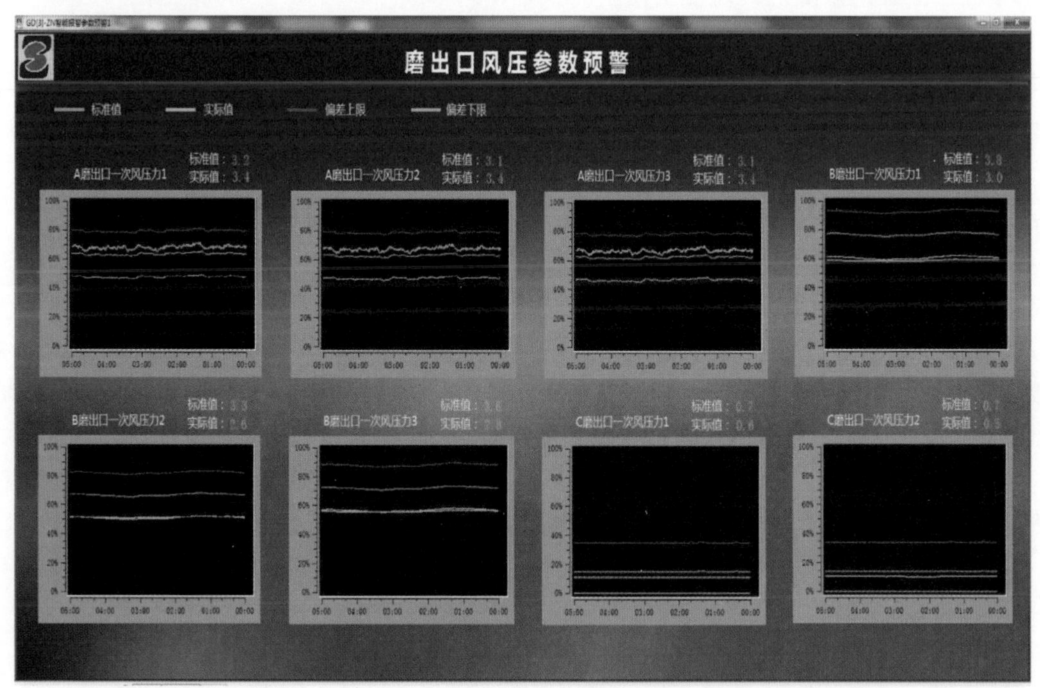

图 4－43　参数状态监控及预警

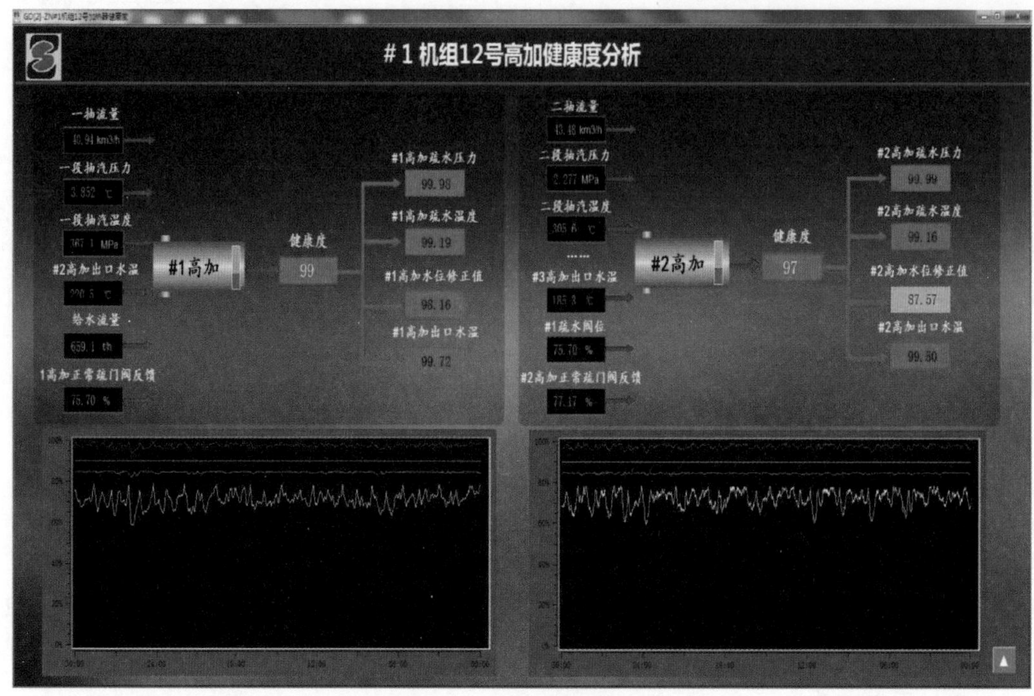

图 4-44　设备状态监控预警

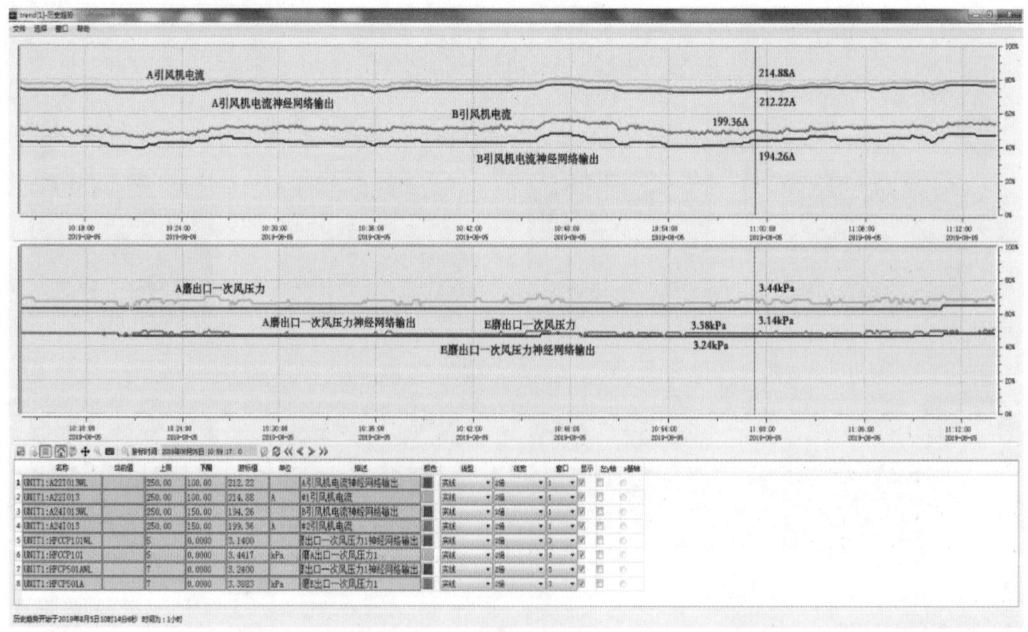

图 4-45　参数状态监测对比曲线

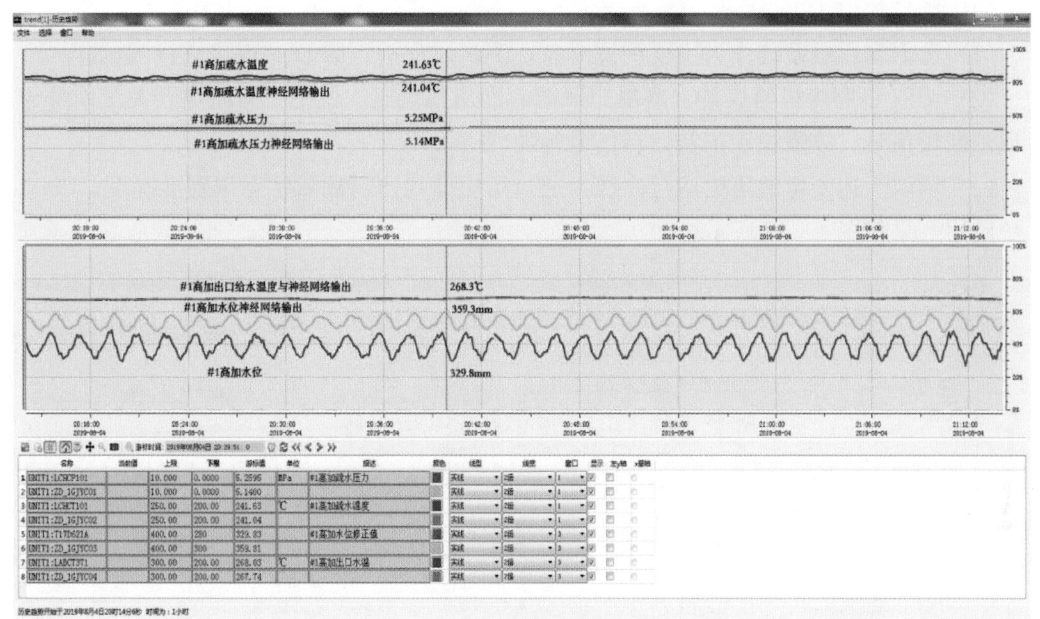

图 4－46　1 号高加系统状态监测对比曲线

应用效果表明：在机组正常运行工况下，随着机组工况的改变，深度神经网络预估值与机组实际值完全匹配，变化趋势与实际参数变化趋势一致。正常运行工况下，A 引风机电流估计值与实际值最大偏差为 7A，平均偏差为 4.6A，相对误差小于 2%；B 引风机电流估计值与实际值最大偏差为 10A，平均偏差为 7.1A，相对误差小于 3.5%；A 磨煤机出口一次风压估计值与实际值最大偏差为 0.4kPa，平均偏差为 0.2kPa，相对误差小于 5%；E 磨煤机出口一次风压估计值与实际值最大偏差为 0.27kPa，平均偏差为 0.1kPa，相对误差小于 3%；正常运行工况下，辅机系统的整体预估值与辅机系统输出值基本一致，以高加系统为例，抽汽压力最大偏差为 0.1MPa，加热器出口水温最大偏差为 0.48℃，疏水温度最大偏差为 1.3℃，各参数之间最大偏差小于 1.5%，1 号高加系统实际输出值与深度神经网络预估值两组输出变量之间的关联度达到 99%，说明多入多出辅机系统预估的准确性。通过调用所有参数的历史报警曲线，相关参数与设备的异常预警准确，能够实现对故障异常的精准判断，报警准确率达到 99%。

二、基于模型自弈与典型样本的设备故障诊断

由于电厂实际故障样本数量难以筛选且样本数量不足，难以支持神经网络的训练和学习，基于模型自弈与典型样本的设备故障诊断方法，通过模型自奕产生大量的故障和正常运行的典型样本，进而对模型产生的大量典型故障样本采用神经网络进行分类训练和学习，并将电厂实际运行数据送入神经网络故障诊断模型进行实时监测，从而实现故障报警和故障识别，方便运行人员在第一时间进行针对性地处理，极大的提高了系统运行的可靠性。主要应用包含两方面：①正常工况和故障工况的识别；②故障报警。

应用场景为：

（1）选取磨煤机系统作为主要测试对象，测试过程中选取D磨煤机进行测试。

（2）调取D磨煤机给煤量、磨出口风温、磨出口风压、系统原有断煤开关量信号、故障识别断煤信号、故障识别正常运行信号等曲线。

（3）调取上述变量的历史运行曲线，通过历史曲线比对故障状态识别准确度。

应用效果如图4－47所示。

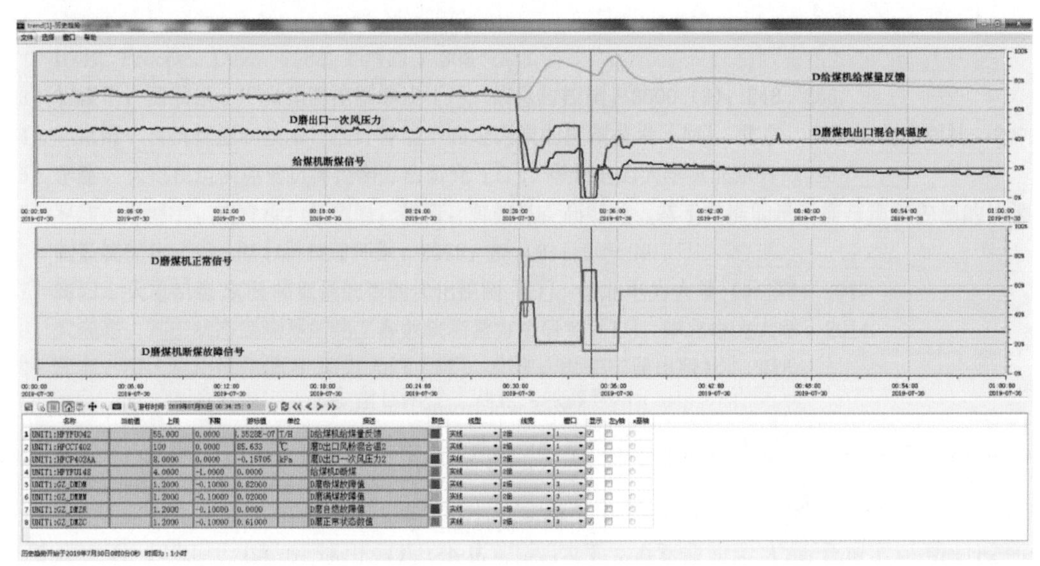

图4－47　磨煤机故障诊断效果

应用效果表明：在磨煤机正常运行工况下，深度置信神经网络故障诊断模块识别为正常运行工况，在快速甩负荷操作中和煤量快速波动过程中，系统判断准确无误；当磨煤机第一次发生短暂断煤时，故障诊断模块可以快速识别出磨煤机断煤故障，断煤诊断特征值快速上升；随着磨煤机煤量的提升，断煤诊断特征值快速下降，磨煤机正常诊断特征值上升；第二次彻底发生断煤时，断煤诊断特征值快速上升且特征值更高，磨煤机煤量降至0，而原系统断煤信号在此时并未触发。说明故障模拟数据的有效性，以及故障特征识别准确无误。结果表明，通过深度置信神经网络对模拟故障特性的学习，可以有效实现对现场故障的实时报警和故障判别。

三、基于故障树深度搜索和反向推理的设备故障根源分析

根据典型设备故障的专家知识库，在报警发生第一时间，对导致报警触发的原因进行快速搜索，即时告知运行人员当前事故产生的原因，实现对故障的快速处理，避免故障事态的恶化。主要应用包括两方面：①完备的故障专家知识库的应用；②准确的故障原因的判断。

应用场景为：

（1）测试内容针对 A 磨煤机满煤故障和 AGC 异常切除故障进行测试。

（2）测试方法根据故障专家知识库逻辑组态信息，模拟现场故障的发生过程，对各级报警开关量进行手动强制触发报警。

（3）当终端报警强制后，对比根源分析报警路径与实际强制报警路径是否一致。

应用效果表明：通过手动逐级强制报警信号，当根源节点报警触发时，设备根源分析功能可以快速查找出根节点故障的原因，故障原因链路与手动原因强制链路完全匹配，说明根源分析功能模块的准确性和及时性；通过对系统的报警根源分析，表明故障报警专家知识库比较完善，能够满足现场故障原因分析需求。应用效果如图 4－48、图 4－49 所示。

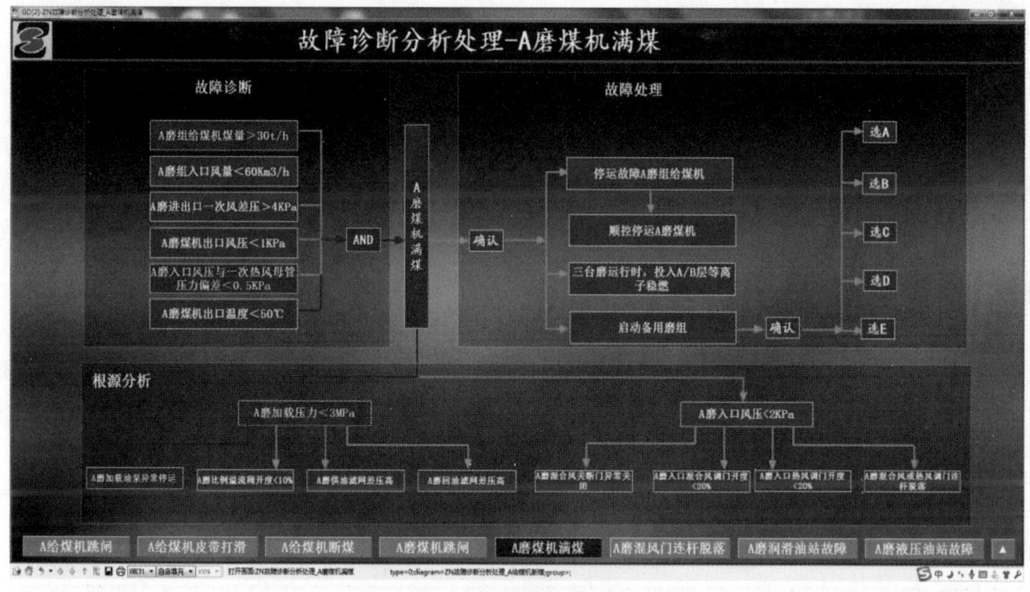

图 4－48　故障根源分析实例

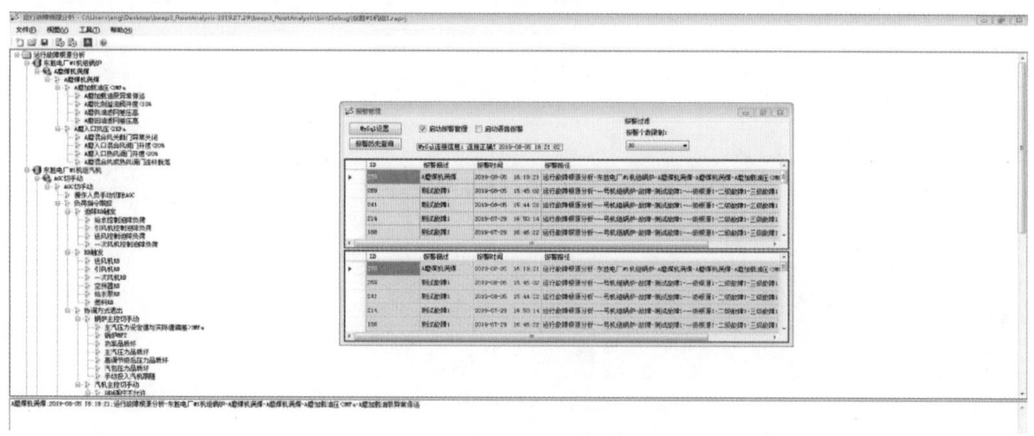

图 4－49　故障根源分析软件效果图

四、典型设备故障自恢复

典型设备故障自恢复功能主要针对当系统设备发生故障时，为了避免故障的扩大化，即时对机组运行状态进行调整，减轻运行人员的操作负担。测试内容主要包括E磨煤机断煤故障处理与恢复，根据故障发生的条件，设置故障的判断条件，验证故障处理与恢复的正确性。

应用场景为：

（1）确认断煤保护已投入。

（2）机组运行方式切换到基本方式，ABDE四台磨煤机运行，A\B\D给煤机煤量调整至不大于35吨，E磨触发断煤。

（3）E磨煤机断煤信号触发条件为：①给煤机指令与反馈偏差＞12t/h；②给煤量连续15s下降。强制E给煤机煤量至0t/h，触发E磨煤机断煤故障，置E磨煤机煤量至0t/h。

（4）E磨煤机断煤自动处理自动触发，观察到处理过程为：①比例溢流阀切手动并至全关位；②关闭液动换向阀后升磨辊；③关闭混风关断门；④给煤机切手动并置给煤量10t/h；⑤全开冷风调门以及冷风关断门；⑥全关热风调门，关闭混风调门至30%。处理过程正确有效，将强制信号恢复至正常状态。

（5）故障自恢复的判断条件为：给煤量连续30s大于8t/h，手动将给煤机的给煤量加至10t/h，等待30s，E磨煤机断煤自恢复自动触发，观察到处理过程为：①开混合风关断门；②降磨辊；③开液动换向阀；④比例溢流阀投自动；⑤开混风关断门至50%，热风至10%。

（6）调取总煤量、机组负荷、E磨给煤量，混合风门开度，磨辊压力等相关参数曲线如图4-50所示。

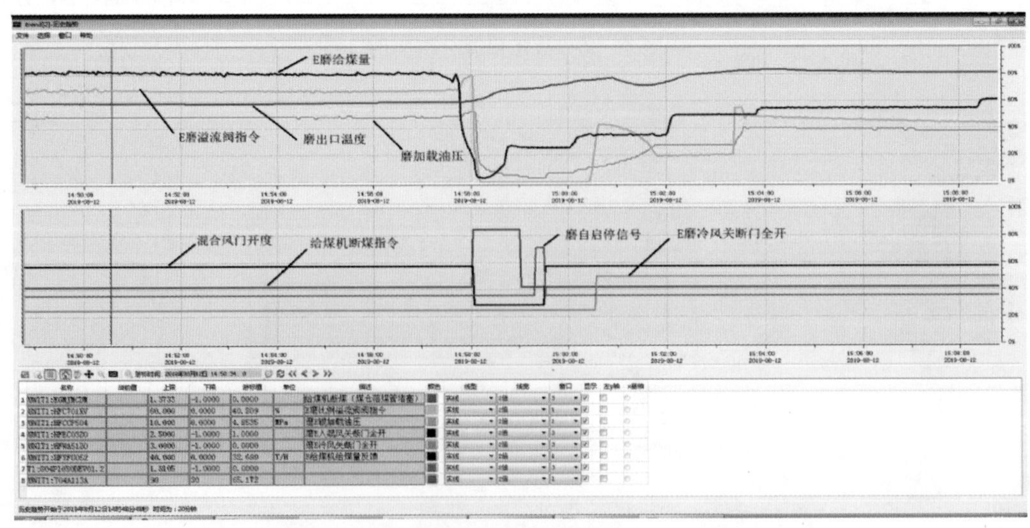

图4-50　E磨断煤故障自处理和自恢复曲线

应用效果表明：磨煤机断煤故障自处理与自恢复功能正常，能够根据故障发生情况及时作出故障处理和恢复，断煤过程中快速调整机组负荷，避免蒸汽压力和蒸汽温度的快速下降，保证机组的运行安全；当事故处理完毕后，自动对E磨进行自动启磨，快速恢复机组正常运行状态，提高了该厂磨煤机断煤处理过程的及时性，实现了电厂减员增效的目的。

五、智能状态监测及诊断的应用效果

设备运行预警及诊断各项功能运行正常。

(1) 基于机器学习的设备运行异常预警可以对关键参数/系统状态进行精准估计与预测，实现对异常的提前预警。

(2) 基于模型自弈与典型样本的设备故障诊断技术对故障特征识别准确无误，通过深度神经网络对故障特性的学习，可以有效实现对现场故障的实时报警和故障判别。

(3) 基于故障树深度搜索和反向推理的设备故障根源诊断方法，可以快速查找出根节点故障的原因，避免事故的扩大化。

基于机器学习、模型自弈、基于知识表达与推理的多种智能技术，实现了设备运行状态的智能化诊断与预警，并采用智能化方法实现了设备故障状态下的自恢复功能。报警系统信息分析准确率≥90%，初步预估可减少因报警滞后或误报造成的非正常停机1～2次/年。

第七节　智能分析及辅助决策的应用

一、机组运行指标全监控

智能发电运行控制系统在生产运行控制层面实现了机组性能计算、耗差分析、工况分析等功能，实现了对机组运行参数、经济性参数、控制品质参数、执行机构参数进行全面在线监控；并通过直观、形象的二维图形展示和三维图形展示对运行人员进行推送，使得运行人员更加了解机组/设备的运行状态。

应用场景：

(1) 性能计算：机组处于基本运行方式，并保持稳定1h以上，验证机组主要性能计算指标的准确度，如锅炉效率、汽机热耗率、厂用电率、供电煤耗、发电煤耗及其他性能指标，如图4-51、图4-52所示。

(2) 耗差分析：机组处于基本运行方式，并保持稳定1h以上，验证机组耗差分析计算准确度，如主汽温度、主汽压力、再热温度、排烟温度、总风量（氧量）、一次风压、磨组运行方式、配风方式、过热器减温水流量、再热器减温水流量、高低加端差、给水温度、背压等主要耗差影响因素，如图4-53所示。

(3) 设备运行三维展示：观察六大风机以及空预器的三维展示，包括外观展示、内部

结构图及对应位置的测点参数显示，验证其有效性，如图 4－54 所示。

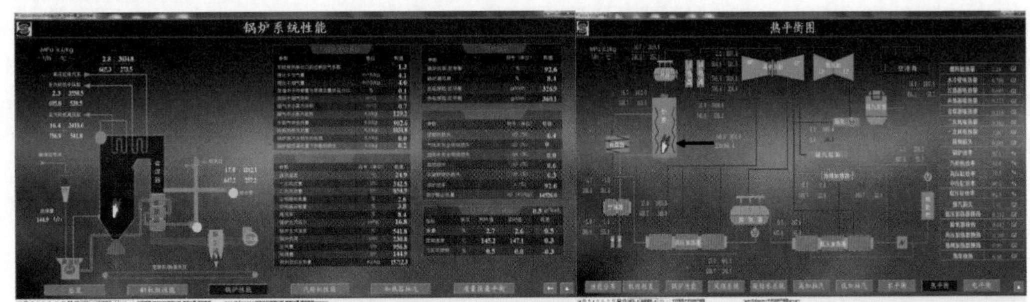

图 4－51　机组性能计算

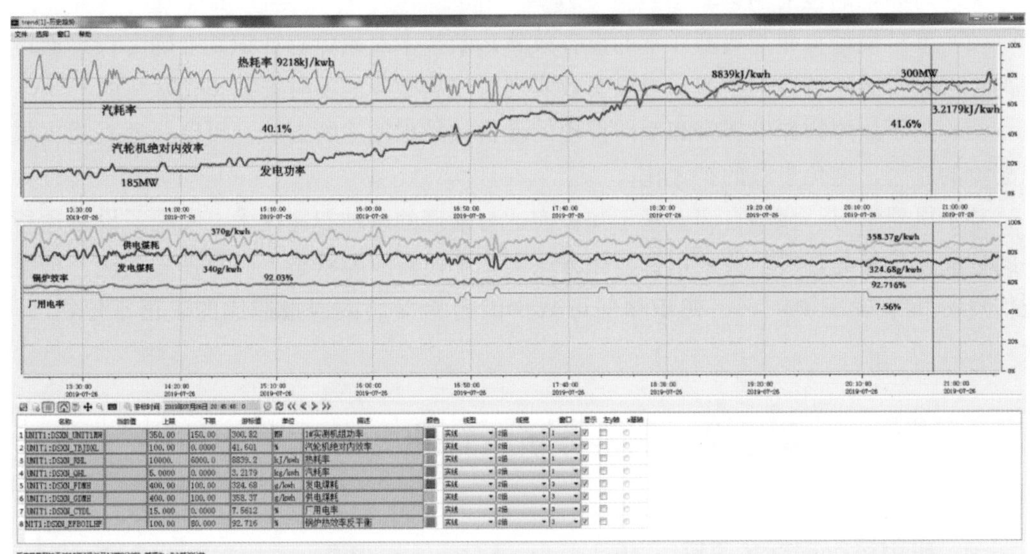

图 4－52　机组能效与负荷关系曲线

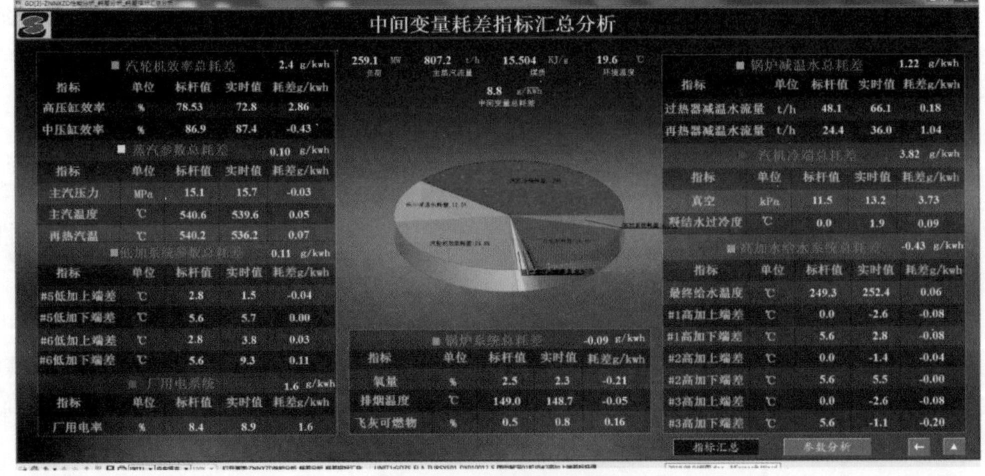

图 4－53　机组耗差分析

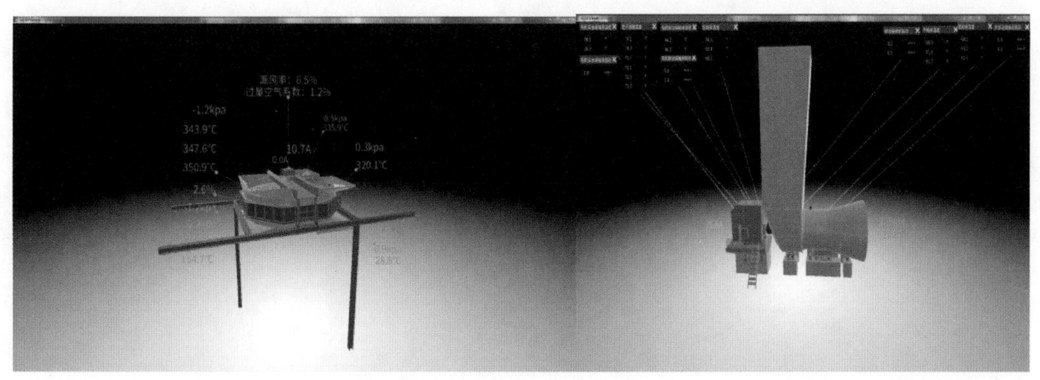

图 4-54　设备运行三维展示

应用效果表明：性能计算、耗差分析等经济性指标计算合理，满足机组参数和状态的变化规律；对控制系统和执行机构品质判断准确；并通过二维、三维联动的展示方式，实现对生产运行指标的全监控。

二、生产信息统计分析

生产信息统计分析主要包括：在线工况分析、数据归类统计、机组能效对标、小指标考核及智能报表系统等。

（1）数据归类统计，实现对参数超限统计、设备启停统计、保护投入率统计以及自动投入率统计功能，如图 4-55～图 4-58 所示。

国电内蒙古东胜热电有限公司1号机组保护统计报表

统计时间：20190817

统计项描述	数据库点名	投入保护时数值	退出保护时数值	统计时间长度	有效统计时间长度	累计投入保护时间	累计投入保护次数	累计退出保护时间	累计退出保护次数	保护投入率
A给煤机断煤保护投入	UNIT1.UNIT1:AGMJDMTR.AS	1	0	1天0时0分0秒	1天0时0分0秒	0天11时24分49秒	1	0天12时35分11秒	1	47.56
B给煤机断煤保护投入	UNIT1.UNIT1:BGMJDMTR.AS	1	0	1天0时0分0秒	1天0时0分0秒	1天0时0分0秒	1	0天0时0分0秒	0	100.00
C给煤机断煤保护投入	UNIT1.UNIT1:CGMJDMTR.AS	1	0	1天0时0分0秒	1天0时0分0秒	1天0时0分0秒	1	0天0时0分0秒	0	100.00
D给煤机断煤保护投入	UNIT1.UNIT1:DGMJDMTR.AS	1	0	1天0时0分0秒	1天0时0分0秒	1天0时0分0秒	1	0天0时0分0秒	0	100.00
E给煤机断煤保护投入	UNIT1.UNIT1:EGMJDMTR.AS	1	0	1天0时0分0秒	1天0时0分0秒	1天0时0分0秒	1	0天0时0分0秒	0	100.00
脱硫退出跳闸保护	UNIT1.UNIT1:FGDA207.AS	1	0	1天0时0分0秒	1天0时0分0秒	0天0时0分0秒	0	1天0时0分0秒	1	0.00
发电机空密备油泵保护	UNIT1.UNIT1:MKW122DZ.AS	1	0	1天0时0分0秒	1天0时0分0秒	0天0时0分0秒	0	1天0时0分0秒	1	0.00
发电机氢密备油泵保护	UNIT1.UNIT1:MKW144DZ.AS	1	0	1天0时0分0秒	1天0时0分0秒	0天0时0分0秒	0	1天0时0分0秒	1	0.00
第1列防冻保护	UNIT1.UNIT1:STRS1PT.AS	1	0	1天0时0分0秒	1天0时0分0秒	0天0时0分0秒	0	1天0时0分0秒	1	0.00
第1列防冻保护1	UNIT1.UNIT1:STRS1PT1.AS	1	0	1天0时0分0秒	1天0时0分0秒	0天0时0分0秒	0	1天0时0分0秒	1	0.00
第1列防冻保护2	UNIT1.UNIT1:STRS1PT2.AS	1	0	1天0时0分0秒	1天0时0分0秒	0天0时0分0秒	0	1天0时0分0秒	1	0.00
第1列防冻保护3	UNIT1.UNIT1:STRS1PT3.AS	1	0	1天0时0分0秒	1天0时0分0秒	0天0时0分0秒	0	1天0时0分0秒	1	0.00
第1列防冻保护4	UNIT1.UNIT1:STRS1PT4.AS	1	0	1天0时0分0秒	1天0时0分0秒	0天0时0分0秒	0	1天0时0分0秒	1	0.00
第2列防冻保护	UNIT1.UNIT1:STRS2PT.AS	1	0	1天0时0分0秒	1天0时0分0秒	0天0时0分0秒	0	1天0时0分0秒	1	0.00
第2列防冻保护1	UNIT1.UNIT1:STRS2PT1.AS	1	0	1天0时0分0秒	1天0时0分0秒	0天0时0分0秒	0	1天0时0分0秒	1	0.00
第2列防冻保护2	UNIT1.UNIT1:STRS2PT2.AS	1	0	1天0时0分0秒	1天0时0分0秒	0天0时0分0秒	0	1天0时0分0秒	1	0.00
第2列防冻保护3	UNIT1.UNIT1:STRS2PT3.AS	1	0	1天0时0分0秒	1天0时0分0秒	0天0时0分0秒	0	1天0时0分0秒	1	0.00
第2列防冻保护4	UNIT1.UNIT1:STRS2PT4.AS	1	0	1天0时0分0秒	1天0时0分0秒	0天0时0分0秒	0	1天0时0分0秒	1	0.00
第3列防冻保护	UNIT1.UNIT1:STRS3PT.AS	1	0	1天0时0分0秒	1天0时0分0秒	0天0时0分0秒	0	1天0时0分0秒	1	0.00
第3列防冻保护1	UNIT1.UNIT1:STRS3PT1.AS	1	0	1天0时0分0秒	1天0时0分0秒	0天0时0分0秒	0	1天0时0分0秒	1	0.00
第3列防冻保护2	UNIT1.UNIT1:STRS3PT2.AS	1	0	1天0时0分0秒	1天0时0分0秒	0天0时0分0秒	0	1天0时0分0秒	1	0.00
第3列防冻保护3	UNIT1.UNIT1:STRS3PT3.AS	1	0	1天0时0分0秒	1天0时0分0秒	0天0时0分0秒	0	1天0时0分0秒	1	0.00
第3列防冻保护4	UNIT1.UNIT1:STRS3PT4.AS	1	0	1天0时0分0秒	1天0时0分0秒	0天0时0分0秒	0	1天0时0分0秒	1	0.00
第4列防冻保护	UNIT1.UNIT1:STRS4PT.AS	1	0	1天0时0分0秒	1天0时0分0秒	0天0时0分0秒	0	1天0时0分0秒	1	0.00
第4列防冻保护1	UNIT1.UNIT1:STRS4PT1.AS	1	0	1天0时0分0秒	1天0时0分0秒	0天0时0分0秒	0	1天0时0分0秒	1	0.00
第4列防冻保护2	UNIT1.UNIT1:STRS4PT2.AS	1	0	1天0时0分0秒	1天0时0分0秒	0天0时0分0秒	0	1天0时0分0秒	1	0.00
第4列防冻保护3	UNIT1.UNIT1:STRS4PT3.AS	1	0	1天0时0分0秒	1天0时0分0秒	0天0时0分0秒	0	1天0时0分0秒	1	0.00

图 4-55　国电东胜 1 号机组保护统计报表

国电内蒙古东胜热电有限公司1号机组超限统计报表

统计时间：20190817

统计项描述	单位	数据库点名	超限阈值	统计时间长度	有效统计时间长度	累计超上限时间	累计超上限次数	累计超下限时间	累计超下限次数	最大值	最小值
主蒸汽压力1	Mpa	UNIT1.UNIT1:LBACP102.AV	高限值:17.2;低限值:不统计	1天0时0分0秒	1天0时0分0秒	0天0时0分0秒	0	0天0时0分0秒	0	0.00	0.00
主蒸汽压力2	Mpa	UNIT1.UNIT1:LBACP103.AV	高限值:17.2;低限值:不统计	1天0时0分0秒	1天0时0分0秒	0天0时0分0秒	0	0天0时0分0秒	0	0.00	0.00
主蒸汽压力3	Mpa	UNIT1.UNIT1:LBACP104.AV	高限值:17.2;低限值:不统计	1天0时0分0秒	1天0时0分0秒	0天0时0分0秒	0	0天0时0分0秒	0	0.00	0.00
主蒸汽温度	℃	UNIT1.UNIT1:LBACT105.AV	高限值:547;低限值:525	1天0时0分0秒	1天0时0分0秒	0天0时0分0秒	0	0天0时0分0秒	0	0.00	0.00
再热蒸汽压力	Mpa	UNIT1.UNIT1:LBBCP101.AV	高限值:3.8;低限值:不统计	1天0时0分0秒	1天0时0分0秒	0天0时0分0秒	0	0天0时0分0秒	0	0.00	0.00
再热蒸汽温度	℃	UNIT1.UNIT1:LBBCT101.AV	高限值:547;低限值:525	1天0时0分0秒	1天0时0分0秒	0天0时0分0秒	0	0天0时0分0秒	0	0.00	0.00
低过壁温1	℃	UNIT1.UNIT1:HAH50T18.AV	高限值:508;低限值:不统计	1天0时0分0秒	1天0时0分0秒	0天0时0分0秒	0	0天0时0分0秒	0	0.00	0.00
低过壁温2	℃	UNIT1.UNIT1:HAH50T19.AV	高限值:508;低限值:不统计	1天0时0分0秒	1天0时0分0秒	0天0时0分0秒	0	0天0时0分0秒	0	0.00	0.00
低过壁温3	℃	UNIT1.UNIT1:HAH50T20.AV	高限值:508;低限值:不统计	1天0时0分0秒	1天0时0分0秒	0天0时0分0秒	0	0天0时0分0秒	0	0.00	0.00
低过壁温4	℃	UNIT1.UNIT1:HAH50T21.AV	高限值:508;低限值:不统计	1天0时0分0秒	1天0时0分0秒	0天0时0分0秒	0	0天0时0分0秒	0	0.00	0.00
后屏过壁温1	℃	UNIT1.UNIT1:HAH64T54.AV	高限值:561;低限值:不统计	1天0时0分0秒	1天0时0分0秒	0天0时0分0秒	0	0天0时0分0秒	0	0.00	0.00
后屏过壁温2	℃	UNIT1.UNIT1:HAH64T55.AV	高限值:561;低限值:不统计	1天0时0分0秒	1天0时0分0秒	0天0时0分0秒	0	0天0时0分0秒	0	0.00	0.00
后屏过壁温3	℃	UNIT1.UNIT1:HAH64T56.AV	高限值:561;低限值:不统计	1天0时0分0秒	1天0时0分0秒	0天0时0分0秒	0	0天0时0分0秒	0	0.00	0.00
后屏过壁温4	℃	UNIT1.UNIT1:HAH64T57.AV	高限值:561;低限值:不统计	1天0时0分0秒	1天0时0分0秒	0天0时0分0秒	0	0天0时0分0秒	0	0.00	0.00
后屏过壁温5	℃	UNIT1.UNIT1:HAH64T58.AV	高限值:561;低限值:不统计	1天0时0分0秒	1天0时0分0秒	0天0时0分0秒	0	0天0时0分0秒	0	0.00	0.00
后屏过壁温6	℃	UNIT1.UNIT1:HAH64T59.AV	高限值:561;低限值:不统计	1天0时0分0秒	1天0时0分0秒	0天0时0分0秒	0	0天0时0分0秒	0	0.00	0.00
后屏过壁温7	℃	UNIT1.UNIT1:HAH64T60.AV	高限值:561;低限值:不统计	1天0时0分0秒	1天0时0分0秒	0天0时0分0秒	0	0天0时0分0秒	0	0.00	0.00
后屏过壁温8	℃	UNIT1.UNIT1:HAH64T61.AV	高限值:561;低限值:不统计	1天0时0分0秒	1天0时0分0秒	0天0时0分0秒	0	0天0时0分0秒	0	0.00	0.00
后屏过壁温9	℃	UNIT1.UNIT1:HAH64T62.AV	高限值:561;低限值:不统计	1天0时0分0秒	1天0时0分0秒	0天0时0分0秒	0	0天0时0分0秒	0	0.00	0.00
后屏过壁温10	℃	UNIT1.UNIT1:HAH64T63.AV	高限值:561;低限值:不统计	1天0时0分0秒	1天0时0分0秒	0天0时0分0秒	0	0天0时0分0秒	0	0.00	0.00
后屏过壁温11	℃	UNIT1.UNIT1:HAH64T64.AV	高限值:561;低限值:不统计	1天0时0分0秒	1天0时0分0秒	0天0时0分0秒	0	0天0时0分0秒	0	0.00	0.00
后屏过壁温12	℃	UNIT1.UNIT1:HAH64T65.AV	高限值:561;低限值:不统计	1天0时0分0秒	1天0时0分0秒	0天0时0分0秒	0	0天0时0分0秒	0	0.00	0.00
后屏过壁温13	℃	UNIT1.UNIT1:HAH64T66.AV	高限值:561;低限值:不统计	1天0时0分0秒	1天0时0分0秒	0天0时0分0秒	0	0天0时0分0秒	0	0.00	0.00
高过温壁1	℃	UNIT1.UNIT1:HAH71T97.AV	高限值:576;低限值:不统计	1天0时0分0秒	1天0时0分0秒	0天0时0分0秒	0	0天0时0分0秒	0	0.00	0.00
高过温壁2	℃	UNIT1.UNIT1:HAH71T98.AV	高限值:576;低限值:不统计	1天0时0分0秒	1天0时0分0秒	0天0时0分0秒	0	0天0时0分0秒	0	0.00	0.00
高过温壁3	℃	UNIT1.UNIT1:HAH71T99.AV	高限值:576;低限值:不统计	1天0时0分0秒	1天0时0分0秒	0天0时0分0秒	0	0天0时0分0秒	0	0.00	0.00
高过温壁4	℃	UNIT1.UNIT1:HAH71T100.AV	高限值:576;低限值:不统计	1天0时0分0秒	1天0时0分0秒	0天0时0分0秒	0	0天0时0分0秒	0	0.00	0.00

图 4－56　国电东胜 1 号机组超限统计报表

国电内蒙古东胜热电有限公司1号机组启停统计报表

统计时间：20190817

统计项描述	数据库点名	运行时数值	停运时数值	统计时间长度	有效统计时间长度	累计运行时间	累计启动次数	累计停止时间	累计停止次数
轴封风机1	UNIT1.UNIT1:MLN101ZS.AS	1	0	1天0时0分0秒	1天0时0分0秒	0天0时0分0秒	0	1天0时0分0秒	1
轴封风机2	UNIT1.UNIT1:MLN102ZS.AS	1	0	1天0时0分0秒	1天0时0分0秒	0天0时0分0秒	0	1天0时0分0秒	1
润油箱排烟风机1	UNIT1.UNIT1:MAM201ZS.AS	1	0	1天0时0分0秒	1天0时0分0秒	0天9时23分28秒	1	0天14时36分32秒	1
润油箱排烟风机2	UNIT1.UNIT1:MAM202ZS.AS	1	0	1天0时0分0秒	1天0时0分0秒	0天0时0分0秒	0	1天0时0分0秒	1
润滑油输送泵	UNIT1.UNIT1:MCP101ZS.AS	1	0	1天0时0分0秒	1天0时0分0秒	0天0时0分0秒	0	1天0时0分0秒	1
循环水泵1	UNIT1.UNIT1:COM21:PEP101ZS.AS	1	0	1天0时0分0秒	1天0时0分0秒	0天0时0分0秒	0	0天0时0分0秒	0
循环水泵2	UNIT1.UNIT1:COM21:PEP102ZS.AS	1	0	1天0时0分0秒	1天0时0分0秒	0天0时0分0秒	0	0天0时0分0秒	0
循环水泵3	UNIT1.UNIT1:COM21:PEP103ZS.AS	1	0	1天0时0分0秒	1天0时0分0秒	0天0时0分0秒	0	0天0时0分0秒	0
磨煤机A	UNIT1.UNIT1:HF101ZSB.AS	1	0	1天0时0分0秒	1天0时0分0秒	0天0时0分0秒	0	1天0时0分0秒	1
磨煤机B	UNIT1.UNIT1:HF201ZSB.AS	1	0	1天0时0分0秒	1天0时0分0秒	0天0时0分0秒	0	1天0时0分0秒	1
磨煤机C	UNIT1.UNIT1:HF301ZSB.AS	1	0	1天0时0分0秒	1天0时0分0秒	0天0时0分0秒	0	1天0时0分0秒	1
磨煤机D	UNIT1.UNIT1:HF401ZSB.AS	1	0	1天0时0分0秒	1天0时0分0秒	0天0时0分0秒	0	1天0时0分0秒	1
磨煤机E	UNIT1.UNIT1:HF501ZSB.AS	1	0	1天0时0分0秒	1天0时0分0秒	0天0时0分0秒	0	1天0时0分0秒	1
送风机A	UNIT1.UNIT1:HB201ZSB.AS	1	0	1天0时0分0秒	1天0时0分0秒	0天0时0分0秒	0	1天0时0分0秒	1
送风机B	UNIT1.UNIT1:HB101ZSB.AS	1	0	1天0时0分0秒	1天0时0分0秒	0天0时0分0秒	0	1天0时0分0秒	1
引风机A	UNIT1.UNIT1:HNC201ZS.AS	1	0	1天0时0分0秒	1天0时0分0秒	0天0时0分0秒	0	1天0时0分0秒	1
引风机B	UNIT1.UNIT1:HNC101ZS.AS	1	0	1天0时0分0秒	1天0时0分0秒	0天0时0分0秒	0	1天0时0分0秒	1
密封风机A	UNIT1.UNIT1:HFW101ZS.AS	1	0	1天0时0分0秒	1天0时0分0秒	0天0时0分0秒	0	1天0时0分0秒	1
密封风机B	UNIT1.UNIT1:HFF201ZS.AS	1	0	1天0时0分0秒	1天0时0分0秒	0天0时0分0秒	0	1天0时0分0秒	1
一次风机A	UNIT1.UNIT1:HL201ZSB.AS	1	0	1天0时0分0秒	1天0时0分0秒	0天0时0分0秒	0	1天0时0分0秒	1
一次风机B	UNIT1.UNIT1:HL101ZSB.AS	1	0	1天0时0分0秒	1天0时0分0秒	0天0时0分0秒	0	1天0时0分0秒	1
给水泵A	UNIT1.UNIT1:LCP101ZS.AS	1	0	1天0时0分0秒	1天0时0分0秒	0天0时0分10秒	1	0天23时59分50秒	2
给水泵B	UNIT1.UNIT1:LCP102ZS.AS	1	0	1天0时0分0秒	1天0时0分0秒	0天0时0分7秒	1	0天23时59分53秒	2
给水泵C主电机断路器1	UNIT1.UNIT1:LCP13ZSA.AS	1	0	1天0时0分0秒	1天0时0分0秒	0天0时0分6秒	1	0天23时59分54秒	2
给水泵C主电机断路器2	UNIT1.UNIT1:LCP13ZSB.AS	1	0	1天0时0分0秒	1天0时0分0秒	0天0时0分7秒	1	0天23时59分53秒	2
凝结水泵1	UNIT1.UNIT1:LBP101ZS.AS	1	0	1天0时0分0秒	1天0时0分0秒	0天0时13分48秒	4	0天23时46分12秒	5
凝结水泵2	UNIT1.UNIT1:LCB122ZS.AS	1	0	1天0时0分0秒	1天0时0分0秒	0天0时0分10秒	1	0天23时59分50秒	2

图 4－57　国电东胜 1 号机组启停统计报表

（2）机组小指标竞赛，根据运行考核规则，对机组各值运行人员操作水平进行统计分析，并以此作为考核参考，如图 4－59 所示。

国电内蒙古东胜热电有限公司1号机组自动统计报表

统计时间：20190817

统计项描述	数据库点名	处于自动时数值	处于手动时数值	统计时间长度	有效统计时间长度	累计自动投入时间	累计自动投入次数	累计手动投入时间	累计手动投入次数	自动投入率
机炉协调系统	UNIT1.UNIT1:AGCMODE.AS	1	0	1天0时0分0秒	1天0时0分0秒	0天0时0分0秒	0	1天0时0分0秒	1	0.00
锅炉主控	UNIT1.UNIT1:_A010X833_MODE.AS	1	0	1天0时0分0秒	1天0时0分0秒	0天0时0分0秒	0	0天0时0分0秒	0	0.00
汽机主控	UNIT1.UNIT1:_A010X875_MODE.AS	1	0	1天0时0分0秒	1天0时0分0秒	0天0时0分0秒	0	0天0时0分0秒	0	0.00
燃料主控	UNIT1.UNIT1:_A010X433_MODE.AS	1	0	1天0时0分0秒	1天0时0分0秒	0天0时0分0秒	0	0天0时0分0秒	0	0.00
氧量修正	UNIT1.UNIT1:_A010X357_MODE.AS	1	0	1天0时0分0秒	1天0时0分0秒	0天0时0分0秒	0	0天0时0分0秒	0	0.00
A引风机动叶阀	UNIT1.UNIT1:_A011X093_MODE.AS	1	0	1天0时0分0秒	1天0时0分0秒	0天0时0分0秒	0	0天0时0分0秒	0	0.00
B引风机动叶阀	UNIT1.UNIT1:_A011X103_MODE.AS	1	0	1天0时0分0秒	1天0时0分0秒	0天0时0分0秒	0	0天0时0分0秒	0	0.00
A送风机动叶调阀	UNIT1.UNIT1:_A011X043_MODE.AS	1	0	1天0时0分0秒	1天0时0分0秒	0天0时0分0秒	0	0天0时0分0秒	0	0.00
B送风机动叶调阀	UNIT1.UNIT1:_A011X044_MODE.AS	1	0	1天0时0分0秒	1天0时0分0秒	0天0时0分0秒	0	0天0时0分0秒	0	0.00
A一次风机变频	UNIT1.UNIT1:_A005X143_MODE.AS	1	0	1天0时0分0秒	1天0时0分0秒	0天0时0分0秒	0	0天0时0分0秒	0	0.00
B一次风机变频	UNIT1.UNIT1:_A005X144_MODE.AS	1	0	1天0时0分0秒	1天0时0分0秒	0天0时0分0秒	0	0天0时0分0秒	0	0.00
A磨给煤机转速控制	UNIT1.UNIT1:_A010X445_MODE.AS	1	0	1天0时0分0秒	1天0时0分0秒	0天0时0分0秒	0	0天0时0分0秒	0	0.00
B磨给煤机转速控制	UNIT1.UNIT1:_A010X065_MODE.AS	1	0	1天0时0分0秒	1天0时0分0秒	0天0时0分0秒	0	0天0时0分0秒	0	0.00
C磨给煤机转速控制	UNIT1.UNIT1:_A010X066_MODE.AS	1	0	1天0时0分0秒	1天0时0分0秒	0天0时0分0秒	0	0天0时0分0秒	0	0.00
D磨给煤机转速控制	UNIT1.UNIT1:_A010X085_MODE.AS	1	0	1天0时0分0秒	1天0时0分0秒	0天0时0分0秒	0	0天0时0分0秒	0	0.00
E磨给煤机转速控制	UNIT1.UNIT1:_A010X086_MODE.AS	1	0	1天0时0分0秒	1天0时0分0秒	0天0时0分0秒	0	0天0时0分0秒	0	0.00
A给水泵勺管	UNIT1.UNIT1:_A010X265_MODE.AS	1	0	1天0时0分0秒	1天0时0分0秒	0天0时0分0秒	0	0天0时0分0秒	0	0.00
B给水泵勺管	UNIT1.UNIT1:_A010X266_MODE.AS	1	0	1天0时0分0秒	1天0时0分0秒	0天0时0分0秒	0	0天0时0分0秒	0	0.00
C给水泵勺管	UNIT1.UNIT1:_A010X275_MODE.AS	1	0	1天0时0分0秒	1天0时0分0秒	0天0时0分0秒	0	0天0时0分0秒	0	0.00
给水旁路阀	UNIT1.UNIT1:_A010X257_MODE.AS	1	0	1天0时0分0秒	1天0时0分0秒	0天0时0分0秒	0	0天0时0分0秒	0	0.00
一级过热减温水调节阀	UNIT1.UNIT1:_A012X475_MODE.AS	1	0	1天0时0分0秒	1天0时0分0秒	0天0时0分0秒	0	0天0时0分0秒	0	0.00
一级过热减温水旁路调节阀	UNIT1.UNIT1:_A012X476_MODE.AS	1	0	1天0时0分0秒	1天0时0分0秒	0天0时0分0秒	0	0天0时0分0秒	0	0.00
二级过热过热减温调节阀	UNIT1.UNIT1:_A012X575_MODE.AS	1	0	1天0时0分0秒	1天0时0分0秒	0天0时0分0秒	0	0天0时0分0秒	0	0.00
A侧再热喷水减温调节阀	UNIT1.UNIT1:_A012X935_MODE.AS	1	0	1天0时0分0秒	1天0时0分0秒	0天0时0分0秒	0	0天0时0分0秒	0	0.00
B侧再热喷水减温调节阀	UNIT1.UNIT1:_A012X945_MODE.AS	1	0	1天0时0分0秒	1天0时0分0秒	0天0时0分0秒	0	0天0时0分0秒	0	0.00
#1高加水位疏水门	UNIT1.UNIT1:_A017X305_MODE.AS	1	0	1天0时0分0秒	1天0时0分0秒	0天0时0分0秒	0	0天0时0分0秒	0	0.00
#2高加水位疏水门	UNIT1.UNIT1:_A017X355_MODE.AS	1	0	1天0时0分0秒	1天0时0分0秒	0天0时0分0秒	0	0天0时0分0秒	0	0.00
#3高加水位疏水门	UNIT1.UNIT1:_A017X405_MODE.AS	1	0	1天0时0分0秒	1天0时0分0秒	0天0时0分0秒	0	0天0时0分0秒	0	0.00

图 4－58　国电东胜 1 号机组保护统计报表

统计日期:2019-08-17

值际				一值		二值		三值		四值		五值	
序号	指标	单位	标准值	指标均值	得分	指标均值	得分	指标均值	得分	指标均值	得分	指标均值	得分
1	主蒸汽压力	Mpa	16.25	16.16	2.23	0.00	0.00	16.57	3.07	0.00	0.00	16.67	2.34
2	主蒸汽温度	℃	540	532.42	2.57	0.00	0.00	535.74	3.03	0.00	0.00	535.38	3.08
3	再热汽温度	℃	540	536.64	3.20	0.00	0.00	535.57	3.10	0.00	0.00	538.27	3.43
4	再热器减温水	℃	0	30.72	0.00	0.00	0.00	35.70	0.00	0.00	0.00	29.17	0.00
5	给水温度	℃	270	262.67	2.58	0.00	0.00	265.75	3.21	0.00	0.00	263.20	2.73
6	空预器出口氧量	%	2	4.01	3.68	0.00	0.00	3.32	3.82	0.00	0.00	3.76	3.76
7	炉膛负压	Pa	-80	-81.87	4.38	0.00	0.00	-85.26	5.05	0.00	0.00	-84.22	4.84
8	空预器出口温度	℃	140	148.57	2.39	0.00	0.00	144.90	3.11	0.00	0.00	146.36	2.82
9	凝结水过冷度	℃	-1	-0.14	3.88	0.00	0.00	0.38	3.80	0.00	0.00	0.61	3.75
10	1#高加上端差	℃	1.7	-0.86	4.42	0.00	0.00	-0.58	4.37	0.00	0.00	-0.68	4.39
11	1#高加下端差	℃	5.6	3.53	4.32	0.00	0.00	3.74	4.28	0.00	0.00	3.52	4.31
12	5#低加上端差	℃	1.7	-4.30	5.10	0.00	0.00	-3.59	4.98	0.00	0.00	-4.18	5.07
13	5#低加下端差	℃	5.6	8.63	3.46	0.00	0.00	12.11	2.78	0.00	0.00	9.10	3.40
14	脱硝入口Nox	mg/Nm3	300	307.66	2.49	0.00	0.00	318.39	0.38	0.00	0.00	330.91	0.38
15	净烟气Nox小时均值	mg/Nm3	42	41.12	4.14	0.00	0.00	42.02	4.01	0.00	0.00	38.68	4.61
16	SO2排放小时均值	mg/Nm3	30	23.83	5.17	0.00	0.00	23.91	5.16	0.00	0.00	27.17	4.53
17	烟尘排放小时均值	mg/Nm3	5	5.61	3.93	0.00	0.00	5.79	3.93	0.00	0.00	6.46	3.80
18	厂用电率	%	8.8	7.92	4.83	0.00	0.00	7.69	5.06	0.00	0.00	7.96	4.79
19	一次风机耗电率	%	0.5	0.61	2.99	0.00	0.00	0.54	3.63	0.00	0.00	0.56	3.42
20	磨煤机耗电率	%	0.35	0.36	3.95	0.00	0.00	0.36	3.97	0.00	0.00	0.37	3.83
21	给水泵耗电率	%	3	2.88	5.17	0.00	0.00	3.01	3.88	0.00	0.00	3.06	3.42
22	空冷耗电率	%	0.9	0.86	4.34	0.00	0.00	0.82	4.78	0.00	0.00	0.83	4.67
23	引风机耗电率	%	1.45	1.66	2.00	0.00	0.00	1.56	2.90	0.00	0.00	1.57	2.80
24	送风机耗电率	%	0.2	0.25	3.56	0.00	0.00	0.23	3.74	0.00	0.00	0.22	3.82
25	除尘耗电率	%	0.15	0.12	4.29	0.00	0.00	0.11	4.32	0.00	0.00	0.11	4.35
总分				89.045		0		90.335		0		88.311	
名次				2				1				3	

图 4－59　国电东胜 1 号机组指标竞赛日报

（3）能效对标统计，根据机组运行参数标准值、集团同类机组最佳参考值等，进行日统计分析、环比统计分析、同比统计分析，辅助运行人员发现设备性能劣化的原因，如图 4－60 所示。

统计日期:2019-08-17

序号	指标	单位	实时值	标准值	集团最优值	与标准值差值	与集团最优值差值
一级指标							
1	机组功率	MW	256.87	330	330	-73.13	-73.13
2	供电煤耗	g/kwh	321.54	316.7	340	4.84	-18.46
3	发电煤耗	g/kwh	292.41	297.3	310	-4.89	-17.59
二级指标							
1	热耗率	kJ/kwh	7899.55	8117	8500	-217.45	-600.45
2	汽耗率	kg/kwh	3.1	3.08	4.78	0.02	-1.68
3	机组效率	%	42.05	40.4	40	1.65	2.05
4	汽轮机绝对内效率	%	46.55	44.35	42.8	2.2	3.75
5	锅炉效率	%	92.18	92.51	90.6	-0.33	1.58
6	自用电率	%	7.65	8.2	10	-0.55	-2.35
三级指标							
1	锅炉负荷率	%	73.01	80	100	-6.99	-26.99
2	汽机负荷率	%	77.84	80	100	-2.16	-22.16
3	高压加热器投入率	%	100	100	100	0	0
4	机组除盐水补水率	%	1.06	0.5	0.16	0.56	0.9
5	真空度	%	86.91	90	93.5	-3.09	-6.59
6	凝汽器端差	℃	20.67	-0.43	5	21.1	15.67
7	凝结水过冷度	℃	0.65	0.5	1	0.15	-0.35
8	排烟温度	℃	142.37	136.99	135	5.38	7.37
9	烟气出口氧量	%	4.46	3.5	2	0.96	2.46
10	空预器差压	Pa	1.17	2	0	-0.83	1.17
11	过热器减温水量	t/h	32.84	23.02	6	9.82	26.84
12	给水温度	℃	254.13	256.1	225	-1.97	29.13
13	主汽压力	Mpa	15.8	0	8.83	15.8	6.97
14	主汽温度	℃	536.7	0	535	536.7	1.7
15	1#高加上端差	℃	-0.77	-1.7	6	0.93	-6.77

图 4－60　国电东胜 1 号机组能效对标日报

（4）机组智能报表，可根据运行人员需求对报表统计内容和统计格式进行自定义，给运行人员提供了灵活、便捷的辅助分析工具，如图 4－61、图 4－62 所示。

日期			主要可控因子耗差（g/Kwh）																								总耗差(g/kwh)	得分
			总风量	一次风压	给煤机给煤量	再热减温水量	燃烧器摆角	空冷风机台数	空冷风机平均频率	乏汽占比	AA层风门	A层风门	AB层风门	B层风门	BC层风门	C层风门	CD层风门	D层风门	DE层风门	E层风门	EE层风门	OFA层风门	SOFA1层风门	SOFA2层风门	SOFA3层风门	SOFA4层风门		
2019/7/1	2值	01:00-08:00	0.4	0.0	0.1	0.5	0.0	0.0	0.0	0.0	0.1	0.1	0.3	0.2	0.0	0.2	0.1	0.2	0.1	0.2	0.2	0.4	0.0	0.0	1.2	4.5	8.8	91.2
	5值	08:00-16:00	0.1	0.0	0.1	0.1	0.0	0.0	0.0	0.0	0.1	0.1	0.2	0.1	0.1	0.1	0.1	0.1	0.2	0.2	0.1	0.2	0.1	0.0	1.0	4.5	7.4	92.6
	1值	16:00-01:00	0.2	0.0	0.5	1.4	0.0	0.0	0.0	0.0	0.0	0.0	0.2	0.2	0.3	0.2	0.1	0.1	0.5	0.2	0.1	0.2	0.0	0.0	0.1	1.8	6.1	93.9
2019/7/2	2值	01:00-08:00	-0.8	0.0	0.3	1.3	0.0	0.0	0.0	0.0	0.0	0.0	0.2	0.2	0.3	0.2	0.1	0.1	0.5	0.2	0.1	0.1	0.0	0.0	0.0	1.7	4.7	95.3
	4值	08:00-16:00	0.6	0.0	0.5	1.2	0.0	0.0	0.0	0.0	0.1	0.1	0.3	0.2	0.0	0.2	0.1	0.2	0.0	0.2	0.2	0.3	0.0	0.0	1.2	4.5	10.0	90.0
	5值	16:00-01:00	-0.1	0.0	0.7	0.7	0.0	0.0	0.0	0.0	0.1	0.1	0.3	0.2	0.1	0.2	0.1	0.2	0.1	0.2	0.1	0.1	0.0	0.0	0.4	2.0	5.5	94.5
2019/7/3	1值	01:00-08:00	-0.4	0.0	0.8	0.9	0.0	0.0	0.0	0.0	0.1	0.1	0.3	0.2	0.1	0.2	0.1	0.2	0.1	0.2	0.0	0.1	0.0	0.0	0.7	3.1	6.7	93.3
	4值	08:00-16:00	0.0	0.0	0.7	1.2	0.0	0.0	0.0	0.0	0.1	0.1	0.3	0.2	0.1	0.2	0.1	0.2	0.1	0.2	0.2	0.2	0.0	0.0	1.1	4.2	9.1	90.9
	5值	16:00-01:00	-0.1	0.0	0.3	0.4	0.0	0.0	0.0	0.0	0.1	0.1	0.2	0.1	0.1	0.1	0.1	0.2	0.1	0.1	0.1	0.2	0.0	0.0	0.4	1.4	4.0	96.0
2019/7/4	1值	01:00-08:00	-0.4	0.0	0.1	-0.4	0.0	0.0	0.0	0.0	0.0	0.0	0.2	0.1	0.1	0.2	0.1	0.2	0.1	0.1	0.1	0.1	0.0	0.0	0.4	0.3	1.3	98.7
	3值	08:00-16:00	-1.0	0.1	0.1	1.1	0.0	0.0	0.0	0.0	0.0	0.0	0.2	0.0	0.1	0.2	0.1	0.2	0.0	0.1	0.1	0.0	0.0	0.0	0.0	3.0	4.4	95.6
	4值	16:00-01:00	-1.1	0.1	0.1	1.1	0.0	0.0	0.0	0.0	0.0	0.0	0.2	0.0	0.1	0.2	0.1	0.2	0.0	0.1	0.1	0.0	0.0	0.0	0.0	0.0	1.4	98.6
2019/7/5	5值	01:00-08:00	-0.3	0.1	0.1	0.5	0.0	0.0	0.0	0.0	0.0	0.0	0.2	0.1	0.1	0.2	0.1	0.2	0.1	0.1	0.1	0.1	0.0	0.0	0.5	0.2	2.5	97.5
	3值	08:00-16:00	-0.3	0.1	0.1	1.2	0.0	0.0	0.0	0.0	0.0	0.0	0.2	0.1	0.1	0.2	0.1	0.2	0.0	0.1	0.1	0.0	0.0	0.0	0.1	0.0	2.4	97.6
	4值	16:00-01:00	-0.4	0.1	0.1	0.0	0.0	0.0	0.0	0.0	0.1	0.0	0.2	0.2	0.0	0.2	0.0	0.2	0.1	0.2	0.0	0.1	0.0	0.0	0.6	0.2	2.0	98.0
2019/7/6	5值	01:00-08:00	-0.2	0.1	0.7	0.5	0.0	0.0	0.0	0.0	0.0	0.0	0.2	0.1	0.1	0.2	0.0	0.2	0.1	0.1	0.1	0.1	0.1	0.0	0.3	0.1	2.8	97.2
	2值	08:00-16:00	-0.1	0.0	0.8	1.2	0.0	0.0	0.0	0.0	0.0	0.0	0.2	0.1	0.1	0.2	0.1	0.2	0.1	0.1	0.1	0.1	0.0	0.0	0.3	0.1	3.6	96.4
	3值	16:00-01:00	0.4	0.0	0.5	1.4	0.0	0.0	0.0	0.0	0.0	0.1	0.2	0.1	0.2	0.1	0.1	0.2	0.1	0.2	0.1	0.1	0.0	0.0	0.5	2.6	6.9	93.1
2019/7/7	4值	01:00-08:00	0.4	0.0	0.1	1.4	0.0	0.0	0.0	0.0	0.1	0.1	0.3	0.2	0.0	0.2	0.1	0.2	0.1	0.2	0.1	0.3	0.0	0.0	1.1	4.3	9.2	90.8
	2值	08:00-16:00	0.1	0.0	0.2	0.8	0.0	0.0	0.0	0.0	0.1	0.1	0.3	0.2	0.1	0.1	0.1	0.1	0.1	0.2	0.1	0.2	0.0	0.0	1.0	4.3	7.9	92.1
	3值	16:00-01:00	-0.4	0.0	0.3	0.3	0.0	0.0	0.0	0.0	0.1	0.1	0.2	0.2	0.1	0.2	0.1	0.2	0.1	0.2	0.1	0.1	0.0	0.0	0.7	3.2	5.7	94.3
2019/7/8	4值	01:00-08:00	-0.2	-8.7	0.1	0.2	0.0	0.0	0.0	0.0	0.1	0.1	0.3	0.2	0.1	0.2	0.1	0.2	0.1	0.2	0.2	0.3	0.0	0.0	0.9	3.8	-2.2	102.2
	1值	08:00-16:00	-0.4	-0.5	0.1	0.4	0.0	0.0	0.0	0.0	0.0	0.1	0.2	0.1	0.2	0.1	0.2	0.2	0.1	0.2	0.1	0.1	0.0	0.0	0.2	1.8	3.3	96.7
	2值	16:00-01:00	-0.2	-15.3	0.2	0.8	0.0	0.0	0.0	0.0	0.0	0.1	0.2	0.2	0.2	0.2	0.2	0.2	0.1	0.2	0.1	0.1	0.0	0.0	0.1	1.7	-10.9	110.9

图 4－61　国电东胜 1 号机组主要可控因子耗差统计报表（按日期）

日期	7月1日—7月10日	主要可控因子耗差																								总耗差(g/kWh)	得分
值别	机组号	总风量	一次风压	给煤机给煤量	再热减温水量	燃烧器摆角	空冷风机台数	空冷风机平均频率	乏汽占比	AA层风门	A层风门	AB层风门	B层风门	BC层风门	C层风门	CD层风门	D层风门	DE层风门	E层风门	EE层风门	OFA层风门	SOFA1层风门	SOFA2层风门	SOFA3层风门	SOFA4层风门		
1值	1号机组	-0.3	0.0	0.4	0.8	0.0	0.0	0.0	0.0	0.0	0.1	0.2	0.1	0.2	0.2	0.1	0.2	0.1	0.2	0.1	0.1	0.0	0.0	0.2	1.3	4.0	96.0
2值	1号机组	-0.2	-1.5	0.4	0.8	0.0	0.1	0.0	0.0	0.1	0.1	0.2	0.1	0.1	0.2	0.1	0.2	0.1	0.2	0.1	0.1	0.0	0.0	0.5	2.1	3.7	96.3
3值	1号机组	-0.5	0.1	0.4	0.8	0.0	0.0	0.0	0.0	0.0	0.0	0.2	0.1	0.1	0.2	0.1	0.2	0.1	0.1	0.1	0.1	0.0	0.0	0.3	1.5	3.9	96.1
4值	1号机组	0.0	-0.7	0.3	0.9	0.0	0.0	0.0	0.0	0.1	0.1	0.3	0.2	0.1	0.2	0.1	0.2	0.1	0.2	0.1	0.2	0.0	0.0	0.6	2.5	5.3	94.7
5值	1号机组	-0.1	0.0	0.5	0.6	0.0	0.0	0.0	0.0	0.1	0.1	0.2	0.1	0.1	0.2	0.1	0.2	0.1	0.1	0.1	0.1	0.0	0.0	0.4	1.6	4.5	95.5

图 4－62　国电东胜 1 号机组主要可控因子耗差统计报表（按班值）

（5）在线工况分析，通过对机组实时运行指标进行监控，并记录机组当前类似工况下的最优运行指标和操作指标，辅助运行人员进行参数优化调整，如图 4－63 所示。

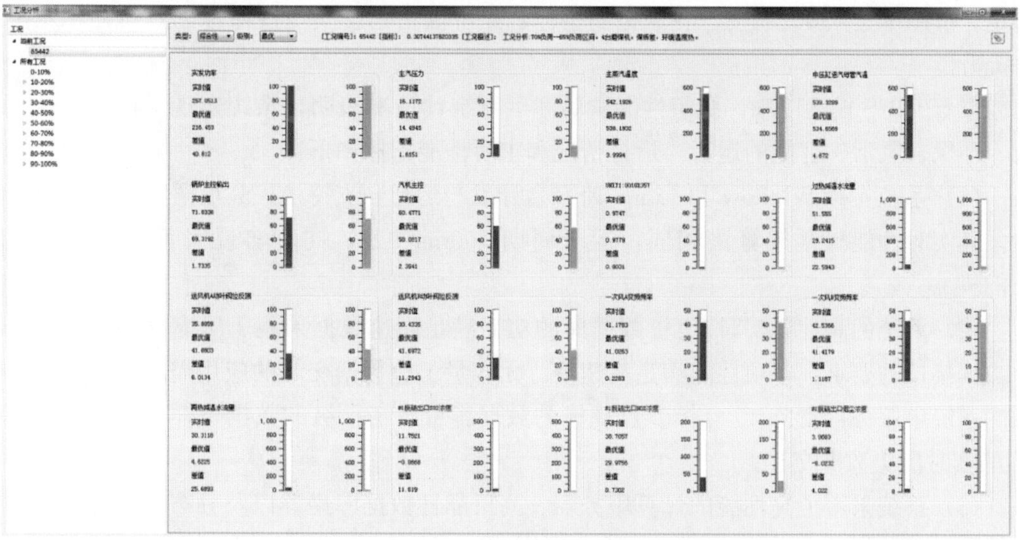

图 4－63　实时工况分析展示

应用效果表明：上述各功能软件运行正常，功能实现完整、正确，满足生产和运行需求。

三、智能分析及辅助决策的应用效果

国电内蒙古东胜热电有限公司 1 号机组智能发电运行控制系统运行稳定、可靠，控制系统性能指标优秀，大量应用先进控制策略及智能算法，实现了机组安全、高效、环保、灵活、智能的目标。

（1）智能发电运行控制系统平台具有高度开放、功能模块丰富、信息系统安全等特点，具有自适应、自学习、自趋优、自恢复、自组织等智能化特征。

（2）应用先进控制策略和人工智能算法，提高了机组在应对频繁多变外界环境下的适应性，机组自动控制系统性能指标优秀，优于火力发电厂优化控制系统技术导则，电网公司“两个细则”考核达到优秀水平。

（3）实现了机组能效大闭环运行，显著提高了机组能效水平，综合节能效果为2.25g/(kW·h)。

（4）通过重要辅机系统自启停及自恢复、智能诊断和智能预警，显著降低了运行人员操作强度，有效提升了运行人员对机组的管控水平。

第八节　系统运行和工程应用情况

国电内蒙古东胜热电有限公司1号机组于2018年5月开始智能DCS改造，2018年7月各项功能初步调试完成，截至2019年8月智能DCS中的智能检测、智能控制、智能优化、智能报警等功能模块已全部完成优化和测试。经过一年时间的运行和考验，系统运行稳定，可用率达到99.95%，各项控制指标、经济性指标、安全性指标以及自动化水平显著提升。

岸石© ICS投运以来，机组性能试验和运行统计情况表明，系统实现了机组安全、高效、环保、灵活、智能的运行。运行情况和主要性能指标如下：

（1）系统支持Window和Linux跨平台开发与运行，支持ANSI C语言自定义算法开发，其实时性能与常规算法相同，运行周期100ms～1s，同时实现完善的跟踪和冗余功能。

（2）系统的高性能实时/历史数据库的功能满足高速数据采集、压缩存储、检索及对外数据接口的要求，各项性能满足高速度、大容量工业数据交互的应用需求。实时历史数据库系统单服务器支持20万标签点规模的数据容量，毫秒级的数据采样，支持100ms～1s的实时历史数据交互。

（3）系统采用了高性能的计算服务器、高可靠性数据库集群以及分布式计算引擎，为大规模数据分析以及以此为基础的相关应用提供了稳定、可靠的支持。实时计算引擎可实现实时运行控制优化分析和实时统计分析。工业数据分析引擎可实现工业数据预处理、在线模型辨识、机器学习训练和智能报表等功能。知识推理引擎可构建固化的软件知识库并与生产实时/历史数据结合，形成基于实际生产过程的智能推理。

（4）系统支持广义预测控制（GPC）、自抗扰控制（ADRC）、内模控制（IMC）、机组性能计算、氧量软测量、热量软测量；支持参数自寻优高级控制算法、神经网络建模、深度学习算法等5种以上智能算法，优化算法的实时性能与常规算法相同，运行周期100ms～1s。DPU自定义算法的实时性能与常规算法相同，运行周期100ms～1s。系统具有开放的宏算法开发功能，支持复杂逻辑和控制方案的宏算法封装，最大封装容量不低于50个变量，最大封装算法个数9999个，支持跨页、全面信息检索和内部编辑、在线发布更新、保障内部逻辑安全性等，封装后参数可外部调整。

（5）智能报警系统滋扰报警抑制功能减少误报率80%以上，减少高频报警信号80%以上，减少无效报警信号90%以上，报警信号响应时间小于1s；基于机器学习、模型自

弈式样本生成、基于知识表达与推理的多种智能技术，实现了设备运行状态的智能化诊断与预警，并采用智能化方法实现了设备故障状态下的自恢复功能。报警系统信息分析准确率≥90%。

（6）基于机理分析和数据辨识，建立了机炉协调系统非线性控制模型；在此基础上，本项目以阶梯式广义预测控制为核心设计协调控制方案，融合经典 DEB400 直接能量平衡、传统前馈控制经验、煤质低位发热量校正，构建了一种基于精准能量平衡的智能协调控制，机组实现一次调频和 AGC 不间断长期稳定运行。机组变负荷速率可达 2%～3% Pe/min，机组 AGC 月度可利用率≥99%，AGC 指令响应时间≤30s，AGC 考核 KP 均值≥3.5，机组自动投入率 100%、保护投入率 100%。

（7）高度自动化控制部分实现机组运行操作的高度自动化，进一步提升机组运行控制的稳定性、安全性，大大减少运行人员的操作量以及操作强度，每台机组监盘人数由 4 人减少至 2 人，实现了少人值守。

（8）本项目在生产实时控制层面，以实时运行数据为基础，进行机组在线能效计算和耗差分析，并向操作人员直观展示从机组到设备的性能指标和能损分布状况，运行人员根据耗差分析的结果及时对工况进行调整，有效降低运行煤耗，使机组运行在高效率区间。此外基于机理建模以及数据分析给出当前运行方式的最优值，并以智能控制算法保证最优设定值或运行方式的实现，形成生产过程“能效大闭环”控制，实现机组的自趋优运行。综合减少煤耗约 2.25g/（kW·h）。

（9）汽温控制系统、脱硝控制系统能够很好的根据预测参数和前馈预测通道的变化，实现控制量的超前调节，有效克服外界扰动和工况变化对被控参数的影响，大幅度提升汽温系统和脱硝系统的控制品质：二减前汽温波动最大偏差为 3.5℃，主蒸汽温度波动最大偏差为 2.8℃，再热蒸汽温度最大偏差为 4.4℃，SCR 出口 NO_x 浓度最大偏差小于 6mg/Nm^3。汽温控制系统以及脱硝控制系统自动投入率≥95%，实现了高精度与高品质控制。

（10）系统的工控信息安全功能支持 5 种以上主流工控协议的自识别与解析，实现全系统的在线安全态势分析与智能预警；支持标记管理、授权管理及策略管理等功能，实现基于可信模块的服务器端安全加固；信息安全相关软硬件对系统功能业务流程无影响，对系统运行态实时性能影响≤10%。数据库系统单台服务器可支持 20 万个标签点规模的数据容量，毫秒级的数据采样速率，支持 100ms～1s 的实时历史数据交互速率。系统具有数据开放性和规范访问机制。系统平台的实时数据和历史数据采用授权访问的方式，各数据接口具有严格的授权访问机制。

（11）系统网络负载处于正常水平，其实时控制网络负载和常规 DCS 的网络负载相比无明显变化，网络最大负荷≤10%。

第九节 经 济 效 益

基于复合建模实现了锅炉排烟氧量、汽轮机排汽焓、煤质低位发热量等参数的在线实时软测量，为机组在煤种多变、环境多变、工况多变条件下实现安全、稳定、节能、环保综合指标下的优化运行、优化控制以及精细化管理提供了充分、有效的基础信息。内蒙古电力科学研究院测试结果表明：基于复合建模的机组关键参数软测量具有较高精度，能够满足现场工程实际应用，其中烟气含氧量计算值与空预器入口氧量实际测量结果对比分析，动态过程中最大偏差为1%，平均偏差为0.5%；通过将汽轮机内部功和机组实发功率对比分析，汽轮机内部功计算平均相对误差小于5%，汽轮机低压缸排汽焓的计算误差小于5%；通过与机组化验数据进行对比分析，入炉煤低位发热量的误差低于2%。

据初步测算，关键参数软测量可以减少设备的安装、检修、维护以及相关测试化验等，预计每年可节约费用超过20万元。

国电内蒙古东胜热电有限公司1号机组为国内正式投运的第一台智能发电运行控制系统。按照市场价格，内蒙古电科院概算国电东胜发电厂1号机组智能运行控制系统为1450万元，本项目智能运行控制系统实际费用为1080万元，节约370万元，降低费用25.5%。

参 考 文 献

[1] 国家能源局．关于推进“互联网＋”智慧能源发展的指导意见［EB/OL］．［2016-02-29］. http://www.nea.gov.cn/2016-02/29/c_135141026.htm.

[2] 国务院办公厅．中国制造 2025［EB/OL］．［2015-05-19］．http://www.gov.cn/zhengce/content/2015-05/19/content_9784.htm.

[3] 国务院办公厅．能源发展战略行动计划（2014-2020 年）［EB/OL］．［2014-11-19］.

[4] 刘吉臻．智能发电：第四次工业革命的大趋势［N］．中国能源报，2016-07-25.

[5] 刘吉臻，胡勇，曾德良，等．智能发电厂的架构及特征［J］．中国电机工程学报，2017，37（22）：6463-6470.

[6] 杨新民，陈丰，曾卫东，等．智能电站的概念及结构［J］．热力发电，2015，44（11）：10 - 13.

[7] 高海东，王春利，颜渝坪．绿色智能发电概念探讨［J］．热力发电，2016，45（2）：7 - 9.

[8] 凌海，罗颖坚．智能电厂规划建设内容探讨［J］．南方能源建设，2017，4（S1）：9 - 12.

[9] 张东霞，姚良忠，马文媛．中外智能电网发展战略［J］．中国电机工程学报，2013，33（31）：1-14.

[10] 热工自动化与标准信息化技术委员会．T/CEC 164—2018 火力发电厂智能化技术导则［S］．北京：中国电力出版社，2018.

[11] 刘吉臻．智能发电：第四次工业革命的大趋势［N］．中国能源报，2016-07-25.

[12] 国家发展和改革委员会、国家能源局．电力发展“十三五”规划［2016-11-7］.

[13] 中国国电集团．中国国电集团有限公司智能发电建设指导意见，2017.

[14] 中国自动化学会．智能电厂技术发展纲要，2016.

[15] 刘吉臻，胡勇，曾德良，夏明，崔青汝．智能发电厂的架构及特征［J］．中国电机工程学报，2017，37（22）：6463-6470＋6758.

[16] 胡天南．DCS 系统国产化探讨［J］．科技视界，2019（4）：293-294.

[17] 葛志伟，刘战礼，周保中，等．火力发电厂数字化发展现状以及向智能化电厂转型分析［J］．发电与空调，2015，36（5）：45-47.

[18] 李锋，罗嘉，赵征，高珊，曾德良．锅炉入炉煤水分质量分数在线软测量［J］．动力工程学报，2014，34（7）：512-517.

[19] 刘新龙，贺悦科．智能电厂实施过程中的大数据应用研究［J］．电气技术．2018，19（6）:32-36.

[20] 宋鹏 陶丁 王鹏，桌面云在智慧电厂数据中心建设中的应用与研究［J］．山西电力，2019（1）：31-34.

[21] 刘陈，景兴红，董钢．浅谈物联网的技术特点及其广泛应用［J］．科学咨询，2011（9）：86-86.

[22] 段应涛．物联网技术在电厂安全生产过程中的应用［J］．科技创新与应用，2019（4）：158-159.

[23] 何奇琳，艾芊区块链技术在虚拟电厂中的应用前景［J］，电器与能效管理技术，2017（3）：14-18.

[24] 李少波，赵辉，张成龙，郑凯．果蝇优化算法研究综述［J］，科学技术与工程，2018（1）:163-171.

[25] 陈岱钿．电力设备资产全生命周期管理的探究［J］．现代经济信息，2019，（28）：363.

[26] 周强泰．锅炉原理［M］．北京：中国电力出版社，2009.

[27] 王勇，刘吉臻，刘向杰，谭文．基于最小二乘支持向量机的软测量建模及在电厂烟气含氧量测量中

的应用 [J]. 微计算机信息，2006 (28)：241-243+290.

[28] 卫丹靖，田亮，乔弘，刘吉臻．利用一次调频扰动计算火电机组锅炉蓄热系数 [J]. 中国电力，2017，50 (3)：71-76.

[29] Ian Goodfellow，Yoshua Bengio. 深度学习 [M]. 北京：人民邮电出版社，2017.

[30] 黄文坚．Tensorflow 实战 [M]. 北京：电子工业出版社，2016.

[31] 帕拉什・戈雅尔．面向自然语言处理的深度学习：用 Python 创建神经网络 [M]. ．北京：机械工业出版社，2019.

[32] Garcia C E，Morari M. Internal Model Control. 1. A Unifying Review and Some New Results [J]. I&EC Process. Dev.，1982，21 (2)：308～323.

[33] 胡耀华，贾欣乐．广义预测控制综述 [J]. 信息与控制，2000 (3)：248-256.

[34] 韩京清．自抗扰控制技术：估计补偿不确定因素的控制技术 [M]. 北京：国防工业出版社，2008.

[35] 李露．火电机组快速变负荷控制方法研究 [D]. 华北电力大学（北京），2016.

[36] 罗玮，平博宇，崔青汝，高耀岗，胡勇，曾德良，高行龙．基于精准能量平衡与预测控制的协调控制系统优化 [J]. 电力科技与环保，2019，35 (2)：56-59.

[37] 高阳．火电机组 SCR 喷氨量的智能优化控制 [D]. 华北电力大学（北京），2017.

[38] 武现聪．基于状态观测器的热工参数软测量方法研究 [D]，华北电力大学，2014.

[39] 郭宪．深入浅出强化学习-原理入门 [M]. 北京：电子工业出版社，2016.

[40] 冯超．强化学习精要：核心算法与 TensorFlow 实现．2018.

[41] 曾德良，张纲，郑艳秋，孙玥，陈峰．一种基于快速傅里叶变换的 PID 工程自整定方法 [J]. 电工技术，2018 (22)：1-4+6.

[42] 邓拓宇．供热机组储能特性分析与快速变负荷控制 [D]. 华北电力大学（北京），2016.

[43] 杨大锚，姚国鹏，孙阳阳，等．凝结水节流快速变负荷控制策略在 600MW 机组中的应用 [J]. 工业控制计算机，2017，30 (10)：14-16.

[44] 李华忠，张涛．煤质低位发热量软测量技术及应用 [C] //2017 年电站热工自动化技术交流会，2017.06.01，西安．

[45] 杨蕃．基于凝结水节流的协调控制系统优化研究 [D]. 华北电力大学；华北电力大学（保定），2018.

[46] 胡勇．基于汽轮机蓄能特性的大型火电机组快速变负荷控制研究 [D]. 华北电力大学；华北电力大学（北京），2015.

[47] 徐敏．凝汽式汽轮机变工况及回热加热器优化运行试验研究 [D]. 江苏：东南大学，2016.

[48] 陈锋．汽轮机性能状态监测与分析辅助系统研究与实现 [D]. 浙江：浙江大学，2006.

[49] 刘佳琪．回热加热器优化运行及试验研究 [D]. 华北电力大学；华北电力大学（保定），2009.

[50] 杨婷婷．基于数据的电站节能优化控制研究 [D]. 华北电力大学；华北电力大学（北京），2010.

[51] 杨志安，王光瑞，陈式刚．用等间距分格子法计算互信息函数确定延迟时间 [J]. 计算物理，1995 (4)：442-448.

[52] 庄楚强，吴亚森．应用数理统计基础 [M]. 广州：华南理工大学出版社，1992.

[53] 丁晶，王文圣，赵永龙．以互信息为基础的广义相关系数 [J]. 四川大学学报（工程科学版），2002 (3)：1-5.

[54] 梅江元．基于马氏距离的度量学习算法研究及应用 [D]. 哈尔滨工业大学，2016.

[55] 李博．机器学习实践应用 [M]. 北京：人民邮电出版社，2017.

[56] 周树森．基于深度置信网络的分类方法 [M]. 北京：清华大学出版社，2015.

[57] 卫平宝．基于数据融合的设备参数劣化分析与状态评价［D］．华北电力大学（河北），2006.
[58] 刘畅．电站设备辅机状态监测与故障诊断［D］．华北电力大学（北京），2017.
[59] 简一帆．MPS型中速磨煤机的建模与优化控制［D］．华北电力大学（北京），2018.
[60] 庄义飞，张剑，陈涛，曲晓荷．超临界火电机组协调控制现状分析及优化［J］．电站系统工程．2019，35（3）：57－61.
[61] 曾德良，高耀岿，胡勇，刘吉臻．基于阶梯式广义预测控制的汽包炉机组协调系统优化控制［J］．中国电机工程学报．2019，39（16）：4819－4826＋4983.
[62] 盛根林．DEB/400控制理论的应用［J］．华中电力．1999，（4）：44－46.
[63] 时乐．基于遗传算法的热工过程辨识［D］．华北电力大学（河北），2009.
[64] 王桂增，王诗宓．高等过程控制［M］．北京：清华大学出版社，2002.

致　谢

本书受国家能源集团十大重点科技攻关项目“大型火电高效灵活自主化智能控制系统研究与应用”(GJNY-20-235)、华北电力大学“双一流”建设项目资助。